国家林业局普通高等教育"十三五"规划教材
高等院校观赏园艺方向"十三五"规划教材

花卉种苗学

（第2版）

吴少华　张　钢　吕英民　主编

中国林业出版社

内 容 简 介

"花卉种苗学"属于园艺或观赏园艺专业方向的专业课程。本教材由绪论，种苗圃地的规划与建设，花卉种子生产，花卉穴盘苗生产，专业扦插苗生产，花卉分株苗、嫁接苗及压条苗生产，专业组培苗生产，花卉种球生产等内容组成。本教材在建立完整概念基础上，全面、系统地阐述花卉种苗繁育生产的理论和实践，力求全面地收集和吸收国内外种苗生产的最新理念和现代技术。

本教材适用于农林院校园艺、园林专业本科生，也可供专业人士参考。

图书在版编目（CIP）数据

花卉种苗学/吴少华、张钢、吕英民主编. —2 版. —北京：中国 . —北京：中国林业出版社，2017.7
国家林业局普通高等教育"十三五"规划教材. 高等院校观赏园艺方向"十三五"规划教材
ISBN 978-7-5038-9155-7

Ⅰ.①花… Ⅱ.①吴… Ⅲ.①花卉-育苗-高等学校-教材 Ⅳ.S680.4

中国版本图书馆 CIP 数据核字（2017）第 162299 号

国家林业局生态文明教材及林业高校教材建设项目

中国林业出版社·教育出版分社
策划、责任编辑：康红梅
电话：83143551　　　　传真：83143516

出版发行　中国林业出版社（100009　北京市西城区德内大街刘海胡同 7 号）
　　　　　　　E-mail：jiaocaipublic@163.com　电话：(010)83143500
　　　　　　　http://lycb.forestry.gov.cn
经　　销　新华书店
印　　刷　中国农业出版社印刷厂
版　　次　2009 年 8 月第 1 版（共印 2 次）
　　　　　　　2017 年 7 月第 2 版
印　　次　2017 年 7 月第 1 次印刷
开　　本　850mm×1168mm　1/16
印　　张　20.75
字　　数　492 千字
定　　价　42.00 元

高等院校观赏园艺方向规划教材
编写指导委员会

《花卉种苗学》（第2版）编写人员

主　　编　吴少华　张　钢　吕英民
副主编　张克中　杨　超
编写人员（按姓氏拼音排列）
　　　　高丽丽（华南农业大学）
　　　　吕英民（北京林业大学）
　　　　史宝胜（河北农业大学）
　　　　吴菁华（福建农林大学）
　　　　吴少华（福建农林大学）
　　　　杨　超（福建农林大学）
　　　　杨际双（河北农业大学）
　　　　张　钢（河北农业大学）
　　　　张克中（北京农学院）
　　　　郑成淑（山东农业大学）
　　　　周秀梅（河南科技学院）

《花卉种苗学》（第1版）编写人员

主　　编　吴少华　张　钢　吕英民
副主编　张克中
编写人员（按姓氏拼音排列）
　　　　高丽丽（华南农业大学）
　　　　吕英民（北京林业大学）
　　　　史宝胜（河北农业大学）
　　　　吴菁华（福建农林大学）
　　　　吴少华（福建农林大学）
　　　　杨际双（河北农业大学）
　　　　张　钢（河北农业大学）
　　　　张克中（北京农学院）
　　　　郑成淑（山东农业大学）
　　　　周秀梅（河南科技学院）

第 2 版前言

《花卉种苗学》（第 2 版）是在原有教材基础上修订的，本教材列入了国家林业局普通高等教育"十三五"规划教材。"花卉种苗学"是观赏园艺（花卉）专业方向的主要课程之一，主要对象是园艺、园林观赏园艺专业方向学生。

近几年来，我国花卉产业快速发展，市场对园林花卉的种类、花色品种及质量的要求也越来越高。花卉良种及种苗的数量和质量将是直接影响园林花卉产品产量、质量和经济效益的重要因素，同时花卉种苗业在花卉生产中的地位和比重日益提高。这次在继承原教材的基本框架内容的前提下，针对国内外花卉种苗产业的发展与变化进行修编。

本教材共分 8 章，具体修编分工如下：第 1 章，吴少华、杨超、郑成淑；第 2 章，张钢；第 3 章，吴少华、杨超；第 4 章，杨超、吴少华；第 5 章，杨超、吴少华；第 6 章，杨超、吴菁华、吴少华；第 7 章，周秀梅；第 8 章，高丽丽；附录，史宝胜。本教材由吴少华和张钢统稿、审稿，郑诚乐教授参加部分章节审稿。

对在修订过程中给予热情支持和帮助的有关专家、学者，以及为此教材付出辛勤劳动的中国林业出版社的编辑和出版人员，在此表示衷心的谢意。

本教材得到了福建农林大学出版基金资助。

吴少华

2016 年 12 月于福州金山

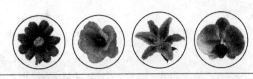

第1版前言

　　近20年来，随着我国社会经济快速发展，人民生活水平明显提高，人们工作和生活中对花卉及其产品的需求日益提高，花卉产业占农业生产的比重也逐年增加。本世纪将是我国花卉产业快速发展的年代，花卉产业的快速发展势必导致激烈的市场竞争，市场对花卉的种类、花色品种，以及质量的要求也越来越高。花卉良种及种苗的数量和质量将是直接影响花卉产品产量、质量和经济效益的重要因素，同时花卉种苗业在花卉生产中的地位和比重日益提高。随着我国加入WTO，花卉种苗产业的机遇和挑战并存，国外花卉及种苗企业进入竞争的同时，也带进一些优良的花卉种质和先进的育苗技术。我国花卉种苗业总体来说还是传统的育苗方法，较为落后，近几年国外先进的花卉种苗业理念和技术已开始逐渐渗透到国内。一些国际化专业种苗生产公司已进入大陆，例如，从事工厂化穴盘育苗及中高档盆花生产的美国维生公司、专业生产扦插苗的德国红狐狸种苗公司、专业生产组培苗的台湾缤纷园艺公司等。现代花卉企业在生产上引进国外良种和育苗新技术，是缩短育苗周期，提高育苗效率，把握商机，提高经济效益的重要方面。

　　在我国的农业教育体制中，观赏园艺（花卉）教育在部分林业院校中开设专业，而大多数是在我国农业院校的园艺专业下设立观赏园艺或花卉方向，有的学校仅在园艺专业中开设几门选修课。根据目前园艺专业的就业市场需求的变化，观赏园艺方向的人才教育日显重要。但长期以来这些观赏园艺（花卉）专业、方向的大多课程没有相应的专业教材，使得观赏园艺（花卉）研究、教育和人才培养严重滞后于我国观赏园艺产业的快速发展。"花卉种苗学"是观赏园艺（花卉）的主要课程之一，花卉种苗学方面长期以来缺少专门的教材，多数院校是借用园林苗圃学等作为辅助教材进行教学，既影响了观赏园艺（花卉）专业或方向的系统教学，也影响现代花卉种苗新理念和新技术的应用和推广。

　　为适应我国现代观赏园艺专业（方向）教育，使"花卉种苗学"对我国传统花卉种苗业的产业升级起一个抛砖引玉作用，本教材在建立完整概念基础上，全面、系统地阐述花卉种苗繁育生产的理论和训练体系。将穴盘苗生产、专业扦插苗生产、专业组培苗生产单独成章，力求全面地收集和吸收国内外种苗生产的最新理念和现代技术。为了培养学生独立分析、解决问题的能力，做到举一反三，全书把基本理论、基本知识、基本技能作为重点，在内容上力求做到由浅入深，循序渐进，既便于教学组织，又利于自学。各院校在教学过程中，可依据当地具体情况，突出重点进行教学，内容上可有所侧重或增减。

本教材由福建农林大学吴少华、河北农业大学张钢、北京林业大学吕英民等组成编写组统一讨论、分工编写。本教材共分 9 章，由绪论，种苗圃地的规划与建设，花卉种子生产，花卉穴盘苗生产，专业扦插苗生产，花卉分株苗、嫁接苗及压条苗生产，专业组培苗生产，花卉种球生产等内容组成。本教材由吴少华、张钢、吕英民担任主编，张克中为副主编，各章编写分工如下：第 1 章，吴少华、郑成淑；第 2 章，张钢；第 3 章，吕英民；第 4 章，张克中；第 5 章，杨际双；第 6 章，吴少华、吴菁华；第 7 章，周秀梅；第 8 章，吕英民、高丽丽；附录，史宝胜。全书由吴少华和张钢统稿、审稿，吕英民参加部分章节审稿及校样的审定。

对在编写过程中给予热情支持和帮助的有关专家、学者，以及为此教材付出辛勤劳动的中国林业出版社的编辑和出版人员表示衷心的感谢。

由于认识有限，书中疏漏、不妥，乃至谬误之处在所难免，恳请广大读者批评指正。

编　者
2009 年 3 月

目 录

绪　论

1.1　花卉种苗生产的意义和作用

1.1.1　花卉种苗学的概念

花卉和其他生物一样，具有繁殖（繁衍子代）的本能，即将生命的遗传特性传承下去，这是生物重要的生命现象，是生物遗传与变异的基础，是自然界物种进化的原动力。花卉遗传特性传承的载体就是种苗，根据《中华人民共和国种子法》定义，种子是指农作物和林木的种植材料或繁殖材料，包括籽粒、苗、根、茎、叶、芽和果实等。生产和科研中所指的花卉种苗，通常是花卉种子、种球、苗（木）的总称，广义上讲也属于种子的概念范畴。

花卉种苗学是以现代植物学、植物生理学、遗传学、园艺学、农业设施科学等为基础的，研究花卉种子、种球、苗（木）生产、繁殖、培育理论和技术的一门综合性应用性科学。此外，花卉种苗繁育中的设施设备、基质原料、环境调控、贮运保鲜、生长调节剂等相关领域的理论和技术，也可纳入花卉种苗学研究的范畴。

1.1.2　花卉种苗生产的地位和作用

目前我国花卉产业已经基本完成了盲目引进、简单效仿、数量优先、无序竞争的初级发展阶段，产业基础基本奠定，所面临的焦点问题是缺乏花卉新品种与相关的知识产权。面对 UPOV（国际植物新品种保护联盟）、WTO 以及国内外市场一体化的巨大挑战，我国花卉产业必将全面步入立足国内、面向国际、突出特色的新里程。一、二年生草本花卉在园林绿化和花卉产业中占有重要地位，花卉种业的技术水平直接影响花卉种业的发展和花卉种子的质量，影响到花卉产品的质量，从而制约整个花卉产业的发展。改革开放以来，我国花卉产业虽然有了长足的发展，但草本花卉种业的技术水平相对较低，拥有自主知识产权的品种不多，花卉种苗大量依赖进口，加上国外引进的优良品种种性退化严重，种苗生产成本高，阻碍了花卉生产效益的提高。因此，我国花卉产业要实现新的飞跃，首先必须在花卉品种上实现创新。不容置疑，新品种是花卉产业的灵魂，不断开发和应用新品种是花卉产业赖以生存和发展的基础。

花卉种苗是优质花卉生产的基础，种苗生产对花卉产业的生产发展、装饰应用、经济效益都有举足轻重的作用。花卉种苗生产的纯度、质量、数量，以及生产性辅料的使用，都将直接影响到花卉生产的产量、质量、效益、环保，以及可持续发展等一系列问题。在许多情况下花卉种苗生产状况直接影响花卉的装饰美化效果和产业的经济效益。花卉种苗生产的规模和技术水平在一定程度上反映了整个国家或地区花卉产业的发展水平。我国幅员辽阔，地跨热带、亚热带、温带等多个气候带，加上地形、海拔、降水、光照等的不同和变化，形成多种生态类型和气候类型。充分利用天然条件和自然资源，可以较小的投入获得较大的收益。花卉种业属于劳动密集型产业。我国劳动力资源丰富，与发达国家相比劳动力成本相对较低，加上我国与发达国家的经济总体水平存在很大的差距，因此我国的劳动力资源优势在近期内还不会消失，这为我国花卉种苗业的"低成本发展"保留了时间与空间。20世纪90年代以来，随着我国花卉产业的迅猛发展，组培和现代化育苗设施在花卉生产中广泛运用，花卉种苗的生产规模和数量迅速增加，有力地促进花卉产业的发展和规模的扩大。因此，花卉种苗生产理论和新技术的研究与推广应用，已成为推动花卉产业发展的一个重要环节而受到人们的重视。

1.2 国内外花卉产业及花卉种苗业的历史和现状

1.2.1 国内花卉产业

1.2.1.1 我国花卉产业的历史

我国花卉资源丰富，栽培和观赏历史悠久。早在《周礼·天宫·大宰》(前10~前7世纪)中有"园圃毓草木"的词句，说明当时已在园圃中培育草木。在公元前4世纪，吴王夫差在会稽建梧桐园(记载海棠、茶花等)，已有栽植花木观赏的习惯。至秦汉时期，花卉事业逐渐兴盛，王室富贾营建宫苑，广集各地奇果佳树、名花异卉植于园内，如汉成帝重修秦代的上林苑，不仅栽培露地花卉，还建宫(保温设施)种植各种亚热带、热带观赏植物，收集的名果奇卉达3000余种。西晋、东晋(4世纪)嵇含的《南方草木状》、戴凯之的《竹谱》，以及陶渊明诗集都有园林花卉植物的记载。隋、唐、宋是我国古代花卉事业兴盛时期，对花卉分类、栽培、鉴赏等方面有较大的进步，文字记载以宋代为多，如李格非的《洛阳名园记》、陈景沂的《全芳备祖》、陆游的《天彭牡丹谱》、范成大的《桂海花木志》《范村梅谱》《范村菊谱》、欧阳修和周师厚的《洛阳牡丹记》、王贵学的《兰谱》、赵时庚的《金漳兰谱》、陈思的《海棠谱》、王观的《芍药谱》、刘蒙的《菊谱》等。明代至民国时期(1368—1949)，我国花卉园艺栽培逐渐进入缓慢发展期，开始了插花等花卉造景与鉴赏等的研究，并出现了一批综合性的花卉研究著作。如王象晋的《群芳谱》、高濂的《兰谱》、周履靖的《菊谱》、袁宏道的《瓶史》、黄省曾的《艺菊》、薛凤翔的《牡丹八木》、赵学敏的《凤仙谱》、计楠的《牡丹谱》、陆廷灿的《艺菊志》、曹靖辑的《琼花集》、周文华的《汝南圃史》、王世懋的《学圃杂疏》、陈淏子的《花镜》、马大魁的《群芳列传》、章君瑜的《花卉园艺学》、童玉民的《花卉园艺学》，陈俊愉和汪菊渊等的《艺园概要》等。

20世纪50年代后的30多年，中国花卉业进入了曲折停滞期。中国现代花卉业起步于20世纪80年代初期，1985年后中国花卉业开始迅速恢复和发展，经过逾30年的努力，花卉业取得了长足进步，同时也带动了相关产业的发展，为现代花卉业的形成和发展奠定了较好的基础，这一时期大致可分为两个阶段：

(1)1986—1995年，我国花卉业起步后快速发展

据统计，1986年全国花卉生产面积接近 $2 \times 10^4 \text{hm}^2$，产值7亿元左右。到1995年分别增长到 $7.5 \times 10^4 \text{hm}^2$、38亿元；1995年全国鲜切花产量达到7亿支，比1986年增加20多倍；生产力水平和经济效益也大幅度提高。在这10年内，随着国民经济的发展，城市绿化、美化要求的提高，以及人民生活水平的改善，花卉需求量迅速增长，有力地推动了各方面发展花卉业的积极性。初期虽然花卉生产面积和产值有了一定的增长，但总的来说，生产基本以传统的栽培技术和栽培品种为主，部分地区还带有盲目发展的倾向，出现过暴利炒作，也出现过市场调整滞销的情况；后期，特别是1992年国务院召开发展"高产、优质、高效"农业经验交流会后，全国出现了国营、集体、个体以及外资、台资企业一齐上的格局，大江南北把发展花卉业作为调整农业结构、发展农村经济的重要途径之一，各级部门加大扶持的力度，大大促进了花卉业的发展。福建、广东、浙江、上海、江苏、四川等传统产区，涌现出一大批专业户、专业村、专业镇，从南到北靠花卉致富的农户不胜枚举。

(2)1996—2005年，我国花卉业进入调整结构、重视质量、专业市场、稳步发展的阶段

花卉产品结构得到有效调整。在各类花卉产品中，发展最快的是鲜切花、盆花和观叶植物，商品盆景的生产和出口也有明显增加。绿化植物也不再种类单一，出现乔木、花灌木、草坪草等齐发展的势头。由于各地注重调整产品结构，不仅丰富了市场供应，品种也较过去齐全，使花卉产值和效益成倍增长。花卉消费市场出现城市绿化提倡树、花、草三结合，政治、经济、文化、风俗等活动的摆花增多，居民居家花卉消费渐增等变化。这些都带动了盆花的生产和消费。据统计，1995年全国盆花产量为2.4亿盆，1996年逾5亿盆，1998年上升到逾11亿盆。3年时间，盆花产量翻了两番多。而这一时期，花卉生产开始放慢发展速度，各类花卉产品的质量有了明显提高。如月季(*Rosa chinensis*)、香石竹(*Dianthus caryophyllus*)、菊花(*Dendranthema morifolium*)、百合(*Lilium brownii* var. *viridulum*)、勿忘我(*Limonium sinense*)、满天星(*Gypsophila paniculata*)等鲜切花，不仅品质比过去有了较大改善，而且基本做到以稳定的质量全年供应市场，这是中国鲜切花生产的一个较大突破。各类观叶植物也基本实现了规模化、批量化、规格化生产，以满足各地各消费层次的需要。10年间，中国花卉流通环节的设施建设有了明显改善。据统计，全国大小花卉批发市场已有700多个。一些花卉重点产销区，如北京、上海、广州、云南、成都、沈阳等城市，都建起了大型花卉批发市场。这些批发市场的建设，在花卉南北大流通上起到一定的枢纽作用。

1.2.1.2　我国花卉产业的现状

随着人民物质生活水平的提高，花卉作为精神文化的良好载体之一，花卉产品的消费已逐渐成为时尚。自20世纪90年代中期以来，我国的花卉消费迅速扩大，居民花卉消费水平也逐渐提高。2014年，我国花卉销售总额1279.45亿元，是1985年的逾4万倍（表1-1）。从我国花卉消费看，具有地域性、礼品性、节日性和集团消费等几个特点。如花卉消费主要集中在城市，特别是大城市，农村花卉消费几乎为空白，中小城市的消费也比较少；以集团消费为主，尚未形成成熟的、稳定的个人（家庭）消费。据调查，花卉消费群中个人和家庭消费约占25%（送人和看望朋友为主），而社会集团消费占75%（礼品性为主）。我国花卉消费一般集中在节日，尤其是在元旦、春节、"五一"和"十一"等重大节日，花卉消费量很大。

需求促进生产，20世纪80年代中期中国花卉业开始起步，经过30年的发展，取得举世瞩目的成绩。据有关统计资料显示，2014年全国花卉种植面积127.02×10^{4}hm^2（表1-1），较30年前增长90倍，大中型花卉企业15 000多家，从业人员520多万人，全国已有200多家科研单位设立花卉科研机构，有140多个教学单位开设了花卉园林专业。在花卉产业发展过程中，各地区充分利用地区资源、气候等区域优势发展生产，形成了各类花卉优势区域：以云南、北京、上海、广东、四川、河北为主的切花产区；以江苏、浙江、四川、广东、福建和海南为主的苗木和观叶植物产区；以江苏、广东、浙江、福建、四川为主的盆（花）景产区；以四川、云南、上海、辽宁、陕西、甘肃为主的种苗（种球）产区；以山东、河南、江苏和广东为主的草坪产区。

随着花卉业的发展，花卉产品呈现出多样化的趋势，花卉产品已由盆景和盆花为绝大多数，发展到观赏苗木、盆栽植物、切花切叶（干花）、种用花卉、草坪、食用药用工业用花卉6大类。目前我国花卉产品类型主要包括：切花（切叶）约占花卉生产面积的14%、盆栽植物约占24%、种苗约占3%、种球约占1%、绿化苗木约占50%、其他（食用、药用、工业用等）约占8%。

表1-1　2004—2014年我国花卉产销情况

年　度	2005	2006	2007	2008	2009	2010	2011	2012	2013	2014
面积/×10^{4}hm^2	81.02	72.21	75.03	77.55	83.41	91.76	102.40	112.03	122.71	127.02
销售额/亿元	503.34	556.23	613.70	666.96	719.76	861.96	1068.54	1207.71	1288.11	1279.45
出口创汇/亿美元	1.54	6.09	3.28	3.99	4.06	4.63	4.80	5.33	6.46	6.20

数据来源：中国农业年鉴

构建良好的流通体系是花卉产业兴旺的基础。经过多年的市场建设和运作，我国基本形成了以大中型花卉批发市场为主体，农贸市场、花店、花摊等多种形式相结合的花卉交易市场格局，花卉流通体系初步形成。长期以来花卉买难卖难的问题得到一定的缓解。随着生产规模的扩大，我国花卉市场体系逐步形成，花卉交易方式也呈现多样化趋势。近几年，我国先后在北京、广东、上海、云南建立花卉拍卖交易中心，开始尝试花卉拍卖。花卉拍卖市场在我国的逐步建立，给花卉行业带来了深远的影响。

随着我国花卉消费的需求与日俱增，花卉生产扩大，花卉也从基本的依赖进口转变为出口，尤其是最近十年来，我国花卉出口总体呈上升趋势（表1-1）。花卉出口主要集中在云南、广东、福建、江苏、浙江等传统花卉生产地区，我国花卉主要出口国是日本、荷兰、韩国、美国和泰国，出口类型主要为鲜切花和盆栽植物，2014年鲜切花出口金额达到2.54亿美元，约占花卉出口总额的41.0%，盆栽植物出口金额0.9亿美元，约占14.5%。在我国花卉出口较稳定增长的同时，花卉进口量也迅速增加，据中国海关总署统计，2012年我国花卉进口量及进口额均略微增长，分别约为34.2×10^4t和1.4亿美元，相比2011年分别增长5.2%和6.1%。其中，种球是我国花卉进口的主要类别，荷兰是我国花卉产品的主要进口国，占进口总额的50%以上。2012年从荷兰进口的花卉量同比增长约15.2%，而从日本、泰国、美国进口的花卉量却分别下滑了35%、23.1%、40.3%。不过我国从新市场进口的花卉比例却有大幅增长，如从尼泊尔进口的花卉量约14t，同比增幅高达41倍，从意大利进口量增幅46.3%，进口额大增222.3%，这说明我国花卉进口逐渐趋于多元化。从整个贸易情况看，出口增长速度相对较快，花卉贸易已出现顺差，正逐渐成为我国对外出口贸易新的增长点。

近些年来，我国各级政府和科研管理部门重视花卉科研，加大科研经费的投入，开展了基础研究、应用基础和高新技术的研究和开发。研究内容主要包括：①花卉种质资源及其利用。全国各地在花卉种质资源保护、开发、利用等方面做了大量的工作，进行了野生花卉调查研究和引种工作，发现一批有价值的花卉。如中国科学院植物研究所从"七五"至今，共收集了123个科700多种有价值的野生花卉。②花卉新品种引进、改良、繁育，包括引进、种子工程、种球繁育。据粗略统计，20世纪90年代以后，我国从国外引进的观赏植物约有500种4000个品种，约占荷兰、日本商品花卉目录中出现的品种总数的80%，这些品种的引进推动了我国花卉业的发展，丰富了我国园林绿化建设的植物种类，同时也促进了一些花卉龙头企业的兴起与发展。③花卉生物技术。该项研究内容呈逐年增加的趋势，生物技术所涉及的内容包括观赏植物离体快繁技术、植物再生技术体系的建立和体细胞变异、胚状体之诱变及人工种子技术、植物基因工程等方面，其中应用基因工程进行抗逆性、抗衰老育种成为新的发展趋势。④花卉栽培与生产技术。包括工厂化育苗、规模化生产、栽培技术、无土栽培、周年生产、盆景规模化生产。⑤花卉采后技术。该项研究相对薄弱，在理论研究方面，主要围绕切花衰老与水分平衡生理等方面的内容；在技术方面，主要是切花运输中的保鲜问题。此外还包括园林植物保护、园林绿化、园艺资材、花卉信息和统计制度等方面的研究。

1.2.1.3 我国花卉产业存在问题和展望

（1）我国花卉产业存在问题

目前，我国花卉生产面积已位居世界第一，约占世界花卉生产总面积的1/3。但生产效益与世界花卉业发达国家相比仍有较大差距。据统计，我国花卉生产平均每公顷产值仅约0.8万美元，而荷兰平均每公顷为44.8万美元，以色列为13万美元，哥伦比亚为10万美元。这主要是生产力水平较低、单位面积产量低、产品质量差、品种落后、生产企业规模过小、劳动生产率较低等因素造成的。

生产发展盲目，布局和品种不合理 由于缺乏对花卉产业特性的深刻认识，在"花卉是高效产业"思想的影响下，导致了生产盲目发展，低水平重复建设严重，造成布局不合理，鲜切花和低档盆花多，中高档盆花少，大宗产品多，特色名牌少。

生产技术落后，栽培设施简陋，经营管理粗放　花卉产业在我国发展时间较短，花卉整体生产水平低，生产方式还比较落后。比如我国鲜切花生产平均 50 ~ 80 朵/m²，仅为世界平均水平的一半，质量仅相当于三级花，而且绝大多数花卉的原种，都必须依靠进口。花卉产业作为特色农业，对农业设施要求高，需要专门的生产技术和温棚、水肥灌溉管网等固定化的农业设施。截至 2014 年我国花卉生产保护地总面积约为 13.35 × 10⁴hm²，仅占花卉栽培总面积的 10.5%，而且其中大部分为设施简陋的一般保护地。此外，我国花卉业仍属于劳动密集型产业，每公顷花卉生产面积上投入劳动人数为 6.82 人。

缺乏强有力的科技支撑体系　花卉作为技术密集型产业，对科技需求较高，而我国花卉科技支撑体系的发展滞后于生产的需要，研究、示范、开发、推广等科技支撑体系处于自发的零散组织状态，产、学、研互相脱节，科研成果转化效率低，严重阻碍了花卉产业化进程。作为支撑花卉科技体系的专业人才也严重缺乏。目前我国有花卉从业人员 550 多万人，其中专业技术人员 30 多万人，仅占从业人员总人数的 5.51%（表 1-2），大多数从业人员没有经过专业培训，对新品种、新技术的了解和应用能力较差。而在花卉业发达国家，不仅从业者普遍受过中等以上专业教育，受过高等教育的人员所占的比例也较高。花卉人才匮乏的问题直接影响到花卉产业的发展。

表 1-2　2004—2013 年我国花卉从业人员情况　　　　　　　　　　　人员单位/人

年度	2004	2005	2006	2007	2008	2009	2010	2011	2012	2013
从业人员	3 270 586	4 401 095	3 588 447	3 675 408	3 834 441	4 383 651	4 581 794	4 676 991	4 935 268	5 505 708
专业人员	122 586	132 318	136 412	132 214	146 450	149 588	159 861	195 180	241 407	303 281
比例/%	3.76	3.01	3.80	3.60	3.82	3.41	3.49	4.17	4.89	5.51

数据来源：中国农业年鉴

生产规模小，成本高，专业化程度低，经营分散　目前在我国花卉生产经营实体中，大中型企业仅有 15 000 多家，比例不到 20%，小规模个体花农依然是我国花卉产业中的主体力量（表 1-3）。花卉生产的主体是分散的农户，生产规模小。占多数的小规模花农缺乏生产技术知识，主要靠经验进行栽培和经营，生产存在一定的盲目性，难以满足市场需求。许多花卉企业还是"家庭作坊式"生产，产品质量差，经济效益低，尚未形成产业化发展的基本格局。分散的小规模生产造成了小生产与大市场的矛盾，难以形成规模效益，导致花卉产业发展缓慢，效率低下。

表 1-3　2004—2013 年我国花卉生产经营实体情况

年度	2004	2005	2006	2007	2008	2009	2010	2011	2012	2013
花卉市场/个	2354	2586	2547	2485	2928	3005	2865	3178	3276	3533
花卉企业总数/个	53 452	64 908	56 383	54 651	55 192	54 695	55 838	66 487	68 878	83 338
大中型企业/个	6717	8334	8458	7825	8378	9338	10 844	12 641	14 189	15 403
比例/%	12.57	12.84	15.00	14.32	15.18	17.07	19.42	19.01	20.60	18.48
花农/户	1 136 928	1 251 313	1 417 266	1 194 385	1 302 240	1 360 193	1 525 649	1 649 980	1 752 395	1 834 117

数据来源：中国农业年鉴

花卉种苗大量依赖进口，缺乏自有知识产权的新品种 我国花卉工作起步晚，育种工作滞后，科研单位没有充分利用现有的花卉资源，使得国内现有花卉品种老化，缺乏市场竞争力。据统计，从 1999—2013 年，我国农业植物新品种申请共 11 710 项，其中花卉 834 项，仅占 7%；授权的农业植物新品种共 834 项，其中花卉 106 项，仅占 12.7%。近年来国有大型花卉企业纷纷引进国外新品种，以求获得高效益。以切花月季为例，据统计，近 3 年云南昆明花卉拍卖中心月季销售前 10 名的全部是国外品种，这些品种的销售量约占拍卖市场切花月季总交易量的 80%。虽然新品种引进推动了我国花卉业的发展，促进了一些花卉龙头企业的兴起，但是种苗成本高，阻碍了生产效益的提高。同时由于我国科研与生产脱节，科研单位没有充分利用引进的花卉资源加以品种改造，造成了资源的浪费，企业的生产可持续性后劲不足。

花卉流通渠道不畅，缺乏完善的行销网络 花卉作为商品流通，其流通体系远不如其他商品，部分花卉产区仍然存在卖难的局面，大生产和大流通的格局尚未形成，国内外市场开拓不足。据中国花卉协会统计，我国东北地区、西北地区、华北地区的流通体系建设比较薄弱，不仅大型花卉批发市场少，3 个地区的花卉零售店加起来也只占全国的 6.2%。从我国花卉交易市场建设情况看，也存在两个方面的突出问题。一是重"批发"轻"零售"，批发市场与零售市场不配套；二是重"硬件"轻"软件"，我国大部分花卉批发市场将有限的资金投入到市场的硬件建设方面，在市场软件的建设方面，力度却不够。具体表现为缺乏管理，法规不完善，管理人员很少经过从业培训，市场信息网络不畅通，市场服务功能普遍不够完善，许多花市基本形成"有场无市"的状况。此外，在我国多数花卉交易中，仍一直沿用落后的面对面的议价交易方式（对手交易）。

在流通环节方面，也缺少专业的花卉物流公司，缺乏采收、整理、包装、贮藏、运输等采后处理技术以及无缝冷链保障体系，导致花卉在运输过程中损失巨大。优质优价的消费市场尚未形成，如云南斗南花卉市场的一级切花，由于经销商为节约包装和运输成本，采用挤压式包装，到北京莱太花卉市场再重新分装后销售，一级花就变成了三级花，花卉的商品价值大大缩水。

由于消费观念落后、收入水平较低和零售网点较少等原因，中国年人均花卉消费水平仍然较低，仅为 0.49 美元，一定程度上制约着我国花卉产业的进一步发展。

（2）我国花卉产业的展望

加大科技投入 花卉事业已逐渐成为世界新兴产业之一，如将中国丰富的资源转化为商品，就会变成一笔巨大的财富。商品化花卉生产既要一定的数量，更要保持整齐一致的高质量，若没有现代科技的运用和现代化设备的武装，很难飞跃发展。科学技术就是生产力已逐渐为人们所认识，国家设立了全国性花卉研究机构，各地也多设有相应的研究机构。为了提高花卉产品的产量和质量，应加强科技投入，研发和引进新品种、新技术、新设备、新材料，以及先进的栽培和管理技术等，尤其是原创性的种苗业研发工作等。目前，花卉业基础性调查研究工作已引起业内人士的重视，如近来中国各地发现和搜集到一批观赏价值高的花卉种质资源，其中有的可以直接引种，有的需经驯化，有的可作为培育新品种的亲本等。这些研究成果都必将为花卉事业的发展做出新的贡献。

加快培育优新品种，创立花卉品种品牌 品种选育工作是花卉产业发展的核心，也是国际市场竞争的关键。谁拥有新品种，谁就能获得巨大的经济效益。我国花卉资源极为丰富，遗传多样性突出，许多名花如牡丹（*Paeonia suffruticosa*）、梅花（*Armeniaca mume*）、月季、山茶（*Camellia japonica*）等起源于我国，花卉科技工作者应充分利用这些丰富的种质资源，通过传统的育种方法与生物育种方法相结合培育新品种。同时，加强对花卉种和品种的选择，重视适应生产性、交流运输性、抗病性等方面的研发。

先进技术的示范和推广　20 多年来，我国花卉科研工作已取得了多项成果，现阶段应通过各种推广体系，加速育苗、引种、栽培、产后处理、病虫害防治等科技成果的推广，提高生产者和管理者的技术水平，提升产品质量。同时，应普遍提高种植者、经营者以及爱好者的水平，利用各种宣传工具（如电台、电视台和报刊）宣传普及花卉栽培管理和经营的基本知识和操作方法，以适应花卉商品化生产的要求；同时建立情报咨询服务机构，掌握国际国内花卉生产和市场的信息和活动，大力发展适销对路的切花、盆花、种苗、种球、盆景和干花生产，并通报气象变化情况、病虫害发生发展的规律及防治方法、种子种苗的流通和农药化肥的供销情况，为花卉生产提供服务。近些年来，花卉贸易在全国的体系已初步建成，电子商务已在花卉销售中发挥作用。

"生产＋科研"模式与区域化建立基地相结合　国外农业企业均下设科技部门，企业将部分资金作为科研经费，形成了"企业养科研，科研促企业"的良性循环局面。实践也证明这种模式有利于企业的发展和科技创新。我国花卉生产与科研脱节，科技成果推广不畅，生产中科技含量相对较低。"生产＋科研"一体化模式的建立既能缓解科研单位经费不足、立项不准、有了成果推广不出去的问题，又解决生产单位有难题而求助无门的问题。同时，花卉种类繁多，要求的生育条件各异，我国地域变化大，发展花卉生产还应实行区域化、专业化、工厂化、现代化，有计划有步骤地发挥优势、形成特色、建立基地、形成产业。建立生产基地和流通联合体。建立经营种子、育苗设施、容器、机具、花肥、花药以及保鲜、包装、贮藏、运输等一套业务的机构，使各个环节相互协调配合，对促进花卉业的发展将会产生积极的影响。

总之，随着国民经济的发展和繁荣、人民生活水平的提高，充分利用我国天时地利的有利条件，中国花卉事业的质和量都会得到飞跃发展。

1.2.2　国外花卉产业

第二次世界大战结束后，相对和平的环境和世界经济的发展，使花卉业在全球范围内快速地繁荣起来，已成为当今世界最具活力的产业之一。目前，全世界花卉种植面积已达 $100 \times 10^4 \mathrm{hm}^2$ 以上，其中亚太地区花卉栽培面积最大。从栽培面积上看，排名前 5 位的国家依次是中国、印度、日本、美国和荷兰。具有花卉产业特长的代表性国家及其花卉是：荷兰的种苗、种球、切花；美国的种苗、草花、盆花、观叶；日本的种苗、切花、盆花；以色列的种苗、切花；意大利、西班牙、肯尼亚的切花及丹麦的盆花。荷兰、美国、日本等发达的花卉生产国拥有观赏性较好的花卉新品种，依靠先进的生产技术发展花卉种苗产业，控制花卉业命脉以获取高额利润。

目前世界花卉生产和消费已形成区域化布局。花卉产品成为国际贸易的大宗商品，年消费量稳步上升。近 30 年来，随着品种选育和生产新技术的推广，世界各国的花卉消费量保持着持续增长的势头；花卉采后技术应用和交通运输条件的改善，使花卉市场日趋国际化。花卉业的消费和生产与经济和生活水平关系密切。随着花卉发达国家生产成本不断提高，土地资源日益紧张，世界花卉生产由发达国家逐渐转向自然条件优越、生产成本较低的发展中国家。自然资源丰富、交通运输便利、劳动力廉价的国家和地区成为生产区域，而经济发达、生活水平高的国家和地区成为消费区域。同时大的消费区域的形成造就了大的生产区域。据联合国贸易组织统计，在花卉产品的国际贸易中，发达国家占绝对优势，欧盟、美国、日本形成了花卉消费的三大中心，这三大消费中心进口的花卉占世界花卉贸易产品进出口的 99%，其中欧盟占主导地位达 80%，美国占13%，日本占6%。世界进口花卉最多的国家排序是德国、美国和日本等；发达国家的花卉生产和出口也占绝对优势，约占出口总销售额的 80%，而发展中国家仅占 20%，如鲜切花，荷兰占世界出口销售总额的 59%，哥伦比亚占 10%，意大利占6%，西班牙占2%，肯尼亚占1%；盆花出口，荷兰占48%，丹麦占16%，法国占15%，比利时占10%，意大利占4%。当前世界花卉现代化商品生产主要有三大部分，鲜切花（60%）、盆花（30%）和观叶植物（10%），现在世界花卉的生产正以每年7%～10%的递增速度发展着。

世界花卉大国不断提高花卉科技投入和科技成果的转化，促进花卉产业规模化、专业化的发展。它们把传统的育种方法与先进的生物技术相结合，加快育种步伐，培育市场所需的多种花色、抗性强及带有香味的畅销品种，然后利用生物技术规模化批量生产种苗。在完善自动化栽培设施中实施先进的栽培管理技术，缩短成花时间，提高产品质量。目前世界花卉科研的主要内容有：① 丰富多彩的优质花卉新品种育种。荷兰花卉研究机构——荷兰园艺植物研究所和荷兰花卉研究中心，多年来研究花卉新品种的遗传规律，进行抗逆性和适应性杂交育种工作，每年都能推出多种类型的花卉新品种，如郁金香（*Tulipa gesneriana*）、彩色马蹄莲（*Zantedeschia aethiopica*）、花烛（*Anthurium andraeanum*）等畅销世界的名优花卉。以色列在新品种选育上主要以引进国外野生资源进行杂交，改良品质为主，选育了月季、香石竹、百合等新品种。美国主要进行花卉新类型的研究，从南美、北美、欧洲、亚洲等地引进花卉新类型，然后加以改良，育成了袋鼠爪（*Anigozanthos manglesii*）、洋桔梗（*Eustoma grandiflorum*）、姜荷花（*Curcuma alismatifolia*）、铁线莲（*Clematis florida*）、虎眼万年青（*Ornithogalum caudatum*）等多类型新品种。世界花卉新品种培育主要通过传统的常规育种、优良性状植株杂交、自然变异或人工诱导变异等多种方法。随着生物技术不断完善，转基因育种也成为重要的育种手段。② 高产、高效、优质的花卉种植设施的研究。研究内容包括玻璃连栋温室结构及内部配套的电脑控制的自动化技术、加热设备、排灌系统及组装、透光好的复合膜及活动栽培床等设施研究。在该领域技术领先的国家有荷兰、以色列、西班牙和美国。③ 栽培技术的研究。研究内容包括机械化栽培技术、无土栽培技术、植物生长调节剂应用技术及产后保鲜技术。

世界花卉生产发展趋势：① 世界花卉生产持续地迅速增长。局部的战争、经济危机、自然灾害等都未能遏制花卉业的持续增长。花卉业迅速发展有以下原因：第一，需求量大、经济效益高。以美国为例，每亩*小麦（*Triticum aestivum*）年收入 86 美元，棉花（*Gossypium*）300 美元，而杜鹃花（*Rhododendron simsii*）达 14 000 美元；第二，花卉业

---

* 1 亩 = 666.7m²

的兴旺，带动了花肥、花药、栽花机具以及花卉包装贮运业的发展；第三，促进了食品、香料、药材产业的发展。如丁香(*Syringa oblata*)、桂花(*Osmanthus fragrans*)、茉莉(*Jasminum sambac*)、玫瑰(*Rosa rugosa*)、香水月季(*Rosa odorata*)等常用于提取有名的天然香精，红花(*Carthamus tinctorius*)、兰花(*Cymbidium* spp.)、米兰(*Aglaia odorata*)、玫瑰可作为食品香料，芍药(*Paeonia lactiflora*)、牡丹、菊花、红花都是著名的中药材；第四，举办各种花卉博览会或是花卉节，以花为媒，吸引游人，推动旅游业的发展。②花卉生产布局发生了全球性的调整和变化。随着花卉需要量的增加，世界花卉栽培面积也在不断扩大。为了降低生产成本，适地适花，生产基地正向世界各处转移形成几个大的全球性花卉生产和销售中心，如南美洲的厄瓜多尔、哥伦比亚成为主要生产国，产品主要供应美国、加拿大等几个消费国；非洲的津巴布韦、肯尼亚成为花卉出口中心，产品主要供给欧洲。产生这一变化的主要原因是这些南美洲和非洲国家具有气候优势和廉价劳动力，其花卉生产成本低，在国际花卉市场上有较强的竞争能力。如肯尼亚、赞比亚、津巴布韦等国冬季生产的月季切花，已在荷兰的花卉拍卖市场上占有相当的比例，非常引人注目。③世界花卉消费增长迅速。各国花卉的人均消费量不断增加，当前世界有三大花卉消费市场，其一是以美国为首的北美洲花卉消费市场，美国有 70% 的花卉要从国外进口；其二是以德国、法国为主的欧洲消费市场，德国 60%，法国近 20% 的花卉靠进口；其三是以日本、中国为主的亚洲消费市场，今后世界最大的潜在花卉消费市场在亚洲。④鲜切花生产快速增长。鲜切花销售额已经占世界花卉销售总额的 60% 左右，是花卉生产中的主力军。现在荷兰年人均消费鲜切花 150 枝、法国 80 枝、英国 50 枝、美国 30 枝，而中国年人均切花消费仅为 0.6 枝，各国仍有消费迅速增长的势头，预计今后几年鲜切花的消费量将增加 1 倍以上。⑤观叶植物和野生花卉的引种发展迅速。随着城镇高层住宅的修建，室内装饰水平的提高，室内观叶植物普遍受到人们的喜爱。这类植物属喜阴或耐阴的种类，常见栽培的有秋海棠(*Begonia grandis*)、花叶芋(*Caladium bicolor*)、龟背竹(*Monstera deliciosa*)、文竹(*Asparagus setaceus*)、吊兰(*Chlorophytum comosum*)、朱蕉(*Cordyline fruticosa*)、玉簪(*Hosta plantaginea*)、肖竹芋(*Calathea ornata*)、花烛、竹芋(*Maranta arundinacea*)、姬凤梨(*Cryptanthus acaulis*)、绿萝(*Cryptanthus acaulis*)、鸭跖草(*Commelina communis*)等。⑥世界花卉生产向着花卉产品的优质化、高档化、多样化，以及生产工厂化、栽培专业化、管理现代化、供应周年化、流通国际化的方向发展。随着花卉流通体系的日益完善，促使花卉生产者不断提高产品的质量，不断更新和丰富花卉的种类和品种，加强流通体系和运输系统建设，逐步做到花卉的四季均衡供应。

1.2.3　国内外花卉种苗业

随着世界花卉的迅猛发展，全球花卉苗木需求也在增长，但市场竞争将更加激烈。同时，人们对花卉种苗产业的发展和花卉苗木产品某一特定的性状将有更高要求，花卉种苗产品质量与价格在市场竞争中日益成为重要的竞争因素。花卉工业化和现代化程度提高，相应的花卉种苗的社会需求也发生了巨大转变，传统用材与绿化树种如杉类(*Cunninghamia* spp.)、马尾松(*Pinus massoniana*)、湿地松(*Pinus elliottii*)、木荷(*Schi-*

ma superba）、枫香（*Schima superba*）、杜英（*Elaeocarpus decipiens*）和樟树（*Cinnamomum camphora*）等花卉苗木，严重滞销。而能满足当今花卉生产、新奇特的经济林品种和优美的绿化品种则备受市场青睐，供不应求。社会对花卉苗木需求结构性的变化，使得花卉种苗市场化程度不断提高。同时，也使传统的花卉种苗产业面临巨大的挑战。国内外花卉种苗产业现代化的主要特点如下：

（1）加快新品种选育

由于花卉的杂种优势明显、杂交制种的经济效益高，欧美许多国家的园艺工作者对花卉杂种优势的利用进行了更广泛的研究，运用现代育种技术（如人工去雄、人工授粉异交、雄性不育系、利用真空花粉收集器辅助授粉、通过诱导体细胞胚合成人工种子等）生产花卉的杂种优势的 F_1 代"杂交种子"。如今，矮牵牛（*Petunia hybrida*）、金鱼草（*Antirrhinum majus*）、三色堇（*Viola tricolor*）、百日草（*Zinnia elegans*）、藿香蓟（*Ageratum conyzoides*）、蟆叶秋海棠（*Begonia rex*）、金盏菊（*Calendula officinalis*）、蒲包花（*Calceolaria crenatiflora*）、仙客来（*Cyclamen persicum*）、香石竹、凤仙花（*Impatiens balsamina*）、万寿菊（*Tagetes erecta*）、半边莲（*Lobelia chinensis*）等花卉的强优势组合选育成功，其商业化生产技术规程已经成熟。同时，利用现代育种方法保优提纯生产"自交种子"。

目前，花卉产业发达国家加大花卉品种选育开发的投入，全世界每年受理6000个以上，新品种授权4000多个。世界上花卉新品种基本上由荷兰、美国、日本、法国、德国、以色列等少数发达国家所控制。如德国拥有全世界规模最大的月季育种公司 KRODES-ROSEN 以及欧洲最大的高山杜鹃（*Rhododendron lapponicum*）育种公司 HEINJE，而荷兰最大的百合育种公司 Vletter & den Haan 每年均能培育出80~100个新品种。

伴随着世界种子技术的发展和整体技术水平的提高，国外园艺工作者又进行了一系列的"花卉人工种子的合成"研究，桂竹香（*Erysimum × cheiri*）、常春藤（*Hedera nepalensis* var. *sinensis*）、胡椒（*Piper nigrum*）、丝兰属（*Yucca*）、苏铁（*Cycas revoluta*）、金鱼草、一品红（*Euphorbia pulcherrima*）等30多种花卉的不定胚被诱导成功，并形成了人工种子。但由于工艺、成本、技术方面的原因，目前人工种子还未形成商品化推广应用。

欧洲是世界花卉原种繁育的中心之一，经过上百年的发展，具有了完备的花卉生产体系和认证程序。为防止植物病虫害在国际间蔓延，欧洲及地中海地区植物保护组织（European and Mediterranean Plant Protection Organization，EPPO）在充分考虑植物卫生安全的原则下，在观赏花卉中逐项提出健康种原生产标准，以便于该地区农产品的流通。

（2）育苗技术现代化

组培和容器育苗等现代化育苗设施在花卉生产中广泛运用，花卉种苗的生产规模和数量迅速增加。容器育苗是各国花卉苗木生产者追求的目标，容器苗不仅移植成活率高，缓苗期短，苗木生长快，而且栽植不受季节限制。容器育苗的使用彻底改变了育苗流程和作业方式，便于实现机械化、工厂化育苗。目前，发达国家的花卉苗木生产基本上实现了容器育苗。如美国每年约250亿株花卉苗木中有90%以上是容器苗和穴盘苗；挪威、加拿大、芬兰和日本等国的花卉苗木产业也基本上实现了容器育苗。育苗工厂化已成为花卉苗木产业现代化的重要标志。穴盘苗和容器苗的普遍使用，使花卉苗木生产的工业化得以实现，自控温室、塑料大棚、高架苗床、加温通风、内外遮阴、自动播种、滴喷灌设施和施肥机械设备，以及基质和肥料等配套技术体系等极大地提高了劳动效率和经济效益。同时，建立统一的健康种苗生产技术标准和有效的检验认证机制及程序，对整个种苗生产流程进行严格的质量控制。

如我国台湾运用现代科技引种和改良花卉品种的同时，研发了现代化、自动化的育苗技术，提高了种苗的品质，加快了种苗的繁殖速度，菊花生产中利用穴盘和自动化温室育苗，满足全岛栽培户的需要。组培苗的推广与运用使种苗生产上了一个大台阶，蝴蝶兰 (*Phalaenopsis aphrodite*) 满天星、火鹤 (*Anthurium scherzerianum*)、非洲菊 (*Gerbera jamesonii*) 等运用组培方式繁殖种苗，受到经营者的欢迎。此外，在花卉的生产方面，实行田间作业自动化，利用电脑环控自动化温室调节温度、湿度、光照等生长条件，在产后花卉产品的冷藏和贮运过程的自动化程度都非常高。台湾在生物技术、自动化生产、信息和运输技术等方面都比较成熟，使其成为亚洲花卉业的领导者。

(3)运作市场化和社会化

目前，花卉苗木生产各个环节的衔接是以经济为纽带，以订单为手段来实现市场化的有效运作。大宗花卉苗木采购采用招标机制，实现订单式定点生产，对应用于公益性的林种(如生态林和公益林)则实现育苗补贴机制，以减轻使用者的成本压力。

芬兰和瑞典等国对部分用材林苗木则实现了定向育苗，免费使用，促进了私有制林业的发展。种苗产业发展的现代化形态中，专业化分工的结果就是主业以外的工作都由社会的专业化公司来承担。如育种、制种、容器的生产制作、病虫害防治、信息统计与咨询、策划与宣传、产品销售等完善的社会化服务体系的形成，有利于降低企业运营成本，提高专业水平。随着花卉产品逐步走进大众日常消费，物流和终端网络建设日显重要，花卉业也将进入"决胜终端"时代。为了达到资源的最佳整合，花卉业也会大量出现跨行业合作、同行业上下游企业之间的合作、竞争对手之间的互补及联合等。

(4)品牌国际化

品牌是产品开发和推广的支撑，是市场竞争的法宝。如位居全球 500 强企业前列的花卉企业也是以创优品牌控制市场。国内的大型种苗企业如先锋种业、胖龙种苗及国内的虹越花卉、蓝天园林等，均是依靠高科技和强大实力实现了花卉苗木品质长期优异，创立了品牌，进而占有市场。花卉产品成为大众日常消费品，花卉企业不能只做行业内的品牌，而是要做大众化的品牌，不但在业内有话语权，而且对大众有引导力。

1.3　我国花卉种苗业存在的主要问题和今后发展方向

1.3.1　制约我国花卉种苗生产的原因

(1)花卉种苗大量依赖进口，缺乏自有知识产权的新品种

我国花卉工作起步晚，育种工作滞后，科研单位没有充分利用现有的花卉资源，使得国内现有花卉品种老化，缺乏市场竞争力。我国新品种选育与花卉产业的总体发展极不相配，导致生产上常用的花卉品种尤其是大宗切花与盆花品种绝大多数来源于国外。据报道，我国每年大量引进园林花卉品种，一、二年生及宿根花卉的主要品种每年都在引进；园林植物和草坪草引种数量也很大。从 2006 年度中国花卉进出口统计来看，进口的种球和种苗(5659.8 万美元)占进口花卉的 81.5%，出口的种球和种苗(1647.2 万美元)占出口花卉的 16.2%，且进口种球和种苗(307.3 美元/t)的单价是出口(95.2 美元/t)的 3 倍多。

（2）近年来国有大型花卉企业纷纷引进国外新品种，以求获得高效益

虽然新品种引进推动了我国花卉业的发展，促进了一些花卉龙头企业的兴起，但是种苗成本高，阻碍了生产效益的提高。我国现代花卉产业是建立在国外品种的基础之上的，没有大规模的品种引进，就不可能有我国花卉产业的高速发展。但近 20 年来引进的品种绝大多数并不是国际最先进的，引种多数是简单的生产资料购买，很少进行创新性的品种改良与开发，造成花卉品种引进与种子进口量逐年上升，生产企业效益下降。另一方面，我国传统品种资源大量外流或丢失，被国外企业用于新品种研发，使民族种苗产业及花卉生产处于极其脆弱和被动的状态。这一问题如不引起重视，将会导致我国花卉产业的全面被动。

我国花卉品种及种苗生产落后的原因大致可以归纳为四点：

①在花卉产业发展过程中，国家没有及时建立完整的新品种开发体系，科研经费投入极少，目前既没有专门的国家花卉育种机构也没有成规模的花卉育种企业，育种材料积累不够，育种技术落后，创新能力差，培育不出具有国际竞争力的品种。虽然从"十二五"开始，国家将花卉纳入生物种业科技规划，但总体来说，国拨的研发经费有限且僧多粥少。而美国著名种业公司每年投入的研发经费将达到数亿美元，几乎比肩中国的全部农业科技投入。如 2010 年，先锋、孟山都、先正达公司的育种研发投入分别达到 10 亿、6 亿、4 亿美元，正因如此，先锋种业等企业能驰名全球，市场份额不断扩大。

②政府没有建立对花卉育种的激励机制，植物新品种保护和登录制度不健全，对花卉品种的侵权行为惩罚不力，客观上埋没了人们的创新精神，滋长了非法占有或弄虚作假的不正当行为。

③花卉从业人员面对国外的优种名花普遍缺乏培育新品种的热情和信心，并且对花卉种质资源与新品种专利的保护意识淡薄，导致民间育种很不活跃，丧失了培育新品种的人文环境和群众基础。

④我国花卉种业的基点存在着很大的偏差，国内从事花卉种业的公司和人员，绝大多数将精力投放在代理销售上，很少在育种或相关技术上下工夫。这不仅促使国外种子很快占领了国内市场，而且在很大程度上给国内花卉育种带来不公平的国际竞争压力，挤占了民族花卉种业的发展空间，使得本来就举步维艰的国内花卉育种工作扼杀在萌芽状态。

我国花卉种苗业在种苗生产的设施、基质、营养配方等方面与发达国家差距较大，目前较为先进、应用较多的多为国外的产品，国内原发的科技产品很少。主要原因是对花卉种苗业的科技投入不足，以及工业等相关领域的成果在花卉种苗业上的转化应用不畅通。

此外,我国缺乏统一的健康种苗生产技术标准和有效的检验认证机制及程序,从而无法对整个种苗生产流程进行严格的质量控制。据统计,我国花卉行业的各类标准的制定(国家标准、行业标准、地方标准)仅占林业标准的8.82%(表1-4)。

表1-4　2002—2011年我国林业标准制定情况

年　度	林业行业标准				其中花卉标准			
	GB	HB	DB	小计	GB	HB	DB	小计
2002	66	87	61	214	0	5	16	21
2003	130	53	99	282	2	0	32	34
2004	87	81	129	297	0	2	5	7
2005	80	69	175	324	0	4	44	48
2006	110	109	107	326	1	4	22	27
2007	22	126	130	278	0	8	34	42
2008	136	170	181	487	0	18	17	35
2009	50	60	194	304	0	8	19	27
2010	22	164	200	386	0	7	17	24
2011	46	96	56	198	1	6	1	8
小计	749	1015	1332	3096	4	62	207	273
比例/%					0.53	6.11	15.54	8.82

数据来源:中国林业信息网官网(http://www.lknet.ac.cn/)

20世纪90年代以来,随着我国花卉产业的迅猛发展,组培和现代化育苗设施在花卉生产中广泛运用,花卉种苗的生产规模和数量迅速增加,香石竹、菊花等大多数花卉种类都基本实现了种苗本地化。虽然花卉种苗生产有了长足的发展,但不同种苗生产企业的产品,甚至同一企业不同时期产品的质量都良莠不齐,特别表现为很高的带毒、带病率。

在选育种研究的严重滞后的前提下,对花卉种苗基础性研究和种质提纯复壮工作的忽视,已成为制约中国花卉种苗业持续发展的瓶颈。目前,中国市场上流行的花卉品种大多是直接从国外引进,进行短期的试种研究即进行大规模推广,品种适应性及配套生产技术都不十分成熟,大大增加了投资风险。有的品种开始表现较好,时间一长就出现"品种退化",而种质创新工作又未能及时跟上,因此,外来花卉"昙花一现"的现象十分普遍。

1.3.2　发展我国花卉种苗业的对策与方向

(1)加快培育优新品种,创立花卉品种品牌

紧紧依靠科技进步,大力开展花卉的品种培育、改良和引进工作。充分利用各方面资源,建立花卉良种繁育场、花卉品质改良中心,加快国内花卉野生资源的开发、驯化和示范推广,同时加强对国外花卉优良品种的引进和培育。我国花卉资源极为丰富,遗

传多样性突出，许多名花如牡丹、梅花、月季、山茶等起源于我国，据研究，我国的野生观赏植物有 7930 种，能够直接应用的有千种以上，有开发潜力的花卉有数千种，将为新花卉开发和新品种培育提供丰富材料和基因资源。花卉科技工作者应充分利用这些丰富的种质资源，通过传统的育种方法与生物育种方法相结合培育新品种。选育新品种、加速种苗生产的科技含量，提升我国花卉的国际市场竞争力，以获得最大的经济效益。

(2) 建立、健全良种培育、繁殖、质量检测和种子加工处理体系

良种培育体系是保证种源纯正、保护知识产权、鼓励种质创新、防止种质退化和混杂的基础。尽快建立健全花卉产品优势产区的良种繁育体系，加大知识产权保护的力度。随着中国花卉产业的不断发展，越来越多的花卉企业开始认识到品种创新和标准化育苗在产业发展中的重要性。所以，要把种业作为优势产区发展壮大的先导产业，提高自主供种能力和种子(种苗)质量。

(3) 健全推广体系，提高集约化供种、供苗水平

要建设完善一批新品种研发、良种繁育等基础设施，加快优良新品种的推广步伐；在大宗观赏盆花、绿化苗木及鲜切花优势产区集中建设一批无病毒苗木繁育基地；按照生产规模化、产品标准化的要求，在优势产区实行统一供种，提高良种覆盖率。

(4) 建立质量标准体系，大力推行标准化生产和管理，创建产地品牌

中国花卉种苗产业正朝着规模化、专业化、标准化的方向发展。要强化花卉种苗产品的质量标准和管理意识，加快优势花卉种苗产品质量标准及生产技术规程的制定和修订，按照国际、国家及行业标准，分别提出各类产品的质量要求，引导生产者按标准组织生产。在优势产区选择产业发展基础好的重点县(市)，按照产业化的要求，建设一批标准化生产示范基地，充分利用优势产品的特色，通过一系列规范化管理，创立花色品种对路、质量过硬、成本低廉、技术含量较高，且有自主知识产权的产地品牌。将示范基地建成优势花卉种苗产品的出口基地、龙头企业的原料供应基地和名牌产品的生产基地。

1.4 "花卉种苗学"课程概述

1.4.1 课程的性质、目的和任务

花卉种苗学是研究花卉种子、种球、苗(木)生产、繁殖、培育理论和技术的科学，花卉种苗生产的中心是全面实现花卉产业的社会、生态和经济效益。"花卉种苗学"是以生物学、园艺学和农业设施科学等为基础的一门综合性课程。在学习这一课程之前必须具有一定的物理、化学、植物和植物生理学、设施学等知识基础，同时还要具备植物育种、土壤肥料、植物保护、生态气象、农业设施和计算机等科学知识。

"花卉种苗学"课程任务是使观赏园艺专业(方向)的学生熟悉花卉种子、种球、苗(木)生产、繁殖、培育的基本理论和常规生产技术；掌握花卉种苗科研的基本方法和种苗生产的基本技能；了解花卉种苗生产新理论、新技术、新设备、新机具和新材料的

研究成果。

学习"花卉种苗学"的目的，是为各种类型、不同需求的花卉种苗生长发育提供最适宜的环境条件，充分利用自然资源和设施设备，生产出优质的花卉种苗。因此，首先要学习和了解花卉种苗的生物学特性、遗传特性和对环境条件的适应能力；其次，熟悉和掌握各种花卉种苗繁育方法的基本技能和特点，以及提高繁育效率的手段，并学会在不同条件下对不同的花卉采用适宜的种苗繁育技术；第三，熟悉和掌握花卉种苗繁育生产中所运用设施(设备、器具和基质等)的性能及特点，并能在具体种苗繁育生产中因地制宜地提出设施使用方案；第四，能综合运用以上知识进行花卉种苗生产建设和管理，同时了解国内外花卉种苗繁育的新动向，及时改进花卉种苗繁育生产管理水平。

"花卉种苗学"将基础知识、种苗繁育特点和科技进步三结合，特别是掌握良种(苗)繁育的基本规律与环境条件的关系，根据种类、品种选择适宜的育苗环境和设施，充分利用当地资源，运用恰当的繁育和栽培调控技术，实现种苗生产中速生与优质、产量与效益、投入与产出、效益与环保等的统一，使花卉种苗产业达到高效益、可持续的发展。

1.4.2　课程的内容和特点

"花卉种苗学"的课程主要有：种苗圃地的规划与建设，花卉种子生产，花卉穴盘苗生产，专业扦插苗生产，花卉分株苗、嫁接苗及压条苗生产，专业组培苗生产，花卉种球生产等内容。其主要特点是较为系统地阐述花卉种苗繁育的基本原理和方法；介绍国内外花卉种苗生产的新技术、新设施(设备、器具和基质等)、新工艺，以及最新理论和技术的研究成果；以现代花卉种苗企业的生产实例，阐述花卉种苗现代化生产的流程和技术应用。

1.4.3　如何学好"花卉种苗学"

"花卉种苗学"是一门应用性课程，在具备一定相关基础课程的前提下，学好花卉种苗学课程应做到以下两方面。

首先，从花卉种苗繁育的基础理论到种苗规模生产性运作，循序渐进地了解和掌握种苗繁育的知识：①要掌握花卉种苗繁育基础知识，如种子繁育、常规无性繁殖、组织培养等的基本理论，以及这些繁育技术的基本原理。例如，本教材的种苗圃地的规划与建设，从圃地的环境入手论述了种苗圃地的要求，以及正确选择、规划和建设的基本原则和方法，解析因地制宜选择和建设种苗圃地是降低种苗生产(贮运)成本、减灾防灾、提高效益的基础。②要了解常用花卉种类种苗繁育的特性，善于总结和归纳共性，了解各类花卉优质种苗繁育的特异性，初步有针对性地掌握某一花卉种苗繁育的技术方案、生产流程和注意事项。③掌握环境控制的理论和设施控制技术要领，通过实习，学习和了解花卉种类种苗繁育的规模生产要求，以及穴盘生产等花卉种类种苗现代设施工厂化规模生产特点。

其次，掌握正确的学习方法：①理论联系实际，实践验证理论，成功的种苗生产实践积累将反过来促进种苗繁育理论的进一步发展，要学好应用性课程"花卉种苗学"，实践操作和技能学习十分重要，只有结合实践的学习才能真正掌握花卉种苗繁育的原理与技术；②动手、动脑、多看、多问，花卉种苗生产涉及生物学、机械工程学和环境控制等科学，因此要借鉴相关学科的研究成就，扩大视野，综合运用多学科知识，力争做到"举一反三""触类旁通"，提高理解和运用交叉学科理论知识的水平，以及分析问题和解决问题的能力；③了解和掌握国内外花卉种苗生产理论、技术、设施的研究成果，尤其是及时了解花卉种苗生产发达国家的良种、设施、机械、技术等方面的科技进步，提高创新能力。

小 结

花卉是城乡园林绿化的重要材料，是人类精神文化生活的重要材料，是国民经济的重要组成部分。通过本章的学习，重点掌握花卉、花卉产业等的概念和作用；一般掌握国内外花卉产业发展概况；了解我国花卉栽培简史；了解世界花卉生产的特点和世界花卉生产发展的趋势。

思考题

1. 什么是花卉、园林花卉与花卉产业？
2. 园林花卉与园林树木在园林中的作用有何不同？
3. 试举出中国古代著名的园林花卉著作 10 部。
4. 简述世界花卉发展特点和趋势。
5. 简述我国花卉产业发展现状与特点。
6. 请写出我国十大名花。

参考文献

陈发棣，房伟民 . 2004. 城市园林绿化花木生产与管理[M]. 北京：中国林业出版社 .

陈其兵 . 2007. 园林植物培育学[M]. 北京：中国农业出版社 .

苏付保 . 2004. 园林苗木生产技术[M]. 北京：中国林业出版社 .

吴少华 . 2001. 园林花卉苗木繁育技术[M]. 北京：科学技术文献出版社 .

2

种苗圃地的规划与建设

　　种苗圃地是为城乡绿化和花卉生产提供种苗的基地，是城乡绿化体系中不可缺少的组成部分。一个城市的绿化、美化、环境改善，需要建设适应城市建设与发展的、一定数量与一定规模的种苗圃地。为了方便、快捷、优质地为园林绿化和花卉生产提供种苗，就要对一个城市的圃地数量、位置做好规划，还要进行勘察设计、建设施工，最终成为功能比较完善、科技水平较高、规模生产优质种苗的现代化圃地。这是一座城市创建园林城市和生态城市的基础。

　　根据城市绿化种苗用量、花卉需求量和城市发展规模对圃地数量、规模、面积和位置等进行合理布局，使其均匀分布，达到就地育苗、就地供应、减少运输、降低成本、提高成活率的效果，这在大中型城市尤其重要。在城市规划工作中，通常把圃地设在城市郊区。根据城市的规模，需要建立多个圃地时，根据不同的城市对种苗的需求状况，可选择郊区的不同方位分别建立规模大小不同的数个（2~3个或3~5个）圃地，以保证种苗均衡供应和方便运输。特别是大、中型城市，要对城市的圃地进行规划，合理布局。规划应注意有利于种苗培育、有利于绿化、有利于职工生活的原则。

　　圃地的布局应和城市绿地系统规划相适应。城市绿地系统规划是分阶段进行的，一般都有近、中、长期规划和目标。各阶段绿化目标不同，在圃地规划布局时应考虑各阶段的目标，做到既能满足当前绿化用苗的需求，又有前瞻性，为长期规划留有一定的发展空间。圃地布局时，也要与城市绿地的布局相吻合。因为，圃地作为城市绿地的一种类型，即生产绿地，其布局、面积、规模和生产品种和种类都要与生产绿地的规划相符合。

　　圃地依面积大小可分为大型、中型和小型圃地。大型圃地一般20hm² 以上，中型圃地7~20hm²，小型圃地 7hm²以下。一般大型圃地功能齐全，投资多，可生产种苗种类多、产量大，可作为主导苗圃；小型圃地投资少，建设周期短，可重点培育某些种苗。

　　依所在位置可分为城市苗圃和乡村苗圃。依育苗种类可分为专类苗圃和综合性苗圃。依经营期限可分为固定苗圃和临时苗圃。

　　随着我国市场经济体制的建设、发展与完善，人们对花卉认识的提高，国家对绿化的重视和投入，种苗生产已是一项重要的可获得很大经济利益的产业。种苗的供应已不是计划经济体制下的政府调拨。目前，农民、个体、私营公司、科研院所也进入种苗生产领域，特别是异地种苗的交流，形成激烈的市场竞争局面。因此，城市圃地的数量、面积和布局还要考虑市场供需，以及周边地区相近产业发展情况。

国家重点建设项目、重大的城市改造建设，需要新建大面积绿地或绿化改造，因而需要大量种苗，可根据需要扩建圃地或以市场运作方式解决种苗供应问题。无论是何种性质的圃地，它的设计、建设要有可靠的技术保证，符合当地社会、经济发展需要，才能将圃地建设好、利用好，培育出更多的优质种苗。

搞好基地建设也是花卉制种业可持续发展的重要环节。基地建设的好坏，直接影响花卉制种的产量和质量。因此，种苗圃地和制种基地建设要考虑以下几个方面。

2.1　生产圃地的选择

生产圃地的选择是一项十分重要的工作。如果选择不当，将会给种苗生产带来很多困难，甚至造成不可弥补的损失。所以，在任何情况下，对影响苗木生产的直接因素和间接因素进行很好的归纳将有助于设计最好的圃地，以满足绿化的需求（图2-1）。此外，在选择圃地时，要全面考虑当地自然条件和经营条件等因素。圃地选择得当，有利于创造良好的经营管理条件，提高经营管理水平。

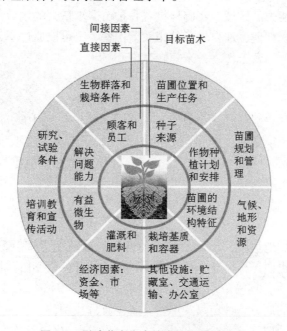

图2-1　影响苗木生产的直接和间接因素

2.1.1　经营条件

圃地的经营条件直接关系着圃地的生存和发展。经营条件包括通信、道路交通、电力供应条件、水源、周边的科研服务机构、劳动力市场、农用机械服务、地方民情、社会文化环境等。

(1)交通条件

交通便捷是圃地选择的一个主要经营条件。圃地应设在城市郊区或靠近城市的交通方便的地方,即靠近铁路、公路或水运便利的地方。便利的交通可以减少种苗出圃和生产物资运输的成本,可以减少或消除种苗长途运输对种苗质量的影响,使所培育种苗能较好适应城市环境,并可减少种苗损失,提高种苗的栽植成活率。乡村圃地一般离城市较远,为了方便快捷,应选择在等级较高的国道或省道线附近,过于偏僻和不良路况的地方最好不选。

(2)电力和人力条件

圃地有充足的电力和人力资源,可保证生产的顺利进行,充分利用社会力量,以便于解决劳力、畜力、电力等问题,尤其是在春、秋圃地工作繁忙的时候,便于招收季节工(临时工)。因此,人力资源较充足的乡镇附近可保证调集人力,满足生产的需要。

(3)周边环境条件

为了保证种苗的质量,圃地应选择在远离污染源的地方,即离污染严重的工矿企业远些。注意周边地区相同和相似花卉种源,防止和清除病虫害转主寄主。

(4)销售条件

从生产技术观点考虑,圃地应设在自然条件优越的地方,但同时也必须考虑有较强的种苗供应和销售能力的区域。将圃地设置在种苗需求量大的区域范围内,往往具有较强的销售竞争优势。即使圃地自然条件稍微差一些,也可以通过销售优势加以弥补。因此,销售条件应作为经营条件之一来综合考虑。

2.1.2　自然条件

影响种苗生长的自然条件分为地形、土壤、气候和生物因子。而气候条件又包括大的气候条件与小的生境条件(小气候条件)。大气候条件虽不能改变,但也应排除极端气候因子影响的地段。小气候因子变化较大,应慎重考虑,但小气候因子资料不易获得,由于它与地形因子密切相关,因而常以地形因子的选择取代。

2.1.2.1　地形

选择排水良好、地势较高、地形平坦的开阔地或坡度为1°~3°的缓坡地为宜。既宜灌水又宜排水,也便于机械化作业。山地丘陵区因条件限制时,可选择在山脚下的缓坡地,坡度在5°以下。容易集水的低洼地、重盐碱地、寒流汇集地、风害严重的风口,以及温差变化较大的地方,种苗易受冻害,都不宜选作圃地。易遭山洪暴发、日照太弱的地方也不宜选作圃地。

如果地形起伏较大,由于坡向不同,直接影响到光照、温度、湿度,土层的厚薄等因素也不同,因此,对种苗的生长发育有很大的影响。南坡背风向阳,光照时间长,光照强度大,温度高,昼夜温差大,湿度小,土层较薄;北坡与南坡情况相反;东、西坡向的情况介于南坡与北坡之间,但东坡在日出前到中午的较短时间内会形成较大的温度变化，而下午不再接受日光照射，因此对种苗生长不利；西坡由于冬季常受到寒冷的西北风侵袭，易造成种苗冻害。

我国地域辽阔，气候差别很大，栽培的种苗种类也不尽相同，可依据不同地区的自然条件和育苗要求选择适宜的坡向。在北方，冬季干旱寒冷，西北风危害，选择背风向阳的东南坡中下部作为圃地最好，对种苗顺利越冬有益。在南方，温暖湿润，常以东南和东北坡作为圃地；而南坡和西南坡光照强烈，夏季高温持续时间长，对幼苗生长影响较大。如果一个圃地内有不同的坡向，则应根据植物种类的不同习性，进行合理安排。如北坡培育耐寒、喜阴的种类；南坡培育耐旱、喜光的种类等，这样既能够减轻不利因素对种苗的危害，又有利于种苗正常生长发育。

一般情况下，在低山区建圃地时，在有灌溉条件的地方，选东南向为好；没有灌溉条件的地方，要选阴坡北向、东北向。即尽量不要选择阳坡，而选择阴坡较好。因为阳坡光照长，温度高，水分蒸发量大，土壤水分少、干旱，地被稀少，有机质也就少，因此肥力低。阴坡则有充足的水分和养分。在高山区建圃地时，主要矛盾是温度低，阳坡条件就比阴坡好，所以，要选阳坡。至于海拔多高为界，应因地制宜，但始终不能忘记水、氧、气、热这几个条件。

在河滩、湖滩和水库附近建立圃地，应考虑设在历史最高洪水位以上。

2.1.2.2　水源

圃地要有充足的水源条件，才能培育壮苗；如果无水源，就不可能得到壮苗丰产，甚至会造成育苗的失败。

圃地应设在江、河、湖、塘、水库等天然水源附近，最好在地势较高的地方，便于引水灌溉。如无天然水源或水源不足，则应选择地下水源充足，能打井提水灌溉的地方作为圃地。

圃地灌溉用水的水质要求为淡水，水含盐量不超过0.1%～0.15%。来自土壤、降水或地表径流的水分进入灌溉系统可能带来化学污染物质。例如，像钙、硼等矿物质污染，通常发生在井水。但江、河、湖、沟渠等也可能发生矿质污染物质，须对候选圃地水源的矿物质含量及浓度进行分析、评价。来自江、河、湖、沟渠等开放水源的水易遭受草籽的污染。如浓度过高，会导致苗床草荒。用特殊设计的筛子（过滤装置）可减轻其危害。水生病原可能会感染根系和叶，必要时应用化学药剂处理。

地下水位对土壤性状的影响也是必须考虑的一个因素。地下水位不能过高或过低，地下水位过高，土壤孔隙被水分占据，导致土壤通透性差，使得种苗根系生长不良。土壤含水量高，地上部分易发生徒长现象，而秋季停止生长较晚，容易发生种苗冻害。当气候干旱，蒸发量大于降水量时，土壤水分以上行为主，地下水携带其中的盐分到达表土层，继而随土壤水分蒸发，使土壤中的盐分越积越多，造成土壤盐渍化。在多雨季节，土壤中的水分下渗困难，容易发生涝害。相反，地下水位过低，土壤容易干旱，势必要求增加灌溉次数和灌水量，使育苗成本增加。适宜的地下水位应为2m左右，但不同的土壤质地，有不同的地下水临界深度：一般为砂土1～1.5m，砂壤土2.5m，黏壤土4m左右。

2.1.2.3　土壤

种子发芽，插穗生根，根系生长所需的水分、养分和氧气都来自土壤。因此，土壤条件的好坏，对种子发芽、根系生长和苗木生长都有密切关系。所以土壤条件的优劣直接影响种苗的产量和质量。土壤条件适宜与否，主要表现在养分、水分、通气和热量状况等方面，与土壤养分、土壤质地、土壤酸碱度、土层厚度等土壤性质有关。详尽的土壤调查有助于选择最适宜的土壤。

(1) 土壤肥力、土壤质地

一般应选石砾少、土层深厚、肥沃、结构疏松、通气性和透水性良好的砂壤土、轻壤土或砂质壤土作为圃地。切忌选择养分消耗严重的撂荒地和地力衰退的久耕地。土壤中黏粒和粉粒含量(颗粒直径小于 0.05mm)应该介于 15% ~ 25%。

如砂质壤土因砂质通气性好，降水的大部分能很快下移到根系生长的范围，又具有较好的团粒结构，既不太松，也不太黏，加上较好的透气透水性，因此此类土壤适合大部分植物的生长。作为圃地用的土壤应该结构疏松，保水、保肥、通气、透水性能好，土温变化缓和，降雨时能充分吸收雨水，灌溉时渗水均匀，耕作省力，种苗根系生长阻力小，种子容易破土，起苗时不易伤根。

黏土不适宜作圃地。因为黏土以黏粒和粉砂居多，结构致密，湿时黏，干时硬，通气性和透水性能不佳，土壤中的水与空气经常处于矛盾状态。温度较低，干旱地区易板结，耕作阻力大。在黏土上播种育苗，种子发芽率低，幼苗出土困难，根系不发达，种苗生长差，起苗时易伤苗根。

砂土一般不适宜作圃地。砂土疏松，通透性好，但保水、保肥能力差，水分不足，易出现干旱现象，夏季高温时种苗易灼伤。土壤较贫瘠，苗木根系少而细长，分布较深，苗木生长较弱。

(2) 土壤酸碱度

通常以中性、微酸性或微碱性的土壤为好(pH 6.5 ~ 7.5)。因为土壤酸碱度与植物营养有密切的关系，通过影响矿质盐分的溶解度可影响养分的有效性。土壤中性、微酸性或微碱性条件下，养分的有效性较高，适宜多种植物的生长。

圃地的土壤 pH 值过低或过高以及盐碱地都不利于种苗的生长。因为土壤 pH 值太高，抑制了硝化细菌的活动，易发生猝倒病; pH 值过高时，也会降低某些元素的有效性。如 pH 值超过 8，也会使磷、铁、锌、硼和锰等元素的有效性降低。铁盐的溶解度随着环境中的酸度增大而加大，所以缺铁现象往往出现在石灰性和盐碱土壤中。pH 值增高还会引起一些病害的发生，如在 pH >7 时，立枯病的发病率随着 pH 值的升高而增加。在沿海地区含盐量高的土壤上育苗，必须先加以改良，否则不利于根系对水分和养分的吸收，而且盐碱土中含有碳酸钠、碳酸氢钠等，对种苗有严重的毒害作用，影响生长甚至死亡。pH 值太低，会使土壤中许多元素不能被种苗吸收利用。土壤 pH 值过低时，土壤中的磷、钾、钙、镁的缺乏，使其有效性下降，不利于种苗生长。同时在酸性和强酸性环境中，活性铝和铁离子含量增多，它们与钼酸结合形成难溶性的化合物，从而使植物缺乏钼，豆科植物就会因为缺钼而难以形成根瘤。当圃地的 pH 值在 4 ~ 5 以下时，就应考虑施用石灰来矫正，以增补钙素，减轻铝的毒性。此外，pH 值高低，对土壤 N、P、K 含量也有影响。如 pH 6.5～7.5，P 肥发挥效率最大，K 肥在 pH 值<5 时，易淋失，所以在酸性土壤中 K 肥较少。

不同植物种类对 pH 值的适应范围不同，如一般针叶树苗以微酸性至中性为好，要求 pH 5.0～6.5，阔叶树苗以中性至微碱性为好，要求 pH 6.0～8.0。如在北京，要求土壤为壤土，pH 值微碱性，耕作层有机质含量不低于 2%。表 2-1 为部分园林植物适宜生长的土壤 pH 值范围。

(3)土壤水分

土壤水分对种子发芽、插穗生根关系密切。土壤水分适宜，利于种子发芽和插穗生根，种苗粗壮、根系发达；栽植成活率高。土壤干燥，种子发芽得不到所需水分，影响种子发芽和成活率。种苗根系生长不良，或主根扎得深侧根发育不好，不便于起苗，影响栽植成活率。土壤水分太多，种子和插穗下端易于腐烂(氧气不足)。种苗地上部分易于徒长，不易木质化，根系生长弱，抗性弱，易受冻。

表 2-1　部分园林植物适宜生长的土壤 pH 值范围(引自冷平生，2003)

适宜 pH 值	植 物 种 类
4.0～4.5	欧石楠(*Erica*)、凤梨科(Bromeliaceae)、八仙花(*Hydrangea macrophylla*)
4.0～5.0	紫鸭跖草(*Setcreasea purpurea*)、兰科(Orchidaceae)
4.5～5.5	蕨类植物(*Pteridophyta*)、锦紫苏(*Coleus scutellarioides*)、杜鹃花、山杨(*Populus davidiana*)、臭冷杉(*Abies nephrolepis*)、山茶、柑橘类(*Citrus* spp.)
4.5～6.5	山茶、马尾松
4.5～6.5(8.0)	杉木(*Cunninghamia lanceolata*)
4.5～7.5	结缕草属(*Zoysia*)
4.5～8.0	白三叶(*Trifolium repens*)
5.0～6.0	丝柏类(*Cupressus* spp.)、山月桂(*Kalmia latifolia*)、广玉兰(*Magnolia grandiflora*)、铁线莲、藿香蓟、仙人掌科(Cactaceae)、百合、冷杉属(*Abies*)、油桐(*Vernicia fordii*)、油茶(*Camellia oleifera*)
5.0～6.5	云杉属(*Picea*)、松属(*Pinus*)、棕榈科(Arecaceae)、大岩桐(*Sinningia speciosa*)、海棠(*Malus × scheideckeri*)、西府海棠(*Malus × micromalus*)、柳杉(*Cryptomeria japonica* var. *sinensis*)
5.0～7.0	毛竹(*Phyllostachys edulis*)、金钱松(*Pseudolarix amabilis*)、落叶松属(*Larix*)
5.0～7.8	早熟禾(*Poa annua*)
5.0～8.0	落羽杉(*Taxodium distichum*)、水杉(*Metasequoia glyptostroboides*)、黑松(*Pinus thunbergii*)、香樟(*Cinnamomum camphora*)、卫矛属(*Euonymus*)、连翘属(*Forsythia*)
5.2～7.5	羊茅(*Festuca ovina*)、紫羊茅(*Festuca rubra*)
5.5～6.5	樱花(*Cerasus yedoensis*)、龟背竹、喜林芋(*Philodendron*)、花烛、仙客来、吊钟海棠(*Fuchsia hybrida*)、菊花、蒲包花、美人蕉(*Canna indica*)
5.5～7.0	朱顶红(*Hippeastrum rutilum*)、桂竹香、雏菊(*Bellis perennis*)、印度橡胶榕(*Ficus elastica*)
5.5～7.5	紫罗兰(*Matthiola incana*)、贴梗海棠(*Chaenomeles speciosa*)
6.0～6.5	樟子松(*Pinus sylvestris* var. *mongolica*)、红松(*Pinus koraiensis*)、沙冷杉(*Abies holophylla*)、蒙古栎(*Quercus mongolica*)

（续）

适宜 pH 值	植 物 种 类
6.0～7.0	花柏类（*Chamaecyparis* spp.）、一品红、秋海棠、灯芯草（*Juncus effusus*）、文竹
6.0～7.5	郁金香、风信子（*Hyacinthus orientalis*）、水仙（*Narcissus tazetta* var. *chinensis*）、非洲紫罗兰（*Saintpaulia ionantha*）、牵牛花（*Ipomoea nil*）、三色堇、瓜叶菊（*Pericallis hybrida*）、金鱼草、紫藤（*Wisteria sinensis*）
6.0～8.0	火棘（*Pyracantha fortuneana*）、栒子（*Cotoneaster hissaricus*）、泡桐（*Paulownia fortunei*）、榆树（*Ulmus pumila*）、杨树（*Populus simonii* var. *przewalskii*）、大丽花（*Dahlia pinnata*）、花毛茛（*Ranunculus asiaticus*）、唐菖蒲（*Gladiolus gandavensis*）、芍药、庭荠（*Alyssum desertorum*）、白蜡属（*Fraxinus*）、七叶树（*Aesculus chinensis*）、胡枝子（*Lespedeza bicolor*）、丁香、银杏（*Ginkgo biloba*）、黄杨（*Buxus sinica*）、女贞（*Ligustrum lucidum*）、木槿（*Hibiscus syriacus*）
6.5～7.0	四季报春（*Primula obconica*）、洋水仙（*Narcissus pseudo-narcissus*）
6.5～7.5	香豌豆（*Lathyrus odoratus*）、金盏菊、紫菀（*Aster tataricus*）
7.0～7.5	油松（*Pinus tabuliformis*）、杜松（*Juniperus rigida*）、辽东栎（*Quercus wutaishanica*）
7.0～8.0	西洋樱草（*Primula acaulis*）、石竹（*Dianthus chinensis*）、香堇（*Viola odorata*）
7.5～8.5	毛白杨（*Populus tomentosa*）、白皮松（*Pinus bungeana*）
8.0～8.7	侧柏（*Platycladus orientalis*）、刺松（*Juniperus formosana*）、白榆（*Ulmus pumila*）、刺槐（*Robinia pseudoacacia*）、槐树（*Sophora japonica*）、臭椿（*Ailanthus altissima*）、紫穗槐（*Amorpha fruticosa*）、皂荚（*Gleditsia sinensis*）、柏木（*Cupressus funebris*）、朴树（*Celtis sinensis*）、红树（*Rhizophora apiculata*）、胡杨（*Populus euphratica*）、沙枣（*Elaeagnus angustifolia*）、沙棘（*Hippophae rhamnoides*）、甘草（*Glycyrrhiza uralensis*）、柽柳（*Tamarix chinensis*）、秋茄树（*Kandelia obovata*）、茄藤（*Rhizophora mucronata*）

2.1.2.4　病虫害

选择圃地时，要作专门的病虫害调查。了解当地易发生病虫害的种类及危害程度，特别是一些危害较大又难以防治的病虫害，如地下害虫、蛀干害虫以及一些难以根除的病害。在病虫害严重又不易清除的地方建圃地投入多、风险大。因此，一些关键性病虫害严重的地方不能作圃地。如果发现土壤中地下害虫或感染病菌，要及早采取防范措施，以防病虫的传播与蔓延。

2.1.2.5　候选土地原用途

土地的原使用情况对圃地有影响，如改变了土壤酸碱度或造成有毒化学物质积累，将危害种苗的生长。考察候选土地时需要了解如下有关情况：

①土地是否被改变过？如在什么时候，怎样改变的？②有无地方发生由地表径流或地下径流造成的积水？③原有无灌溉或排水系统，是否仍可用？④调查前茬作物。一般菜地不宜作圃地，苗木易得根腐病。尤其是茄科和十字花科的菜地不能选。长期种植花生（*Arachis hypogaea*）、辣椒（*Capsicum annuum*）、茄子（*Solanum melongena*）、马铃薯（*Solanum tuberosum*）、棉花作物土地，容易使幼苗感病，一般不宜作圃地，否则应进行严格的土壤消毒。⑤调查地被物。理想的圃地应该是没有或很少有多年生恶性杂草和草籽。在周边有恶性杂草和杂草源的地方，也不宜建立圃地。杂草是圃地的一大害，

它不仅与种苗争夺水分、养分、空间，而且易滋生病虫害。有资料称，大多数圃地 60% ~70% 的工作量是用来清除杂草，可见杂草危害的严重性。因此应尽量避免在有恶性杂草或有杂草源的地域建立圃地。

2.1.3　评价并确定圃地

对所有的候选立地按照评选条件、标准进行筛选，最终确定圃地。例如，在美国对森林苗圃的确定根据目标得分(=得分×权重值)进行综合评价(表 2-2)。

表 2-2　评价潜在圃地决策表，在该例中，立地 A 获得最高分数，被认为是圃地的最佳选择

(引自 Kim M. Wilkinson and Thomas D. Landis, 2009)

立地选择标准	权重值*	立地 A		立地 B		立地 C	
		等级	加权分数	等级	加权分数	等级	加权分数
主要因素							
光照	10	9	90	7	70	9	90
水质	9	9	81	7	63	4	36
水量	8	10	80	8	64	9	72
可利用能量	8	9	72	9	72	10	80
充足土地面积	7	8	56	8	56	10	70
区域制约	7	10	70	6	42	8	56
污染源	6	9	54	7	42	9	54
次要因素							
小气候	6	9	54	8	48	9	54
地形	5	10	50	9	45	10	50
劳力供给	4	9	36	8	32	10	40
可及性	4	8	32	6	24	8	32
运输距离	3	9	27	7	21	10	30
合　计			702		579		664
适性分析			#1		#3		#2

*相对重要性权重值从 1 ~10，10 最高。

2.2　生产圃地的规划

选定圃地之后，为了合理布局，充分利用土地，便于生产作业与管理，对圃地必须进行全面的规划工作。圃地的规划是否切实可行要通过科学论证。在具体规划时，除了圃地种类界定、布局安排、面积大小这些基础工作要做出科学合理的规划外，还应考虑生产产品的市场定位、品种定位以及客户目标等市场可行性条件是否成熟，这点对整个圃地经营的成败非常重要，要予以重视。市场条件主要包括以下内容：

(1)圃地市场定位

圃地的建立最终将服务于市场。市场需要决定圃地生产种类；市场需求量决定产品的市场定位，应根据不同级别性质确定是否规划相应的连锁或配套设施等，如大型圃地，其服务对象和面较广，因此要考虑在全国各地或区域建立相应的连锁种苗场。

（2）产品的种类定位

圃地的种苗产品根据园林建设的需要分为可更换的和相对固定的产品。如花卉产品可根据季节的变化，一年春夏秋冬生产满足不同季节的时令花卉。而木本花卉用苗这些相对固定的产品，其生产量和可变化的花卉产品的占地面积、管理水平、要求都不尽相同，因此要根据这些条件在规划时具体操作。

（3）客户目标定位

了解客户的需求情况及在区域范围内的分布情况和特点，掌握市场需求动态，为生产和销售策略的制定和满足不同需求的消费者，制订个性化的方案。

2.2.1　准备工作

在规划前要做的准备工作有：踏勘、测绘地形图、土壤调查、病虫害调查、气象资料的收集等。还应对圃地的周边社会经济情况、圃地的供应对象等进行有目的的调查工作。根据已有的资料，结合种苗生产目标、任务和特点，以及植物种类的特性等综合考虑进行生产用地和辅助用地的规划。

2.2.1.1　踏勘

踏勘人员由设计单位和委托单位人员共同组成。在已经确定的圃地用地范围内进行实地调查，了解圃地的历史、现状。踏勘不仅要了解规划范围内的自然环境条件，还要对历史，社会经济状况进行调查。具体包括地形、地势、土壤、降水和水源、主要植被类型（包括潜在植被）、病虫害、主要杂草、交通运输状况、人文历史环境及当地经济水平（包括劳动力情况）、经济结构等。除了规划范围内的这些情况必须踏勘外，与规划区相邻的周边地区的自然环境因子和社会经济状况也应在调查范围内。通过实地调查情况，提出规划设计的初步意见，供双方讨论，为下一步设计提供基础。

2.2.1.2　测量

在踏勘的基础上，要精确测量并绘制圃地地形图。平面地形图是规划设计的基本材料，是圃地进行规划设计的依据，也是圃地区划和最后成图的底图。比例尺一般为1:500 ~ 1:2000，等高距为20 ~ 50cm。与设计直接有关的山、丘、河、沟、湖、井、道路、桥、房屋、高压线等地上物都应尽量绘入。对圃地的土壤分布和病、虫、草、有害动物情况都应标明绘出。

一般来讲，在实际操作中都是用当地测绘部门已绘制好的现成地形图。但由于其比例尺较小，通常是1:10 000 ~ 1:20 000，不能满足圃地规划设计之用，需在此基础上按比例放大，根据实际踏勘的信息进行必要的修补，作为规划设计的可用图件材料。

2.2.1.3　土壤调查

在对土壤调查时，除了调查土壤种类、土壤物理性质和化学性质外，如果有条件还应调查土壤微生物区系、活动强度等。只有全面调查土壤的各种情况，才能合理规划圃地用地育苗的种类、数量及规模等。通过野外调查可全面了解圃地的土壤类型、分布和物理性质，从而了解圃地土壤的肥力状况，必要时还应取样拿回实验室分析一些指标，为培育种苗提供科学的数据支撑。

圃地采用的土壤剖面调查，一般可按 $1\sim5\,hm^2$ 设置一个剖面，但不得少于 3 个，剖面规格：长 $1.5\sim2\,m$，宽 $0.8\,m$，深至母质层（最浅 $1.5\,m$）。每个剖面都要记载下列因子：①剖面位置及编号（用草图示位）；②海拔高、坡度、地下水位；③按层次记载土壤颜色、质地、结构、湿度、结持力、石砾含量、植物根系分布及整个剖面形态特征等，并确定其土壤的土类、亚类、土种名称。

圃地调查结束后，要将土壤情况绘制在相同坐标系同等比例尺的地图上，得到土壤分布图，该图可绘在圃地规划图上以便在生产中应用。

2.2.1.4 气象资料的收集

气象条件对圃地经营非常重要，它不仅是进行圃地生产管理的需要，也是进行圃地规划设计的重要依据。如各育苗区的设置方位、防护林的配置结构和范围，排灌系统的设计等都需要气象资料和数据作支撑，因此要掌握可靠的、较为详细的气象资料，为规划工作提供依据。可向当地的气象台或气象站了解有关的气象资料，如生长期、早霜期、晚霜期、晚霜终止期、全年及各月平均气温、绝对最高和最低气温、土表最高温度、冻土层深度、年降水量及各月分布情况、最大一次降水量及降水历时数、湿度、风向、风力、日照等。此外还应了解当地小气候情况。

具体了解的项目有：①年、月、日平均气温，绝对最高最低日气温，土表层最高最低温度，日照时数及日照率，日平均气温稳定通过 $10\,℃$ 的初终期及初终期间的累积温度，日平均气温稳定通过 $0\,℃$ 的初终期；②年、月、日平均降水量，最大降水量，降水时数及其分布，最长连续降水日数及其量和最长连续无降水量日数；③风力、平均风速、主风方向、各月各风向最大风速、频率、风日数；④降雪与积雪日数及初终期和最大积雪深度，霜日数及初终期，雾淞日数及一次最长连续时数，雹日数及沙暴、雷暴日数，冻土层深度，最大冻土层深度及地中 $10\,cm$ 和 $20\,cm$ 处结冻与解冻日期；⑤当地小气候情况。

这些资料要存入生产档案，长期保存，供随时查阅。

2.2.1.5 植被与生物调查

圃地在城市绿地系统的分类中属于生产绿地的类型。植被等生物因子是圃地建立不可忽视的生态因子。因为地域性的植被是圃地生产类型选择的依据。尽管在圃地中会引进一些外来的种苗或花卉材料，但最适宜当地气候土壤等环境条件仍然是那些原来就存在的当地材料，并且从生物安全角度来说，乡土和地域性植被对生态系统的稳定和安全起着非常重要的作用。因此，为了保护生态平衡，防止生态入侵，在圃地建立时，应尽量选择地域性植被或乡土植被材料作为生产产品，这不仅坚持了因地制宜、适地适苗的原则，从生产成本来说也是合算的。

在规划范围内，原有的植被情况不仅给圃地生产什么产品提供了一定的生态信息和参考依据，而且，这些原有植被和与其构成的生态关系对今后种苗和花卉生长都会有一定影响。在规划范围外，圃地周边植被和其他生物因素，对圃地产品或多或少有一定影响，这些影响也许是正面的促进生长发育的作用，也许是负面的抑止或排斥作用。当然在一般性小圃地的规划中也许做不到这么多和这么深，但对周边植被、动物包括鸟类等生物的物候变化、行为习惯，如植物开花结实的时空规律、动物的捕食习惯、鸟类的食物来源以及迁徙途径等情况的调查了解对合理圃地规划是有意义的。

此外，土壤中的微生物系统，它们的区系分布、组成成分、种类、活动强度等对地面承载什么植被影响很大。在一个完整健康的生态系统中，土壤微生物担当着分解者的重要角色，它们一旦发生变化，会直接或间接引起整个生态系统的变化甚至是紊乱。

因此，要建立适宜的圃地，生产绿地能健康持续地进行生产，生物因素的调查是必不可少的。

2.2.1.6　病虫害及其他人为干扰调查

圃地育苗往往由于病虫害令经营者损失惨重。对病虫害的调查主要是指调查圃地及周围植被病虫害种类及危害程度。

对圃地病虫害的调查，主要是调查圃地土壤中的地下害虫，如蝼蛄、地老虎、金龟子等。这类害虫防治比较难，危害也比较大，因此调查掌握地下害虫的种类、数量、分布及密度有助于以后经营过程中的综合防治。此外，常发生的病害有立枯病、白粉病、炭疽病、根癌病；虫害有蛀干害虫天牛、介壳虫等，枝叶害虫有蚜虫、螨类、介壳虫等。

采用挖土坑分层调查。样坑面积 $1.0m \times 1.0m$，坑深挖至母岩。样坑数量：5hm^2 以下挖 5 个土坑；6～20km^2 挖 6～10 个土坑；21～30hm^2 挖 11～15 个土坑；31～50hm^2 挖 16～20 个土坑；50hm^2 以上挖 21～30 个土坑。土坑调查病虫害的种类、数量、危害植物程度、发病史。

对于待建圃地中与花卉种苗植物病虫害发生有关系的植物种类，尤其是一些中间寄主植物要进行细致调查，调查方法可采用普查法和典型样地调查法或典型植被取样法。

此外，人为干扰是建立圃地的一个不可忽视的因素。由于圃地的选择一般要考虑到交通运输的方便和劳动力的资源保障，一般不会选择在非常偏僻的地方。如果圃地选择在郊区或城乡结合部，人为的干扰和影响是不可避免的，如垃圾、废水的污染，人为的机械伤害等因素可能都会影响圃地的生产。因此，在规划之前，这些人为因素也应作为一项内容予以调查，以便排除干扰，尽可能保障圃地的正常生产。圃地建成后，可将土壤资料、圃地病虫害资料绘制成以圃地区划图为底图的专用图，为圃地生产提供方便。

2.2.2　生产用地的规划

生产用地是指直接用于培育种苗的土地，包括播种繁殖区、营养繁殖区、苗木移植区、大苗培育区、设施育苗区、采种母树区、引种驯化区等所占用的土地及暂时未使用的轮作闲置地。生产用地是圃地的主要用地，其面积应占圃地总面积的 75%～85%。这个面积比例可因圃地的类型不同作相应的调整，一般大型圃地生产用地相应要大一些。

2.2.2.1　播种区

播种区是培育播种苗的生产区。该区是育苗的重点区域，关系到种苗生产的质量。因为播种苗在幼苗阶段对不良环境条件的抵抗力弱，对土壤质地、肥力和水分等条件要求高，需要精细管理。所以，播种区应设在地势平坦、土壤肥沃、通气性好、排灌方便、背风向阳的区域，以保证幼苗对水、肥、气、热条件的高要求。如是坡地，应选自然条件较好的坡向。

播种区应靠近管理区，这样运输和管理都较方便，减少成本。也就是说，播种区应选在全圃自然条件和经营条件最好的地区，人力、物力以及生产设施均应优先满足播种育苗的要求。

2.2.2.2　营养繁殖区

营养繁殖区是培育营养繁殖苗的生产区。培育扦插、埋条、嫁接、分根、压条、分株等营养繁殖苗的技术要求也较高，并需要精细管理，因此营养繁殖区与播种区要求基本相同。要求设在土层深厚、土壤疏松、地下水位较高、灌溉方便的地方。但不像播种区那样要求严格。根据不同的营养繁殖方式，苗区的设置有所不同。如培育硬枝扦插育苗，要求土层深厚，土质疏松而湿润；培育嫁接苗，因为需要先培育砧木播种苗，所以应选择与播种繁殖区相当的自然条件好的地段；压条、埋条和分株育苗繁殖系数低，育苗数量较少，可利用比较低洼的地块或零星地块，条件要求不必过高。而一些珍贵的或成活困难的种苗，则应靠近管理区，在便于设置温床、荫棚等特殊设备的地区进行，或在温室中育苗。

随着营养繁殖技术的提高，营养繁殖的种苗生产比例有所增加。组培快繁等一些营养繁殖通常分为两个阶段，一个是培养室阶段，另一个是大田培养阶段。培养室要有配套的设施，如组织培养育苗，从接种到试管苗"炼苗"这个阶段是在培养室完成的，"炼苗"以后再进入营养苗繁殖区；而大田培养阶段就在营养苗繁殖区。嫩枝扦插，在插穗生根阶段，需要在专门的苗床或在温室内进行，这个阶段也可认为是"培养室"阶段，插穗生根后可移植到营养苗繁殖区进行培育。

2.2.2.3　移植区

移植区是培育各种移植苗的生产区。由播种区和营养繁殖区中繁殖出来的种苗，需要进一步培养成较大的种苗时，则应移入移植区中进行培育。根据规格要求和生长速度的不同，往往每隔2~3年还要再移植若干次，逐渐扩大株行距，增加营养面积。移植的目的是要扩大个体生长发育的养分供给和对空间的需求，为培育大苗、壮苗打下基础。

该区培育的苗木根系发达、苗干粗壮、苗龄较大，具有较强的吸收肥水能力和对不良环境的抵抗能力，因此，移植区占地面积较大，对土壤条件的要求可低于前两者。一般可设在土壤条件中等，地块大而整齐的地方。

根据苗木的生态习性确定栽培区域。例如，喜光的苗木种类，应选择光照条件充足的阳坡地段；喜湿润土壤的苗木，可设在低湿地段或地下水位较高的地段；不耐水渍的苗木则应选择地势较高且干燥、地下水位较低的地段。进行裸根移植的种苗，可选择土质疏松的地段栽植，需要带土球移植的苗木，则不能移植在砂质土壤上。

2.2.2.4　大苗区

大苗区是培育大规格种苗的生产区，培育植株的体型、苗龄均较大并经过整形的各类大苗。在大苗区继续培育的种苗，通常在移植区内进行过一次或多次移植，在大苗区培育的种苗出圃前不再进行移植，且培育年限较长。大苗区的特点是，株行距大，占地面积大，培育出来的种苗规格大、根系发育完整、有一定树形，可以直接用于园林绿化，能在较短时间内发挥城市绿化生态功能和景观效果。

大苗已经过多次移植，又有较强大的根系，对环境的适应能力和抗不良环境能力都强，因此，它们对土壤要求不太严格。但由于其个体体量较大，根系分布范围和深度都要求一定土层厚度作为保障。大苗区一般选在土层深厚、地块整齐、地势平整、出圃方便的地方。最好能设在靠近圃地的主要干道或圃地的外围运输方便的地方。

在树种配置上，要注意各树种的不同习性要求。为了起苗包装操作方便，应尽可能加大行株距，以防起苗时影响其他不出圃种苗的生长。

2.2.2.5　母树区

母树区是为保证种苗纯度，防止检疫性病害传播，提供优质的接穗、插条和种子等繁殖材料而设置的生产区。

母树区占地面积小，可利用零星地块，但要求土壤深厚、肥沃，地下水位较低。对于乡土树种，可利用防护林带、路边、渠边、沟边进行栽植。

2.2.2.6　引种驯化区

有条件的圃地，可建立引种驯化区。用于引进新的树种和品种，进而推广。为了丰富城市园林景观，需要引进和增加园林植物的种类和品种，同时应不断地提高育苗工作的水平。解决育苗生产中遇到的问题。在这个区，既可以播种、扦插，又可以进行移植培育大苗，也可以开展杂交育种等活动。为此，应把这个区与繁殖区放在同等重要的位置来对待。

另外，根据各圃地的具体任务和要求，可视需要设置试验区、标本区、温室区等。对于一些有条件的圃地，还应设置展览区。该区是圃地中最有特色的生产小区，它通过有目的、有重点地向参观者和客商展示该圃地生产经营水平和生产产品的特色，起到宣传、推销自身产品的目的。一般展览区陈列的产品和技术能代表该圃地的特色和优势，如那些难以培育的品种，或是引进和自育成功的新品种。展示区的苗木应管理精细，生长健壮，无病虫害。区内还可以栽植一些花草和园林小品，营造出一种良好的视觉景观效果，以吸引客商和参观者。

2.2.2.7　耕作区

为了耕作方便，通常将较大的生产用地再划分成若干个作业区，即耕作区。耕作区是圃地进行育苗的基本单位。

各耕作区形状与面积，可视生产经营的规模、地形地势的变化及机械化作业水平而定。大型圃地、地形地势变化较小、机械化作业水平较高，耕作区的面积可大些，形状一般为长方形或正方形；与此相反，中小型圃地、地形地势变化较大、机械化作业水平较低，耕作区的面积可小些，形状也可以灵活调整，也可根据地形等高线来定，一般沿等高线设置，且与等高线平行为好，形状尽可能规则。耕作区的长度依机械化程度而异，完全机械化的以200~300m为宜，畜耕者50~100m为好。耕作区的宽度依圃地的土壤质地和地形是否有利于排水而定，排水良好者可宽，排水不良时要窄，一般宽40~100m。小型圃地的耕作区可适当缩小。但耕作区的长度如果太短，机器或牲畜转弯多，生产效率低。

除了考虑耕作区的长度、宽度外，其排水沟和步道也应留够一定的宽度。尤其是对于大型圃地使用大型的机械设备时，要保证器具设备和人的通行方便和排水的畅通。

耕作区的方向，应根据圃地的地形、地势、坡向、主风方向和圃地形状等因素综合考虑。一般情况下，耕作区长边最好采用南北方向，可以使种苗受光均匀，有利生长。

2.2.3　辅助用地的规划

辅助用地又称非生产用地，主要指道路系统、排灌系统、防护林带、管理区的房屋、场院等建筑和场地。该用地是为种苗生产服务的土地空间，在规划中要掌握的原则是：既要满足种苗生产和经营管理上的需要，又要尽量少占用土地。

占地面积，大型圃地可为圃地总面积的15%~18%，中型圃地可为18%~20%，小型圃地不能超过25%。

2.2.3.1　道路系统的设置

道路系统包括主道、支道、步道和周围圃道。道路系统的设置必须保证生产期间进出物流车辆、机具和人员的正常运行，以利作业。道路系统的设置最好与排灌系统、防护林系统相结合。设计道路系统的原则是：既要考虑运输车辆通行方便，又要降低辅助用地面积。确定道路网的配置和宽窄时，要合理实用。

(1) 主道

主道是纵贯圃地中央的一条主要运输道路。对内通向场院、仓库、机库，对外与公路相连。一般设置一条或相互垂直的两条，在大型圃地中因运输量大，宽度以能开对行的载重汽车为宜。

主道宽：6~8m；标高：高于耕作区20cm。

(2) 支道

支道起辅助主道的作用，通常与主道相垂直或在主道两侧设置，且能通行载重汽车和大型耕作机械设备。根据作业区设置数量来确定条数，原则是保证每个作业区的种苗都能够及时运出。

支道宽：4m；标高：高于耕作区10cm。

(3)步道

步道设在各耕作区之间，是沟通各耕作区的作业路。该道路设计应与副道垂直。

步道宽：2m。

(4)周围圈道

周围圈道是为了车辆、机具等机械回转方便，所设置的环路。指设在圃地防护林带里面，环绕圃地周围的道路，路面宽度根据圃地大小和功能具体来定，一般大型圃地宽4~6m，中、小型圃地宽2~4m。这在我国北方较为常见；南方丘陵山地一般不采用周围圈道。

上述主、支道规格是对面积较大的圃地而言。对于中、小型圃地，可少设或不设副道，环路的宽度也可以相应窄一些；对于乡、村及个体圃地，一般面积较小，在不影响运输种苗和育苗生产资料的前提下，应尽量缩小规格，以提高土地利用率。一般道路占地面积为总圃地面积的7%~10%。

2.2.3.2　排灌系统的设置

圃地排灌系统是圃地排水和灌水设施的总称，是保证种苗不受旱涝危害的重要设施。

水分对种苗的生长发育和圃地的建设至关重要，尤其是在天然降水较少、地面蒸发量大的干旱半干旱地区以及容易出现洪涝灾害的地区，圃地的排灌系统设计是保证种苗质量和产量的关键，是圃地建设的重要组成部分。一般该系统应根据圃地面积、规模和最大产苗量来设计，同时要考虑该地区一年不同时节的降水情况，如最大降雨量及时间分布、干旱时节和程度以及该地区水资源情况等，总之应做到因地制宜，保证种苗对水分的需求。

(1)灌溉系统

包括水源、提水设备、引水设施三部分。

①水源　分为地面水和地下水两类。

地面水　包括江河、湖泊、水库、池塘、溪沟等直接暴露于地面的水源。由于地表水取用方便，水量充沛，且与土壤温度差别不大，如果没有受污染，可以不必人为处理，直接用于灌溉圃地。

在进行圃地水源设计时，需要考虑以下几方面：

首先，生产用水的量是否有保证。在进行具体设计时应充分调查了解该地区水资源总量的情况。如年均江河径流量(丰沛期和低谷期量)、年均降水量(最大降水量及分布时空)、湖泊的最大储水量等情况，以保证种苗在不同季节(旱季或雨季)对水分的需求。

其次，水源离圃地位置远近。采用地面水作为圃地灌溉，取水口的位置直接关系到生产的方便和种苗生产成本。一般取水口不要离圃地太远，这样可使引水成本较低，增强种苗的竞争能力。取水口位置应略高于用水点的位置，以便水源能够自流给水，也能减少人工费用。如果在江河中取水，取水口应设计在河道的凹岸，因为这里的水源量较大，能满足供应。河流浅滩处不宜选作取水点。

地下水　如井水、泉水等。地下水一般含矿化物较多，硬度较大，水温较低，通常在 7~16℃。因此用这类水作为圃地灌溉，需设置蓄水池以提高水温，再用于灌溉。

同样，在利用地下水进行圃地灌溉时，也要调查清楚地下水资源的量、时空分布情况。因为地下水资源是有一定限度的，超量采地下水容易带来一些不良后果，如地面下陷、土壤盐渍化等。此外，地下水位的高低以及分布情况也是在圃地设计时应事先掌握的。一般宜选择地势较高的地方开采，以便自流灌溉。钻井布点力求均匀分布，以缩短运输距离，节约成本。

②提水设备　提取地面水或地下水设备一般选择水泵。水泵的规格和大小应根据圃地灌溉面积和用水量确定。

③引水设施　有地面渠道引水和暗管引水两种形式。

渠道引水　地面渠道修筑简便，投资少，但流速较慢，蒸发量和渗透量都较大，且占地面积较多，需要经常维护和修缮。渠道引水可设置固定渠道或临时渠道。固定渠道占地较多，不便机械通行，但实用；临时渠道节省土地，便于机械通行，但须经常开渠，且灌溉水利用率较低。由于渠道引水水流速度较慢，为了提高流速，减少渗漏，可在渠底和两侧加设水泥板或做成水泥槽，如是临时渠道也可以使用竹片、瓦管、塑料和木槽等。引水渠道占地面积一般为圃地总面积的 1%~5%。

暗管引水　是将水源通过埋入地下的管道引入圃地作业区进行灌溉，通过管道引水可设喷灌、滴灌、渗灌等节水灌溉技术。管道引水不占用土地，也便于机械操作。尤其在那些水资源缺乏、蒸发量又较大的地方建圃地，这些灌溉技术比地面灌溉节水效果显著，且节省劳力，工作效率高，同时也减少对土壤结构的破坏，保持土壤原有的疏松状态，避免地表径流和水分深层渗漏。

喷灌、滴灌、渗灌等灌溉技术的节水效率较好。喷灌在喷洒的过程中水分损失较大，尤其在空气湿度较小的干旱半干旱地区，一般以滴灌和渗灌为好。如以色列是一个干旱缺水的国家，因此其农林业用水几乎都以滴灌和渗灌为主，其滴灌技术先进，水资源利用效率高。滴灌分为地表滴灌和地下滴灌（通过地埋毛管上的灌水器把水或水肥的混合液缓慢出流渗入到植物根区土壤中，再借助于毛细管作用或重力作用将水分扩散到根系层供植物吸收利用。是公认最有发展前途的节水高效灌溉技术之一）。但是，圃地培育种苗的过程有其特殊性，由于种苗要经常搬运、挪动，因此，滴灌和渗灌虽然能节约水资源，但在种苗启动和搬运的过程中容易损坏设施，也不便于起苗。因此，应综合考虑选择节水灌溉技术措施。

喷灌可分为固定式和移动式两种设备，可以定时定量喷灌育苗地、灌溉及时、省工、少占耕地，效率较高。一个完整的喷灌系统是由水源、水泵、管网和喷头组成。水泵的作用是从水源提取水，并对水进行加压和系统控制，同时可处理水质，注入肥料。管网的作用是将水输送并分配到所需灌溉的种苗种植区，管网的组成分为干管、支管和毛管 3 级，通过相应的辅助设施（配件）相互连接成完整的管网系统。喷头的作用是将水分散成滴状，均匀地洒在苗木上。

河流、湖泊、池塘、水库及泉水、井水等地面和地下水以及城市供水系统均可作为喷灌水源。水源的质和量应满足种苗生产的要求,尤其是水质不能被污染,酸碱度应适宜,硬度要求都要符合国家标准。

新的灌溉技术有微喷(喷洒形式有3种:旋转式、折射式、脉冲式)和智能节水灌溉控制系统(通过计算机自动控制或手动鼠标点击控制,以及遥控的灌溉系统等)。

(2)排水系统

圃地的排水系统是为了排出灌溉后的余水和大雨后的积水。在圃地地势低洼、排水不良或在降水量较多的地区,常因积水引起严重的涝灾或病虫害,降低种苗质量和产量,严重的会使种苗大量死亡。地下水位较高的圃地,必须设置较大规格的排水沟,降低地下水位,以防土壤返盐碱。排水沟可设置在圃地周围或每区的周边。排水沟的宽度、深度和设置,根据圃地的地形、土质、雨量、出水口的位置等因素而定,应以保证雨后能很快排除积水而又少占土地为原则。排水系统由大小不同的排水沟组成,排水沟应设在地势较低的地方,也有主沟、支沟、小沟之分。

排水沟的坡降略大于渠道,一般为 3/1000 ~ 6/1000。具体设计时,各排水沟按大小规格设计一定宽度和深度。

① 主沟 通常设置在圃地最低的地方,或设在主道的两侧,宽 1m 以上,深 0.5 ~ 1m。承受着圃内盛水期的全部排水流量,出水口必须设在圃地外,保证在盛水期能将圃地的全部积水排出圃地之外,直接与外界河流、湖泊或区域排水系统相连。

② 支沟 设在支道两侧,各小沟的水都经过支沟流到主沟。

③ 小沟 设在耕作区内,宽 0.3 ~ 1m,深 0.3 ~ 0.6m。排出苗床的水,应与步道相配合。在地形、坡向一致时,排水沟和灌渠往往各居道路一侧,形成沟、渠、路并列的空间格局。排水沟与路、渠相交处应设涵洞或桥梁,以便及时将水排出。

为了防止圃地外的水侵入,可在圃地四周设置较深的截水沟,具体宽度和深度以阻止外界水流入为宜。各级沟的规格应因地制宜。在近山的圃地不仅要有较大的排水沟,而且在排水沟外侧应筑成土堤以防洪水冲击。排水系统设计面积一般为总圃地面积的 1% ~ 5%。

2.2.3.3 防护林带的设置

设置防护林带的目的:降低风速,调节温湿度,创造良好的小气候条件和适宜的生态环境;在冬季有积雪的地区,防风林带能增加积雪,改良土壤,并有保温作用。在风沙危害地区,防护林带的设计尤为重要,是提高种苗产量和质量的有效措施。

防护林带的规格 防护林带的设置宽度以及长度根据当地风沙危害大小和圃地规模来定。小型圃地与主风方向垂直的迎风面设一条林带;中型圃地在四周设置林带;大型圃地除了在四周设置林带外,在圃地内结合道路等设置与主风方向垂直的辅助林带。一般情况下,防护林带的有效防风距离是树高的 15 ~ 20 倍,可以根据具体情况,设置辅助防护林带。防护林带面积一般应占圃地总面积的 5% ~ 10%。

防护林带的结构 为了使防护林的防护效果最佳,应设计复层立体式的防护林带,其结构以乔木、灌木混交的半透风式林带为宜。一般主林带宽 8 ~ 10m,行距 1.5 ~

2.0m。辅助林带1~4行乔木即可，宽2~4m。

防护林带树种的选择　适应性强、生长迅速、枝叶繁茂、深根性、抗风抗倒能力强、树冠高大的乡土树种。同时在配置设计中，要注意速生和慢生、常绿和落叶、乔木和灌木、寿命长和寿命短的不同树种相结合。

也可结合母树采种和采穗，在防护林带中栽植一些经济价值较高的树种，如果树、油料、药材、蜜源、绿肥等类型的树种，但注意采种采穗或采实时尽量不要破坏树种林冠结构。不能选择那些种苗病虫害的中间寄主树种和病虫害严重的树种。

除了设置防护林带外，在圃地周围还应设计必要的防护设施。为防止野兽、家畜及人为侵入圃地，可在圃地周围设置生篱或死篱。生篱要选生长快、萌芽力强、根系不太扩展并有刺的树种，如女贞、野蔷薇、枳壳等。一般栽植成带状，宽0.8~1.2m，高1.0~1.5m。死篱可用树干、木桩、竹枝、铁丝网等编制而成，有条件的地方可砌围墙。

近年来，在国外为了节省用地和劳力，已有用塑料制成的防风网防风。其特点是占地少而耐用，但投资多，在我国少有采用。

2.2.3.4　管理区建筑的设置

管理区建筑包括建筑物和场院。建筑物有办公室、宿舍、温室、食堂、仓库、种子贮藏室、种苗分级室、机车库等。本着统筹规划、合理布局、经济实用、少占耕地的原则，应科学地安排圃地经营所需要的建筑物。场院有晾晒场、积肥场等。

建筑管理区应设在交通方便、地势较高、接近水源、电源的地方。一般应设在土壤条件较差的地方。大型圃地的建筑群最好设在圃地中央，便于管理。畜舍、猪圈、积肥场等一般应设置在圃地的后半部分，位于当地主风方向的下风口，一则臭气不至于弥漫整个圃地，二则也无碍观瞻，并远离办公区和生活区，减少了环境污染。本区占地为圃地总面积的1%~2%。

2.3　设施（大棚、温室、冷库）的建设

2.3.1　塑料大棚的建设

塑料大棚是用竹木、钢材或钢管等材料支成拱形或屋脊形骨架，其上用塑料薄膜覆盖的棚式设施。1965年我国开始应用塑料大棚栽培，迄今已成为仅次于日光温室栽培的主要设施栽培类型。优点是结构简单，建造、拆装方便，一次性投资少，有效栽培面积大，作业方便；缺点是保温效果差，升温、降温快，日温差较大。塑料大棚棚高一般2~5m，宽6~15m。棚长40~60m，单棚面积300~1000m^2。塑料大棚从造型上可分为拱圆形大棚和屋脊形大棚，前者建造容易，抗风力强，坚固耐用，因而目前我国园林花卉种苗，以及园艺植物生产应用最普遍的是拱圆形单栋大棚。由两栋或两栋以上的拱圆形或屋脊形单栋大棚连接在一起即成为连栋大棚。塑料大棚在我国长江以南地区可用于一些花木的周年生产，而在北方常用于花卉的春提前、秋延后生产。此外，大棚还用于

花卉的种苗培育，如播种、扦插及组培苗的过渡培养等。塑料大棚依材料不同，棚型结构又可分为几类，其结构与性能各不相同。

2.3.1.1 塑料大棚的类型与结构

(1)竹木结构大棚

大棚骨架材料为杨柳木、硬杂木、竹竿等；主要由立柱、拉杆、拱杆、压杆等组成。

立柱　是大棚的主要支柱，要垂直，基部要用砖、石等作柱脚石。立柱纵横成直线排列，横向4~8排，纵向间隔3m一根。立柱承受棚架、棚膜重量及雨、雪的负荷和受风压与引力的作用。

拱杆　是支撑棚膜的骨架，横向固定在立柱上，呈自然拱形。小型棚多用竹竿或竹片两端插入地内，间距为1m。

拉杆　是纵向连接立柱，固定拱杆的"拉手"，多用粗竹竿、木杆为材料，以加固大棚，防止大棚骨架变形、倒塌。

压杆　棚架覆盖薄膜后，于两拱杆之间加一根压杆，将薄膜压平、压紧，以利抗风、排水。压杆应选用顺直光滑的细竹竿，也可用聚丙烯压膜线、聚丙烯包扎绳等。

门窗　门设在大棚的两端，作为出入口及通风口。门的下半部应挂半截塑料门帘，以防早春开门时冷风吹入。通风窗在北方地区宜采用扒缝放风方式。

(2)钢材结构大棚

大棚骨架采用圆钢、小号扁钢、角钢、槽钢等轻型钢材，骨架结构与竹木结构基本相同，但可焊接成平面或三角形拱架或拱梁，取消立柱，建成无柱大棚，特点是抗风雪能力强、操作便利、适宜机械化作业等。钢材易锈，需间隔2~3年防腐维修。

(3)混合结构大棚

棚型结构与竹木结构相同，用钢材做成平面或三角形拱架，两拱架之间用竹竿作拱杆，建成无柱混合结构塑料大棚，特点是节约钢材、降低造价、操作便利等。

(4)装配式钢管结构大棚

采用薄壁镀锌钢管组装而成。拱杆多用直径25mm×1.2mm内外镀锌薄壁管，纵向拉杆为22mm×1.2mm薄壁镀锌管。由承插、螺钉、卡销、弹簧卡具等连接所用部件。特点是结构合理，耐锈蚀，安装拆卸方便，坚固耐用。根据标准规格，由工厂进行专业化生产。

2.3.1.2 塑料大棚的性能

(1)光照

塑料大棚内光照强度大小主要取决于季节、时间和天气条件。此外，塑料大棚内的光照条件还与大棚的方位、所用薄膜种类、建筑材料、覆盖方式、薄膜清洁及老化程度等有关。

大棚的方位对棚内光照强度的水平分布有很大的影响，南北延长的大棚内光线的均匀度优于东西延长的大棚。

不同种类的薄膜对室内光照条件有很大影响。无滴膜对直射光的透光率优于普通膜；新膜的透光率高于旧膜，新膜在使用过程中经尘染或被水滴附着后，透光率很快下降。新膜覆盖使用 15 ~ 40d 后，其透光率降低 12% ~ 16%。

塑料大棚的骨架材料截面积越大，棚顶结构越复杂，遮阴面积越大。竹木结构大棚比钢架大棚的透光率低 10% 左右；双层膜覆盖大棚的透光率比单层膜大棚的透光率降低一半左右；单栋大棚比连栋大棚受光好。

(2) 温度

①气温　塑料大棚的主要热源是太阳辐射热，因此棚内温度随天气阴、晴、雨、雪及季节、昼夜交替而变化。大棚内的气温季节差异明显，在南方地区，塑料大棚在夏季撤去棚裙薄膜作荫棚使用，冬季则作温室用，棚内气温的季节变化幅度比北方小。

大棚内气温日变化趋势与外界基本一致，但温度变幅更大，尤其是晴天昼夜温差可达 30℃ 左右。晴天时棚温过高易灼伤植株。通常一天中正午后温度达到最高，凌晨 5：00 棚温下降到最低点，此时常发生低温冷害。阴天上午气温上升缓慢，下午降温也慢，日变化比较平稳。据上海地区 1989 年 11 月 ~ 1990 年 4 月测定，棚内平均昼夜气温差为 13.3℃，比棚外高 5.1℃；早春晴暖天气棚内昼夜气温差甚至超过 25℃，而棚外为 10 ~ 15℃。一般华北地区塑料大棚栽培时间从 3 月中旬 ~ 8 月上旬，东北、西北及高海拔地区可利用时间还要缩短 1 个多月。

②地温　大棚内地温高于棚外，并且也有明显的季节变化。浅层地温日变化趋势与棚内气温基本一致，但滞后于气温。在一天内，大棚内 10cm 最高（最低）地温出现的时间比棚外晚 2h 左右，土壤越深，滞后时间越长。大棚地温的日变幅与天气状况及土层深度有关，晴天大于阴天，地表层大于深层。大棚地表温度的日较差最大，有时可达到 30℃ 以上；5 ~ 20cm 土壤温度日较差小于气温。

(3) 湿度

①空气湿度　塑料薄膜大棚气密性强，当不通风时，棚内水分难以逸出，造成棚内空气湿度很高，相对湿度经常在 80% ~ 90% 及以上，夜间甚至达到 100% 的饱和状态。

大棚内空气相对湿度日变化与棚内气温和通风管理密切相关。一般棚温升高，相对湿度降低；棚温降低，相对湿度升高。在春季晴天时，随着棚温的迅速上升，花卉蒸腾和土壤蒸发加剧，如果不进行通风，棚内相对湿度增加，正午时刻，相对湿度可为清晨的 2 ~ 3 倍；通风后，棚内相对湿度下降，到午后闭棚前，相对湿度最低；夜间，随着温度下降，棚面凝结大量水滴，棚内空气相对湿度往往达到饱和状态。

棚内适宜空气相对湿度应为：白天 50% ~ 60%，夜间 80% ~ 90%。夜间相对湿度过高是霜霉病、叶霉病等病害发生的重要原因。

②土壤湿度　由于大棚内空气湿度高，土壤蒸发量小，因此大棚内的土壤湿度也比露地和玻璃温室要高。另外由于大棚薄膜上时常凝聚大量水珠，降落到地面后，使得大棚内土壤表面经常潮湿泥泞，应当加强中耕和通风换气。但土壤深层往往缺水。

(4) 气体

塑料大棚密闭条件下，大量施用有机肥料分解放出二氧化碳及作物自身呼吸放出二氧化碳，使得一天中清晨放风前二氧化碳浓度最高，以后随着光合作用加强，逐渐下降。同时，由于化肥、农药用量不断增加，会产生氨、一氧化碳、二氧化硫、亚硝酸等有害气体。应加强通风换气，及时排出有害气体。

2.3.1.3　塑料大棚的花卉栽培

(1)生产

在我国，普遍生产小型苗木。在塑料大棚内适宜盆播的植物有君子兰(*Clivia miniata*)、仙客来、非洲菊、三色堇、旱金莲(*Tropaeolum majus*)、金鱼草、四季秋海棠(*Begonia semperflorens*)、冬珊瑚(*Solanum pseudocapsicum* var. *diflorum*)及大岩桐等。

在塑料大棚内适宜扦插的植物有天竺葵(*Pelargonium hortorum*)、倒挂金钟(*Fuchsia hybrida*)、比利时杜鹃(*Rhododendron hybrida*)、三角梅(*Bougainvillea spectabilis*)、伞草(*Cyperus involucratus*)、宝石花(*Echeveria secunda*)、龙吐珠(*Clerodendrum thomsonae*)、昙花(*Epiphyllum oxypetalum*)、茉莉、令箭荷花(*Nopalxochia ackermannii*)、珠兰(*Chloranthus spicatus*)、橡皮树(*Ficus elastica*)、瑞香(*Daphne odora*)、红背桂(*Excoecaria cochinchinensis*)、广东万年青(*Aglaonema modestum*)、八仙花、朱蕉、扶桑(*Hibiscus rosa-sinensis*)、竹节海棠(*Begonia algaia*)、榕树(*Ficus microcarpa*)、洒金珊瑚(*Aucuba japonica* var. *variegata*)、佛手(*Citrus medica* var. *sarcodactylis*)、鹅掌柴(*Schefflera heptaphylla*)、非洲茉莉(*Fagraea ceilanica*)及四季秋海棠等。

(2)栽培要点

提早扣棚烤地　定植前 20~25d 提早扣棚，密闭烤地。结合深耕整地，施足有机肥。为提高地温，适宜作高 10~15cm 小高畦或高垄，同时覆盖地膜。

防寒保温　应采用多层薄膜覆盖，即大棚覆盖两层或两层以上薄膜。每层薄膜间相隔 30~50cm 以增加保温效果。通常在单层棚的基础上于棚内四周及棚顶吊挂一层薄膜，进行内防寒，俗称两层幕。白天将两层幕拉开受光，夜晚将其盖严保温。同时在大棚内加盖小拱棚，畦面覆盖地膜，效果更好。由于大棚四周接近棚边缘位置温度低于中央部位，所以，寒冷的初冬至早春，应在大棚四周围草苫或蒲席防寒保温。

加强通风换气　低温季节定植初期，以防寒保温为主，密闭不通风，缓苗后室内气温超过 25℃时，应及时放风降温、降湿；当外界最低气温超过 15℃时，应昼夜通风。

改善光照条件　增强棚内受光的重要措施是选用无滴防老化长寿膜，防止尘染。合理密植，及时整枝打杈，减少株间相互遮阴，改善光照条件，是实现塑料大棚早熟丰产的关键技术。

控制湿度　大棚的封闭性使得棚内空气湿度偏高，会影响植物生长。同时土壤浇水也会增加空气湿度，为降低空气湿度，减少病害侵染机会，应勤中耕松土，控制灌水量，采用地膜覆盖膜下滴灌的方式，有效地解决浇水与空气湿度过高的矛盾。

2.3.2　温室的建设

一个完整的温室通常有以下几个组成部分：温室的建筑结构、覆盖材料、通风设备、降温设备、保温节能设备、遮光/遮阴设备、加热设备、加湿设备、空气循环设备、二氧化碳施肥设备、人工光照设备、栽培床/槽、灌溉施肥设备、防虫设备、气候控制系统等。上述这些部分是否在温室中配备和使用，通常要看栽培作物的种类、当地的气候条件和经济情况来决定。

决定建造温室时，需要考虑以下几方面的问题：

有足够的土地面积　除温室所占的土地外，还要考虑温室辅助用地的面积。不同类型的温室要求的辅助用地面积也不同，要根据温室生产的性质具体确定。一般情况下，辅助设施用地面积(包括贮藏室、工作室等)占温室面积的10%。生产温室规模越小，辅助用地面积的比例相对越高。

温室建造的位置　建造温室的地点必须有充足的光照，周边不可有其他建筑物及高大树木遮阴，否则光照不足有碍植物的生长发育。温室南面、西面、东面的建筑物或其他遮挡物到温室的距离必须大于建筑物或遮挡物高度的2.5倍。温室的北面和西北面最好有防风屏障，最好北面有山，或有高大建筑物，或有防风林等遮挡北风，形成温暖的小气候环境，可以降低温室的能耗。因温室加温设施通常在地下，而且半地下式温室在地下水位高的地方难以设置，日常管理及使用也较困难，所以要选排水良好，地下水位较低之处。选点时还应注意选择水源便利、水质优良、交通方便的地方。

气候条件　影响温室花卉种苗生产的地理分布。影响温室应用的首要限制因子是冬季的光照强度。冬季多雾严寒，或春季阴雨夏季酷热的地区基本上都不具备温室生产的条件。高纬度地区光照条件越好，对温室作物冬季生产，特别是对光照要求较高的花卉种苗，如月季、香石竹越有利；而对需要低光照的花卉种苗则相对不利，如非洲紫罗兰、秋海棠及大多数绿色观叶植物。夏季的温度也影响温室花卉的生产。夏季高温，尤其是在高温、高湿的气候条件下给温室的降温带来困难。因而冬季不冷、夏季不热、冬季光照强度高的地区是发展温室花卉种苗生产的最佳区域，如云南。

温室的排列　在进行大规模花卉生产的情况下，对于温室群的排列及冷床、温床、荫棚等附属设备的设置，应有全面的规划。当温室为东西向延长时，南北两排温室间的距离通常为温室高度的2倍；当温室为南北向延长时，东西两温室之间的距离应为温室高度的2/3。当温室高度不等时，其高的应设置在北面，矮的设置在南面，工作室及锅炉房应设在温室的北面或东西两侧。如内部设施完善，可采用连栋式，内面分成独立单元。

温室屋面倾斜度和温室朝向　太阳辐射是大多数温室的主要热量来源之一，能否充分利用太阳辐射热，是衡量温室性能的重要标志。太阳辐射主要通过南向倾斜的温室屋面获得。太阳高度角一年之中是不断变化的，而温室的利用多以冬季为主，所以在北半球，通常以冬至中午太阳的高度角为确定南向玻璃屋面倾斜角度的依据。在北京地区，为了既便于在建筑结构上易于处理，又尽可能多地吸收太阳辐射，透射到南向玻璃屋面的太阳光线投射角应不小于60°，南向玻璃屋面的倾斜角应不小于33.4°。其他纬度地区可据此适当安排。

对于南北向延长的双屋面温室，屋面倾斜角度的大小在中午前后与太阳高度角关系不大，因为不论玻璃屋面的倾斜角度大小，都和太阳光线投射于水平面时相同。为了上午和下午能更多地接受太阳的辐射能量，屋面倾斜角度不宜小于30°。

温室内的连接结构影响温室内的光照条件，这些结构的投影大小取决于太阳高度角和季节变化。对于单栋温室，在北纬40°以北的地区，东西向屋脊的温室比南北向屋脊温室能够更有效地吸收冬季低高度角的太阳辐射，而南北向屋脊的温室的连接结构遮挡了较多的太阳辐射。在北纬40°以南的地区，由于太阳高度角较高，温室（屋脊）多南北延长。连栋温室不论在什么纬度地区，均以南北延长者对太阳辐射的利用效率高。

2.3.2.1　温室类型

温室是比较完善的保护地生产设施。从温室造型上可分为单屋面温室、双屋面温室和拱圆屋面温室3种类型。

(1) 单屋面温室

单屋面温室又分为日光温室和加温温室，是我国北方花卉保护地生产的重要设施类型之一，特点是取材容易、建造施工便利、成本低、耗能少等。通常坐北朝南，东西延长，墙体用泥土、砖石或夹心墙，构架与覆盖物为竹木或铁木混合、草顶、草席等。采光屋面向南倾斜，透明覆盖材料主要选用玻璃或塑料薄膜。基本形式有以下3种：

鞍山式日光温室　又称一面坡温室，起源于我国辽宁省鞍山市。采光屋面与地面呈25°~30°角，土屋面和土墙较厚，温室前后挖防寒沟。一面坡式温室采用玻璃屋面采光，拱圆形温室以塑料薄膜为透明覆盖材料。此类温室由于屋顶及墙体较厚，又有草席、纸被或棉被防寒，故防寒保温条件较好。在东北、华北、西北地区多用于园艺植物秋季延后及春季提前栽培。严冬季节可生产耐寒观叶植物。

北京改良式温室　又称二折式温室，因其前屋面有天窗和地面两种不同倾斜角度的透明屋面，从而形成两个折面式屋面。温室前屋面可用玻璃或塑料薄膜覆盖，覆盖蒲席进行防寒。温室内靠北墙处设加温火炉，以煤作燃料直接加温散热，防寒增温。由于改良式温室墙体较矮，空间及栽培面积小，便于增温、保温，热损耗少，可节省能源，适宜园艺植物周年生产。但也存在室内操作不便，土地利用率低，局部温差大等问题。

天津三折式温室　又称三折式温室，是根据北京改良式温室的结构特点改进而来，采光屋面分为顶窗、腰窗、地窗3个不同采光角度的玻璃窗。这种温室与二折式温室相比，具有空间高、跨度大、室内采光好、升温快、保温好等特点。同时，栽培面积扩大，土地利用率提高，改炉火加热为在温室四周设散热器进行水暖加温，使局部温差较小，在正常管理条件下可满足园艺植物生长发育所需。

(2) 双屋面温室

温室屋面具有两个方向相反的采光面，四壁也由透光材料组成，是一种全光温室。又分单栋式和连栋式。我国自行设计制造的单栋温室最早的是北京玉渊潭的普通钢材双屋面温室及上海市1980年制造的铝合金组合式装配型单栋温室。而由两个及两个以上的单栋温室相连接而组成的连栋温室代表类型为荷兰式采光温室。每栋的跨度为A型(3.2m)、B型(6.4m)、C型(9.6m)、D型(12.8m)等几种类型，柱高2.3~2.7m，脊高3.5~4.7m，玻璃屋面角度为250°。栋与栋之间由凹形落水槽（天沟）连接成多栋相连的大型温室。落水槽自温室中部开始向两边延伸，各有0.5%的坡降。通风窗面积占玻璃屋面的30%左右。温室内有完善的小气候调控设备和管理设施，机械化或自动化程度较高。

（3）拱圆屋面温室

较早引进美国制造拱圆屋面连栋温室的有北京市西部圃地、琅山果园及新疆农业科学院吐鲁番葡萄所。近年来，据不完全统计，先后从荷兰、美国、以色列、法国、保加利亚、韩国、日本等引进现代化温室154处，但各地均不同程度地存在投资大、运营费高、效益差的突出问题，须进一步对引进的现代化温室进行深入的消化吸收与研究。

常见的拱形温室有矮后墙长后屋面拱形温室、高后墙短后屋面拱形温室、钢竹混合结构拱形温室、钢拱架拱圆形温室、无后坡拱圆形温室、琴弦式日光温室。

2.3.2.2 日光温室

（1）日光温室的基本类型

节能日光温室因建筑材料、拱架结构、屋面形状等不同而有多种类型。根据屋面形状可分为两类：一是拱圆形屋面，多分布在北京、河北、内蒙古、辽宁中北部等；二是一坡一立形屋面，多分布在辽宁南部、山东、河北一带。

（2）日光温室的结构

① 结构参数

温室跨度 指温室南部底脚起至北墙内侧的宽度。在北方冬季较冷的地区，宜选用 6m 跨度的温室。

温室高度 指屋脊的高度。6m 跨的温室高度以 2.7 ~ 2.8m 为宜，7m 跨的温室高度以 3.1m 为佳。

温室长度 以 80 ~ 95m 为宜。目前各地使用的日光温室大多为建筑面积 667m^2 左右。

② 基本结构

墙体结构 日光温室的墙体包括后墙和山墙。主要作用有两个：一是承受后坡、前坡自身的重力和它所受到的各种压力；二是必须具备足够的保温蓄热能力。因此，一个好的日光温室墙体，应同时具备强度高、载热性能强和隔热性好的特点。有条件的地区可采用石头内墙、粉煤灰制空心砖外墙。也可以采用石头内墙、砖头外墙，中间填充珍珠岩或炉渣。北京地区选用红砖为材料，采用内 24cm、中空 12cm、外墙 24cm 的"双二四"空心墙结构，不仅节约了材料，保温效果也明显优于砖实心墙。此外，一些地区就地取材，采用板打土墙或草泥垛墙，成本低、保温性好，若注意防水侵蚀墙体，可应用于干旱少雨的西北地区。通常墙体厚度与当地冻土层最大厚度接近。在北纬35°地区墙厚多为 30 ~ 60cm，38° ~ 40°地区则为 80 ~ 150cm。

后屋面 又称后坡、后屋顶。既是卷放草苫、蒲席的作业道，又起着隔热保温的作用。根据后屋面所用建材不同，可分为两大类：一是由钢筋混凝土空心板为主要材料，虽坚固耐久，施工规范，但保温效果较差；二是选用玉米秸、高粱秸、芦苇、稻草等秸草作后坡，总厚度可达到 60 ~ 80cm，既降低了成本，又提高了保温效果，较空心板更为实用。

屋架 是日光温室的承重结构。竹木结构温室，后屋面屋架一般由柱、檩、柁组成，前屋面骨架则由支柱、腰檩及竹拱杆组成。此种结构虽取材方便、成本低，但支柱多、室内作业不便，且经久性差。为解决这一问题，不少地区用钢筋混凝土预制件代替檩、桁和中柱。

外保温覆盖　主要指日光温室前屋面夜间保温的不透明覆盖物。传统覆盖材料有草苫、蒲席、纸被、棉被等。草苫、蒲席要求打得紧密，才能起到良好的保温效果。一般一块宽1.5m、长5.5m的稻草苫，单体质量至少应为30kg以上，太轻则保温性能减弱，纸被多由4~6层牛皮纸缝合而成，并在外面罩一层薄膜或无纺布，防止雨雪侵蚀。近年来陕西、甘肃、内蒙古等冬季低温少雨雪地区，多以棉被代替纸被和草苫，其保温效果好，使用寿命长。

透明覆盖物　透明覆盖材料应同时具备透光好、保温好、耐用和无滴等性能，既能透过短波辐射，又能阻止长波辐射。目前常用0.1~0.12mm厚聚氯乙烯无滴膜和多功能3层复合的聚乙烯膜。

通风口　日光温室以自然通风为主，按通风口位置不同分为两种。一是后墙设置活动通风口，以备高温季节通风换气之用；二是在温室屋面设置通风口，按上、中、下3个位置开设。第一个是上排风门，又称顶风口，设在温室最高处即屋脊部，可用放风筒或扒缝放风的方式，主要起排出热空气的作用；第二个是肩部风口，设在前坡约1m高处，主要起进气口作用；第三个是底风口，即自温室前坡底角处向上扒开风口。一般当室外最低气温达到15℃以上，昼夜通风时启用。

张挂农用反光幕　农用反光幕为复合聚酯镀铝膜，利用其光亮镜面悬挂成幕布，随温室走向，面朝南，东西延长，垂直悬挂于温室后部，将射入室内后部的太阳光线反射到植株与近地表。解决了日光温室栽培床北部光照弱、温度低、植株长势弱、产量低的突出问题。

进出口　日光温室常在一端建立一个作业间，以便农事操作，同时也是一个缓冲间。应注意寒冷季节作业间防寒保温，以防冷空气侵入温室。同时，通向温室的门里侧应设一个40cm加高"围裙"，以免降低室温。

(3)日光温室的性能

①光照　日光温室内光强的季节变化和日变化趋势与室外基本一致，但由于拱架的遮阴、薄膜的反射以及薄膜内面凝结水滴或尘埃污染等影响，温室内光强明显小于室外。薄膜内侧附近光强最大，中部次之，地面处最弱。

温室内的光谱成分除与太阳高度有关外，还与覆盖材料的性质有关。无色透明塑料薄膜与玻璃相比，能透过更多的紫外线，而且对长波红外线的通过能力高于玻璃，所以薄膜覆盖温室的光质对作物生长有利，但保温性能不如玻璃温室好。

日光温室内的光照时间除受外界光照时间的制约外，在很大程度上还受温室管理措施的影响。冬季为了保温的需要，草苫和纸被要晚揭早盖，人为地造成室内黑夜的延长，12月至次年1月，室内光照时间一般为6~8h。进入3月，外界气温已高，在管理上改为适时早揭晚盖，室内光照时间可达8~10h。

②温度

气温　温室内气温的日变化主要受天气条件和管理措施的影响。晴天室内气温日变化比较剧烈，昼夜温差较大。室内最低气温一般出现在刚揭开保温覆盖材料之后，而后随着太阳辐射的增强，室内气温急剧上升，上升的幅度和速度都较室外大，中午前开天窗后，气温停止上升而随外界气温呈波浪式下降，一直持续到午后关窗为止。傍晚盖草苫后，室内气温短时间内会回升 1 ~ 2℃，而后缓慢地下降，直至次日揭草苫前。阴天由于光照不足，室内气温增加幅度小，日变化则较平缓，昼夜温差较小。

温室内气温的季节变化主要受室外气温变化的制约。但由于塑料日光温室采光面合理，采用多层覆盖，再配合适宜的管理措施，室内月平均气温明显高于室外。根据河北省永年县测定，1 ~ 4 月日光温室内外月平均气温差分别为 15.2℃、15.0℃、11.1℃和7.6℃；室内外温差最大值出现在最寒冷的 1 月，以后随外界气温的升高、通风量加大，室内外温差逐渐缩小。

温室内空间位置不同气温变化不一致。垂直方向上，一般在不通风时，温室内气温在一定范围内随高度的增加而上升。水平方向上，室内日均气温在距北墙 3.0 ~ 4.0 m 处最高，由此由南向北递减；白天前坡下的气温高于后坡，夜间则反之；东西方向上，由于山墙遮阴和开门的影响，中部高于东西两端。

地温　日光温室内的地温显著高于室外。室内地温与气温的日变化趋势基本一致，但是最高和最低温出现的时间均落后于室内气温。一般来说，室内 15 cm 深处地温从揭帘到盖帘低于室内平均气温，夜间则高于气温。此外室内地温日变化幅度也较室内气温小。

③空气湿度　日光温室密封性强，室内空气相对湿度较大，白天多在 70% ~ 80% 及以上，夜间更大，常保持在 90% ~ 95%。气温升降是影响相对湿度的主导因素，白天室温升高，相对湿度下降；夜间室温下降，相对湿度升高，且湿度变化极小。

2.3.2.3　现代温室

现代温室主要是指大型连栋玻璃温室。

(1)大型连栋玻璃温室结构与性能

20 世纪 80 年代初荷兰、美国等推出适应机械化作业的大型连栋全玻璃温室，从育苗、整地作畦、浇水追肥、温光调控、通风换气、采收、运输等均实现了自动化，从而引导设施园艺植物生产朝着高投入、高产出、高效益的方向发展(图 2-2)。我国于 1977年开始建成和使用连栋玻璃温室。其主体单元为双屋面玻璃温室，室顶两侧有相同长度的玻璃屋面。由柱、屋架、檩、椽子、天窗、侧窗、天沟等构成，两个以上相同类型、同一规格的双屋面玻璃温室连接而成连栋玻璃温室。温室骨架材料多为一定断面的型钢、钢管材料及耐锈耐热的镀锌钢材及抗腐蚀铝合金材料等。

连栋温室一般采用南北走向，光照分布均匀，室内温度变化平缓。与单栋相比，单位建筑面积建设成本降低，抗风雪能力增强，土地利用率提高，因温室侧壁少，散热面积小，能耗少。同时，由于室内宽敞，便于机械操作和自动化管理。

(2)连栋温室附属设备与栽培环境调控

通风换气装置　温室以自然换气为主，通过天窗、侧窗开闭来调节。一般天窗面积应占屋面面积的 20% 以上；侧窗面积占侧面面积的 25% 左右。当自然换气难以满足要

图2-2 芬兰几种温室类型

求时，需利用强制换气装置，通过送(引)风机强制交换温室内外空气。

加温设备 热水加温式温室中，加温设备主要由热水锅炉、输水管道和室内散热器或散热管组成，锅炉内水加热后，通过输送管进入温室内的散热器或散热管，再从回水管回到锅炉，重新加热，不断循环；在蒸汽加温式温室中，加温设备与热水加温设备大致相同，仅以蒸汽代替热水；热风加温温室中，主要设备是热风机、送风机、风筒，热风机用煤油、重油或液化气等燃烧加热空气，用送风机将热空气送进风筒，通过风筒上的散热孔排出，提高室温。为节约能源，各国正着力研究开发利用太阳能、地热能、风能等自然能解决温室加温问题。

降温设备 连栋温室温度过高时须强制降温。一般采用气化冷却法，即利用水的汽化带走空气中的热量，再将冷却空气送回温室。按冷却方式不同，分为喷雾冷却法、风扇—喷雾冷却法和湿帘—风扇冷却法3种。常用设备主要有喷雾降温系统、风机和湿帘。

双重覆盖保温装置 为加强保温，减少能耗，多在温室顶部和侧面悬挂膜帘，白天拉开，使室内光照充足；晚上闭合，加强保温。使用时，将膜帘用夹具与拉线连接，拉线缠绕在卷线筒上。通过开启装置(电动机、转动轴、卷线筒、拉线)使膜帘拉开闭合。

补光装置　当自然光照不能满足植物生长发育时，启动补光装置。常用光源有荧光灯、金属卤灯、高压钠灯。通常将灯固定在植株的正上方。

CO_2施用装置　采用装置有 CO_2 发生器和 CO_2 发生源。我国辽宁省研制的 CO_2 发生器，采用金属网式红外线炉，燃烧液化石油气。而山西省推出的 CO_2 发生器则以焦炭为原料。目前常用的 CO_2 发生源有 CO_2 压缩瓶和干冰，其释放的均为纯 CO_2，无需其他设备，可直接在温室中应用。

2.3.2.4　温室对环境的调控

(1)光照调节

补光　温室补光最简单的方法是将温室墙面涂白。此外，还可在北墙内侧设置反射镜、反射板和反射膜，利用它们对阳光的反射，增加室内光照。另外，为了使促成栽培的植物增加一定时数的人工补充光照，满足植物生长发育的生理需要，在温室内部应安设灯具等补光设施。适合于人工补充光照的灯有白炽灯、荧光灯、水银荧光灯、金属卤灯和高压钠灯等。一般将灯固定在中柱的两边或挂在栽培床的正上方，但灯泡功率的大小、安装密度及补光开启时间，依不同植物的需要而异。

遮光　温室内的遮光设置，可用来进行人工缩短光照时间。一般是用双层黑布或塑料薄膜制成的可以往复扯动的黑幕。根据不同植物对光照时间的不同要求，在下午日落前几小时，放下黑色幕布或薄膜，使温室内每天保持预定时间的短日照环境，以满足某些短日照植物对光照时间的生理要求(图2-3)。

图2-3　温室的遮光设置

遮阴　其目的主要是减弱温室或塑料棚中的光照强度，降低气温或植物体温。当夏季光照太强，温度过高，对植物的生长发育产生不良影响时，需要进行遮阴。常用的遮阴材料有苇帘、竹帘、遮光纱网和手织布等。遮阴材料要求有一定的透光率、较高的反射率和较低的吸收率。

我国使用的遮光纱网，多由黑色或银色聚乙烯薄膜编织而成，中间缀尼龙丝以提高强度，遮光率有从 45%～90% 的不同规格。近年来，国外使用的遮阳网有更先进的形式。其中一种为双层遮阳网，外层是银白色网，可将阳光和热量反射回外部空间；内层为黑塑料网,以遮挡部分阳光和降温。另一种是既可减小光照强度,又可以透过植物所需要的光谱,把一些不需要的光谱反射掉的新型遮阳网。国外还流行一种"流水遮阳"系统,这种系统由蓄水池、水泵和喷水管组成,适用于拱形或屋脊式温室,尤其是连拱式或连脊式温室。将喷水管安装到温室顶部,冷水由蓄水池经水泵送到管内,在玻璃或其他覆盖物表面上形成流动水幕。冷水可吸收部分由于日光中红外线辐射所产生的热量,喷出的水由天沟回到蓄水池,经冷却后循环使用。

(2)加温调节

烟道加热 加温方式由炉灶、烟道和烟囱3部分组成。炉灶低于室内地面90cm左右,坑宽60cm,长度视温室空间大小而定,以操作方便为宜。烟道用砖砌成方形孔道,也可由若干节直径为25cm左右的瓦管或陶管连接而成。烟道应与炉灶有一定坡度,以使烟顺利、缓慢地通过烟道,并在室内充分散热。烟囱出烟口应超过温室屋脊,其高度根据烟道长短和拨火快慢而定。烟道加温使用的燃料,一般为煤炭,其热能利用率仅为25%~30%,且污染室内空气,并占据一部分栽培用地,是一种较落后的加温方式。

热水和蒸汽加温 热水加温多采用重力循环法。水加热到80~85℃后,从锅炉经水管通过水泵,运至散热管内。当管内热量散出后,水即冷却,比重加大,从而返回锅炉管道,再提高水温。蒸汽加热是利用水蒸气来供暖,不需要安装水泵。该法升温快,便于调节。加热使用的燃料有煤、柴油、天然气和液化石油气等。

加热用的散热器的形式有两类:一类是将金属散热器固定于四周墙壁,与普通住宅的供热装置相似;另一类是以金属或塑料管并排铺于地面或栽培床的下面,管内通以循环热水,其受热部位首先是植物根部区域,然后才是温室其他空间。

电热加温 有暖风机和电热线等多种加温形式。一般额定功率为2000W的电暖器,可供30~50m² 温室加温使用。电热线的加温有两种:一种是加热线外套塑料管散热,可将其安装在扦插床或播种床的土壤中,用来提高土温;另一种是用裸露的加热线,用绝缘材料固定在花架下面,外加绝缘保护,控温部分的继电器可自动调节。电热加温供热均衡,便于控制,节省劳力,清洁卫生,但成本太高,一般只作补温使用。

(3)通气降温

通风设施 目前我国使用的双面窗脊式温室和一面坡温室,没有配套的通风降温装置,一般在顶部和侧面都有通风窗,打开通风窗可使空气流通。有些一面坡温室,在后墙开有小窗,与顶部通风窗同时打开,形成对流。还有些温室为加快通风换气,在温室四周的墙脚下设进风口,温室上部设排风口,这种做法通风换气的效果更好。温室内还可装空气压缩机,可把吹风机设在下部,产生"人造风",对通风换气、夏季降温都十分有利。

目前,现代化温室使用的通风保温墙,以镀锌钢板和铝合金为框架,支撑双层充气垫,围绕温室四周、脊窗和棚顶,采用4~6个小鼓风机和两个单双级感温器控制,全自动调节室内温度。当室内温度过高需要通风时,通风墙自动开启,吸收新鲜自然风,并排出不新鲜的或室内的热空气。在冬季和夜间,对保温通风墙充气,形成厚厚的夹层气垫,有很好的保温效果。

降温设施 一般温室降温主要依靠通风(窗和门)来进行。如果通风换气无法满足要求，需用降温设备。目前应用最普遍的是风扇—水帘降温系统。它由水帘、循环水系统、排风扇和控制系统组成。排风扇在温室一端，水帘装在温室的另一端。水帘是由具有吸水性、透气性、多孔性的材料制成。常用的材料有杨木细刨花、聚氯乙烯、浸泡防腐剂的纸制成的蜂窝板等。当系统启动后，水从上水管沿水帘缓缓流下，从回水槽流入缓冲水池。同时，另一墙排风扇将空气抽出，温室内部形成负压状态，外部空气通过水帘进入温室，内部空气湿度增加而温度下降。此系统可通过按钮启动，也可与温室测湿系统连接，当温度达到一定程度时自动开启。一般在室外温度38℃时，通过水帘降温，可使室温降到30℃左右。另一种是微雾降温，即将水以细雾点的形式喷入温室，使其迅速蒸发，利用水蒸发时吸热大的特点，大量吸收空气中的热量，然后将潮湿空气通过风扇排出室外，从而达到降温的目的。

2.3.2.5　温室生产

温室能创造适宜植物生长发育的条件，帮助植物在不利于其生长的自然季节中正常生长发育，即使在严寒的冬季也能正常栽培生产。温室常用于花卉种苗生产和培育具有重要观赏价值和市场价值的观赏植物，包括盆花、鲜切花以及木本植物的营养繁殖、盆景制作等。

2.3.3　附属设施及器具

2.3.3.1　附属设施

(1) 室外附属设施

①温床与冷床　为早春花卉繁殖育苗而建。可独立建温床，也可设在保护地内。冷床只利用太阳辐射能以维持苗床一定的温度；温床除利用太阳辐射外，还用酿热物、电或蒸汽等来提高苗床温度，两者在形式和结构上基本相同。可用于入冬后和早春播种耐寒力较差的一、二年生草花或冬季扦插花木，以及半耐寒性盆花的越冬。

冷床和温床的构筑材料有砖石、水泥、木框及蒿秆等。阳畦是冷床的常用形式，改良阳畦由风障、土墙、棚顶、玻璃窗、蒲席等部分构成，土墙高约1.0m，厚0.5m，棚架上先铺芦苇或玉米秆作棚底，再覆盖10cm厚的干土并用泥封固。改良阳畦的气温和地温均较高，低温持续时间短，可争取较长的生长期。温床应用最多的是木框温床，由床框、床孔和玻璃窗3个部分组成。温床的加温方法有发酵、热水、蒸汽、电热等，其中以发酵和电热两种最为常见。

发酵温床　宜选在背风向阳、排水良好的场地建造温床。其外形与阳畦相似，床体加深1倍，约70cm，宽1.5~2.0m，长度视需要而定。床内培养土厚度20cm，下填50cm厚的酿热物。发酵迅速的酿热物有马粪、油饼、鸡粪等；发酵缓慢的酿热物有稻草、枯草、落叶、猪粪、牛粪等，两类材料适度配合使用，可调和温度，延长其使用时间。酿热物的厚度应南面厚，中间薄，北面居中，以保持床面的温度均匀。床面安设玻璃或塑料薄膜，并覆盖草帘或其他保温材料。

电热温床　是电阻电热线对床土进行加温的设备，一般是在塑料大棚或温室内做成平畦,并在畦内铺设电热线。它具有发热迅速,加温均匀,可随时应用,实现自动控制、管理方便、育苗效果好等优点。电热温床所使用的电热线规格和数量,要根据温床面积、用途和设施内的环境进行选择。铺设电热线前,先在床底铺以 10~15cm 厚的煤渣,其上再覆以 5cm 厚的沙,加热线铺在沙上。电热线间距一般为 10~15cm,最窄不小于 3cm,布线深度 10cm 左右为宜。华北地区育苗温床,可选用电热功率 100~120W/m² ;用于球根和宿根花卉催花的电热线功率可降低,使土温保持在 15~18℃,催花效果更好。电热温床的控制是通过人工拉闸的方法或通过地温表的感温探头和探温仪实行自动控制。

②荫棚　是园林花木栽培与养护中不可缺少的设施之一。大部分温室花木都属于半阴性植物,夏季移出温室后,都需放在荫棚下养护;一些园林花木的夏季扦插和播种也需在荫棚下进行。荫棚可起到保护花木不受日灼,减少蒸腾和降低温度,避免初上盆、翻盆与扦插的花木因失水过多而萎蔫等作用。在夏季为喜阴植物在保护地外而建的遮阴设施,还具有防雨作用。荫棚由棚架和棚顶两部分组成,宽度 6.0~7.0m,不宜过窄,否则遮阴效果不佳。其种类和形式可大致分为永久性和临时性两大类。

永久性荫棚　常设在温室附近,多用于温室花木栽培。棚架高度一般为 2.0~2.5m,用钢管或水泥柱构成主架,因钢管要每年刷油漆,费工费料,而水泥可经久不坏,因此以水泥柱为好。棚架上覆盖竹帘、苇帘、合成纤维纺织品、遮阳板或遮阳网等。为避免上午和下午的太阳光进入棚内,荫棚的东西两端还要设倾斜荫帘,荫帘下缘要离地 0.5m 以上,以便通风。棚架下一般设置花台或花架,用于摆放盆栽花木,如果放置在地面上,应铺设砖或煤渣,以便于排水。

临时性荫棚　多用在露地床或播种床。棚高约 1.0m,一般多用木材立柱,棚面上用铁丝拉成格,然后盖上遮阳网等覆盖材料。遮阴程度可通过选用不同透光率的遮阳网或不同的覆盖层数来调整。

夏季扦插和播种所用荫棚也多为临时性的,但相对较矮,架高 0.5~1.0m,用苇帘、竹帘或遮阳网覆盖。在扦插未生根或播种未出芽前,覆盖的透光率要低,可覆盖 2~3 层;当开始生根或发芽时,可逐渐减为一层;待根发出,苗出齐后,可视具体情况部分或全部拆除覆盖物。

③地窖　又叫冷窖,冬季为半耐寒植物防寒越冬的保温设施。在大型保护地生产中多设有地窖。常用于不能露地越冬的宿根、球根、水生花卉及其他花木的保护越冬,可弥补冷室及冷床的不足。地窖在夏秋两季还可作暗室,进行短日照催花处理。南方不专设地窖,常用温室后部植物台下或冷室、库房代替。

地窖大小依越冬植物数量及高矮而定,通常深约 1.0m,宽 2.0m,长度视需要而定。根据在地面设置位置可分为地下式和半地下式两类。地下式地窖全部深入地面,仅窖顶露出地面;半地下式则有部分高出地面,高出部分由挖出的泥土筑成土墙,上设窖顶。窖顶形式有人字式、平顶式和单坡式 3 种。

根据使用时间可分为临时性地窖和永久性地窖。临时性地窖冬前挖掘,用后即填平;永久性地窖,四周砌 40~50cm 砖石墙,上部做拱圆顶。地窖深度为当地冻土层厚度的 2~3 倍。覆盖秸草或薄膜,并留几个通气孔。

（2）室内附属设施

窗　屋脊式温室在脊顶两侧设成排连开的窗或间断开的窗，拱圆式温室则在顶部设外推式气窗。在侧面或檐下的气窗称地窗或侧窗。一般侧窗要占侧面的1/2以上。强行换气装置是由排风扇或通风机排出气体，配以百叶箱式或筒式进气口进气。

双层保温幕开闭装置　双层保温幕是以塑料薄膜在保护设施内再次覆盖，在寒冷的时候或夜间使用起到加强保温的作用。手动开闭装置有3种，即双向开闭式、单向开闭式和侧部开闭式。电动开闭装置也有应用。

遮光和保温帘设施　在大棚骨架上，高于棚面0.5m左右设置遮阳网架，或直接把遮阳网覆盖在棚面上，并用压膜线压紧。保温帘常直接压在棚面，保温帘卷起很费工。已有人工卷帘装置，设置在棚顶部。

其他　加温降温系统、潜水系统、自动喷药系统、补光和遮光系统、无土栽培设施等在保护地都很重要。

2.3.3.2　工具和用具

（1）农具

灌水用具　喷壶、水舀子、水缸和水池或水槽等。

修剪用具　剪刀、嫁接刀、手锯等。

病虫防治用具　喷雾器、喷粉器、熏蒸器、毛刷等。

管理用具　小齿耙、花铲、铁锹、镐、平耙、筛子等。

（2）试验或观测用具

卷尺、地温计、温度计、干湿球湿度计、试管、烧杯、培养皿、电炉等。

（3）花盆

常用瓦盆(陶盆)、瓷盆、木盆、塑料盆和其他专用盆等。盆的内径和高度要依据花卉株形、大小和根系幅度选用，也要考虑到栽培和陈列盆之间的差异。

2.4　绘制圃地规划设计图

2.4.1　准备工作

在绘制圃地规划设计图前，应在总体规划的基础上，全面了解圃地的情况，这是正确绘制设计图的必要基础。了解的方面具体包括以下内容：圃地的具体位置、界限、面积；育苗的种类、数量、规格；种苗产品的销售范围分布；圃地必要的设施如灌溉、道路、房屋建筑、设备等；圃地管理机构组织形式，工作人员编制等。

在此基础上，还应准备圃地建设任务书和各种有关图纸材料，如现状平面图、地形图、土壤分布图、植被分布图、水文图，以及当地和周边地方社会经济发展材料等。

2.4.2　绘制规划设计图

如设计是由圃地委托其他设计单位进行的，待资料准备齐全后，委托方将圃地边界、面积、作业方式、灌溉方式，各种建筑、设施，生产种苗的种类、数量、规格等数据和设计内容及设计要求，连地形图、平面图、土壤图、植被图以委托书的形式，交给设计方进行设计。

设计方应根据各种资料进行综合分析考虑，确定规划设计方案，以地形图为底图，将圃地布局的道路、沟渠、管道、防护林带、建设区位置等绘制到地形图上，再根据圃地的自然条件和机械化程度确定耕作区的面积、长度、宽度和方向，最后根据育苗任务，计算各育苗区的面积，再绘制成圃地区划草图。绘好草图后，设计方应与委托方进行认真分析、研究、修改，确定正式设计方案，绘制正式图。设计图比例一般为 1:500~1:2000。

正式设计图中，各种道路、沟渠、作业区、建筑区及设施要按地形图的比例尺绘制在图上，排灌方向要用箭头标示，各区应有编号。图外应有图例、比例尺、指北方向和风向标。

目前，大多设计单位已普遍使用计算机绘制平面图、效果图和施工图。

2.5 编制圃地规划设计说明书

设计说明书是与图纸配套的文字说明材料，是圃地设计的组成部分，图纸上表达不出的内容必须在说明书中阐述清楚。一般分总论、设计、各类种苗的生产工艺、投资概算等部分。

2.5.1 总论

分析圃地的经营条件和自然条件，指出哪些是有利因素，哪些是不利因素，并说明原因，指出相应的改造措施。

2.5.1.1 经营条件

经营条件包括所有与圃地经营有关的条件，主要包括以下部分：①圃地所处位置，当地的经济、生产、劳动力情况及其对圃地生产经营的影响；②圃地的交通条件；③电力和机械化条件；④周边环境条件；⑤圃地成品苗木输出的区域范围，对圃地发展展望，建圃的投资和效益估算。

2.5.1.2 自然条件

自然条件包括主要影响圃地生产的自然环境生态因子，主要体现在以下几方面：①地形、地貌；②气候、水文；③土壤、植被；④病虫害、杂草对种苗生产的影响。

分析各因素的影响，指出有利因素和不利因素，提出改造措施。

2.5.2 设计部分

设计部分包括圃地各功能小区的面积计算和区划说明。

2.5.2.1　圃地面积和计算方法

①各种园林花卉种苗繁育所需土地面积计算；②所有花卉育苗所需土地面积计算；③辅助用地面积计算。

2.5.2.2　圃地的区划说明

①作业区的大小；②各育苗区的配置；③道路系统的设计；④排灌系统的设计；⑤防护林系统(围墙、栅栏等)的设计；⑥管理区及建筑物(含温室、大棚、实验室、组织培养室、场院、堆肥场)规划设计；⑦耕作区和各育苗区的大小、位置、耕作方向的确定。

2.5.2.3　育苗技术设计

①培育苗木的种类；②所采取的繁殖方法；③各类苗木栽培管理的技术要点；④苗木出圃的技术要点。

2.5.3　育苗生产工艺设计

育苗工作由很多栽培工艺组成，某一环节出问题，就会对种苗产量和质量产生影响。必须根据树种的生态学、生物学特性，结合当地的自然环境条件，设计科学合理的育苗技术及工艺，最大限度地利用自然环境条件，以便达到优质、高产、高效的目的。由于圃地的种苗种类较多，不可能对每一种花卉进行详细的育苗工艺与技术设计，可按种苗类型设计。设计出各类种苗所需的主要工艺技术，要求技术先进，经济合理。

2.5.4　投资预算、成本回收及利润计算

在市场经济体制下，任何生产经营活动均要考虑投入产出，都要以尽可能小的投入获得最大的经济效益。圃地同样也要有投入有回报，因此圃地的建设要进行投资概预算。

概预算范围包括需要投入资金的各项内容，包括征地费用。各种费用计算方法，应严格执行国家有关规定。概预算结果为建设圃地的决策提供重要依据。

根据当前和以后一段时间市场对种苗的需求情况和圃地经营状况，预测成本回收期及获得利润所需的时间。制定在这个时间段内所采取的主要经营措施，计算所需的运行成本，使圃地在最短的时间收回成本，获得利润，进行可持续经营。

2.6　建立圃地技术档案

圃地技术档案的建立是圃地建立不可缺少的重要组成。因为圃地技术档案记载着圃地生产的气象环境条件、育苗技术、种苗生长状况以及经营管理等情况。从圃地开始建设起，即应作为圃地生产、经营的内容之一，建立圃地的技术档案。圃地技术档案是合理地利用土地资源和设施、设备，科学地指导生产经营活动，有效地进行劳动管理的重

要依据。

　　把圃地建立和发展的全过程以及圃地曾经开展过的各项行政的和技术的工作如实地记录存档，可以不断地总结经验教训、完善种苗繁育技术程序，提高工作效率和保证整个圃地的工作朝着健康的方向发展。

2.6.1　建立圃地技术档案的基本要求

　　圃地技术档案是圃地生产和科学试验的真实反映和历史记载，出自生产和科学实践，对提高生产、促进育苗技术发展和圃地经营管理水平的提高有重要作用。要充分发挥圃地技术档案的作用，必须按如下要求建立圃地技术档案。

　　(1)系统记载

　　技术档案的记载和保存要认真落实。对圃地生产、试验和经营管理的记载必须长期坚持，实事求是，及时准确，保证资料的系统性。要做到边观察、边记载，力求文字简练，字迹清晰。

　　(2)分类整理

　　在每一生产年度末，应收集汇总各类记载资料，进行整理、统计分析和总结，以便从中找出规律性的东西，及时地提供准确、可靠的科学数据和经验总结，指导圃地生产和科学试验。同时，按照材料形成的时间先后顺序和重要程度，连同总结材料等分类整理装订，登记造册，长期妥善保管。

　　(3)专人管理

　　根据圃地情况，设专职或兼职档案管理人员，专门负责圃地技术档案工作。一般可由圃地技术人员兼管，这样可以直接把管理与使用结合起来，便于管理，也有利于指导生产。人员应保持稳定，如有工作变动，要及时做好交接工作。

2.6.2　圃地技术档案的主要内容

　　圃地档案的主要内容包括圃地基本情况和圃地专项档案两大部分。

2.6.2.1　圃地基本情况档案

　　圃地基本情况档案主要包括圃地的位置、面积、经营条件、自然条件、地形图、土壤分布图、圃地区划图、固定资产、仪器设备、机具、车辆、生产工具以及人员、组织机构等情况。

2.6.2.2　圃地专项档案

　　圃地专项档案包括圃地土地利用档案、圃地作业档案、育苗技术措施档案、种苗生长发育调查档案、气象观察档案、科学试验档案和种苗销售档案等。

　　(1)圃地土地利用档案

　　以作业区为单位，主要记载各作业区的土地利用面积、苗木种类、育苗方法、整地、改良土壤、灌溉、施肥、除草、病虫害防治以及种苗生长质量等基本情况。此档案常采用表格形式，逐年记载各作业区的各项因子。

为了便于工作和以后查阅方便，在建立该档案时，应每年绘制一张圃地土地利用情况平面图，并注明圃地总面积、各作业区面积、育苗面积、休闲地面积和所育苗木名称等。

（2）圃地作业档案

以日为单位，主要记载每日进行的各项生产活动，劳力、机械工具、能源、肥料、农药等使用情况。

（3）育苗技术措施档案

以种为单位，主要记载各种苗从种子、插条、接穗等繁殖材料的处理开始，直到起苗、假植、储藏、包装、出圃等育苗技术操作的全过程。根据这些资料，可分析总结育苗经验，提高育苗技术水平。

（4）种苗生长发育调查档案

以年度为单位，定期采用随机抽样法进行调查，对各种苗生长发育情况进行定期观测和记录，并用表格记载各种苗生长发育整个过程，以便掌握其生长发育周期与自然环境因子以及经营管理对种苗生长的影响，从而确定有效的培育技术措施。观测种苗生长发育情况，应选择有代表性的地段设置标准样方进行定期观测。对播种苗应详细记录开始出苗、大量出苗、真叶出现、顶芽形成、叶变色、开始落叶、完全落叶等物候期。对其他种苗也应按不同物候期进行描述。

不同的苗木要根据其物候特点制订观测时间表，如对播种苗和扦插苗而言，在真叶出现前和插条苗在叶片展开前，要每隔 1d 观测一次，其他各物候期每隔 5d 观测一次。

起苗时应将种苗分级，统计出各级种苗的株数及单产和总产量。还要对每一级种苗的高度、地径、根系和冠幅做一个统计。

（5）气象观察档案

主要记载影响种苗生长的主要气象因子，从中分析它们之间的相互关系，确定适宜的技术措施和实施时间。以日为单位，主要记载圃地所在地每日的日照长度、温度、降水、风向、风力等气象情况。

圃地可自设气象观测站，也可抄录当地气象台的观测资料。可按气象专业统一制造的表格填写记录。

（6）科学试验档案

以试验项目为单位，主要记载试验目的、试验设计、试验方法、试验结果、结果分析、年度总结以及项目完成的总结报告等。

（7）种苗销售档案

主要记载各年度销售种苗的种类、规格、数量、价格、日期、购苗单位及用途等情况。

建立圃地档案的关键是要实事求是，对各类事件都要如实填报，领导要重视、以身作则，再加上群众监督则可取得较好的效果。

小　结

　　本章围绕种苗圃地的规划与建设进行阐述，重点介绍了圃地选择的自然条件、综合评价确定圃地、生产土地的规划、塑料大棚和温室的建设。通过本章的学习，了解和掌握种苗圃地选择的条件，圃地的规划设计方案，塑料大棚和温室的种类、特点以及对环境的调控要求。

思考题

1. 生产圃地的选择条件是什么?
2. 什么是生产用地? 各生产区的规划要点是什么?
3. 简述辅助用地的规划。
4. 塑料大棚的种类有哪些? 各结构特点是什么?
5. 谈谈塑料大棚栽培要点。
6. 温室类型有哪些?
7. 简述温室对环境的调控要点。

参考文献

陈发棣，房伟民．2004. 城市园林绿化花木生产与管理[M]．北京：中国林业出版社．

陈其兵．2007. 园林植物培育学[M]．北京：中国农业出版社．

陈耀华，秦魁杰．2001. 园林苗圃与花圃[M]．北京：中国林业出版社

成仿云．2012. 园林苗圃学[M]．北京：中国林业出版社．

郝建华，陈耀华．2003. 园林苗圃育苗技术[M]．北京：化学工业出版社．

冷平生．2003. 园林生态学[M]．北京：中国农业出版社．

柳振亮，石爱平，刘建斌．2001. 园林苗圃学[M]．北京：气象出版社．

卢学义．2001. 园林树木育苗技术[M]．辽宁：辽宁科学技术出版社．

苏付保．2004. 园林苗木生产技术[M]．北京：中国林业出版社．

苏金乐．2003. 园林苗圃学[M]．北京：中国农业出版社．

王大平，李玉萍．2014. 园林苗圃学[M]．上海：上海交通大学出版社．

吴少华．2001. 园林花卉苗木繁育技术[M]．北京：科学技术文献出版社．

徐德嘉．2012. 园林苗圃学[M]．北京：中国建筑工业出版社．

余禄生．2002. 园林苗圃[M]．北京：中国农业出版社．

张东林，束永志，陈薇．2003. 园林苗圃育苗手册[M]．北京：中国农业出版社．

KIM M WILKINSON, THOMAS D LANDIS. 2009. Planning a native plant nursery. In：Dumroese, R. Kasten；Luna, Tara；Landis, Thomas D. , editors. Nursery manual for native plants：A guide for tribal nurseries – Volume 1：Nursery Management[M]. Washington, D. C. ：U. S. Department of Agriculture, Forest Service. 1 – 13.

MARY L, DURYEA, THOMAS D LANDIS. 1984. Forest Nursery Manual：Production of Bareroot Seedlings[M]. Boston：Martinus Nijhoff/Dr W. Junk Publisers.

花卉种子生产

优质花卉种子的标准是整齐度高、生活力强、无病虫害。由于穴盘苗生产技术的推广应用，对花卉种子质量的要求越来越高。花卉种子生产的一般程序是：亲本栽培、遗传质量控制、授粉管理、种子采收与处理、种子净化与贮存。

3.1 国内外花卉种子生产概况

我国已成为世界上最大的花卉种子消费市场。草花种子市场空间大，发展快。仅仅三五年，涉足草花种子经营的公司如雨后春笋般出现在各地。大连是最早打开草花种子销售市场的城市，最初不过三两家，现在已有十几家。在草花种子销售的初期，进口种子独霸天下，国产种子屈指可数。但短短几年时间，来源各异的大量国产种子涌入市场，使草花种子的市场供应量急剧增加。因为环境美化问题日益受到重视，各地纷纷从国外引进大量草花新品种。目前高品质的草花品种大多是外国进口。像以经营草花种子为主的泛美种子、高美种子等企业，都相继在中国成立了分公司或代理商。但是，由于国外的部分草花新品种适应性差，致使美化效果不理想，造成了很大浪费。

目前，我国自产草花种子有100多种，但主要是常规品种，杂交一代、二代品种很少，高质量的草花种子大量依赖进口。目前存在如下主要问题：

①野生花卉种质资源保护工作不足，传统的优良品种未充分利用，珍贵品种外流。

②植物资源的驯化、选育工作开展得不够，引进新品种新技术的力度也远远不够。

③缺乏系统化、规范化的育种繁殖基地。

④种子生产的繁育技术低，品种退化严重，品质不高；没有掌握杂种一代种子生产的关键性亲本资源和技术；在采后加工、包装、贮藏技术等方面缺乏国产的品牌和市场竞争力。

⑤市场体系不完善：种子生产、经营及进出口管理系统不健全。

据国际植物新品种保护联盟（UPOV）统计，美国、法国、荷兰、英国、日本、韩国和丹麦等是主要的花卉种子生产国。日本每年向欧共体输出花卉种子150万～250万美元，而世界上最大的花卉种子公司（泛美保尔）的年销售额均超过1亿美元。凭借其掌握的优良亲本及成熟的杂交技术侵入发展中国家,掠夺自然资源和廉价的劳动力,获取高额利润。近年来,外国种子商已进入我国昆明、四川、河南、山西、山东、辽宁、内蒙古、青海等地,建立制种基地,生产、收购草花种子,经细加工后返销中国市场以获取暴利,价格呈几十甚至百倍增长。据不完全统计,每年我国进口国外种子、种球花掉4000万元,并且近年来形成愈演愈烈之势,造成外汇大量流失。

近20年来,广大花卉育种者开发了许多我国优良的野生花卉资源,收集了大量地方草花品种,结合引进国外品种和种质资源,开展了我国自主的花卉育种工作,如北京园林科研所从1995年开始从事草花育种研究,从育种技术、种子商品化技术、繁殖栽培及养护技术,到新优品种的应用和花卉的科普工作等多个方面,进行了系列化的科研、开发及推广工作,目前已拥有多个具有自主知识产权的草花品种,如一串红(*Salvia splendens*)'奥运圣火'、矮牵牛'京冠0210'、孔雀草(*Tagetes patula*)'锦绣'、万寿菊'京帝0140'和'京鸿'、三色堇'斑蝶'和'春晓'等;华中农业大学从1998年开始从事自主草花育种,主要涉及矮牵牛、三色堇、孔雀草、石竹、百日草、羽衣甘蓝(*Brassica oleracea* var. *acephala* f. *tricolor*)等一、二年生花卉的育种,目前他们已建立了6种草花的育种技术体系,审定了9个优良新品种,其他品种正在陆续审定中;北京林业大学开展了地被菊(*Chrysanthemum morifolium*)的育种;中国农业大学研究开发了早小菊、孔雀草、一串红等优良品种;杭州花圃育成了雏菊、金盏菊等优良品种,这些品种具有国外品种无法比拟的抗热性强等优点,同时建立起一套"科研+农户+公司"的草花良种繁育体系。

3.1.1　花卉种子的种类和特点

花卉种子生产是一项技术含量很高的花卉生产,主要生产 F_1 代园艺杂交品种、四倍体园艺品种和部分OP(定向杂交程度较低的)品种。草花多用于花坛与公共绿地,其用量的上升是社会经济及人类文明发展的总趋势,多采用种子繁殖,花卉种子质量决定花卉产品质量与环境美化水平,控制了种子等于控制了园林与花卉业。花卉种子工程是包括良种引育、种子生产、种子加工、种子销售和种子管理的系统工程。包括13个过程:

种质资源收集→引种→育种→品种试验→品种鉴定→扩繁→种子生产→收购→加工→种子特殊处理→种子检验→包装贮藏→推广。

种子的外部形态特征主要包括形状、大小(千粒重)、种皮色泽及附着物,种皮上的网纹结构等。它们是鉴别花卉种和品种的重要依据,同时也是鉴别、清洗、分级、包装、检验和安全贮藏的重要依据。

3.1.1.1　按照专业生产花卉种子的产品类型分类

(1)原型种子

种子采收后,除清洁外未经其他加工处理的种子。

(2)脱化种子

脱化主要包括脱毛、脱翼、脱尾。现代播种机从简单的针管式播种机到速度很高的滚筒式播种机，所有的机械播种机中，多数都是利用真空吸种子，大小均匀的圆形种子是最适宜工作的，而不规则的种子不利于播种。种子公司可以提供脱翼的藿香蓟、花毛茛种子，去尾的万寿菊、孔雀草种子。

(3) 丸粒化种子

有些种子很小，甚至连肉眼也难辨认，经过丸粒化，颗粒增大变成圆形，大小均匀，适应播种机快速播种。丸粒化种子颜色艳丽，便于辨认，能提高播种的准确度。该类种子有四季秋海棠、藿香蓟、雏菊、洋桔梗、花烟草（*Nicotiana alata*）、矮牵牛、角堇（*Viola cornuta*）、大岩桐等。丸粒化种子易碎，多采用充气包装或小塑料瓶包装。经丸粒化处理，种子粒径增大，重量增加，便于精量播种，节约种子，又为种子萌发生长创造更有利的条件。种子丸粒化加工的关键技术是提高加工工艺及选择适宜的黏合剂及种子的包衣料。

(4) 预发芽种子

预发芽种子是在一定的温度条件下，经化学物质或水的催芽处理成胚根萌动状态的种子。处理过的种子发芽迅速，发芽率高，发芽整齐。

用得比较多的是三色堇。经催芽处理的种子，发芽率和出苗整齐度大大提高，但种子的保存时间短，购买时必须与种子播种时间衔接好。

(5) 包衣型种子

常在种子的表面涂上一层杀菌剂或普通的润滑剂，一般不改变种子的形状，种子更光滑，种皮软化，并可防止小苗生长过程中病菌的侵害，有助于播种机械的操作。

(6) 多粒种子包衣

这是指一个丸里有多粒种子，即在包衣时将多粒种子包在一起。它的优点是在播种时能一次性将多粒种子播到同一个穴孔中，也是适应某些种类一个孔穴播多粒种子的需要。这样处理后，播种简单、迅速，也非常均匀，如半枝莲（*Scutellaria barbata*）、六倍利（*Lobelia erinus*）等。该类种子原形状不规则，经处理后形状、大小整齐，加厚变圆，表面光滑，加色便于播种；播种时流畅，不至于种子卡在播种机上；种子颜色较为鲜艳，播种后便于检查和提高在穴盘中的播种准确度，如万寿菊、天竺葵等。

(7) 精选种子

这是指经过清洁、分级、刻划及其他处理的种子。经过处理后提高种子的质量，以及播种后的表现。有些种子大而种皮厚，不易发芽，经过刻划后有利于提早发芽。经过清洁的种子种类有千日红（*Gomphrena globosa*）、勋章菊（*Gazania rigens*）、补血草（*Limonium sinense*）、天人菊（*Gaillardia pulchella*）等；经过刻划的种子种类有羽扇豆（*Lupinus micranthus*）、文竹、鹤望兰（*Strelitzia reginae*）等。

3.1.1.2　按照种子形状和大小分类

种子的形状因植物种类不同而有很大差异，主要有球形、椭圆形、扁形、肾形、盾形等（图3-1）。

　　花卉种子按粒径大小分为大粒(粒径≥5.0mm)、中粒(3.0~5.0mm)、小粒(1.0~3.0mm)、细粒(<1.0mm)(图3-2)。

　　种子有各种颜色,在种子外表呈现出丰富的色彩和斑纹。在实践中往往可以根据颜

| 球形(文竹) | 披针形(孔雀草) | 卵形(金鱼草) | 不规则形(报春花 *Primula malacoides*) |

楔形(小丽花 *Dahlia × hybrida*)　　倒卵形(三色堇)　　球形(羽衣甘蓝)　　翅状(花毛茛)

图3-1　部分草花种子的形态

  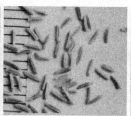 

大粒种子(美人蕉)　　中粒种子(瓜叶菊)　　小粒种子(银叶菊 *Senecio cineraria*)　　细粒种子(欧报春 *Primula acaulis*)

图3-2　部分草花种子的大小

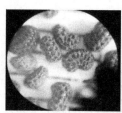 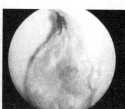  

凹凸不平(猴面花 *Mimulus luteus*)　　膜质翅(花毛茛)　　光泽(六倍利)　　沟棱(瓜叶菊)

图3-3　部分草花种子的外部特征

色来鉴别品种。这些颜色还有深浅之别，同时还常在底色上嵌有各色花纹(图 3-3)。

花卉种子的常用计量单位是克(g)、千克(kg)、粒(sds)。花卉种子因种类不同有大小之别，种子大小按每克粒数分成以下几类：

① 大粒种子，每克数十粒，在 100 粒以内的种子，如牵牛；

② 中粒种子，每克 800~1000 粒的种子，如石竹类；

③ 小粒种子，每克 2000~8000 粒的种子，如一点缨(Emilia coccinea)；

④ 细小粒种子，每克 10 000~250 000 粒的种子，如矮牵牛(表 3-1)。

表 3-1　常见种子克粒数对照表

种　类	粒/g	种　类	粒/g	种　类	粒/g
紫茉莉(Mirabilis jalapa)	15	一串红	270	花毛茛	1300
文　竹	20	羽衣甘蓝	300	金光菊(Rudbeckia laciniata)	2300
小丽花	108	香石竹	450	彩叶草(Coleus hybridus)	3600
百日草	110	长春花(Catharanthus roseus)	700	四季报春	6500
天竺葵	250	三色堇	700	矮牵牛	9500
万寿菊	260	欧报春	1000	蒲包花	45 000

3.1.1.3　按照制种方式分类

(1)混合或自然授粉种子

比较常用的非杂交花卉有香雪球(Lobularia maritima)、鸡冠花(Celosia cristata)、小菊(Dendranthema morifolium)、金鸡菊(Coreopsis drummondii)、波斯菊(Cosmos bipinnatus)、大丽花、银叶菊、瓜叶菊、满天星、麦秆菊(Xerochrysum bracteatum)、孔雀草、补血草、美女樱(Verbena hybrida)、长春花。

(2)自交系种子，或称常规种子与纯种

自交系品种是由遗传背景相同和基因型纯合的一群植株组成，既包括自花授粉植物，也可从异化授粉植物中获得，后者一般是经过若干代强制自交和严格选择后获得。自交系种子生产不需要杂交。

(3)F_1 代

F_1 代杂种是用两个自交系杂交产生的，通常集双亲的优良性状于一身，但因自我繁殖失去优良性状限制了其应用。花卉种子是一、二年生草花生产的基础。自 1909 年 F_1 代杂种四季秋海棠问世后，到 20 世纪 50 年代日本将杂种优势成功地应用于矮牵牛、金鱼草、三色堇等的花卉制种，引起花卉种子工业的革命。如今，绝大多数花卉尤其是藿香蓟、四季秋海棠、香石竹、仙客来、石竹、羽衣甘蓝、天竺葵、矮牵牛、非洲凤仙花(Impatiens walleriana)、洋桔梗、万寿菊、三色堇、报春花、花毛茛、金鱼草、百日草、半支莲(Portulaca grandiflora)等采用 F_1 代制种。"世界花坛花卉之王"的矮牵牛在我国的用量是每年 5000 万盆以上，三色堇在 1000 万盆以上。这两个著名的草花目前均

采用 F_1 代制种,用于园林绿化。2000 年以前我国没有自主的 F_1 代花卉良种,只是在我国的云南、内蒙古等地受国外花卉种苗公司委托生产 F_1 代种子(如万寿菊等),产品运到国外鉴定和包装后返销到中国(如美国泛美公司)。在对外制种中,我国主要承担着劳动力密集的生产任务,还没有完全掌握有关杂种一代种子生产的关键性技术和种质资源,发展潜力巨大。

(4)F_2 代

F_2 代种子由 F_1 代植株相互杂交得到。通过对自交系的合理选择,有可能生产出性状较为一致的 F_2 代种子,其最大的优势是其生产成本低。近年来在一些花卉上开始普及 F_2 代种子,其中有金鱼草、矮牵牛和三色堇等,由于 F_2 种子比 F_1 代种子要便宜得多,更便于我国城乡花卉生产者使用。

(5)人工种子

人工种子又称人造种子、合成种子、无性种子,是指利用植物细胞的全能性,将组织培养产生的体细胞胚或具有发育成完整植株的分生组织(如胚状体、芽、茎段等)包裹在一层含有营养物质的胶囊里,再在胶囊外包上一层具有保护功能和防止机械损伤的外膜,形成在适宜条件下能够萌发并发育成完整植株的人造颗粒。目前研制的人工种子主要由 3 部分组成:人工种胚、人工胚乳、人工种皮。人工种胚类似于天然种子的胚,包括体细胞胚、愈伤组织、不定芽、腋芽、顶芽、块茎、原球茎、小鳞茎等,是具有生命的物质结构;人工胚乳主要包括矿质元素、维生素、碳源、激素等,它能够供胚状体维持生命力和保证其在适宜条件下生长发育;人工种皮具有保护作用,透水透气、耐机械冲击且不易损坏。

种子生产已经成为一个专门的领域。优质种子即良种的 3 个重要指标是种性纯、出芽率高、发芽势强。

此外,按照商品销售时还有一些分类方法,如认证种子和非认证种子;进口种子和国产种子;转基因种子和非转基因种子;分装种子、混合种子等。

3.1.2 草花种类和品种

草花品种流行仍主要以传统种类为主流,包括一串红、鸡冠花、万寿菊、矮牵牛、孔雀草、百日草、四季秋海棠、长春花、矢车菊(*Centaurea cyanus*)、金盏菊、雏菊、福禄考(*Phlox drummondii*)、三色堇、羽衣甘蓝、二月蓝(*Orychophragmus violaceus*)、虞美人(*Papaver rhoeas*)、石竹、飞燕草(*Consolida ajacis*)、彩叶草、醉蝶花(*Tarenaya hassleriana*)、凤仙花、蒲包花、小丽花、雁来红(*Amaranthus tricolor*)、波斯菊、千日红、翠菊(*Callistephus chinensis*)等。在品种观赏性以及抗性等生理特性上都有较大改善,主要表现在:花径增大,颜色丰富,抗逆性增强,生育期缩短,受光照影响程度减弱等,观赏性和适应性更强,更适宜粗放式管理。目前,已开发出许多新兴种类,如矮生向日葵(*Helianthus annuus*)、夏堇(*Torenia fournieri*)、杂交天竺葵(*Pelargonium hortorum*)、香堇、香彩雀(*Angelonia salicariifolia*)、金光菊、马蹄金(*Dichondra micrantha*)等。近些年观叶植物逐渐兴起,如'红苋'(*Alternanthera paronychioides* 'Picta')、莲子草(*Alternanthera sessilis*)、伞花蜡菊(*Helichrysum petiolatum*)等应用前景广阔。

（1）矮牵牛（*Petunia grandiflora*）

包括系列品种，这些品种播种至开花时间大都在 8～12 周。种子形式为原始种子或丸粒化种子，发芽率一般在 85%～90%。植株高度在 15～40cm。要求全光照条件。每个系列的花色都很丰富，少则 5 种，有的多达 20 多种花色。

矮牵牛的品种有大花型 Storm 品种系列、重瓣型 Duo 品种系列、大花型 Ultra 品种系列、大花型 Frost 品种系列、杂种矮牵牛 *Petunia* × *hybrida* 藤蔓型 Ramblin 品种系列、多花矮牵牛 *Petunia multiflora* 多花型 Prime Time 品种系列、迷你矮牵牛 *Petunia milliflora* 迷你型 Fantasy 品种系列等。

（2）百日草（*Zinnia elegans*）

包括系列品种，有些是切花品种，有些是花坛用花，这些品种播种至开花时间大都在 5～9 周。种子形式为原始种子或包衣种子，发芽率一般在 85%。植株高度在 25～90cm。要求全光照条件。每个系列都有不同的花色，有的可以有 9 个花色。

百日草的品种有花簇低矮紧密的大花型 Magellan 品种系列、大株切花型 Uproar 品种系列、大株切花型 Zowiei 品种系列、花簇非常低矮紧密的大花型 Short Stuff 品种系列、花簇低矮紧密型且花瓣为二重色的 Swizzle 品种系列等。

（3）大花三色堇（*Viola wittrockiana*）

包括系列品种，这些品种播种至开花时间大都在 10～12 周。种子形式为原始种子，发芽率一般在 85%。植株高度在 12～20cm。要求全光照条件。每个系列都有不同的花色，有的可以有 20 多个花色。

三色堇的品种有多花型 Mariposa 品种系列、大花型 Karma 品种系列、中花多花型 Gradissimo 品种系列、垂吊型 Freefall 品种系列和 Coolwave 品种系列等。

（4）万寿菊（*Tagetes erecta*）

包括系列品种，这些品种从播种至开花时间大都在 10～12 周。种子形式为去尾种子、包衣种子，发芽率一般在 85%。植株高度在 25～40cm。要求全光照条件。每个系列都有不同的花色。

万寿菊的品种有矮小直立型 Antigua 品种系列、中小直立型 Inca Ⅱ 品种系列、高大直立型 Perfection 品种系列等。

（5）一串红（*Salvia spendens*）

包括系列品种，这些品种从播种至开花时间大都在 9～10 周。种子形式为原始种子，发芽率一般在 90%。植株高度在 15～65cm。要求全光照条件。每个系列都有不同的花色。

一串红的品种有花簇低矮紧密的大花型 Picante 品种系列、多种颜色的矮株型 Salsa 品种系列，此外还有株高 25～30cm 的株型紧凑的 Vista 系列等。

（6）藿香蓟（*Ageratum houstonianum*）

包括系列品种，这些品种从播种至开花时间大都在 10～14 周。种子形式为原始种子和丸粒化种子，发芽率一般在 90%。植株高度在 15～65cm。要求部分遮光或全光照条件。每个系列都有不同的花色。

藿香蓟的品种有高大型 Leilani 品种系列和 Everest Blue 品种系列、矮株 Neptune 品种系列和 Blue Hawaii 品种系列等。

(7)耧斗菜(*Aquilegia caerulea*)

包括系列品种,这些品种从播种至开花时间大都在 20～24 周。种子形式为原始种子,发芽率一般在 85%。植株高度在 35～40cm。要求部分遮光或全光照条件。每个系列都有不同的花色。如 Origami 品种系列,该系列有 8 种花色。

(8)四季秋海棠(*Begonia semperflorens*)

包括系列品种,这些品种从播种至开花时间大都在 12～14 周。种子形式为丸粒化种子,发芽率一般在 85%。植株高度在 20～40cm。要求部分遮光或全光照条件。每个系列都有不同的花色。

四季秋海棠的品种有大型四季开花盆景 Bayou 品种系列、矮株四季开花盆景 Victory 品种系列等。

(9)球根秋海棠(*Begonia tuberosa*)

包括系列品种,这些品种从播种至开花时间大都在 15～18 周。种子形式为丸粒化种子,发芽率一般在 85%。植株高度在 20～25cm。要求部分遮光或全光照条件。每个系列都有不同的花色。如球根秋海棠多层大花型 Go－Go 品种系列有 12 种花色。

(10)风铃草(*Campanula longistyla*)

包括系列品种,这些品种从播种至开花时间为 22～26 周。种子形式为原始种子,丸粒化种子,发芽率 85%。植株高度为 20～25cm。要求部分遮光或全光照条件。每个系列的花色较单一,如花园种植型和盆栽型兼用的 Isabella 品种系列只有蓝紫色,Appeal 品种系列只有深蓝色和粉色,Milan 品种系列只有蓝色和丁香色,Takion 品种系列只有蓝色和白色。

(11)瓜叶菊(*Cineraria senecio*)

瓜叶菊种子细小,每克可达 5300 多粒。粒径为 3～3.5mm,属中粒种子。种子椭圆形,表面有沟状突起,带有花纹,种子颜色与花色有一定的关联。有花簇紧密盆栽型瓜叶菊 Jester 品种系列等。

播种至开花时间为 16～18 周。种子形式为原始种子和丸粒化种子,发芽率 90%。植株高度为 20～25cm。要求部分光照条件。该系列有 12 种花色。

(12)醉蝶花(*Cleome hasslerana*)

播种至开花时间为 12～15 周。种子形式为原始种子和丸粒化种子,发芽率 90%。植株高度为 60～150cm。要求部分光照条件。有遗传性矮株花园种植型 Sparkler 品种系列,该系列有 5 种花色。

(13)毛地黄(*Digitalis purpurea*)

播种至开花时间为 20～26 周。种子形式为原始种子和丸粒化种子,发芽率 85%。植株高度为 40～150cm。要求部分遮光到全光照条件。有多年生花园种植切花型 Camelot 品种系列,该系列有 5 种花色,另外,还有花坛花境型 Dalmatian 品种系列,该系列有 6 种花色。

(14)洋桔梗(*Eustoma grandiflorum*)

包括系列品种,有些是切花品种,有些是盆栽品种,这些品种从播种至开花时间大都在 22～26 周。种子形式为原始种子和丸粒化种子，发芽率一般在 85%。切花品种植株高度在 100～150cm，盆栽品种植株高度在 15～25cm。要求全光照条件。每个系列都有不同的花色。

洋桔梗的品种有多层花瓣型切花 Cinderella 品种系列、单层花瓣型切花 Twinkle 品种系列、矮株盆栽 Lizzy 品种系列等。

(15) 天竺葵（*Pelargonium* × *hortorum*）

植株紧密大花型 Orbit 品种系列的播种至开花时间为 13～14 周。种子形式为原始种子，发芽率 90%。植株高度为 25～35cm。要求全光照条件。该品种系列有 19 种花色。此外，还有植株紧密的大花型 Maverick 品种系列、大花型且叶子为深棕色的 Bulls Eye 品种系列、花簇紧密的矮株大花型 Elite 品种系列以及多花矮株型 Multibloom 品种系列等。

(16) 花毛茛（*Ranunculus asiaticus*）

包括系列品种，有些品种作切花，有些是盆花，这些品种从播种至开花时间大都在 20～33 周。种子形式为原始种子和包衣种子，发芽率一般在 80%～90%。植株高度在 15～60cm。要求全光照条件。每个系列都有不同的花色。

花毛茛的品种有盆栽型 Mache 品种系列、遗传性矮株盆栽大花型 Magic 品种系列、切花 Soleil 品种系列。

(17) 非洲凤仙花（*Impatiens walleran*）

花簇十分紧密低矮的大花型 Xtreme 品种系列的播种至开花时间为 10～13 周。种子形式为原始种子，发芽率 95%。植株高度为 15～35cm。要求部分遮盖式光照条件。此外，还有花簇紧密的大花型 Accent 品种系列、花簇紧密且花纹别致的 Mosaic 品种系列，以及花簇紧密的多层花瓣型 Victorian 品种系列，此系列花色丰富，多达 18 种花色。

(18) 金鱼草（*Antirrhinum majus*）

包括系列品种，这些品种从播种至开花时间大都在 9～18 周。种子形式为原始种子，发芽率一般在 80%。植株高度在 15～55cm。要求全光照条件。每个系列都有不同的花色。

金鱼草的品种有龙嘴状花朵且花簇紧密的 Chimes 品种系列、喉状花朵且花簇紧密的 Bells 品种系列、喉状花朵且中等高度的 La Bella 品种系列、龙嘴状花朵且中等高度的 Liberty Classic 品种系列、龙嘴状花朵且中等高度的 Ribbon 品种系列、切花且在温暖季节销售的 OpusⅢ 和 OpusⅣ 品种系列、切花且在较冷季节销售的 OvertureⅡ 品种系列等。

(19) 报春花（*Primula* spp.）

① 早花大花型欧洲报春花（*Primula acaulis*）Primera 品种系列和大花型中期开花 Orion 品种系列 2 个品种系列播种至开花时间为 18～20 周。种子形式为原始种子，发芽率 80%。植株高度为 13～15cm。要求全光照条件。该系列有 10 种花色。

② 四季报春花（*Primula obconica*），且没有花粉 Libre 品种系列 播种至开花时间为 16～20 周。种子形式为原始种子，发芽率 80%。植株高度为 17～23cm。要求过滤性光照条件。

(20) 角堇(*Vioa cornuta*)

包括系列品种，这些品种的播种至开花时间为9~10周。种子形式为原始种子，发芽率85%。植株高度为10~25cm。要求全光照条件。有28种以上的花色。

角堇的品种有花园种植型 Penny 品种系列、多花型 Floral 品种系列、早花多花型 Admire 品种系列、蔓生型 Rebellina 品种系列、株型紧凑的 Sorbet 品种系列等。

(21) 夏堇(*Torenia fournieri*)

花园种植型有夏季可作为盆栽植物的 Duchess 品种系列。播种至开花时间为11~13周。种子形式为丸粒化种子，发芽率90%。植株高度为10~15cm。要求部分遮光到全光照条件。有6种以上的花色。

(22) 仙客来(*Cyclamen persicum*)

包括系列品种，这些品种从播种至开花时间大都在24~34周。种子形式为原始种子，发芽率一般在85%。植株高度在15~40cm。要求部分遮光或过滤性光照条件。每个系列都有不同的花色。

仙客来的品种有迷你型 Midori 品种系列、迷你型 Miracle 品种系列、银叶迷你型 Silverado 品种系列、中小型 Laser 品种系列、银叶中型 Sterling 品种系列、大型/标准型 Sierra 品种系列、巨大型 Robusta 品种系列等。

(23) 大丽花(*Dahlia hybrida*)

播种至开花时间为9~12周。种子形式为原始种子，发芽率85%。植株高度在17~23cm。要求全光照条件。有7种以上的花色。

大丽花的品种有100%多层花瓣的花园种植型 Hello 品种系列、株型紧凑浓密的 Fireworks 品种系列、适合作切花的高秆型 Victoriana Mix 品种系列等。

(24) 石竹(*Dianthus chinensis*)

①花园种植型 Charms 品种系列　播种至开花时间为14~16周。种子形式为原始种子和丸粒化种子，发芽率85%。植株高度为20~25cm。要求全光照条件。有6种以上的花色。

②石竹矮株花园种植型 Super Parfait 品种系列　播种至开花时间为15~20周。种子形式为原始种子和丸粒化种子，发芽率85%。植株高度为20~25cm。要求全光照条件。有4种以上的花色。

(25) 花烟草(*Nicotiana alata*)

花园种植型 Saratoga 品种系列的播种至开花时间为9~11周。种子形式为原始种子和丸粒化种子，发芽率85%。植株高度在25~30cm。要求部分遮光到全光照条件。有8种以上的花色。此外，还有植株高度在90~120cm的高秆型 Sylvestris 品种系列等。

(26) 勋章菊(*Gazania splendens*)

大花花园种植型 Kiss 品种系列的播种至开花时间为13~15周。种子形式为原始种子，发芽率90%。植株高度为20~25cm。要求全光照条件。有14种以上的花色。此外，还有叶色银白的 Talent 品种系列、大花多花型 Daybreak 品种系列等。

(27) 雏菊(*Bellis perennis*)

包括系列品种，这些品种的播种至开花时间为25~28周。种子形式为原始种子，种子4900粒/g，发芽需光，20~24℃，发芽时间7~14d；发芽率90%。植株高度为10~15cm。有5种以上的花色。雏菊的品种有中大花圆球形Tasso品种系列、大花完全重瓣型Habanera品种系列、半重瓣绒球型Galaxy品种系列等。

(28) 金盏菊(*Calendula officinalis*)

棒棒糖系列(Bonbon)种子105粒/g，发芽嫌光，发芽适温21℃，发芽5~10d，播种到开花90~110d。7~10℃凉爽气候下生长良好，花大，是冬春花坛的重要花卉品种之一。株高25~30cm，重瓣花，花径6~7.5cm。比其他品种开花早10~14d，花期很长。此外，还有花瓣心部为黑色的Calypso品种系列，植株紧凑、生长茂盛的Zen品种系列等。

3.1.3　我国草花产业市场分析

3.1.3.1　我国草花消费市场

①华东、华中和华南依然是最大的草花消费市场。华东地区草花种苗年生产量在2000万株以上的种苗公司有3家，而年生产量约800万株的公司也有近十家。

②西南、西北、华北和东北市场的用量也在迅速增加。各种草花产品已经成为各大城市消费的必需品。如重庆，每年各种节假日在重要路口、主城区广场等地摆放时令花卉150万~170万盆，还有一些公园、风景区举办的花卉展览，每年需要50万盆左右；社会单位每年需要100万盆以上，市民日常需要量每年70万盆。

③我国草花消费市场发展迅速，特别是2008年北京奥运会、2009年建国60周年大庆、2010年上海世博会和广州亚运会，是我国草花市场的"发动机"，给草花的消费市场注入了强大的动力。此外，在广州亚运会期间，亚运缤纷花城的打造不仅拉动了草花的需求，而且加深了民众对草花的认识和喜爱，有力地扩大了草花的日常消费，从2007—2012年，我国草花产值年均增长20%以上。但是自2012年以来，各地对大规模绿地花坛用花趋于保守，草花产销形式出现下降趋势，表现为地区差异明显，南北市场发展不均衡，北方市场受政策的影响较大，市场行情下降较快，尤其是东北和华北地区量价齐跌；南方地区受政策影响较小，特别是长江流域以南地区，市场行情基本没有下降。总体来讲，随着2016年唐山世园会和杭州G20峰会等大型花事与国际活动的开展，草花消费市场将会全面恢复。

④我国已成为世界上最大的花卉种子潜在消费市场。草花种子市场空间大，发展潜力大。各地纷纷从国外引进大量草花新品种。

⑤草花由从属地位上升到主导地位，"城市花园"正在被"花园城市"的观念取代。在园林绿化工程中，草花越来越重要。

3.1.3.2　草花用量增加的原因

一、二年生草花种子以其在绿化过程中生长周期短、见效快、色彩丰富、繁殖系数大、易于推广且绿化成本较低等特点广泛被人们所接受，草花种子的需求量逐年增加。

①国民经济持续快速增长的拉动。

②城市面积的继续扩张和各地新农村建设力度的不断加强。

③全国各地生态文明建设的全面展开给草花市场带来巨大的需求空间。

④临时性的大型活动也成为草花用量增加的又一个重要原因，如厦门每年9月举办的厦门投资贸易洽谈会、杭州每年10月举办的西湖博览会以及一些大城市举办的体育运动会和政治、文化、经济会议等。

⑤房地产的持续火爆也有效推动了草花用量的增加，特别是一些高档精品楼盘，不仅对草花的用量逐年增加，而且对品种和质量的要求也在逐年提高。

3.1.3.3 花卉种子生产的条件及趋势

花卉种子先进生产国的经验证明，生产花卉种子必须考虑以下4个条件，或必须具备其中某些优势：①世界花卉种子需求的稳定性，以及大致的价格结构；②种子生产要选择最适宜的地区，根据全球的需求考虑种子的出口潜力；③在国内和国际市场上进行种子促销；④制定花卉种子产业发展的基本构架。

因此，世界花卉种子生产形式总是在不断地变化，总的趋势是发达国家的种子繁育地向发展中国家和地区转移，不断寻求低成本高利润的生产方式。目前发达国家的一些种子公司甚至将育种工作向发展中国家转移，采取收购品种和联合开发的形式，公司的经营重点由种子生产转向育种，现在又由育种向促销方面转移，这在客观上给我国的草花育种和种子生产留下了发展空间。

3.2 花卉种子生产方式

3.2.1 草花 F_1 代杂种制种方式

纯合自交系是通过连续自交使性状达到纯化而得到的，在制种过程中，只选择性状最好或符合要求的植株进行自交或生产自交种子。

纯合自交系是生产 F_1 代杂种的基础。根据配制一代杂种所用亲本自交系数，可分为单交种、双交种和三交种等制种方式。

(1) 单交种

一代杂种种子生产主要采用单交种，将两个特殊配合力高的自交不亲和系按1：1隔行定植，开花时任其自由授粉，即可获得杂种率高的正反交杂交种。为提高杂种种子产量，也可将结实多的亲本与结实少的亲本按2：1相间定植。单交种的优点是杂种优势强，株间一致性强，制种手续较简单；缺点是种子生产成本高，有时对环境条件的适应力较弱。在生产单交种时，每年需要3个隔离区，即2个自交繁殖区，1个单交区。

(2) 双交种

双交种是由4个自交系先配成2个单交种，再由单交种配成用于生产的一代杂种。双交种的优点是可使亲本自交系的用种量显著节省，杂交种子的产量显著提高，从而降低制种成本。同时双交种的遗传组成不像单交种那样纯，适应性较强。缺点是制种程序比较复杂，杂种的一致性不如单交种。

（3）三交种

由于纯合不亲和材料的杂交第一代为自交不亲和性，为降低原种种子用量，也可采用双交或三交的杂交方式生产一代杂种。三交种是用两个自交系杂交作母本，与第三个自交系杂交产生一代杂种的方式。三系杂交种生活力强，产量也相当高，性状的整齐性略低于单交种，与双交种相近。由于母本是单交种，其种子生产量大，质量也好。但要求父本自交系的花粉量要大。制种时因为有自交系参与，种子成本仍较高，但比单交种成本低。在生产三系杂种时，每年需要保持 5 个隔离区，即 3 个自交繁殖区，1 个单交区和 1 个三交区，最少需要 3 个隔离区。

（4）混合型或天然授粉制种

混合型是指每份种子中均含有一种以上颜色和株型的植株，天然授粉通常产生自然混合型种子，这类种子产生混合型的植株类群。混合制种应重点考虑保证植株特性的统一性，可在开花前剔除性状不符合要求的植株。不加控制的天然授粉制种能产生大量具特殊花色的后代并得到更多的种子。不同花色植株的合理配比能维持类群的统一性，但不能从天然授粉种子中得到性状完全相同的后代。可利用花色对授粉进行调整以维持一致性，并把得到的种子混合来平衡花色，称为"规则式混合"。包括按预先的设计比率混合自交系(F_1 和 F_2)以平衡花色。与自然混合制种相比这种方法的最大优点是能预测和再现后代的花色组成。对个别优良性状可通过考察其栽培和开花习性来选择。规则式混合制种很适合于矮牵牛、金鱼草等草花。

3.2.2　F_1 杂种的制种方法

确定推广的优良杂交组合之后，需每年生产杂交种子供生产上应用。杂交种子的生产原则：根据各种不同花卉开花授粉习性，应用适当的制种技术，获得杂交率高的种子并节约劳力、降低种子生产成本。一般分为亲本繁殖保存和配制生产 F_1 代种子两部分。

3.2.2.1　天然杂交制种法

（1）混播法

将等量的父母本种子充分混合后播种，采得的种子正反交均有。此法省工，但只适用于正、反交增产效果和二亲本主要经济性状基本相似的组合。

（2）隔行种植

父母本单行或数行相间种植，如正反交增产效果和经济性状基本相似，父母本的行数可相同，父母本植株与种子可混收混用。如正反交 F_1 都有优势而性状不一致，则应分别收种，分别使用；如正交 F_1 有优势而反交无优势，只能以正交 F_1 用于生产，则父本行数应较少，父母本比例一般为 1：2。最好选配正反交 F_1 都有显著优势的组合，以降低制种成本。

（3）隔株种植

这种配置方式杂交百分率较高，但田间种植和种子采收很麻烦，而且容易错乱。对二亲本主要性状近似的组合，种子可混收的较适用。由于该制种法双亲都还有可能进行品种内授粉，因此杂种率较低，一般为 50% ~70%。

3.2.2.2　人工去雄制种法

对某些雌雄异株或同株异花授粉花卉和雌雄同花花卉可将父母本按适当比例种植，利用人工拔除母本雄株，摘除母本雄花或人工去雄授粉等方法获得一代杂种种子。例如，崂山三色堇制种基地在每一个大棚内，均有 1 行父本及 7 行母本，用人工仔细地掰掉母本花的雄蕊，然后把父本的花粉抹在母本花的柱头上。

3.2.2.3　化学去雄制种法

利用化学去雄药剂，喷洒母本植株，破坏雄性配子的正常发育或改变植物的性分化倾向，达到去雄目的，再与相应父本按适当比例隔行种植生产一代杂种。

由于雌雄配子对各种化学药剂的反应不同，因此不同植物可选择特定的杀雄剂，目前应用的化学杀雄剂有 2,3 – 二氯异丁酸钠(FW450)、2 – 氯乙基磷酸(乙烯利)、二氯丙酸、顺丁烯二酸联胺(MH 或青鲜素)、2,4 – D、2,3 – 异丙醚、r – 苯醋酸、二氯乙酸、三氯丙酸、核酸钠、萘乙酸(NAA)等。在适当的浓度与剂量下，抑制和杀死雄配子，而对雌蕊无害。

3.2.2.4　利用雌性系的制种法

选育雌株系作为母本生产杂种种子，可使摘除雄花的工作减至最低限度，因此降低了制种的成本。

3.2.2.5　利用雄性不育系制种法

在两性花植物中，利用可遗传的雄性器官退化或丧失功能的纯系为母本，在隔离区内与相应父本按一定比例间隔种植，在不育系上采收杂种种子。雄性不育可分为雄蕊退化、花粉败育、功能不育 3 种类型。从遗传机制上又分为细胞质雄性不育、细胞核雄性不育和细胞核、细胞质互作雄性不育 3 种。核质互作不育型有雄性不育细胞质基因，细胞核内还有纯合不育隐性基因(ms)，只有这两种基因同时存在发生互作，才能表现雄性不育性。目前，花卉中存在不育性的有百日草、矮牵牛、金鱼草等。

3.2.2.6　利用自交不亲和系制种法

利用某些两性花植物中，虽花器正常但自交不实或自交结实低的遗传特点，用 2 个这样的品种做亲本，双亲隔行种植，所得正反交种子均为一代杂种。制种主要分原种繁殖和一代杂种种子生产两部分。自交不亲和系植株在开花前 2～4d 的蕾期，柱头上抑制花粉管生长的物质还未形成，因此在蕾期对不亲和系植株进行自交，可获得自交种子。利用这一特性，自交不亲和系的原种，主要采用蕾期授粉法繁殖。

3.2.3　花卉制种的一般程序

花卉制种分为温室内杂交制种和露地大田天然杂交制种。两种方式有很多不同之处，所以分别介绍两种制种方式的程序。

3.2.3.1 温室内花卉杂交种子的生产

绝大多数花卉杂交种子生产是在温室内进行的，所以首要的是建立适合杂交工作的设施，而且制种的集约化程度很高，投入比较大，要求有比较高的回报，需对工人进行培训以熟练进行人工杂交授粉。由于每一种花卉杂交制种的数量有限，可以对制种整个过程每天进行监控。其制种程序如下：

(1) 亲本植株的培育

总体上，温室内花卉杂交制种的亲本植株的栽培操作是按照花坛花卉和切花商品生产已有的栽培指南进行的。但是已经发表可供参考的指南都是适合温带气候类型的，使用的栽培基质是泥炭。而对于在没有泥炭可以使用的地区，尤其是在热带地区，这些栽培指南并不能直接使用。所以首先要选择在当地可以容易获得的便宜的栽培基质。椰糠和稻壳是常用栽培基质的重要组成成分。其他的有机材料和火山灰也可以采用。不同的基质会大大影响土壤的肥力，所以在不同地区的花卉制种者必须建立适合当地栽培基质和气候条件的独特的灌溉和配方施肥的方案。

大部分花卉的杂交亲本都采用种子繁殖，一般采用穴盘或播种营养钵在温室特定的区域播种。对于有些花卉，如凤仙花和矮牵牛，属于雄性不育系的亲本，往往采用扦插这一营养繁殖方式。有时如报春花和石竹则采用组织培养的方式繁殖其亲本。当杂交是采用一个用种子繁殖的亲本和一个用营养繁殖的亲本之间进行时，就需要精心设计和调整开花时期以使父母本的花期同步。

发育良好的亲本幼株移植到花盆内摆放在制种温室的苗床上。花盆可以采用普通塑料盆，大小依花卉的种类而定，苗床高低以适合人工授粉、种子采收和管理为宜。

植物营养、病虫害防治是亲本栽培中最重要的环节，一般花卉种子生产都有训练有素的专业技术人员进行管理，定期的土壤和叶片营养分析数据为营养施肥提供科学指导。不同的制种地应该有适应当地条件的施肥方案。综合的病虫害防治，以及对栽培基质、容器、温室进行消毒处理是必要的。可使用黄色害虫粘贴板检测害虫的数量，同时对种子进行表面消毒处理以杀灭通过种子传播的病虫害。对于亲本种子的遗传纯度要求是很高的。此外，当亲本植株开花后还要剔除变异株，为了防止从田间飞入的昆虫把非目的花粉带入温室内授粉，对于制种温室要设立防虫网。

(2) 授粉管理

授粉是制种过程中最重要的环节。要明确商业种子的产量和纯度要求，授粉工作是一个劳动强度大而且需要专业训练的工作，而且也是整个制种过程中投入最高的一项工作。授粉包括以下 3 个独立的步骤：①花粉采集；②去雄；③授粉。不同花卉授粉过程有很大的差别，这取决于不同花卉种类花器官形态和开花生物学特性。

(3) 种子采收

温室内 F_1 代花卉种子的采收往往是手工采收，并且是分种子不同成熟期多次采收。由于是手工采收，种子一般情况下纯净度比较高。

3.2.3.2 露地大田天然杂交花卉种子生产

(1)选择适宜的制种田

由于是露地大田制种，所以要选取排水良好、耕层深厚、富含有机质的土地。最忌连作、重茬。基肥最好用腐熟的鸡粪，其次为羊粪，再次为杂肥。注意有机肥与无机肥配合。无论父母本都要施基肥。$667m^2$ 的施入量：有机肥 2000~3000kg、磷酸二铵25kg、硫酸钾10kg。在选择地点时，要充分考虑到隔离以防止授粉混杂，隔离可分为距离隔离，一般安全距为360~720 m，或采用地形地势隔离，如山丘、大山等。

(2)适时播种亲本

根据两个亲本的熟性早晚安排播种期。父母本熟性相同或相近，通常父本品种要早播1周；若父本品种比母本品种晚熟，父本须早播种10~15d。父母本种植比例为1：(4~5)。适时播种十分重要，播种过早，苗龄过长，控苗时间长，生长停滞，定植后缓苗时间长，第一花序落花严重；播种过晚，苗龄太短，营养物质积累少，幼苗不健壮，授粉最佳时期正值高温天气，坐果率低。另外，病虫害严重等情况都可导致种子产量降低。

(3)培育亲本壮苗

优质壮苗的外部形态为：植株茎秆粗壮，茎秆上绒毛浓密、分布均匀，节间短。叶片肥厚，深绿，根系发达。5~6片真叶，花序发育健壮。要培育壮苗必须全面调节各种条件，使它们适当地配合起来。如育苗初期，若外温低、日照弱、床温低，一切措施就应围绕提高床温工作来进行。增加覆盖物，争取光照，适当控制灌水，间隙放风，放小风等，严防造成低温高湿的环境污染，免受猝倒病的危害；至育苗后期，日光增强，外温升高，蒸发量也加大，管理上必须注意温湿度的调节，提供足够的营养和光照条件。加强定植前的"炼苗"，避免徒长和老化，使秧苗有健壮的营养生长和一定程度的花芽分化。

(4)父、母本管理

母本缓苗后每 $667m^2$ 施尿素10kg，制种结束后时施复合肥20~25kg，促杂交果早期发育。第一批果实采收后追施尿素10kg。防止早衰进行4~5次叶面肥喷施。用0.2%的磷酸二氢钾加0.1%尿素以及其他微量元素化肥。父本一般比母本早7~10d定植。对父本植株可不进行整枝打杈，任其生长，保证有充足的花粉量，坚持薄肥勤施，坚持隔行灌、露顶灌。浇增产水，不浇救命水。灌后及时松土保墒，雨后注意及时排水。保持土壤湿度80%~85%，最适于授粉、受精和坐果。最好搭人字架，而且要拉腰杆，使枝叶充分展开和发展，及时整枝。采用双杆整枝或改良单杆整枝，防止中后期叶量不足。

(5)防治病虫害

制种田容易发生的病害主要有早疫病、晚疫病和叶霉病。有些花卉后期还容易发生病毒病，应提倡综合防治的办法，合理施肥。不单纯施用氮肥，要增施磷、钾肥。严格实行轮作。适当深耕，及时中耕除草，改良土壤结构，促进植株苗壮生长，增强抗病虫能力。合理排灌，采用垄植，尽可能不使水接触植株茎叶，减少病害的发生。在综合防治措施的基础上，适当地进行药剂防治。药剂防治要把握好防治的时机，做到以防为主。保护性药剂可以提前喷施，首先从发病（虫）中心开始防治。应及时更换农药种类，选择最佳药剂防治，避免产生抗药性。

（6）杂交授粉

花卉一般是虫媒花或风媒花，所以大田内花卉天然杂交授粉制种，在选择制种地时应考虑这些因素，气候条件如温度和湿度适合蜜蜂和其他传粉的昆虫活动，在授粉期间要严禁使用杀虫剂，以免杀死传粉昆虫，影响授粉受精，最终影响花卉种子的质量和数量。

（7）采种

田间检验合格的地块，发放采收证后采收种子。采种的果实应以完熟期为采收的最佳时期，这时种子的发芽率最高，质量好。外界温度高时种子的发酵时间一般为24h，温度低时最多36h。发酵过度的种子，不仅色泽发黑，而且发芽率也会降低。经发酵的种子用清水冲洗净后，浸泡在 pH 2 的盐酸中 10min。冲洗干净后，均匀地摊在尼龙纱或者筛子上置于通风干燥处晾晒，使种子保持鲜亮的颜色。

3.2.3.3　制种管理及注意事项

（1）制种区立地条件

要选择土壤肥沃，地势平坦，肥力均匀，有排灌条件的地方，以便旱涝保收，获得数量多的杂种种子。制种区要安全隔离，严防非父本的花粉飞入制种区，干扰授粉杂交，影响杂交种子质量。如有可能，可分散给经过培训的专业农户制种，公司供给父母本，一般一个农户制一个种，以保证杂种种子的质量。

（2）制种区内，父母本要分行相间播种

父母本的行比因花卉不同而异，通常在保证有足够父本花粉前提下，应尽量增加母本行数，尽可能多采收杂种种子。父母本播种的时间必须能使父母本的开花期相遇，这是杂交制种成败的关键，尤其是花期短的花卉。一般情况下，若父母本花期相同，父母本可同期播种；若父母本开花不一致，应分期播种。制种区要力求做到一次性播足全苗，使苗龄一致，既便于去雄授粉，又可提高种子收获量。播种时必须严格把父本行和母本行区分开，不得错行、并行、串行和漏行。

（3）制种区要采用先进的栽培管理措施

在出苗后要经常检查，根据两系生长状况，判断花期能否相遇。在花期不能良好相遇的情况下，要采用补救措施，如生长缓慢可采取早间苗、早定苗、留大苗、加强肥水等方法来促进生长；而对生长快的可采取晚间苗、晚定苗、留小苗，控制肥水等办法来抑制其生长。

（4）对制种区的父母本要认真去杂去劣

这样做的目的是获得纯正的杂种和保持父本的纯度与种性。对不饱满的籽包要及时掰掉，这样以便养分集中供应留下的种子。

（5）根据花卉特点和去雄授粉技术掌握情况

采用相应的去雄授粉方法，做到去雄及时、干净，授粉良好。对风媒花花卉，辅以人工授粉,以提高结实率,增加种子产量。

(6)成熟种子要及时采收

父母本必须分收、分藏,严防人为混杂,一般先收母本再收父本。采收杂种种子自然晾干,装种子的纸箱要码放整齐,并编上号码,纸箱内垫上2~3层纱布。种子晾干后要进行筛选,除去瘪籽,然后将纯净饱满的杂种种子分装出口或内销。

3.2.4　人工种子的制备

3.2.4.1　人工种胚的诱导和同步化

人工种胚是人工种子的主体,是通过细胞、组织或器官的离体培养,分化出与天然的合子胚类似的胚胎,可分为体细胞胚和非体细胞胚两大类。

以体细胞发育而成的胚叫作体细胞胚,植物体细胞胚发生的方式有两种:一种是直接发生,即体细胞胚是由外植体不经愈伤组织阶段直接发育而成;另一种是间接发生,即体细胞胚是从愈伤组织、原生质体、花粉等产生,或者由单个细胞通过细胞悬浮培养而产生。非体细胞胚按其来源与特性可分为3类:①天然单极无性繁殖体,如球茎、微鳞茎、根状茎、原球茎;②微切段,如带有顶芽或腋芽的枝条、茎节段;③处于分化状态的无性繁殖体,即还未达到完全分化的体外分生组织,如拟分生组织、细胞团等。

人工种胚的诱导方法主要有3种:固体培养法、悬浮培养法和发酵罐培养法。其中,固体培养法产生的胚状体数量较少,操作烦琐;悬浮培养法较好;发酵罐培养法比悬浮培养法能更大规模的诱导胚状体。

人工种胚的同步化是人工种子出芽整齐一致的保证,进行同步化控制的方法主要有:

①在细胞培养初期加入DNA合成抑制剂(如5-氨基尿嘧啶),使细胞的DNA合成暂时停止,阻断细胞分裂的G1期。一旦去除DNA抑制剂,细胞开始进行同步分裂。

②通过低温处理抑制细胞分裂,经过一段时间后再提高温度,促使细胞同步分裂。

③不同发育阶段的胚对渗透压的要求不同,可通过调节渗透压来控制胚的发育。

④采用过滤、离心等方法筛选不同发育阶段的胚,然后转入适宜的培养基上。

3.2.4.2　人工胚乳的制备

人工胚乳为人工种胚提供生长发育所需的营养物质和生长调节剂等,人工胚乳的制作实质上是配制出适宜人工种胚萌发的培养基,然后将培养基添加到包埋介质中。除了基本培养基成分、糖类、生长调节剂外,人工胚乳还可以添加杀菌剂、防腐剂、农药、抗生素等,以控制植物的生长和抗逆性。

3.2.4.3　人工种皮的制备

理想的人工种皮应具备以下条件:①有生物相容性,对人工种胚无毒、无害;②具有一定的保水透气性;③具有一定强度,能维持胶囊的完整性,便于贮藏、运输和播种；④能保持营养成分和其他助剂不渗漏；⑤能被某些微生物降解，降解产物对植物和环境无害。

人工种皮的制备通常分为外膜和内膜两部分。外膜一般选用半疏水性聚合膜，有时可在膜上添加毒性较小的防腐剂或融菌酶，以防止微生物的侵入。内膜可选用琼脂、琼脂糖、淀粉、聚氧乙烯、海藻酸钠、树胶、明胶、果胶酸钠等，其中，海藻酸钠应用最广，因为其具有生物活性低、对内部组织无毒害作用、价格低廉、工艺简单等优点。

3.2.4.4　人工种子的包埋

国外虽然有初步研制的人工种子包埋机，但此机械并不适合大规模生产，所以目前人工种子主要还是采用手工包埋，主要方法有：①干燥包埋法：将体细胞胚干燥后，再用聚氧乙烯等聚合物进行包埋。②液胶包埋法：将胚状体或小植株悬浮在一种黏滞的流体胶中，然后直接播入土壤。③水凝胶法：通过离子交换或改变温度（浇铸）形成凝胶包被植物繁殖体，目前该方法应用最广。

3.3　花卉制种基地的选择

花卉制种基地的选择是一项十分重要的工作。如果选择不当，将会给今后的种子生产带来很多困难和造成不可弥补的损失。所以，在选择圃地时，要全面考虑当地自然条件和经营条件等因素。花卉制种基地选择的大多数因素和条件的要求与种苗生产的圃地相近，可参见本教材"第2章 种苗圃地的规划与建设"的相关内容。此外，花卉制种基地选择还应着重考虑气候条件和劳动力成本。

3.3.1　良好的气候条件

价值高的温室花卉种子的理想制种基地应该在热带高原，如印度尼西亚、印度、墨西哥、津巴布韦、肯尼亚、危地马拉、斯里兰卡、智利等国家。近十几年来，一些世界著名的花卉育种企业在智利、中国和印度开始周年生产花卉种子。而露地生产花卉种子的最理想的地点是具有灌溉条件的气候干燥的地区，如中国、法国、荷兰、美国、墨西哥以及东欧国家匈牙利。近年来中国农业大学研制成功的"生物引种咨询信息系统Ⅰ型"，可以在世界范围内查找和确定任何一种花卉适宜引种和扩繁的区域，为花卉制种基地的合理选择提供了数字化参考资料。

温室内生产花卉种子与露地大田生产花卉种子相比，无论是生产规模还是对环境条件的控制方面都有很大的不同。如种子小的凤仙花 F_1 代杂交种子可在温室内生产，而万寿菊天然杂交种子只要用露地大田生产即可。比如温室内生产凤仙花杂交种子的数量少，以克为计量单位，而露地大田生产万寿菊天然杂交种子的数量大，以千克为计量单位，这样生产万寿菊种子可以使用大型设备。相反，凤仙花在温室内生产则要求集约化的劳动条件。此外，很多杂交制种的花卉是虫媒花，所以一定要有昆虫隔离设施来避免异型杂交的发生。在露地大田内的隔离采用距离或地理天然屏障如山丘、高山或树木以使异型杂交减小到最低程度。在温室内制种可以在特殊的环境控制条件下进行，而露地大田制种需要选择最理想的地点以满足花卉制种所需要的最佳温度和湿度条件。目前我国花卉制种基地已形成了明显的区域化分布，如在东北、西北地区主要建立喜凉忌热的花卉与草坪草制种基地，在华中、华北、华东主要建立耐热喜凉的草花制种基地。绝大多数杂交制种需要进行人工授粉等手工操作。天然杂交授粉生产花卉种子数量较大，通常是花卉种子公司与制种者合作进行的，花卉种子公司对整个制种过程进行质量监控。

甘肃省充分利用河西地区的光热资源建设制种基地，打造全国花卉制种的优势区域，集中连片规模发展，稳步推进标准化、规范化生产，发展现代制种产业。河西走廊地区，土地广阔，气候干燥，光照充足，灌溉便利，昼夜温差大，天然隔离条件好，是国内花卉种子生产和贮藏的理想场所。

内蒙古赤峰是我国草花重要制种基地之一，产量和价格对全国均有较大影响。赤峰欧亚园艺良种基地主要生产万寿菊、一串红、小丽花。该公司种子销售主要集中在黄河以北地区以及南方大城市。内蒙古喀旗王爷府镇富裕地村的花卉种制业，早在1995年不断摸索制种技术，努力熟悉市场，陆续成功引进了孔雀草、美女樱、三色堇、矮牵牛等市场上受欢迎、销售价格高的品种，目前已经形成了"市场＋基地＋农户"的产业化生产格局，并且已经掌握了国内领先的花卉种子繁育技术，订单纷至沓来，群众收入稳定，产业发展态势良好。

四川省攀西地区具有得天独厚的气候条件。其年均气温比昆明高2℃，无霜期少10d，是天然大温室，也是育种的好地方。根据国家开发攀西地区的规划，花卉业作为重点产业之一，重点是建设花卉种苗、种子、种球生产基地。西昌已成为规模较大的花卉种子生产基地。四川明日风园艺有限公司现自繁草花种子的种类有蒲包花、四季报春、向日葵、天竺葵、石竹、金盏菊、矮性大丽花、矮性金鸡菊、瓜叶菊、雏菊、白晶菊(*Mauranthemum paludosum*)、美女樱、金鱼草、多花葵(*Helianthus annuus*)、大花牵牛(*Pharbitis limbata*)、凤尾球(*Celosia cristata*)、彩叶草、一串红('帝王')、一串红('展望')、三色堇、旱金莲(*Tropaeolum majus*)、美人蕉等22种。一些名牌优质花种、花籽还远销日本、韩国、马来西亚和泰国等。近几年，三和公司引进的法国大丽花，在国外每公顷最高产种子150kg，在西昌每公顷产量达到450～750kg，而且无污染、品质好。现在每年运至荷兰的3000kg大丽花种子，已销往世界各地，销量占整个国际市场的65%。日本、德国、英国、荷兰、美国等花卉大国都愿意把许多花种交给三和公司，在西昌为他们制种和生产种子。四川省自产草花种子基本上全是常规品种，如蒲包花、四季报春、瓜叶菊、旱金莲等。农业部在成都设立的种子、种苗引种隔离示范场负责西南片区引种内检。四川省杂种一代种子基本上全由经销商转口国外(日本、荷兰、美国、德国等)种子或从其他省份(台湾、香港、北京、上海、内蒙古、浙江等)引进。种类多，如香雪球、矮牵牛、千日红、羽衣甘蓝等。但总的来说引进新品种的力度还不够。花卉育种技术、种子加工技术仍是目前亟待解决的问题。四川省取得农业部核发的《农作物种子经营许可证》、从事花卉种子销售的企业达10家，其中有2家外商独资(台资)公司(成都高顿农业高新技术开发有限公司和农友种苗有限公司)，1家中外合资(港资)公司(成都台蓉农业高新技术开发有限公司)。

此外，山西省种子公司拥有花卉良种繁育基地3.3hm²，生产草花种子300多个品种，多是受美国、法国、荷兰和中国香港的委托进行生产。

3.3.2　廉价的劳动力

我国地域辽阔，农业气候资源及劳动力资源丰富，近20年来发展了许多规模化的种子生产基地，但主要是为国外制种的。日本种子商最先在昆明和青海成功地建立了基地，持续进行草花种子生产。之后美国、意大利、丹麦、荷兰等国的种子商进入昆明、江苏、四川、河南、山东、河北、辽宁、甘肃、青海、内蒙古、山西、北京等地建立种子生产基地，主产的草花品种有万寿菊、三色堇、矮牵牛、香堇、福禄考、金鱼草、桔梗(*Platycodon grandiflorus*)、仙客来等。另外，在江苏镇江农科所、河北香河县、山东青岛等地为日本繁种也有一定的规模。国外花卉制种企业选择中国来制种的原因除了有适宜的气候条件外，更主要的是有廉价的劳动力。

此外，交通运输、通信设施、社会经济、基地基础设施、专业化机械设备以及专业工人等因素都应加以考虑。

3.4　常见一、二年生草花的制种

3.4.1　万寿菊制种技术

3.4.1.1　育苗

育苗场地为了延长种子采收期，提高种子产量，可于2月中下旬采用日光温室和加温温室育苗。此时由于外界气温较低，温室要覆盖草帘等保温设备。

(1)苗床准备

苗床的规格以便于操作的原则设计，床土要富含有机质，以通气良好的砂壤土为宜，播前施尿素$10g/m^2$。另外，用$50g/kg$高锰酸钾溶液或40%福尔马林50倍液$25kg/667m^2$喷洒杀菌，也可用65%敌克松可湿性粉剂25g兑水15kg在床面喷洒消毒。

(2)播种

播种前先将苗床平整好，并浇足底水，待水渗下后，将种子均匀撒播在苗床上，种子发芽率在80%以上时，杂交种繁育播种量父本为$1g/m^2$。每穴播1粒种子，母本为$2g/m^2$(在始花期剔除50%可育株)，穴播2粒种子，穴距$8cm \times 8cm$。父本和母本要分床播种，父本育苗量为母本的4~6倍。播种后把准备好的河沙均匀筛在苗床上，厚度为0.3cm。2月25日左右播种，为使父母本花期相遇，为授粉提供足量花粉，一般父本应分3批播种，第1批比母本早播4~5d，第2批比母本晚播2~3d，第3批比母本晚播7~10d(父母本播种间隔具体时间还应根据不同组合确定)。

(3)苗期管理

播种覆土后随即在苗床上覆盖一层地膜保温保湿，并在苗床上加设小拱棚保温，出苗后及时撤除地膜。出苗后到定植前温室内空气湿度高、昼夜温差较大，应加强管理，防止幼苗受冻或高温徒长。气温达30℃时要注意遮阴、通风，以防止高温伤苗，并注意控水，苗出齐后适当洒水，及时清除杂草。育苗过程中除必要的土壤、种子消毒外，还要在幼苗出土后喷洒苗菌敌可湿性粉剂 600 ~ 800 倍液，防止发生猝倒病。防治蝼蛄等地下害虫可用辛硫磷微胶囊剂 150 ~ 200g 拌谷子等饵料 5kg 左右或辛硫磷乳油 50 ~ 100g 拌饵料 3 ~ 4kg，撒在苗床表面诱杀。

3.4.1.2　移栽

(1) 整地作畦

整地时为保证生育期的营养供应，均匀撒施腐熟农家肥 60 ~ 75t/hm^2、过磷酸钙 450kg/hm^2。然后翻耕与土壤混匀。母本畦距为 50cm，沟宽 50cm，父本畦宽 40cm，沟宽 30cm。在定植畦上搭好拱棚。

(2) 移栽

移栽前 10d 左右闷棚，提高地温。4 月 15 日左右，拱棚内最低温度在 5℃ 以上即可移栽。根据组合要求，父本和母本的配置比例为 (4 ~ 6):1，父本与母本要分别定植在不同的拱棚内。由于一般采用 AB 系制种，母本要去掉 50% 可育株，应双株定植，株距 35cm，父本株距 25cm，单株定植。父母本均为每畦 2 行。

3.4.1.3　田间管理

花苗适宜的温度夜间为 13 ~ 16℃，白天为 16 ~ 26℃，为使拱棚内移栽苗缩短缓苗期，定植后及时通风，并根据外界温度的高低来调节通风时间。光照过强时用 50% 遮阳网遮光。浇水以见干见湿为原则。施肥要薄肥勤施，缓苗后每隔 7 ~ 10d 叶面喷施 2 g/L 磷酸二氢钾溶液 1 次。植株过高时应设支架保护，以防倒伏，并及时摘除下部的老叶。

3.4.1.4　生长期病虫害防治

万寿菊生长期常见病虫害有灰霉病、白粉病、潜叶蝇。防治灰霉病用 50% 灰霉克可湿性粉剂 1000 倍液喷雾，防治白粉病用粉锈宁可湿性粉剂 1000 倍液喷雾，防治潜叶蝇用阿维菌素乳油 4000 ~ 6000 倍液喷雾。

3.4.1.5　授粉

开花前先清除父本中的杂株，母本区的植株为可育株，开花后将可育株从基部剪除，保留雄性不育株。花序由外向内次第开放，每隔 1 ~ 2d 授一次粉，共授 3 ~ 4 次粉。花粉采集采用吸附法，即在电吹风的外部罩一层细棉纱，然后将叶轮的转动方向调整为反向，对着父本开放的花序吸下花粉，并及时剪去父本残败花。

3.4.1.6　采种

采种前应先去杂，采种自 7 月中旬开始至霜前结束。待花朵内种子变黑即可将整个花序带 10cm 长花梗剪下，然后晾晒脱粒，清选，分级包装，注意做到阴雨天不采，带露水不采，霉烂果不采，不成熟果不采。

3.4.2　金鱼草杂交制种技术

金鱼草属玄参科金鱼草属一年生草本。适合作鲜切花、花坛用花、盆栽、陈列及地被种植。因此，很受人们的青睐，在世界各地广为栽培。金鱼草的育种也比较早，19世纪育种家就育成了各种花色、花型和高矮的品种。

金鱼草性喜凉爽气候、耐寒、不耐酷暑、能耐半阴。为典型长日照植物，但是有些品种为相对性长日照植物，晚生种对长日照敏感，长日照明显地促进花芽分化。温度对株高、花穗和花数有明显影响。生长适温白天 15 ~ 18℃；夜间 10℃左右，也能忍耐 5 ~ 6℃低温。现蕾后若遇 0℃左右的低温，会受寒害，则表现有"盲花"。花色鲜艳丰富，花由花茎基部向上逐渐开放，花期长，喜光，水分要求中等。适于在排水良好、富含有机质、肥沃的壤质土壤生长，也可在稍遮阴下开花。土壤 pH 6.0 ~ 7.5 为宜。

金鱼草用作切花的品种，以重瓣系列为主，多为杂交品种。制种采用人工杂交授粉技术，技术要点如下。

3.4.2.1　育苗

金鱼草制种一般采用育苗移栽方法，一些生育期长的品种，在 1 月育苗，4 月中、下旬移栽定植；一般品种 3 月中、下旬育苗，5 月上、中旬移栽定植。父母本分畦播种，同期点播。也可以在发芽箱内播种，出苗后 6 ~ 7d 分置于 228 孔穴盘内育苗，注意遮阴缓苗。待长出 5 ~ 6 片真叶时，将苗移栽于 10cm × 10cm 的营养纸袋。缓苗后打顶、整枝，高秆品种留 3 个分枝，矮秆品种留 5 ~ 6 个分枝。营养土用田园土 3 份 +1 份过细筛的厩肥 +1 份细沙混合均匀，或用园土 5 份 + 腐叶土 3 份 + 沙 2 份混合。4 月 10 ~ 20 日移栽定植。

3.4.2.2　定植管理

定植前 7 ~ 10d 搭建好拱棚，地膜覆盖低垄栽培。矮秆、中秆品种株距 30 ~ 35cm，行距 40 ~ 50cm，垄沟宽 50cm，高秆品种行距 50 ~ 60cm，株距 35 ~ 40cm。父、母本比例 1:1 ~ 1:2，同期依次定植，定植后及时灌水。缓苗后中耕、蹲苗，促进根系发育，培育壮苗。株高 20 ~ 25cm 时，施尿素 $10kg/667m^2$，磷酸二铵 $10kg/667m^2$，磷酸二氢钾 $3 ~ 4kg/667m^2$，盛花期后再施 1 次。后期多施钾肥，促进开花。

3.4.2.3　整枝

5 月中旬撤去拱棚，在 6 月上旬搭建防虫网及遮阳网。父本不整枝，母本整枝减少养分消耗，一般选留 3 ~ 4 个侧枝，其余摘除。以后及时摘除陆续出现的侧芽，集中养分供应。当父、母本花期不协调时可以通过摘心，促进侧枝萌发，延迟花期；或者通过整枝，促进开花。也可以通过控制灌水、施肥、中耕以及使用赤霉素（GA_3）或开花期喷施硼砂促进开花，保证父、母本花期相遇。

3.4.2.4　人工去雄授粉

清杂在定植时、开花授粉前严格按照品种特性进行清杂，可以根据植株高矮、花朵颜色等清杂，6月下旬开始杂交授粉，由于金鱼草花序上花朵从下向上依次开放，各级分枝花序开放时间长，杂交授粉时间长达1个月。金鱼草花朵在花开的前一天就有授粉能力，选花去雄应在蕾期花瓣没有开张前去雄授粉。授粉期间田间不能有开放的花，每天去雄授粉前彻底清除已开放的花朵。金鱼草花序基部花朵在低温时形成，部分退化为"盲花"，即只有花冠，而无雌蕊、雄蕊，或雌、雄蕊发育不全；另外，由于花序小、花数多，花序上部花朵小，果实小，种子发育不良。因此，杂交授粉时清除花序基部数朵花和上部花朵，选留中、下部20～30个花朵去雄授粉，边去雄边授粉。去雄授粉去雄时母本雄蕊要去干净，可用小镊子去雌、去雄后，采父本开放的花朵，剥去花冠，在去雄花朵上涂抹花粉。当父本花不足时应采花制粉，摘取第2天将开放的大花苞制粉，方法与番茄(*Lycopersicon esculentum*)制粉相似。每天9：00～12：00用毛笔蘸粉涂抹去雄的雌花柱头，授粉花朵撕去2～3个萼片做标记，并剪除花瓣防止昆虫传粉。授粉结束时每个花枝坐20～30个果实，然后摘心打顶。授粉全部结束后撤去防虫网和遮阳网，灌水施肥。田间管理与常规制种相同。

3.4.2.5　病虫害防治

金鱼草病害主要有叶枯病、疫病、细菌性斑点病、炭疽病、根结线虫病等，侵染叶、茎。叶枯病、疫病、炭疽病可用波尔多液400倍液，或甲基硫菌灵悬浮液500倍液防治。细菌性斑点病用琥胶肥酸铜1000倍液，或可杀得可湿性粉剂与农用链霉素4000倍液交替使用防治。根结线虫病用溴甲烷对土壤消毒，或用甲基异硫磷600倍液在定植后灌根1～2次。金鱼草虫害主要有蚜虫、菜青虫和夜盗虫。开花期天气炎热，蚜虫、菜青虫易危害，可用90%晶体敌百虫1000倍液，或蚜虱净可湿性粉剂4000～5000倍液连续防治2～3次，间隔7～10d。

3.4.2.6　收获留种

金鱼草一般自播种至开花需9～18周。开花后果实成熟需要60～80d，果实成熟不一致，前期分批采收。果实变黄至褐色时即可采收，后期一次性收割完花枝。果实或花枝放在阴凉处干燥，充分干燥后拍打果实脱粒，精选。种子贮藏在阴凉、干燥、透气的地方。

3.4.3　三色堇人工杂交制种栽培技术

三色堇属堇菜科的多年生草本，常作二年生栽培。原产于欧洲南部，喜凉爽，忌酷热，在炎热夏季生长不良，在昼温15～25℃、夜温3～5℃的条件下发育良好。较耐寒，能耐-15℃的低温。喜光，略耐半阴。对土壤要求不严，喜肥沃、排水良好、富含有机质的中性壤土或砂壤土。

3.4.3.1　制种三色堇的栽培技术

(1)育苗

于8月下旬播种育苗，播种基质可用肥沃田园表土(小麦、豆茬等)6份，腐熟的有机肥(禁用鸡、羊粪)3 份，河沙或草木灰 1 份，再加少量磷二胺($0.5kg/m^3$)，打碎、过筛、混匀，按 10cm 厚度铺于苗床或用营养钵进行育苗。播种时父本比母本适当早播 1 周~1 个月不等。播前可用 30℃ 以下温水浸种 24h，沥干水分后放在 18℃ 的条件下进行催芽，等种子露白即可播种。播时每穴 1 ~2 粒种子，然后覆沙或潮湿土 0.5cm 左右，并灌透水分，一般 10 ~15d 即可出苗。三色堇发芽阶段对高温敏感，需用遮阳网进行遮阴，温度保持在 15 ~20℃，湿度 50% ~60%，经常保持土壤湿润，出现土壤表土干燥时，可用喷壶洒水保湿，切不可大水漫灌。

(2)定植

当植株 4 ~6 片真叶时及早定植于温室中。定植前 1 周深翻整地，每 $667m^2$ 施腐熟有机肥 5000kg、磷酸二铵 40 ~50kg，地整平后南北向起垄，垄宽 50 ~60cm，沟宽 40cm，垄高 15 ~20cm。定植时父、母本不要隔离，可隔行定植，实行垄作。父本每垄定植 3 行，母本每垄定植 2 行，株距 25cm 左右，或因品种而异。

(3)开花结果期的管理

三色堇从播种到开花约需 10 ~12 周，开花期较长，一般在 11 月底到翌年的 4 ~5 月花大而繁为开花盛期。开花期的最适温度为 18 ~22℃，超过 25℃ 不开花，且要保持一定的湿度，如气候干燥、温度过高会立即枯死。开花结果时比较喜肥，一般供给足量的磷、钾肥，少施氮肥，此期母本的需肥量大于父本。

3.4.3.2　杂交制种技术

(1)去杂

授粉之前应对父本和母本进行去杂，根据株高、株型、叶形和叶色等特征特性进行鉴别，对不符合亲本性状的不良株、变异株和可疑株要全部拔除，在整个生长季节内要反复进行除杂工作。

(2)去雄与授粉

三色堇显蕾至开花约需 9d，授粉时，母本选择含苞欲放的花蕾，除去最下面的一片承受花粉的花瓣以去雄，3 ~5d 后使其自然生长开展；父本选开放的花，摘取最下面带有花粉的花瓣，用指甲或其他授粉器具刮下花粉，授到母本花瓣中央柱头的"洞"内。授粉技术一定要严格，去雄要彻底，不能让其母本有未去瓣而开放的花，以免形成假杂果，影响种子纯度。

(3)种子采收

授粉后 7 ~10d 果实开始膨大，小花品种 20 ~30d，大花品种 30 ~40d 果实开始成熟。三色堇果实成熟前后不一，种子易散失，故应及时采收。蒴果未成熟前呈下垂状，成熟后果实果柄上昂，待果皮由青绿变为黄白色，种子赤褐色时采收。

3.4.3.3　病虫害防治

病害主要有灰霉病、枯萎病等，灰霉病除了应及时通风排湿外，发病初期可用 10% 的速克灵烟剂，每 $667m^2$ 用量 200 ~250g；或 45% 百菌清烟剂，每 $667m^2$ 约 250g，熏 3 ~4h；也可用 50% 速克灵可湿性粉剂 1500 ~2000 倍液、50% 扑海因可湿性粉剂

1000～1500 倍液或 50% 可杀得可湿性粉剂 1000 倍液交替进行。枯萎病可用 20% 甲基托布津可湿性粉剂 1000 倍液或 10% 双效灵Ⅱ200 倍液等进行灌根。

虫害有红蜘蛛、白粉虱、蚜虫等，可用 10%一遍净可湿性粉剂 2500 倍液或 40% 菊杀乳油 2000～3000 倍液进行防治。

3.4.4 小丽花常规制种技术

小丽花为菊科多年生草本，是国内外常见花卉之一，花色艳丽，花型多变，应用范围较广，宜用作花坛、花境、庭前丛栽和盆栽观赏，也是花篮、花圈和花束的理想材料。随着人们对花卉需求量的日益增加，传统的扦插和分株繁殖方法，繁殖成活率低，繁殖系数低，只有通过制种繁殖大量的种子，才能满足生产需求。

3.4.4.1 形态特征及习性

小丽花地下部分具粗大纺锤状肉质根，叶对生，1～2 回羽状分裂，裂片卵圆形；头状花序具总长梗，顶生；外周为舌状花，一般中性或雌性，常不结实，中央为筒状花，两性，易结实；总花托扁平状，具颖苞；花期夏季至秋季。瘦果黑褐色，压扁状长椭圆形，冠毛缺。既不耐寒又畏酷暑而喜干燥凉爽、阳光充足、通风良好的环境。土壤以富含腐殖质和排水良好的砂质壤土为宜。小丽花为短日照植物，夏末秋初气温渐凉、日照渐短时进行花芽分化，通常 10～12h 短日照下便急速开花。

3.4.4.2 适期播种，培育壮苗

(1) 准备苗床

一般采用阳畦育苗。在冬前做好阳畦，按腐叶土 4 份、河沙 2 份、园土 4 份配制好培养土，最好用 1.5cm 孔径的土筛筛过，配制好的培养土按 25cm 厚度填入苗床，再将苗床耙平，播种前 7～10d 扣膜烤畦，夜间加盖草苫。

(2) 种子处理

播种前首先精选种子，剔除杂质和秕籽，确保种子饱满度，其次用 50℃ 的温水浸种 30min，增强种子活力，进行种子灭菌，防止后期病害发生。适时播种，甘肃河西地区一般在 2 月中旬开始播种育苗。将浸泡过的种子掺入少量河沙均匀地撒播在苗床上，而后在上面覆盖 0.5～1cm 厚的培养土，最后用水将整个苗床浇透。盖严阳畦薄膜，傍晚加盖草苫，上午揭开。

(3) 苗期管理

播种后要尽力提高苗床温度，促进出苗。待幼苗长到 4 片叶左右，按 10cm × 10cm 的株行距进行间苗，苗床管理的关键是温度，白天温度控制在 18～22℃，夜间温度控制在 1～5℃为宜。随着外界气温升高，白天逐渐加大通风量，草苫要早揭晚盖，直到不盖，育苗后期逐渐撤去农膜进行炼苗，以适露地定植。

3.4.4.3 整地作畦、适时定植

小丽花性喜肥，一般选取通风向阳的干燥地，要求每 667m^2 施氮肥（以 N 计算）

10～15kg，磷肥(以 P_2O_5 计)5～10kg，腐熟有机肥约 3000kg，进行充分深翻，采用起垄覆膜栽培，垄高 30cm，垄面宽 30cm，垄底宽 40cm，垄间距 40cm。垄表面拍碎拍实，用 70cm 的薄膜进行覆盖，膜要绷紧压实，防止大风揭膜。在 5 月 1 日前后，地表温度稳定在 13～18℃、外界日平均气温稳定在 15℃ 以上开始定植，定植前 5～6d 对苗床进行浇水，便于带土坨移苗，移苗时尽量带好土坨，以利于缓苗。而后采用直径 10cm 的薄壁钢管制成的打孔器在垄面中间进行单行打孔，孔间距 50cm，孔深 10cm 左右，然后将带土坨的幼苗放入垄面上的定植孔中，间隙填入细土，最后浇定植水，将整个垄面浇透。

3.4.4.4　肥水管理、防治病虫

小丽花不耐旱，也不耐涝，一般定植后需浇水 3～4 次，严禁在后期大水漫灌，防止地下肉质块根腐烂。小丽花性喜肥，但忌过量，生长期一般以底肥为主，结合灌水，追入适量的有机肥、尿素、硫酸亚铁等，应掌握先淡后浓的原则。同时，在初花后叶面喷施 3～5 次磷酸二氢钾，可以增加种子的千粒重和干物质含量，提高制种产量和质量。小丽花一般易害根腐病，主要原因是土壤过湿、排水不良或空气湿度过大，防治办法是避免连作，合理浇水和排水，保持通气通风良好。

3.4.4.5　整枝摘蕾、保护结实花

采用摘心多枝培养法，当主枝长到 15～20cm 时，自 2～4 节处摘心，促使侧枝生长开花，一般全株保留侧枝 10～15 枝，以便保证花朵生长旺盛，有利于结实，小丽花各枝的顶蕾下常同时发生两个侧蕾，为避免意外损伤，可在顶侧蕾长至黄豆粒大小时，挑选两个饱满者，余者剥去，再待花蕾发育较大时，从中选择 1 个健壮花蕾，留作开放花朵。小丽花是异花授粉花卉，四季均可开花，但是小丽花夏季因湿热而结实不良，故种子多采自秋凉后而成熟者。外轮的舌状花雌蕊较先成熟，因多数无完整胚珠，不易结实；内轮的管状花两性，发育由外向内，渐次成熟，同一管状花则雄蕊比雌蕊早成熟 2～3d，易结实，并且又以外侧 2～3 轮筒状花结实最为饱满，越向中心的筒状花结实越困难。因此将外侧 2～3 轮筒状花作为采种花。因舌状花不结实，凋萎后及时拔除。

3.4.4.6　及时采种

小丽花的种子一般经过 40d 左右即可成熟，若在成熟前遇严重霜冻，便丧失发芽力，所以在霜冻前及时切取吊挂于向阳通风处催熟。采收下来的种子应及时晾晒、脱粒、清理后放置 2～5℃ 低温下保存，同时，对露地生长的小丽花，经霜打叶凋后，割除茎叶，保留 15cm 根茎，将块根原墩挖出，在阳光下晾晒 2～3d，置于 3～5℃ 温室内贮藏。

3.4.5　福禄考制种技术

花葱科福禄考属一、二年生草花，别名草夹竹桃、五色梅。喜光，耐寒，喜温暖和湿润气候，不耐酷暑、炎热；喜排水良好、疏松土壤，不耐干旱，忌涝、忌盐碱，花期

为6~9月,是绿化的极好材料。

3.4.5.1　播种

在3月底4月初温室里进行第一批育苗,由于杂交制种,此时可先播母本和一期父本,待一个月后再播二期父本,这样可保证后期授粉质量。首先进行土壤消毒,可用高锰酸钾、福尔马林、敌克松等,配成适当比例的水溶液喷洒苗床。床土经过细筛筛过,床平整好,浇足底水,待水渗下后,将种子均匀地撒播在苗床上,种子每克约750粒,播前最好做一下催芽处理。种子撒播完毕后,把准备好的砂性土均匀筛在苗床上,覆土厚度为0.3cm,然后用塑料薄膜、拱棚式覆盖,经7~10d即能发芽成苗。

3.4.5.2　苗期管理

待苗长出后,要精心管理,这时温室温度较高,注意控水,避免小苗徒长。当苗长到6~7cm高时进行移栽,可移栽营养钵内,当苗长到10cm时,可直接定植在制种棚内,整个制种在保护地塑料大棚内进行。定植前施足底肥,肥料使用氮、磷、钾复合肥为好,株行距按30cm×30cm进行栽植,在栽植方式上采用高畦栽植,这样有利于排水、通风透气,避免病虫害发生。栽植地667m² 可植6000株苗,父母本比例为1∶2较合适。

定植后,要注意浇水、施肥、通风、病虫害的防治等管理。浇水根据苗期的不同,浇水量也不同,视土壤情况而定。定植后一个月开始追肥,少量施复合肥,农家肥更佳,保证苗期苗壮成长,福禄考苗期易感猝倒病、根腐病等。防真菌感染病害,通常使用波尔多液、多菌灵、百菌清等,一周打一次药。

3.4.5.3　杂交授粉

首先去雄,由于福禄考为两性花,避免母本自花授粉,在母本柱头未开裂前,将雄蕊全部摘除掉。授粉方式有两种:一种为取父本花,用小镊子将5个花粉粒,分别放到4~5个雌蕊柱上,这样较费人工,但结籽率较好,产量较高,667m² 产量可达6kg以上;另一种授粉方法为筒授法,必须在父本撒粉的条件下,边去雄边授粉,在柱头未开裂去掉父本花冠,剩下父本花的基部全筒状(花筒)将有粉部分露出。用父本有粉部分接触母本柱头,进行授粉,这种方法较省人工,结实率高,速度快,但产量较前一种低一些。杂交时期避免温度过高,超过30℃则影响坐果及种子含量,授粉时间整天都可进行,花粉量充足,授粉后可于花朵上摘去一片萼片,以做日后采收种子时之识别。

3.4.5.4　种子采收

专人负责及时采收,在花朵经杂交后4~5周便可采收种子。掉落地上的种子,宁可舍去,以免混杂。种子采收后标上品种名称,装种子的容器必须干净,晒种时各品种应间隔一定距离,以免被风吹动而混杂。把采收种置于阴凉处晾晒。

3.4.6　百日草 F_1 代制种

3.4.6.1　育苗

百日草属不断开花类型，只要父本开了花，就不必担心花期不遇，所以为使母本开花时父本有充足的花粉保障，父本分两批播，每批播一半。母本 3 月中旬播种。因为其中有 1/2 的可育株开花时要去掉，所以实际播种量是计划数的 2 倍。3 月末播第一批父本，4 月中播第二批。

3.4.6.2　定植

整个制种过程都在保护地内进行，否则不易采集花粉。定植比例：父本：母本 = 8∶1。这里的 8∶1 指的是有效株数，因为母本中还有 50% 的可育株开花时要去掉。所以原始定植比为 4∶1。为便于田间管理，采取父、母本分别定植方式。母本每畦栽 2 行，株距 25cm。将可育株拔除（分出可育株与不可育株时）后，平均株距为 50cm。父本每畦栽 4 行，株距 25cm。

3.4.6.3　授粉

（1）去除母本可育株

开花时，认真检查母本田，及时除去雄性正常可育的植株。鉴别方法很简单，雄性不育株没有花瓣。一半左右的可育株，正常开花，有花瓣，及时去除。授粉过程中每天认真检查母本田，及时发现可育株马上去除。以免影响种子纯度，招致制种失败。

（2）授粉

母本开始开花后及时进行。用吸粉器从父本花上采集花粉，而后授予雄性不育株。一天当中，授粉最佳时间为上午露水干后至下午气温明显下降时。一般为 10：00～16：00。温度高、光照强时花粉充足。百日草开花从外圈向内圈进行。其不育株柱头也是不断从外向内发育成熟，要多收获种子就需不断授粉。制种过程中需每天授粉，以满足处于不同发育阶段的柱头受精最佳时期不同的要求。

3.4.6.4　田间管理

因为百日草怕涝，所以不是十分干旱不浇水。又因为它耐瘠薄，怕渗透压大，特别是幼苗期更敏感。所以，施肥、打药都十分小心。一般都低浓度处理。高温雨季制种大棚上放置 50% 遮阳网，以降低棚内温度。防止生长发育不良，影响开花结实。

3.4.6.5　种子采收及处理

种子成熟后，及时采收。百日草的种子成熟较慢，整个花苞下面的萼片全部失去绿色后适时采收。采摘下的种子苞放干燥阴凉处，自然风干。防止高温暴晒，以避免降低芽率。这项工作也是天天进行。

3.4.7   一串红制种

一串红为唇形科鼠尾草属多年生草本植物，但在我国多作一年生栽培。总状花序顶生，长20~30cm，花萼钟状宿存，多与花冠同色；密集成串着生，每花序4~6朵，矮生型6~8朵，雄蕊4枚，2枚退化，2枚着生花药，花冠唇形，长筒状伸于萼外，小坚果尖卵形。常规栽培花期8~10月，果期9~11月，种子黑褐色，千粒重约3g，种子寿命2~4年。一串红喜温暖，不耐寒，生长适温20~25℃，温度低于15℃，叶黄脱落，高于30℃时花叶变小。因此，夏季高温期需降温或适当遮阴来控制一串红的生长。一串红喜湿润不耐干旱，孕蕾期、开花期不可缺水。一串红栽培土壤要求疏松、肥沃及保水性好，pH 5.5~6.0为好。

3.4.7.1   育苗

一串红用花盆育苗。播前用肥沃园土和充分腐熟的有机肥各半，再加少量过磷酸钙，混匀打细过筛，基质混入必速灭颗粒30g/m² 进行消毒，然后覆膜，5d后把膜揭开，再透气4d，把消毒以后的基质装入盆径15cm的花盆，盆土离盆口2cm左右。

将净度发芽率90%以上父母本的种子，分别在30℃温水中用纱布包裹浸泡6h，然后清洗搓掉种子表面黏液，用多菌灵300倍液再浸泡30min，然后放入40℃温水浸泡12h，水中加磷酸二氢钾，使浓度为0.5%，捞出后拌细沙揉搓。

父本比母本提前10~15d播种。将盆土喷水淋湿，直到盆底有水流出为止，把处理好的种子，播于经消毒的盆中土表，覆上一层薄的基质，以刚盖过种子为宜，然后将盆移入温室，在盆上覆膜，保持20~25℃且光照充足，每天上午喷水1次保持土壤湿润，不可大水漫灌。5~7d陆续萌芽出苗。

当播种盆苗长出1~2片真叶时，适当控水，每4d喷1次根外追肥，用0.1%的尿素和0.2%的磷酸二氢钾喷施。温室温度控制在15~25℃之间，以免节间过长。一串红幼苗生长缓慢，待幼苗长出3片真叶时，可分苗移栽。移栽苗床在塑料大棚中，苗床的床土要施足腐熟的有机肥料，混匀整细，按10cm厚度铺床，再把幼苗以10cm×10cm株行距栽植于苗床中，栽后用多菌灵粉剂溶液喷洒床面，使床土充分湿润。此后注意中耕松土。

3.4.7.2   定植

当幼苗5~6片真叶时带土移栽进行定植。定植前整地，每平方米施腐熟的有机肥5~8kg，磷酸二铵60g，施肥后深翻、平整，以30cm² 见方挖穴栽苗，株行距30cm×30cm，浇定植水盖土覆盖地膜。先栽父本，后栽母本，父、母本比例为1∶1，定植密度为每667m² 栽植5500~6000株。幼苗根部带土移栽，栽后立即浇透水。定植后2~3d内要遮阴，避免日光直射。地表见干及时中耕，提高土温。

3.4.7.3   管理措施

定植缓苗后，结合预防病虫害每3~5d喷1次0.2%磷酸二氢钾加0.3%尿素液。

新枝每长 3 对新叶摘心 1 次，使其分生多个侧枝，共摘心 2 次。正常情况下，播种苗移栽至初花期需 60～80d。

一串红喜温畏寒，忌干热，最适温度为 20～25℃，当温度超过 30℃时，根系生长受到抑制，出现叶小、花小现象，甚至枯死，当温度下降到 15℃ 以下时，一串红会发生黄叶、落叶现象。

一串红是喜光花卉，栽培场所阳光充足，对一串红的生长发育十分有利，若光照不足，植株易徒长，茎叶细长，叶色淡绿，如长时间光照差，叶片变黄脱落。一串红对光周期反应敏感，具短日照习性。

一串红根部怕积水，雨季注意排水，以防烂根或死亡。田间持水量应保持在60%～70%，湿度太小容易落叶落花，湿度太大容易烂根烂叶。干旱时，最好在清晨或傍晚浇水。温度高的天气一般每天浇水 2 次。

要使一串红株形丰满，花朵硕大，除移栽时施足基肥外，植株进入旺盛生长期，每周追施 2 次液肥，花前增施磷、钾肥，孕蕾期增施 0.2 ％的磷酸二氢钾的尿素混合液，每 10d 喷洒叶面 1 次，使花枝繁茂。浇水要见干见湿，生长旺期遇高温，可适当增加次数，并进行叶面喷水。

移栽后，有 6 片真叶时进行第 1 次摘心促使分枝，生长过程中需进行 2 次摘心，使植株矮壮，促生分枝，花序增多。对母株花穗提前于父本的植株可进行除蕾使父母本花期相遇。

一串红易发生腐烂病、灰霉病，应注意调节温、湿度，使空气流通，并在整个生长过程中，定期喷洒65%代森锌可湿性粉剂 500 倍液药剂防治。另外，一串红易发生红蜘蛛、蚜虫和白粉虱等虫害，可用 10% 一遍净可湿性粉剂 2500 倍液进行防治。

3.4.7.4 杂交授粉

去杂、去劣是保证一串红杂交种纯度的主要措施。应于定植、开花前、开花后，根据品种典型特征、特性，分 3 次集中去杂、去劣。植株定植 2 个月以后开始开花，授粉之前对不符亲本性状的不良株、变异株和可疑株要全部拔除，在整个生长季节内要反复进行除杂工作。

一串红开花期长，花序多，花期需要营养量大，如果枝条留得过多，花序多，花期养分不足，则每序结果少，且每花的种子不饱满。因此，必须在开花期及时疏去部分花枝。方法是：选择晴天，每株选留 5～6 条分布均匀、粗壮的一级分枝，割去分布过密的分枝；10d 以后，在上次选留的 1 级分枝中选留 2～3 条二级分枝；并摘去花穗末端的小花及花蕾。

在母本植株每朵小花开花前剪掉花萼的 1/2，挑开柱状花冠，剪掉雄蕊，注意用力适度，不能伤及雌蕊。

最佳授粉时间在10：00 前和16：00 后。当已去雄的母本花柱头发亮(内有分泌液)时，即可授粉。采下父本即将盛开的花朵，剪开花冠，将花粉轻轻授在母本的柱头上；一般一朵雄花授一朵雌花。如果雄花多，可用两朵雄花授一朵雌花，这样可提高坐果率及果实内种子的数量。

一串红从播种到开花需 85~90d，开花后花期较长。一串红天然杂交率高，风对传粉很重要，杂交期间要注意通风透光；此期光照不足花朵易脱落。开花期的最适温度为 20~25℃，且要保持一定的湿度，如气候干燥、温度过高开花不良。一串红开花结果时比较喜肥，一般供给足量的磷、钾肥，少施氮肥，此期母本的需肥量大于父本。

3.4.7.5　种子采收

授粉后 20~25d 受精胚珠发育称为成熟的种子，一串红种子成熟前后不一，采收过早，种子成熟度差，瘪粒多；太晚种子弹出花萼，要掌握采收时期。成熟的果实花萼为白色，坚果(园艺上称为种子)外皮由绿白色变为黑(黄)褐色，即可采收。将花萼采下后，阴干收集种子，去掉秕粒、杂质，装入布袋中置于通风干燥处贮存。

3.4.8　羽衣甘蓝制种

羽衣甘蓝为十字花科芸薹属甘蓝种的变种，二年生观叶草本植物。观赏期长达 3~4 个月(从 12 月至翌年 3~4 月)。羽衣甘蓝叶片形态美观多变，从叶色来分，边缘叶有翠绿色、深绿色、灰绿色、黄绿色等；中心叶片颜色更加丰富，有纯白、黄白、黄绿、粉红、淡紫红、玫瑰红、紫红等色。整个植株色彩绚丽如花、形如牡丹，故又称为"叶牡丹"。由于其耐寒性强，叶色鲜艳，所以是冬季及早春重要的花坛布置材料。

羽衣甘蓝原产欧洲，习性耐寒，喜冷凉气候环境，冬季气温低时，叶片颜色更加鲜艳；不耐高温，炎热的夏季生长不良。喜充足的阳光，光照不足易使叶片徒长、色彩黯淡，降低观赏价值。对土壤要求不严，疏松肥沃的砂质壤土或富含有机质的黏质壤土均能生长良好。较抗旱，怕涝，忌低洼积水的环境。生产上，羽衣甘蓝杂交制种，多采用自交不亲和系作母本、自交系作父本。在第 1 年秋季播种，第 2 年春天(种株在 2~10℃温度下，30d 以上通过春化阶段)转入生殖生长，开花、结果。羽衣甘蓝 F_1 代种子生产，在河南、山东、山西南部等地区可采取种株露地越冬的栽培方式进行。实践证明，采取这种方式制种，技术简单、易于掌握，制种成本低，且能保证一代杂种的种子质量和产量。

3.4.8.1　育苗

羽衣甘蓝杂交制种，应于 8 月中、下旬播种。苗床要选在土层深厚、土质肥沃、排灌水条件良好的地块。结合翻地，苗床施入腐熟厩肥 5~6kg/m²、复合肥(氮：磷：钾为 15：15：15)1.0kg/m²。土、肥拌匀后整平，做成宽 1.2m、长 7~8m 的长畦。播前浇足底水，水完全渗下后，把干种子均匀地撒在畦面上，种子间距 4~5cm，播后盖 0.5~1.0cm 厚细土。每 667m² 制种田，母本用种量为 20g，父本用种量为 5g，共需育苗床 15~20m。

播种后，用遮阳网和塑料布在苗畦上搭架小拱棚，以防暴雨冲刷和日光暴晒。幼苗出齐后，及时将遮阳物去掉，防止长成高脚苗。出苗前一般不浇水，幼苗期保持床土湿润；移栽前，土壤见干见湿。

3.4.8.2　定植

(1)选地、隔离

采种田应选在 3～4 年未栽种过十字花科作物的田块,防止土传病害。羽衣甘蓝为异花授粉植物,必须严格隔离,制种田 2000m 以内无甘蓝类作物(如花椰菜、芥蓝)及其他甘蓝品种采种栽培。

(2)分苗

定植前 15d 左右(幼苗 3～4 片真叶),对苗床内的大苗进行一次分苗。分苗前一天,苗床浇足水,减少伤根。应于晴天 15:00 后分苗,幼苗间距 10cm,栽植后浇足水,并遮阴保护。剩下的小苗增施水肥,促进生长,使之在定植时与大苗达到相近的苗龄。

(3)定植

定植田要施足基肥,一般每 667m² 施用腐熟优质农肥 3000～4000kg、复合肥(氮:磷:钾为 15:15:15)1.0kg/m²。然后,做成行距 50～60cm、高 20～25cm 的大垄。

播种 40d 左右,幼苗长到 5～6 片真叶时进行定植。采取垄上栽植,父、母本行比为 1:4。定植时,要带土移栽,先栽母本,后栽父本,以防栽错。每 667m² 定植父本 1000 株、母本 4000 株左右(株距 25～30cm)。

3.4.8.3　田间管理

(1)肥水管理

定植后,及时浇水,保持土壤湿润;缓苗后浇一次大水,抽薹前后要适当控制水分,以免生长过旺。进入盛花期后,要求见湿不见干,种子收获前开始减少水分供应。平时经常进行中耕保墒;多雨天,要注意排水防涝。追肥以磷肥、钾肥为主,少施氮肥。缓苗后,结合浇水,每 667m² 追施尿素 20kg;在封行时,结合中耕,每 667m² 施用磷酸二铵 30kg、氯化钾 15kg;抽薹至开花结荚期,每隔 10d 叶面喷施一次 0.5% 的磷酸二氢钾、0.2% 的硼酸溶液,每 667m² 用液量 60kg。

(2)病虫害防治

羽衣甘蓝的主要病害是霜霉病、黑根病、软腐病。霜霉病在发病时应及时喷施 1～2 次 40% 乙膦铝可湿性粉剂 500 倍液(或 25% 的瑞毒霉 800 倍液);黑根病可用 75% 的百菌清可湿性粉剂 800 倍液进行灌根防治;软腐病用 200mg/L 农用链霉素、75% 百菌清可湿性粉剂 600 倍液交替喷洒,7～10d 喷 1 次,连续喷 2～3 次即可。主要虫害为蚜虫、菜青虫、美洲斑潜蝇。虫害要以预防为主,及时防治,一般要求在开花前集中防治,严格控制害虫发生,尽量避免花期喷药,如必须花期用药,则应在傍晚进行,以免伤害蜜蜂等传粉昆虫。蚜虫和菜青虫可用 40% 氧化乐果 1500～2000 倍液与 80% 敌敌畏乳剂 800 倍液混合喷雾;也可用 20% 氰戊菊酯乳油 2500 倍液喷洒防治。开花前(4 月上、中旬),用虫螨克 1500 倍液喷雾防治美洲斑潜蝇。

(3)越冬管理

定植缓苗后,要及时中耕松土,促进根系发育,培育壮株,增强植株抗冻能力。"霜降"前后,可浇一次越冬水,水后划锄。"小雪"前 10d 开始封土,注意覆土不要过厚，封整棵的1/3为宜，使羽衣甘蓝的大部分茎、叶片外露。封冻前加盖畜粪、麦草（或严寒前用塑料薄膜覆盖）等，以防冻害，确保露地安全越冬。

2月底~3月初开始返苗，视气温情况逐渐去掉覆盖物。并进行中耕，松土保墒，提高地温，促进根系生长，及早返青。

（4）去杂、去劣

去杂、去劣是保证观赏羽衣甘蓝杂交种纯度的主要措施。应于定植、抽薹、开花前，根据品种典型特征、特性，分3次集中去杂、去劣，去除父（母）本杂株、可疑株、病劣株。开花期，如出现花球色泽改变、花枝枝形异常的种株，需及时拔除。

（5）整枝

羽衣甘蓝开花期比较集中，如果枝条留得过多，养分不足，则每序结荚少，且每荚的种子少、不饱满。因此，必须在抽枝期及时疏去部分花枝。方法是：选择晴天，每株选留10~12条分布均匀、粗壮的一级分枝，割去分布过密的分枝；10d以后，在上次留的1级分枝中选留2~3条二级分枝；开花末期，摘去枝条末端的幼荚、小花及花蕾。

（6）人工辅助授粉、搭架防倒伏

为提高结荚率和种子数量，开花期最好采用人工辅助授粉，即从开盛花期开始，每天上午用鸡毛掸子来回拨动父、母本花枝，使父本花粉抖落到母本柱头上。授粉动作一定要轻，以免碰伤母本柱头。也可以结合放蜂（1箱/667m^2），提高结实率和种子产量。为防止种株倒伏减产，在开花结荚期用竹竿搭架，固定植株及过长花枝。

（7）割除父本

母本开花结束后，及时割除父本，改善田间通风透光条件，提高母本种子产量。同时，杜绝父本种子混入，保证杂交种质量。

3.4.8.4　采种

当母本种荚黄熟、种子棕黑色或红褐色时即可分批采收，并及时晾晒，以防后期遇雨，种子在种株上发生胎萌或霉烂。脱粒后的籽粒要及时晾晒（不能在水泥地面或铁板上暴晒），防止霉变。当种子含水量低于6%时，即可包装、贮存。

3.5　花卉种子管理与销售

商品花卉种子的生产，实行《种子生产许可证》制度。凡进行商品花卉种子生产的单位和个人，须在花卉种子播种前一个月向各地农业行政主管部门提出申请，填写《种子生产申请表》，经审查符合条件，发给《种子生产许可证》，按规定的地点、品种、面积、数量生产。生产者交售种子时应附有该批种子的田间检验结果。如生产的种子不合格，不得作为种子出售或交换。《种子生产许可证》的有效期为该批种子的一个生产周期。

花卉种子的经营，实行《种子经营许可证》制度。凡从事花卉种子经营的单位和个人，均须向当地农业行政主管部门提出申请，填写《种子经营许可证申请表》（一式两份），经审核合格，发给《种子经营许可证》，凭证向当地工商行政管理机关申请办理《营业执照》，按指定的花卉种类和地点经营。持有《种子经营许可证》的单位和个人，每周年须到发证单位办理验证。

经营花卉种子实行《种子质量合格证》制度。从事花卉种子经营的单位和个人，须进行种子售前检验，经持有省级农(林)业厅核发的《种子检验员证》的检验员检验合格后，发给《种子质量合格证》方可销售。

花卉种质资源受国家法律保护。与国外交流花卉种质资源的单位和个人，必须遵守国务院农业、林业等有关部门关于种质资源对外交流的规定。

违反花卉种子管理有关规定的，按《中华人民共和国种子管理条例》及其《实施细则》的有关规定执行处罚。

花卉种子管理与销售包括以下环节：收购→检测→定批号→贮藏→精选冷藏→按订货分装→按订单配货→审查打包→邮局终端→传递中心→销售网及代理商→用户→售后服务。

3.5.1　花卉种子的加工

3.5.1.1　花卉种子的清洗与分级

种子采收后连株或连壳在通风处阴干，去杂、去壳、清除各种附着物，再经种子外形质量检验。常用风选、色选、筛选、粒选和液体比重选等方法。

(1)风选

风选是利用种子和杂物之间对气流产生的阻力大小不同将其分开。种子在垂直向上的气流中会出现3种情况：下落、吹走和悬浮，使种子悬浮在气流中的气流速度称为临界风速，根据临界风速的不同，可将优质种子、劣质种子和一些杂物分开。传统花卉栽培用竹编畚箕人工进行，现代花卉栽培有专门设计的选种子的风车，除了利用垂直气流分离外，还有平行气流分离和倾斜气流分离。

(2)色选

色选指利用各种花卉的正常种子的色质，经过摄像探头和计算机内的正常种子的色质比较后选择。

(3)筛选

根据种子的形状、大小、长短、厚度，选择筛孔相适合的筛子，进行种子分级，筛除细粒、秕粒及杂物，选取充实饱满的种子，提高种子质量。

(4)粒选

在风选、筛选等的基础上，根据种子的特征，用肉眼来识别种子的大小、好坏和纯度，一般可分为"选优"和"剔劣"两种方法。这种精选的方法不仅可以有效提高种子的绝对重量和饱满程度，而且可以显著提高种子的纯度、减少病虫害，但是费工较多，技术性也较强。

(5)液体比重选

液体比重选是利用种子在液体中的浮力不同而进行分离。种子的密度因花卉的种类、饱满度、含水量及遭受病虫害的程度不同而出现差异，密度差异越大，分离效果越显著。当种子的密度大于液体的密度时，种子就下沉；反之则浮起。用此法分离出来的种子，如果不立即播种，则应洗净、干燥，否则很容易引起霉变。

3.5.1.2　花卉种子的干燥

如果种子含水量高，在贮藏过程中很容易引起发热、生虫甚至霉变，失去利用价值，因此，种子的干燥是保证种子质量的一项关键措施。种子的干燥方法可分为自然干燥法和人工机械干燥法两种。自然干燥法是利用日光暴晒、通风和摊晾等方法来降低种子的水分，此法一般不会引起种子生活力的丧失，简单、经济、安全，但容易受到气候条件的限制。人工机械干燥法是利用动力机械鼓风或通过热空气的作用以降低种子的水分，此法干燥快、效果好、工作效率高、不受自然条件的限制，但必须具有配套设备，并严格掌握温度和种子的含水量，避免由于温度过高导致种子生活力的丧失。

3.5.1.3　花卉种子丸粒化

花卉种子丸粒化是种子加工上的一项专门技术。它是利用有利于种子萌发的药料及对种子没有副作用的辅助填料，经过充分混拌，均匀地包裹在种子的表面，使其成为圆球形。种子丸粒化加工的关键技术是提高加工工艺及选择适宜的黏合剂及种子的包衣料。目前国外常用的种衣包料主要构成成分为：

填料　常用的有硅藻土、蛭石粉、滑石粉、膨胀土、炉渣灰等。

营养元素　如磷矿粉、碳酸钙等钙镁肥料及硼等微量元素。

生长调节物质　如细胞分裂素、乙烯利等。

化学药剂　如多种杀菌剂、杀虫剂、除草剂、驱鼠剂等。

吸水性材料　如活性炭及淀粉链连接的多聚物等。必须水溶性好，对种子萌发无副作用，既保证种衣强度，又能使种衣遇水后迅速破裂。

3.5.2　花卉种子检疫与检验

花卉种子检疫主要根据国家制定的植物检疫法规，由专门机构和人员对调运的活体材料以及附着物进行检疫。检疫分田间检查和室内检查。室内检验法即按照规定比例取样，可目视直接检查或解剖镜检，或用灯光透视法、X光、化学染色法检查，对于花卉种子携带的病原物要用病理组织切片法、分离培养法、萌芽检验法、直接试种法检验，对于病毒可以采用指示植物接种检验、血清学检验、DNA检测等。

花卉质量检验包括取样、检验和签证3个步骤。根据品种来源、收获年度和季节，以及贮藏条件，随机取样，一般取供检验种子的1/50～1/10，少数样品可取1/5～1/2。检验分田间检验和室内检验，田间检验的项目包括品种真实性和纯度、病虫害感染程度、杂草和异科植物混入程度等。纯度检验的时间应在品种特征特性表现最明显的时期进行，如显蕾期、开花期至种子成熟期。但是今后的趋势是利用分子生物学技术进行检测，这样快而准确。室内检验的项目包括种子净度、千粒重、发芽力、发芽势、含水量等。最后由种子检验管理部门签发报告种子检验结果的文书凭据——签证，供种子调拨、交易和使用的依据。

3.5.3　花卉种子的包装

按照《中华人民共和国种子法》要求，花卉种子应当加工、包装后销售，花卉种子加工、包装应当符合有关国家标准或者行业标准。

(1) 花卉种子包装要求

花卉种子的包装必须做到清洁、计量准确、真空密闭、防潮防湿，这项工作也是专业性的，直接影响到贮藏种子的质量。

(2) 花卉种子包装袋上标签的要求

花卉种子的标签应该真实、合法、规范。真实就是指种子标签标注内容应真实、有效，与销售的花卉商品种子相符。合法就是指种子标签标注内容应符合国家法律、法规的规定，满足相应技术规范的强制性要求。规范就是指种子标签标注内容表述应准确、科学、规范，规定标注内容应在标签上描述完整。

标注所用文字应为中文，除注册商标外，使用国家语言文字工作委员会公布的规范汉字。可以同时使用有严密对应关系的汉语拼音或其他文字，但字体应小于相应的中文。除进口种子的生产商名称和地址外，不应标注与中文无对应关系的外文。

种子标签制作形式符合规定的要求，印刷清晰易辨，警示标志醒目。标注内容包括应标注内容和根据种子特点和使用要求应加注内容。

(3) 标签上标注的内容

标签应标注内容包括花卉种类、种子类别、品种名称、生产商进口商名称及地址、质量指标、产地、生产年月、种子经营许可证编号和检疫证明编号。

花卉种类　除了中文名称外，要附加拉丁学名。

种子的类别　按常规种和杂交种进行标注，其中常规种可以不具体标注，常规种按育种家种子、原种、大田用种进行标注，其中大田用种可以不具体标注，杂交亲本种子应标注杂交亲本种子的类型。属于授权品种或审定通过的品种，应标注批准的品种名称；不属于授权品种或无需进行审定的品种，宜标注品种持有者(或育种者)确定的品种名称。标注的品种名称应符合国际栽培植物命名法规对栽培品种名的要求。

生产商进口商　国内生产的种子应标注生产商名称、生产商地址以及联系方式。生产商名称、地址，按花卉种子经营许可证注明的进行标注；进口种子应标注：进口商名称、进口商地址以及联系方式、生产商名称。进口商名称、地址，按花卉种子经营许可证注明的进行标注；联系方式，标注进口商的电话号码或传真号码；生产商名称，标注种子原产国或地区能承担种子质量责任的种子供应商的名称。

质量指标　标注值按生产商或进口商或分装单位承诺的进行标注，但不应低于技术规范强制性要求已明确的规定值。

产地　国内生产种子的产地，应标注种子繁育或生产的所在地，按照行政区域最大标注至省级。进口种子的原产地，按照"完全获得"和"实质性改变"规则进行认定，标注种子原产地的国家或地区(指香港、澳门、台湾)名称。

生产年月　标注种子收获或种苗出圃的日期的基本格式：YYYY - MM。例如，种子于 2001 年 9 月收获的，生产年月标注为：2001 - 09。

种子经营许可证编号　标注生产商或进口商或分装单位的农作物种子经营许可证编号的表示格式：(X)农种经许字(XXXX)第XXX号，其中第一个括号内的X表示发证机关简称；第二个括号内的XXXX为年号；第XXX号中的XXX为证书序号。

标注检疫证明编号　产地检疫合格证编号(适用于国内生产种子)；植物检疫证书编号(适用于国内生产种子)；引进种子检疫审批单编号(适用于进口种子)。根据种子特点和使用要求应加注内容包括：国内生产的花卉种子应加注花卉种子生产许可证编号和花卉品种审定编号。进口的花卉种子应加注在中国境内审定通过的花卉品种审定编号。生产许可证编号的表示格式：(X)农种生许字(XXXX)第XXX号，其中第一个括号内的X表示发证机关简称；第二个括号内的XXXX为年号；第XXX号中的X为证书序号。审定编号的表示格式：审定委员会简称、花卉种类简称、年号(四位数)、序号(三位数)。进口种子应加注：进口企业资格证书或对外贸易经营者备案登记表编号；进口种子审批文号。转基因花卉种子应加注：标明"转基因"或"转基因种子"；农业转基因生物安全证书编号；转基因花卉种子生产许可证编号；转基因品种审定编号；有特殊销售范围要求的需标注销售范围，可表示为"仅限于XX销售(生产、使用)"；转基因品种安全控制措施，按农业转基因生物安全证书上所载明的进行标注。药剂处理种子应加注：药剂名称、有效成分及含量；依据药剂毒性大小(以大鼠经口半数致死量表示，缩写为LD50)进行标注：若LD50 < 50mg/kg，标明"高毒"，并附骷髅警示标志；若LD50 = 50～500mg/kg，标明"中等毒"，并附十字骨警示标志；若LD50 > 500mg/kg，标明"低毒"。药剂中毒所引起的症状、可使用的解毒药剂的建议等注意事项。

分装种子　分装单位名称、地址、分装日期。混合种子应加注：标明"混合种子"；每一类种子的名称(包括花卉种类、种子类别和品种名称)及质量分数。

净含量　应当包装销售的花卉种子应加注净含量。净含量的标注由"净含量"(中文)、数字、法定计量单位(kg或g)或数量单位(粒或株)3部分组成。使用法定计量单位时，净含量小于1000g的，以g(克)表示，大于或等于1000g的，以kg(千克)表示。花卉商品种子批中不应存在检疫性有害杂草种子；其他杂草种子不应超过技术规范强制性要求所规定的允许含量。如果种子批中含有低于或等于技术规范强制性要求所规定的含量，应加注杂草种子的种类和含量。杂草种子种类应按植物分类学上所确定的种(不能准确确定所属种时，允许标注至属)进行标注，含量表示为：XX粒/kg或XX粒/千克。

(4)作为标签的印刷品的制作要求

形状　固定在包装物外面的或作为可以不经包装销售的花卉种子标签的印刷品应为长方形，长与宽大小不应小于12cm×8cm。

材料　印刷品的制作材料应有足够的强度，特别是固定在包装物外面的应不易在流通环节中变得模糊甚至脱落。

颜色　固定在包装物外面的或作为可以不经包装销售的花卉种子标签的印刷品宜制作不同颜色以示区别。育种家种子使用白色并有左上角至右下角的紫色单对角条纹，原种使用蓝色，大田用种使用白色或者蓝红以外的单一颜色，亲本种子使用红色。

印刷要求　印刷字体、图案应与基底形成明显的反差，清晰易辨。使用的汉字、数字和字母的字体高度不应小于1.8mm。警示标志和说明应醒目，"高毒""中等毒"或

"低毒"以红色字体印制。生产年月标志采用见包装物某部位的方式，应标志所在包装物的具体部位。

(5)对种子质量判定规则

对种子标签标注内容进行质量判定时，应同时符合下列规则：

①花卉种类、品种名称、产地与种子标签标注内容不符的，判为假种子；

②质量检测值任一项达不到相应标注值的，判为劣种子；

③质量标注值任一项达不到技术规范强制性要求所明确的相应规定值的，判为劣种子；

④质量标注值任一项达不到已声明符合推荐性国家标准(或行业标准或地方标准)、企业标准所明确的相应规定值的，判为劣种子；

⑤带有国家规定检疫性有害生物的，判为劣种子。

验证方法采用 GB/T 18247.4—2000 主要花卉产品等级 第4部分"花卉种子中的方法"。

3.5.4　花卉种子的贮藏

花卉种子的贮藏条件：干燥、密闭、低温、阴暗。少量的种子可放在家用冰箱内。大量的种子应贮藏在专门的冷库内，温度为4℃，湿度为40%，而且每半年需将库存种子进行发芽率试验，保证种子的质量。

现代花卉栽培均采用专业生产的种子。根据种子的不同类型包装后贮藏于专门的种子仓库内。一般花卉的种子在充分干燥去杂后，用种子袋密封，存放在低温干燥的条件下，以减少种子的呼吸作用，降低养分的消耗，保持其活力。

种子贮藏必须掌握以下几个技术关键：

(1)密封

用不透水的种子袋将洁净的良种密封包装。种子袋上必须标明种子的种名，品种名，数量以及编号。

(2)低温

种子必须贮藏在冷凉的环境条件下，冷库温度保持在15℃以下。少量贮藏，可存放在冰柜中，保持在5℃左右。

(3)低湿

一般指在大的种子仓库，空气要流通，湿度较低，保持在40%。种子寿命是有限的，种子贮藏的时间也是有限的。绝大多数的草本花卉种子寿命在1~2年，因此，每隔6~12个月必须做抽样的发芽率试验，确保提供良种用于生产。

3.6　花卉种子生产标准

3.6.1　概况

种子生产的标准化是农产品生产过程控制中最为严格的。目前，很多国家都是国际认证项目经济合作与发展组织(OECD)的成员。如澳大利亚种子质量认证方案主要采用

OECD 标准,具体认证工作由官方种子检验室负责,实行有偿服务,认证合格的种子发放认证标签,分为 OECD 标签和本国认证标签两种。

目前,美国的种子生产基本上由大型种子公司和经过审定的种子生产专业农户共同承担。种子公司与农民签订合同,由种子公司出亲本材料(或基础种子)、技术人员等,农民出地和劳力,农民根据种子公司技术人员的安排进行操作和管理,种子收获后直接交种子公司精选加工。品种的投放程序是:育种单位或个人提出种子投放的申请,由主管部门初审后,再由各州的作物品种改良协会(品种认证机构)或国家品种审定委员会审定。美国各州认证机构实行董事会制,由州种子协会、大学、农业局代表组成,认证品种方案采用4代生产方案:育种家种子、基础种、登记种和认证种,认证机构要进行田间检验、种子检验和种子标签等种子质量控制程序。

为加快我国花卉产业化发展步伐,国家技术监督局从 2001 年 4 月 1 日开始实施《主要花卉产品等级》国家标准,这是我国首次执行有关花卉产品的系列标准。

《"主要花卉产品等级"国家标准》遵循以下几个原则制定:

①花卉产品质量指标,是我国花卉生产企业通过努力可以达到的指标,既考虑与国际接轨,又考虑我国花卉产业发展的现状。

②花卉产品质量标准,既符合我国人民的审美习惯,又充分考虑东西方文化差异,特别是吸取了中国几千年花卉文化的精华。

③花卉产品质量标准,有利于花卉产业的发展,不断提高产品质量。

《"主要花卉产品等级"国家标准》由国内有关高等院校、科研单位、花卉生产和流通企业等单位的专家,经过几年大量的调研和论证,结合我国花卉生产现状和消费水平,并在参考了上海、昆明、深圳、沈阳等地方标准和日本、美国、中国台湾等国家和地区花卉产品质量标准的基础上完成的。

《"主要花卉产品等级"国家标准》中的每个标准不仅规定了产品的等级划分原则、控制指标,还规定了质量检测方法,对我国花卉产业化发展起到积极良好的推进作用。

《"主要花卉产品等级"国家标准》共分为 7 个标准,标准号和标准名称分别如下:

①《主要花卉产品等级第一部分:鲜切花》(标准号 GB/T 18247.1—2000);

②《主要花卉产品等级第二部分:盆花》(标准号 GB/T 18247.2—2000);

③《主要花卉产品等级第三部分:盆栽观叶植物》(标准号 GB/T 18247.3—2000);

④《主要花卉产品等级第四部分:花卉种子》(标准号 GB/T 18247.4—2000);

⑤《主要花卉产品等级第五部分:花卉种苗》(标准号 GB/T 18247.5—2000);

⑥《主要花卉产品等级第六部分:花卉种球》(标准号 GB/T 18247.6—2000);

⑦《主要花卉产品等级第七部分:草坪》(标准号 GB/T 18247.7—2000)。

2008 年 7 月 14 日,农业部发布了《花卉检验技术规范》,并于 2008 年 8 月 10 日开始实施,明确规定了花卉种子、种苗、种球、草坪、切花、盆花、盆栽观叶植物质量检验的基本规则和技术要求,该标准共分为 7 个部分,标准号和标准名称分别如下:

①《花卉检验技术规范第一部分:基本规则》(标准号:NY/T 1656.1—2008)

②《花卉检验技术规范第二部分:切花检验》(标准号:NY/T 1656.2—2008)

③《花卉检验技术规范第三部分:盆花检验》(标准号:NY/T 1656.3—2008)

④《花卉检验技术规范第四部分：盆栽观叶植物检验》（标准号：NY/T 1656.4—2008）

⑤《花卉检验技术规范第五部分：花卉种子检验》（标准号：NY/T 1656.5—2008）

⑥《花卉检验技术规范第六部分：种苗检验》（标准号：NY/T 1656.6—2008）

⑦《花卉检验技术规范第七部分：种球检验》（标准号：NY/T 1656.7—2008）

3.6.2   中国花卉种子生产的国家标准及相关法律法规

《主要花卉产品等级第四部分：花卉种子》（标准号：GB/T 18247.4—2000）规定了48种主要花卉种子产品的一级品、二级品、三级品的质量等级指标，以及各种种子含水率的最高限和各级种子的每克粒数。

《花卉检验技术规范第五部分：花卉种子检验》（标准号：NY/T 1656.5—2008）规定了花卉种子检验的抽样、净度分析、其他植物种子数目测定、发芽实验、生活力的生物化学测定、种子健康测定、种及品种鉴定、水分测定、重量测定、包衣种子检验的基本规则和技术要求。

《万寿菊种子生产技术规程》（标准号：LY/T 1709—2007）规定了万寿菊种子质量等级划分原则及控制指标，同时规定了常规种子生产中圃地选择和规划、种子采收、选优及贮藏方面的技术要求。此外，规定了杂交（F_1 代）种子生产的圃地规划、隔离措施、田间管理要点和种子质量控制要求，以及杂交制种中父母本配比和杂交技术要求。

《一串红种子生产技术规程》（标准号：LY/T 1710—2007）规定了一串红种子质量等级的划分原则及控制指标，同时规定了一串红常规种子生产时地块选择、播种育苗要求、隔离措施、田间管理要点及种子质量控制要求等。

《仙客来种子生产技术规程》（标准号：LY/T 1711—2007）规定了仙客来种子质量等级的划分原则及控制指标，同时规定了仙客来种子生产时基质和环境条件、种源要求和生产年限、隔离措施、盆栽管理要点及种子质量控制要求等。

《三色堇种子生产技术规程》（标准号：LY/T 1712—2007）规定了三色堇种子质量等级的划分原则及控制指标，同时规定了三色堇常规种子生产和杂交制种时地块选择、播种育苗、隔离措施、田间管理技术要求及种子质量控制要求等。

《矮牵牛种子生产技术规程》（标准号：LY/T 1713—2007）规定了矮牵牛种子质量等级的划分原则及控制指标，同时规定了矮牵牛种子生产时地块选择、隔离措施、田间管理要点及种子质量控制要求等。

《紫花地丁（*Viola philippica*）种子生产技术规程》（标准号：LY/T 2067—2012）规定了紫花地丁种子生产的术语和定义、原种和生产用种要求、种子生产者、生产环境、隔离要求、生产管理、果实采收、种子清选和种子包装贮藏。

《桔梗种子生产技术规程》（标准号：LY/T 2068—2012）规定了桔梗种子生产的术语和定义、种子生产者、生产环境、隔离要求、生产管理、果实采收、种子清选、种子包装贮藏。

《农作物种子质量监督抽查管理办法》规定：抽查不合格的种子生产企业应作为下次抽查重点，连续两次不合格应吊销生产经营许可证向社会公布，追回不合格种子，封存不合格种子。

《商品种子加工包装》规定：有性繁殖作物的籽粒、果实，包括颖果、荚果、蒴果、核果等应加工包装后销售并应符合国家标准和行业标准。

《中华人民共和国种子法》：规范种子生产经营新品种审定保护等方面内容。

3.7　花卉种子进出口贸易

3.7.1　中国花卉种子进口贸易

(1)进口花卉种子的种类

一串红、矮牵牛、三色堇、非洲凤仙、球根海棠、彩叶草、孔雀草、百日草、鸡冠花、雏菊、瓜叶菊、羽扇豆等100多个种，平均每年约1300kg，450万~550万美元。

(2)进口的基本程序与方法

决定进口的前提　在国内目前没有，但可能有发展前途的种类；国内有客户订货；科研与教学需要。进口的基本程序：询价，根据订货的数量向外方询价；磋商，还盘和反盘；成交，经过还盘和反盘后达成协议，签订合同。合同签订的内容包括：品种、价格、数量、规格及质量要求、包装、发货期、运输方式、付款方式、保险及险别。

进口单证的准备与申请　凭合同与发标向国家林业局造林司病虫害防治处申请办理《引进林木种子、苗木和其他繁殖材料检疫审批单》；凭合同、发标与植物种类(学名)或国外允许出口濒危物种证书，或国外植物检验证书(未加入国际物种保护条例的国家)向国家濒危物种管理办公室申请《非濒危物种证明》或《濒危物种证明》；若进口种子要办理免税：申请单位应持有《种子生产许可证》或《种子经营许可证》，先从当地的省或直辖市、自治区开始办理种用证明，申请表经省或直辖市、自治区同意后，报国家林业局种苗总站审批，然后凭《国家林业局种子苗木进口审批表》在当地海关换出海关的免税表。

进口货物的报关与提货　进口单据的合同，发标(随机或提前寄到)，《引进林木种子、苗木和其他繁殖材料检疫审批单》《非濒危物种证明》或濒危物种《允许进出口证明书》，植物进口报检单，要求办免税的需提供海关出具的《进出口货物免税证明》，空运或海运提单，报关委托书及报检委托书，从日本、美国进口的货物应提交非木制包装证明书。报关由报关员或报关行向海关申报。提货时须经海关查验及港口国家质量检验检疫局抽样检疫后放行。

(3)进口后的工作

产品到达以后的工作，如发现质量及其他问题还要做好理赔与起诉工作。

(4)花卉进口过程中必须注意的几个问题

应明确货款是否包含了品种的专利权；应明确货款是否包括售后服务的费用；合同条款中应规定具体品种的规格，界限不可含糊；应明确所进的物种是否是濒危物种；应明确必须提供进口国的植物检疫证书；不可带土和不可用木制包装；若进口的植物带有介质，介质应提前寄至国家出入境检验检疫局检验，经检验通过后方可进口。

3.7.2　中国花卉种子出口贸易

(1)出口的花卉种子种类

波斯菊、野棉花(*Anemone vitifolia*)、紫花地丁、二月蓝、三色堇、万寿菊等数十个种与品种。

(2)出口的程序与方法

花卉种子生产企业根据与需求客户签订的供货合同,确定发货品种和数量后,进行组货,委托具有进出口权的代理公司(以下简称发货人)进行检验检疫、报关货运方面的操作,具体程序为:①询价;②签订合同;③植物产品的处理和包装,准备单证;④报关出货;⑤结汇。

(3)出口报验

根据出入境检验检疫局的要求,种子出口应提前 1~2d 进行报验,并提供准确的数量、件数、毛重、净重等有关资料,由检验检疫局专门培训的报检员,填写报检单,向检验检疫局检务处进行报验,由检务处输入计算机,通知检疫处专门人取单,由检疫处派检疫人员进行检疫,验货完毕后,制定通关单,出检疫证,完成检验检疫任务后,由检疫处将单证转到检务处,由检疫处审核发证。报检人员先交费,再取证,在检验检疫局有一定的信誉的企业,可以每一个月结算一次。整个报检时间最快需 0.5~2d 完成。

质量检验:报验人提供的批次、规格和数量等与实际堆存货物相符后,在堆垛的不同部位按应取数量抽取代表性样品,注意产品的包装及一致情况,如有异常,应酌情增加抽样比例及数量,抽样后,做好取样标签,标明报验号、数量、重量、输往国别等。需要核实重量的,抽取 10% 的样品,放在校准的衡器上称重,误差允许范围 -1% ~ +3%;按贸易合同的要求进行检验。

3.7.3　花卉种子生产者

草花种子市场是一个很大的市场。国际上许多著名的园艺公司如美国的泛美(PanAmerican)、伯爵(Bodger)和日本坂田(SAKATA)等都从事这方面的生产。草花种子业不但创造很大的经济价值,也反映一个国家花卉业的发展水平。

与大田农作物和蔬菜相比,花卉种子生产者的数量和规模是比较小的,绝大多数花卉栽培生产者对所使用的花卉种子的来源一无所知,大多是从种子经销公司购买花卉种子,而经销花卉种子的公司是从花卉育种公司和花卉种子生产公司购买这些花卉种子的。总之,一共有 3 种花卉种子生产者,分别是花卉育种企业、合同花卉种子生产企业和花卉种子生产个体户。

3.7.3.1　花卉育种企业

因为花卉种子生产规模比较小而且要求的技术水平比较高,所以一些著名的花卉育种企业不仅自己育种,而且公司会拥有整个花卉种子生产的设施和设备,从而实现对整个花卉种子生产所有环节的质量监控。这些设施包括专门用来生产高质量盆花和切花花卉种子的温室。这类企业有如下几家:

(1) 美国泛美种子公司

泛美种子公司(PanAmerican Seed Company)总部位于美国伊利诺伊州的西芝加哥市,是当今世界最著名的花卉育种、种子生产和种子批发的专业公司之一。该公司从1946年创立,1962年被保尔园艺公司兼并至今,也是当今世界最大最著名的花卉育种和种子生产的专业公司。泛美种子公司常年向国际市场提供2000多个品种的种子。有100多年的草花育种历史,拥有丰富的草花育种资源,掌握相当成熟的育种技术,不断推出新品种。目前,该公司拥有6家子公司和12家合资公司,是全世界最大的优质花卉种子供应者,被称为"世界草花育种巨人"。泛美种子公司每年为市场提供大量的花坛花卉、切花、盆花植物种子,其新品种获奖次数和每年推出的新品种数量,在同类公司中均雄居榜首。其培育的花卉种子以优秀的品质和新颖的性状畅销全世界65个国家和地区,并在中国设有4家代理商。

杭州美洋花卉经营部　成立于2000年9月,是美国泛美种子公司的一家专业代理。产品主要有一串红、矮牵牛、孔雀草、百日草、三色堇、羽衣甘蓝等几百种草花种子,还提供优质的盆花和草花。

大连世纪种苗有限公司　提供中英文标志的原装进口泛美花卉种子,经营品种多达2000多个,所售花卉种子皆经严格的温室及露地栽培试种验证,并由美国泛美种子公司提供质量保证。其主要产品有各种花卉种苗、草坪种子、进口花卉种子、蔬菜种子、瓜果种子等。

郑州贝利得花卉有限公司　美国泛美种子公司的区域经销商。花卉种子主要有:一串红、矮牵牛、鸡冠花、万寿菊、百日草、孔雀草、彩叶草、三色堇、大花马齿苋(*Portulaca grandiflora*)、羽衣甘蓝、大丽花、香石竹、花毛茛、欧洲报春、勋章菊、凤仙等。

北京科美园艺有限公司　是美国泛美种子公司在中国的销售代理商,销售原包装进口优质花卉种子近2000种。

(2) 先正达旗下 S&G 公司

先正达是由瑞士诺华农业公司和英国捷利康农化公司合并而成,先正达在瑞士(SYNN)和纽约(SYT)股票交易所上市,是全球第一大植保公司,第三大种子公司,旗下有世界第二大草花种子公司——创建于1867年的荷兰 S&G。先正达有百年的育种史,以种子质量优、品种多、花色全而出名,经销的主要种类有仙客来、矮牵牛、长春花、非洲凤仙、一串红、万寿菊、金鱼草、四季秋海棠、欧洲报春等一、二年生草花。国际著名跨国企业与北京金润禾科技有限公司达成了代理销售 S&G 种子的协议。继美国泛美种子公司进入中国之后,世界草花种子公司的"榜眼"也正式进入中国市场。

(3) 美国 Goldsmith Seeds

Goldsmith Seeds 于1962年在加利福尼亚基尔洛市成立。最初培育金鱼草、石竹类、矮牵牛和天竺葵的新品种。该公司在研究和生产花卉杂交种子方面处于全球领军者地位。Goldsmith 分别拥有美国加利福尼亚基尔洛(Gilroy)和欧洲荷兰(Goldsmith Seeds Europe B. V.)两个育种研究分公司。公司采用家族式的管理模式。该公司几乎所有花卉种子都是选择具有最适宜气候的地区建造的温室内生产的。危地马拉和肯尼亚是公司主要的种子生产基地。Goldsmith Seeds 公司具有高效可靠的种子生产运作体系。Goldsmith Seeds 已经成长为一个拥有 4000 名员工且其下属分公司分别位于 3 个大洲的跨国公司。

(4)日本坂田种苗株式会社(Sakata Seed Corporation)

坂田种苗株式会社(SAKATA)1913 年创立。1930 年育成了世界首创重瓣矮牵牛新品种,使 SAKATA 在世界上一举成名。SAKATA 是日本最早将种子出口到国外的公司。通过矮牵牛、三色堇等草本花卉种子和西兰花(*Brassica oleracea var. botrytis*)、大白菜(*Brassica rapa var. glabra*)、白花菜(*Gynandropsis gynandra*)、胡萝卜(*Daucus carota var. sativa*)、辣椒、番茄等蔬菜种子的出口,公司获得了世界各国的高度评价,取得了巨大的成功。现在,SAKATA 向世界 130 多个国家提供种子。SAKATA 的花卉及蔬菜种子遍及全球。近年来,为扩大国际市场,SAKATA 已经在世界 17 个国家建立了子公司。

3.7.3.2　合同花卉种子生产企业

这些企业一般都坐落在特别适宜生产优质花卉种子的气候条件的地区并且已从事多年的花卉种子生产。温室制造商往往就是花卉种子生产者。而对于专门生产天然杂交花卉种子的合同企业,则会进一步与其他农民签订生产花卉种子的子合同,由这些农民来完成花卉种子的生产。

甘肃花卉制种产业已初具规模,目前面积达 $1 \times 10^4 hm^2$,产种量 $400 \times 10^4 kg$,远销美国、法国、日本等 10 多个国家和地区,出口种子 $100 \times 10^4 kg$ 以上。甘肃省祁连山北麓的民乐县新天镇许庄村有花卉制种温室 26 座。花卉品种繁育纯度高、杂交技术规程严格规范。沿山乡村花卉杂交制种温室已经发展到了 40 多座,成了荷兰客商在当地的花卉繁育重点基地。技术要求也特别严格,花卉原种由荷兰客商提供,栽培繁育不允许有一株杂苗,每天从早到晚要进行人工杂交授粉。花卉杂交制种的收入高,三色堇每千克的合同收购价是 4000 元,仙客来种子每千克 6000 元,一座占地面积仅 $0.03 hm^2$ 的花卉制种温室,最高收入为 2.2 万元,最低收入 1.2 万元。甘肃省酒泉市拥有花卉良种繁育基地 $667 hm^2$,生产草花种子的公司有十几家,草花品种 1000 多个,年生产草花种子逾 $6 \times 10^4 kg$,多是受美国、法国、荷兰和中国台湾委托进行生产。

3.7.3.3　花卉种子生产个体户

这些花卉种子生产个体户与专门的花卉育种企业或合同花卉种子生产企业签订花卉种子生产合同。这些个体户往往并不是全日制地生产花卉种子,他们主要的业务是作物生产。所使用的花卉种子生产温室往往是观赏植物生产企业的,这些个体户有些是某种花卉的专家。

以上 3 种类型的花卉种子生产累加起来构成数量不小的花卉种子生产者。从管理的角度分析,花卉育种企业生产的种子的质量是最好最有保证的,因为他们可以做到对整个种子生产过程的监控,然而,由于不同种类的花卉需求的数量不同,所以合同花卉种子生产企业是非常有必要存在的。对于单一作物,绝大多数花卉种子生产的数量都是非常小的。如四季秋海棠的生产规模在温室内才几分地,而对于万寿菊在露地生产也不过几公顷，对于价值比较高的 F_1 代杂交花卉种子生产单位一般是克，而对于价值比较低的天然杂交花卉种子生产单位一般为千克。所以对于花卉生产者往往在一个设施内同时生产多种花卉种子。

小　结

本章围绕花卉种子生产理论与技术展开介绍，对国内外花卉种子生产现状、花卉种子分类、生产方式、花卉种子质量标准、花卉种子进出口贸易、花卉企业种类和世界著名花卉种子生产企业、制约我国花卉制种的关键问题都进行了阐述，给予花卉种子生产以全面的了解。

思考题

1. 哪些花卉商品生产采用种子繁殖？花卉种子有哪几种分类方式？具体是如何划分的？
2. 花卉种子生产的基本程序是什么？
3. 温室花卉 F_1 代种子生产和露地大田天然杂交授粉制种有什么不同？
4. 目前世界上有哪些花卉种子生产企业？各有什么特点？

参考文献

程金水 . 2000. 园林植物遗传育种学[M]. 北京：中国林业出版社 .

戴思兰 . 2007. 园林植物育种学[M]. 北京：中国林业出版社 .

董丽 . 2015. 园林花卉应用设计[M]. 3 版 . 北京：中国林业出版社 .

刘燕 . 2016. 园林花卉学[M]. 3 版 . 北京：中国林业出版社 .

张启翔 . 2004—2016. 中国观赏园艺研究进展[M]. 北京：中国林业出版社 .

中华人民共和国植物新品种保护条例(1997 年 3 月 20 日国务院令第 213 号发布，自 1997 年 10 月 1 日起施行).

中华人民共和国种子法(2000 年 7 月 8 日第九届全国人民代表大会常务委员会第十六次会议通过根据 2004 年 8 月 28 日第十届全国人民代表大会常务委员会第十一次会议《关于修改〈中华人民共和国种子法〉的决定》修正).

花卉穴盘苗生产

穴盘育苗是一项现代育苗技术，是指在特制的育苗容器"穴盘"中，采用一定的栽培基质，使用优质的繁殖材料（种子、插穗、组培苗），通过科学细致的栽培程序和管理技术，生产出高品质的种苗。穴盘育苗技术在花卉种苗繁育中不仅可以用于实生苗，也可以用于扦插苗繁殖和组培苗炼苗。这项现代化的育苗技术已广泛应用于园艺业，同时也进入了农林业。美国和欧洲花卉业几乎100%使用穴盘育苗。穴盘育苗的技术要点主要有3个方面：首先，穴盘中的穴孔呈"倒金字塔"形，这种形状的空间最有利于植物根系迅速而充分的发育。根据需要，穴孔可大可小，一个约70cm×35cm的穴盘上，可有72～800个穴孔。其次，采用专业化的育苗基质，这是穴盘育苗的关键部分。其所用的育苗基质主要由泥炭组成，同时还加入珍珠岩、蛭石、树皮、保湿剂等基本养分。在花卉发达国家，穴盘育苗的基质已高度专业化，不同花卉采用不同的育苗基质，以保证幼苗生长的特殊需要。最后，精细的栽培技术是穴盘育苗技术的核心。根据种类的不同，育苗时间通常是3～6周，不同时期对养分、水分、pH值、EC值、温度、光照以及植物生长调节剂的管理要求也不尽相同。

4.1 穴盘苗的发展状况与应用前景

4.1.1 穴盘苗生产发展的历史与现状

穴盘苗起源于欧洲，发展于美国。20世纪50年代，欧洲采用基质块来生产种苗，即把基质置于一个较浅的容器内，再挤压并分隔成一块块正方形基质块，每一个基质块栽植一棵种苗，由于块与块之间有细小空间隔开，取苗时块与块各自分开，取苗较为方便。这是最初穴盘苗的雏形。但是，由于基质块之间没有阻挡物，植物的根系容易延伸到邻近的基质块内，移植时仍有断根，形成伤口，延长了缓苗时间，增加了成本。20世纪60年代中期，美国受欧洲基质块育苗的影响，发明了泡沫穴盘，使培育种苗的单个穴孔的基质块之间有了隔断物。同时利用泥炭、蛭石作为种苗生产介质。随着播种机、肥料配比机、浇水与喷雾设备、新型穴盘（如硬塑胶穴盘）的不断发明与改进，以及与专业种苗生产相配套的种子处理技术的提高，穴盘种苗生产便成为花卉及蔬菜园艺生产的一个新的专业分工。

穴盘种苗技术引进我国时间为20世纪80年代中期。"九五"期间，我国穴盘育苗获得了较好的发展机遇。全国各地建立起了许多科技园区和高新农业区，几乎都规划布局了穴盘种苗项目。但是，最初主要是国家的科研机构在尝试，很少有商业机构参与，所以真正大面积的推广一直没有实现。后来，伴随国内花坛花卉、盆花的发展，外加一些商业公司的参与，如最初由浙江虹越花卉有限公司以花卉种苗为切入点，开始推广这项技术，穴盘种苗蓬勃发展起来。随后，世界种苗业巨头美国 Speedling 公司来中国投资成立中国维生种苗公司，更推动了穴盘种苗技术的推广。目前，从事穴盘种苗生产的公司不少，如分布各地的维生种苗、上海种业、虹越种苗、大连园林实业、大连世纪、森禾种业等。由于有较多商业公司参与，一方面降低了生产成本，另一方面与穴盘育苗相关的配套技术、设备、资材等都有专业合作和开发者。因此，穴盘种苗业才在国内真正发展起来。

4.1.2 花卉穴盘苗生产的应用前景

传统花卉播种采用盆播育苗、苗床条播或撒播等方式。种子发芽长至可移植时，一般连着土壤成团挖起，然后手工分成单棵的裸根苗或带土苗，移栽到容器或定植到苗床上。这种育苗方式，会使根系受到不同程度的伤害。伤害的根系很容易感染土壤致病菌，如腐霉苗、疫霉病、镰孢菌、根串珠霉菌等，最后引起部分根系腐烂。因此移植后常常有一个根重新生长的缓苗期，导致长势不一。这种育苗方法耗费大量人工，操作比较粗放，育苗全凭个人经验，把握性差，不利于种苗生产规模的扩大和生产技术的提高，不适应现代园艺规模化、精确化发展趋势。

种子经由机器分播于穴盘的穴孔里，发芽后，幼苗在各自的微型穴孔里生长直到可以移植。移植时，将穴盘苗从穴孔里拉出来或顶出，就可以将其完好无损地移栽到较大的容器或露地。与传统的生产方式相比，穴盘苗不仅能够使花卉植株的质量和活力明显改善，而且也能够大大提高花卉生产的效率和效益。穴盘苗幼苗的根系被隔离在穴孔中，根部保全了大量根毛，有利于根系的发展。移栽时，带着基质团的种苗从穴孔中脱出，移植到较大的容器中，植株和根系一般不会受到损伤。由于根系不受伤或仅产生轻微损伤，产生根腐的机会少，植株生长整齐度高。由于移植时不易伤根、不窝根，移植后缓苗期短，可使植株开花提前，生长整齐，生产期缩短。

穴盘苗生产充分展示了现代园艺产业的专业化、规模化、系统化及机械化的特点，将会在园艺生产上得到越来越广泛的应用。

4.2 穴盘苗生产所需的主要设施设备

4.2.1 温室

由于穴盘种苗生长阶段对温度、湿度及光照要求较为严格。因此，选作穴盘苗生产的温室必须具有能够一定程度控制环境因子的设备。温室一般要配备遮阳、加温、降温、光照、通风、苗床、道路、地布等系统或设施。具体可参见本教材第 2 章的相关内容。

4.2.1.1　遮阳系统

在很多地区，从晚春到初秋温室内的光照水平都高于育苗生产所需要的最佳光强。强光对温室形成的辐射热会对降温系统产生很大热荷载，强光也可能灼伤种苗。因此穴盘种苗温室一般采取以下方法达到遮阳的目的：①配备外遮阳系统和内遮阳系统，用于反射或遮挡部分太阳光。由于外遮阳系统具有一定的降温效果，在夏季较炎热的地区，必须配备外遮阳系统。夏季较凉爽地区，可以只配备内遮阳系统。根据夏季光照强度，可选用遮光率 20% ~ 90% 遮阳网，最常用的是 50% 遮光率的遮阳网。现代温室可以根据光照传感器的反应自动控制遮阳网的启闭。②用铜色塑料膜作温室透光覆盖材料，用于散射太阳光。这种方法已在西班牙试验成功，白天可降低温度 5 ~ 10℃，夜晚可升高温度 3.8 ~ 8℃。③在温室的覆盖材料上喷施白浆。这种方法最便宜，但是最难控制，一旦喷施上去，若不被冲洗掉，将永远附着在上面。

4.2.1.2　加温系统

冬天穴盘苗生产温室的平均温度不低于 18℃，最低气温不低于 15℃（有些种苗场在穴盘苗生产的第 4 阶段最低气温可降至 12℃）。为了保证上述温度要求，国内大部分地区的穴盘苗生产温室需配备加温系统。

大型育苗温室，常采中央锅炉加热系统。中央锅炉加热系统分为热水管道加温，或者蒸汽管道加温。热水加温是将锅炉中的水加热到 82℃ 或 95℃，加压后送到温室。因为水的热容量较大，热水加温系统的空气温度更稳定，锅炉出现故障时，温室温度不至于很快降低。一般将热水翅片管安置在栽培床下面加热，或采用 EDPM 软管固定在紧贴栽培床的钢板网下加热，这两种方式保证了较好的根区加热，不把热量浪费在空气中。若采用地面种植系统，一般将加热水管埋入碎石或多孔混凝土地面。蒸汽管道加温的优点是所需锅炉小、无需循环泵、无需维护水管；缺点是热量消散快，锅炉出现故障时系统降温快。

局部加热系统是另一种加热系统。小规模育苗温室常采用局部加热系统。它包括热风加热系统和红外辐射加热两种。热风加热系统较适合于空气湿度较大的我国南方地区，也较适用于育苗的后期。但是要注意，采用热风加热系统时，温室的通风口一定要通往温室外，以免燃烧不充分产生的 CO 或其他有害气体在温室中聚集。辐射加热是在温室顶部安装辐射加热器，向外发射红外辐射而加热。由于容易造成育苗区内不同地点的热辐射不均匀，会导致种苗生长不整齐，因此育苗中辐射加热应用得并不多。此外，金属加热管在潮湿的环境中很容易被腐蚀，需要经常更换，投资比热风加热系统高。在温室中使用保温帘可减少夜间的热量损失。据统计，在夜间拉上保温帘，可减少 40% ~ 60% 的热量损失。保温帘一般悬挂于其他悬挂设备之上，如补光灯、排气扇等，由计算机控制。

使用热水加热器提高水温，用于灌溉穴盘苗，可有效提高根际温度。在冬季水温较低的情况下，用冷水直接灌溉，土壤温度会迅速降低，显著增加加温系统的热荷载，因此，在我国北方等冬季较为寒冷地区一般先利用热水加热器将灌溉水加热至20℃后再灌溉。

4.2.1.3　降温系统

夏季高温对于穴盘苗生产也会产生不利影响。降温系统一般分为自然通风系统、机械通风系统、湿帘风机降温系统和弥雾降温系统。自然通风系统是指用采顶通风窗、侧墙通风窗或侧墙卷膜通风，利用自然风进行通风降温。在夏季较凉爽地区，可仅采用自然通风系统。在夏季较热地区，还需结合其他措施降温。上述自然通风系统，如果配置风机，可提高风速，增强降温效果，这种通风降温则演变为机械通风系统。

湿帘通风降温系统，是在温室的某一面墙上安装湿帘，在对面的墙面安装几个大型的排风扇。潜水泵在将水分送至湿帘时，排风扇抽吸湿帘中湿汽，因水汽蒸发而使温室内空气温度降低。

弥雾降温系统，在高压下水被雾化为直径小于40μm的细雾，在温室一侧安装风机，细雾由风机引入喷施到室内的高温空气，随着雾粒的蒸发，空气得到冷却。沿温室长度方向再布置第2组雾化喷头，前面的冷却空气在第2组喷头喷雾下继续降温。弥雾降温系统要求控制好喷雾量，如果因为喷雾造成温室内湿度过高，将会造成穴盘苗徒长。

4.2.1.4　光照系统

在一些地区，冬天或雨季温室光照强度不足，低于穴盘苗的最佳光照要求(小于16 140lx)。补充光照可以增加光合速度，促进种苗生长。较为普遍地采用高压钠灯(HPS)，HPS灯光照效率高，能将输入电能的25%转变为可见光，有400W和1000W两种规格。穴盘苗的总光照时间要求为16~18h，其中包括自然光照时间加上补光灯照明时间。穴盘苗对补充光照的最佳反应是在幼苗期，其中第一片真叶最强烈，以后逐渐减弱。冬季使用高压钠灯补光，可以缩短生产周期，更好地控制生长。有些花卉，在种苗阶段需光周期处理以提前开花。温室必须配置白炽灯或HPS灯来打破长夜延长日照时间。

4.2.1.5　通风系统

冬天温室密闭时，或者雨季时，温室内空气湿度高，会增加种苗发生病虫害的几率。良好的通风系统对减少种苗病虫害发生非常重要。湿帘风扇系统中的大型通风扇是其中的一种通风设施。同时，在温室内部安装加强型通风机，强制温室内部空气循环，降低叶面湿度，减少病虫害的侵染。另外，在管道加温过程中，配备环流风机，能使温室内的温度分布均匀，降低温室加热成本。

4.2.1.6 栽培床系统

栽培苗床是穴盘的承载体。分为地面床、固定式栽培床、滚动式栽培床和箱式栽培床。

荷兰和美国的一些大规模种苗商采用混凝土地面育苗，灌溉采用上部喷灌或地面潮汐灌溉，这些种植者大多采用聚乙烯泡沫穴盘。地面铺装成具有适宜透水性的多孔混凝土地面，聚乙烯泡沫穴盘摆放在混凝土地面上。这种系统在连跨温室中应用较多，空间利用率高(达90%)，对于用同一种规格穴盘苗大面积生产同一生长期的相同作物时最为合适。这种系统的缺点是穴盘底部空气流通性差，不易控制基质湿度，有时根系易伸出穴盘底部。另外，摆放和挪动穴盘时主要靠手工作业，劳动效率低。

固定式栽培床用于小规模温室。栽培床高度一般为81~91cm，宽度为1.22~1.52m(最宽不宜超过1.83m)；主走道宽为91~152cm，栽培床之间走道宽度常为50~70cm。为利于通风，采用钢丝网作栽培床的底板，网下设置支撑以避免栽培床床面下陷和不平整。这种布置方式温室利用率为59%~80%。

滚动式栽培床是将栽培床支撑在可以滚动的镀锌钢管上，栽培床可向左右移动，这样每跨温室只需留一条操作通道，节省的操作通道空间用于布置苗床，使温室利用率升至75%~85%。但此种床架的设计也有一些缺陷：如工人需要拖着水管人工浇水，不能多人同时在一个工作区域工作。此外，温室工作人员和种植者在栽培床中穿梭走动时衣服经常被栽培床边沿的尖锐毛刺所刮破。

箱式栽培床是将苗床改变成箱式大盘，每个箱式大盘一般宽1.2~1.8m，长1.8~4.8m，支撑在传送带或轨道上，用传送机运输。因为传送带或传送轨道是固定不变的，所以这种栽培床的温室利用率不如滚动式栽培床高，但是这种栽培床易于移动，可将整个箱式大盘移到室外，因此，从播种到外运所需的劳动力很少，但其价格也较高。

4.2.2 发芽室

种子的萌发分两个阶段：阶段1，从播种到胚根的出现；阶段2，胚根出现到子叶展开。其萌发的关键因素包括：土壤、湿度、水分、光照和氧气。穴盘苗要快速、整齐发芽，最好根据花卉不同种类，提供最适的环境条件。然而，大型温室不容易精确控制温度等环境条件。有条件的种苗场应另外建设一个小型发芽室，发芽室能精确控制温度、湿度等发芽条件。穴盘苗的第1阶段和第2阶段前期在发芽室中度过。

运用催芽室的优点是种子发芽率高、发芽速度快、发芽均匀度高、占用温室空间小、不需要投入很多精力控制适宜的温度湿度水平；缺点是建造催芽室的成本高、生产流程中需要搬运穴盘、时间控制要求严格，必须密切监视以便穴盘能及时从催芽室转移到温室，只有这样才能获得最好的发芽，避免种芽过分伸展。因此，催芽室的设计不会是完美的，要建造何种类型的催芽室取决于：①需要的空间；②需要的几种温度；③一年中使用催芽室的时间长短；④准备投资多少。根据以上4点确定要建设的催芽室的类型后，应重点考虑下列因素：

(1)发芽室空间尺寸

发芽室的尺寸取决于在给定的时间内需要催芽穴盘的数量和所设定的温度梯度。催芽室的高度应使穴盘苗架或穴盘车上部有足够的空间以便加湿气雾能顺畅通过，避免在穴盘上凝结。如果不设降温系统，催芽室的高度至少应保证2.4m。如果在顶棚下安装降温系统，则至少应保证3.0m。

(2)发芽室保温效果

要求墙体和屋顶保温效果好，隔热对保持室内温度总是有益的。保温材料种类较多，进行选择时要求隔热系数 R 最低为20。通常可利用原有建筑或利用保温彩钢板建成，发芽室四壁材料及屋顶利用7.5~10.0cm厚保温彩钢板，顶棚设计成倾斜型以避免水滴直接滴落到穴盘上。发芽室内水泥地面厚度10~15cm，向中央轻度倾斜一定坡度以利于排水。

(3)发芽室温度控制系统

发芽室温度控制主要分为加热系统和降温系统。小型的发芽室可用空调来加温，如果使用白炽灯，可由灯光发出的热量供热。大面积的发芽室的加温采用独立的供热系统，一般控制的最高温度为26.5℃。在较热的月份，或者种子萌发需要较低温度时，发芽室要配置降温设施，小型发芽室同样可通过空调来降温。对于大型发芽室，应选择适合高湿度、低气流的降温设备，需要注意的是，如果装有喷管系统，选用该设备时两个系统的温度设定值至少相差1℃，否则两个系统会交替不停地运行。

(4)发芽室湿度调控系统

发芽室内的湿度控制通常采用自动控制喷雾系统加以解决。一般按10~15cm² 面积配备一个喷头，喷头安装在发芽室顶棚，喷出的是完全雾化的水汽，这样整个发芽室内的湿度分布会比较均匀，同时还要控制室内气流使之保持在最小水平。对于小型的发芽室中，采用加湿器即可满足要求。所需湿度范围可以自动控制，可采用电子编程定时器，或简单的时钟控制器、湿度传感器等。

(5)发芽室光照系统

在墙面四壁安装低压荧光灯以提高种子发芽所需的光照条件，双灯光管垂直安装，灯座为防水灯座。发芽室内最重要的设施是移动发芽架。发芽架分带荧光灯和不带荧光灯两种。尺寸可根据需要定制。不带荧光灯的发芽架每个架子设15层左右，层间距为10cm；带荧光灯的发芽架每个架子设6~7层，层间距为25cm(图4-1)。较大的发芽室由于四壁安装的光照设施不能保证室中央种苗获得充足的光照，一般采用带荧光灯的发芽架；而较小的发芽室可采用不带荧光灯的发芽架。应定期对发芽室进行清洗保洁，必要时安装紫外灯定期进行杀菌。

4.2.3 准备房

大型种苗场有与温室配套的准备房，准备房中布置贮藏区、播种区、发芽室、控制室、操作间、包装间等。

(1)播种区

大型种苗场通常在此区安装有播种流水线，如介质混合机、介质运输机、介质填充

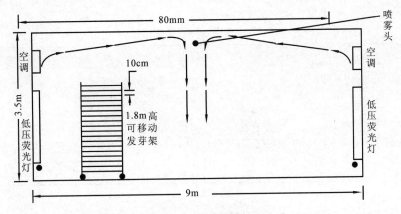

图 4-1　发芽室剖面图

机、播种机、覆料机及淋水机等，在此区内完成播种操作。小型种苗场常利用温室的一角进行播种，主要设备为播种机，其他操作为人工所代替。

（2）控制室

穴盘苗生产中，有许多控制温室环境、控制浇水施肥操作、控制发芽环境的仪器、设施，这些一般布置在控制室内。

（3）贮藏区

贮藏区主要用于堆放各种介质、农药肥料、育苗容器、包装材料等，占地面积较大。

（4）包装间

穴盘苗上市前要进行检验、整理，再进行包装。大型种苗场常配置运苗架或传送带、种苗分离机和包装用具。

4.2.4　播种机

穴盘苗生产如果采用人工播种，会造成速度慢、精确度低。现代穴盘育苗一般采用播种机播种，以达到精确、便捷、高效的目的，提高种苗质量和整齐度。播种机采用的是真空吸附原理，通过开启真空马达或气泵造成的真空，将种子吸附到播种机的针管口（或面板小孔，或滚筒小孔）上，待针管口或小孔对准穴盘的穴孔时，关掉气泵，被吸附的种子即落到穴孔之中了。选用播种机时要考虑的因素有：①穴盘规格及数量；②种植者在穴盘苗生产方面的专长；③种子的类型与数量；④播种机的使用频率。只有综合这些因素，种植者才可从最初的投资中获得最大的经济效益。常用播种机有手持管式播种机、板式播种机、针式精量播种机及滚筒式播种机（表4-1）。

手持针管式播种机　属于真空模板类型，由播种管、针头、种子槽、气流调节阀、连接软管和吸尘器等部件组成，操作者可根据穴盘的规格选择不同的播种管，现在用得最多的是288穴盘的播种管，管的下方有12个接口，每个接口可连接一个针头，管的上方有一个控制孔，用手指将其封住或放开，可起到吸取和释放种子的作用。操作时，用大拇指按住控制孔，其余手指握住播种管，当控制孔被封住后，因真空作用针头产生吸力，将种子吸附到针头上，需要注意的是，有时每个针头会吸附多粒种子，这可利用

表4-1　常用播种机特性比较

类　型	自动化程度	播种原理	播种速度/(盘/h)	参考价格/(万元/台)	播种特点
人工播种	手工		10 ~ 12		1 次播 1 粒种子
手持管式播种机	手工	真空吸附	40 ~ 60	0.15	1 次播 1 行
板式播种机	手动	真空吸附	150	2.2	1 次播 1 盘
板式播种机	半自动	真空吸附	250 ~ 400	5	1 次播 1 盘
针式精量播种机	全自动	真空吸附	100 ~ 120	20 ~ 30	1 次播 1 行
滚筒式播种机	全自动(大)	真空吸附	1200	70 ~ 80	滚一圈播 1 盘
滚筒式播种机	全自动(小)	真空吸附	800 ~ 900	20 ~ 30	滚数圈播 1 盘

气流调节阀来控制，根据气流对种子的吸附能力，调节气流的大小，直至每个针头上都能方便地吸附 1 粒种子。最后将播种管移到穴盘的上方，对准穴孔，松开拇指，真空作用消失，种子即掉入穴孔之中，重复吸和放种子即可完成播种这一过程。此种机器价格便宜，使用方便，适合于中小型穴盘苗生产商进行穴盘生产(图 4-2)。

板式播种机　由气泵、连接软管和播种板等部件组成，一般根据种子的种类、形状及大小配备几种规格的铝制播种板。同一播种板通过调整真空压力控制一次播种 1 粒种子或多颗种子。操作者手工将种子分散到带有小孔的模板上，种子被吸到真空状态的小孔里，多余的种子掉落下来，小孔填满后，将模板置于穴盘上方，手工释放真空状态，种子掉落穴盘，整个穴盘播种一次完成。其特点是操作简单，价格低(图 4-3)。

图 4-2　手持针管式播种机

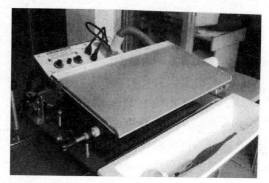

图 4-3　板式播种机

针式精量播种机　是利用电子眼技术将种子以计数的方式分拣出来并放入穴盘。这些电子眼数种机可以在种子进入斜槽，经过电子眼的时候准确地进行辨认，然后种子进入对准穴孔的管子，通过气压阀把种子播入穴盘内。此种播种机自动化程度高，播种精确度高，无需更换针头，模版或滚筒便可播各种大小不同、形状各异的种子，但价格昂贵(图 4-4)。

滚筒式播种机　具有一个可以滚动的带孔圆筒，真空泵开时种子吸附到滚筒的小孔上，通过排气或排水释放真空状态，种子会落入穴盘中。滚筒转的速度与穴盘先行进的速度一样。其特点是速度快，不同大小的种子、不同规格的穴盘，以及每个穴孔中不同数量的种子，都需要不同的滚筒，精度高(图 4-5)。

图4-4 针式精量播种机   图4-5 滚筒式播种机

4.2.5 水肥系统

在生产中,水肥管理不善会给穴盘生产带来巨大的损失。植物对水分的吸收主要由植物的生长类型和生长温度决定,不同阶段对土壤的湿度要求不同,对穴盘内幼苗的施肥很困难,因为容积小、淋洗快、基质 pH 值变化快,盐分容易积累而损伤幼苗的根系。施肥量及施肥的方法都要随着不同植物类型、植物的生长阶段、基质的 pH 值及预期生长速度的变化而变化。穴盘苗生产中的水肥系统有水处理设备、浇水设备、肥料配比机、喷雾器,以及各种灌溉管道和各种容器。

(1)水处理设备

若水源采用雨水或自来水,安装一般的过滤器即可。采用河水、湖水或地下水(进水)时,需先对重要水质指标进行分析;若 pH 值、EC 值、杂质含量等指标达不到要求时,应进行水处理。水处理设备有沉淀池、过滤器、离子树脂交换器、反渗透水源处理器、加酸配比机等。具体水处理办法见后文水处理相关内容。

(2)浇水设备

一般来说,在作物萌发初期,需要较高且均衡的湿度。一旦胚根出现,湿度应该降低,此时让基质表面略微干燥,根系会深入基质。萌发阶段完成后,叶和根开始活跃生长。平均起来,这个阶段的湿度较低,干湿变化范围比较大。炼苗期,幼苗可以进一步干化,有时直到略见萎蔫时才浇水。

大型种苗场一般使用自走式浇水机(图4-6,图4-7),即臂式灌溉,就是在一根水管上安装几个或几十个喷头,架于苗床上方。其优点是:省水、省工、速度快,浇水整齐均匀。均匀一致地灌水和施肥,才能保证作物的高质量生产,这点对穴盘育苗尤为重要。通过选用不同类型的喷头达到控制发芽期和生长期的灌溉水量。自走式浇水机由3个系统组成。

控制系统 通过电脑编程设置浇水指标:浇水次数、水量大小、浇水时间和地点,通过磁性开关控制浇水工作。

动力系统 采用电机控制浇水系统的移动、减速、停止等动作。

浇水系统 动力系统在浇水机的中间,两旁各有一根浇水横杆,由中间延伸到两

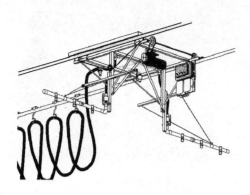

图 4-6　自走式浇水机示意图(侧面)

图 4-7　自走式浇水机

侧。浇水横杆上有等距离浇水喷头，相邻喷头喷出的扇形水区相互重叠，能保证整座温室都能浇到水。

(3)自动肥料配比机

自动肥料配比机可以保证按设定的比例施肥。其原理是由于水流作用而产生真空吸收作用，从浓缩原液桶里吸取肥料，按设定比例与水混合，以满足种苗某阶段生长所需的肥料浓度要求。自动肥料配比机含有进水管、出水管及吸肥管。施肥完毕后需继续吸取清水 5min，清洗残存肥料，保护相关密封件。

(4)喷雾器

在穴盘苗生产温室，还需配备几个喷雾器，分别用于喷施农药、矮壮素、叶面肥。

4.3　穴盘育苗所需的关键生产资料

4.3.1　种子

为了适应现代穴盘苗生产中的专业化、机械化及规模化生产的需要，用于穴盘苗生产的种子一般经过如下特殊处理。

(1)筛选种子

种子在收获后都要清除灰尘、花粉和种子外皮，并根据种子的大小、形状、颜色、质量和密度进一步分离，从而提高种子活力的均匀度，进而才有可能培育出长势均匀的幼苗。

(2)脱化处理

穴盘苗采用机械化播种，多数是利用真空进行吸种，大小均匀的圆形种子是最适合机械播种的。经过"脱化处理"的种子，机械播种时流动性更好，播种到穴盘中的位置更准确。但是"脱化处理"会对种子外皮造成机械损伤，因而会缩短这类种子的贮藏时间。若无适宜贮藏条件，应当季购买，当季播种。

(3)水化处理

对种子进行机械化精加工处理后，为了使穴盘苗快速整齐发芽，种子常进行过水化处理。水化处理即将种子放到渗透溶液中，以激活种子发芽的新陈代谢活动，但阻止完全萌发的发生。在生根（胚根）前将种子重新烘干，使种子的水分含量恢复到水化处理以前的水平，然后将种子像原种子一样进行其他方面的处理。播种后种子重新处于水合状态，由于许多新陈代谢过程已完成，种子的发芽速度大大提高，发芽率改善，小苗长势茂盛。

不同作物的前萌动处理不一样，表现为处理时间的长短、渗透潜力、温度、光照和氧气的控制都不同，而且同一品种不同批号的处理也不同。因此在萌动前后，必须测试萌发率和活力。

（4）包衣化处理

植物的种子多种多样，不圆的种子会给真空播种机的高速、准确的工作效率带来影响，因此在进行播种前，许多种子都被加工成丸粒或包衣种子。这样可以快速、准确地播种，也便于检查播种效果。对种子丸粒化和包衣化的另一个原因是为在用杀菌剂、杀虫剂、生物控制剂和生长调节剂处理种子提供安全、有效的载体。

种子贮藏的两个最重要的因素是湿度和温度。好的贮藏条件应保持相对湿度在20%～40%，种子的含水量在5%～8%，这也是大多数种子的最佳贮藏湿度。若种子含水量过低，会影响其寿命和萌发力；若含量过高，会滋生霉菌和虫子，破坏种子的成活力。穴盘苗种植者可以用除霜冰箱或人工气候室把温度调到5℃来贮藏全部种子。只要锡箔袋和金属罐是密封的，就可以达到防潮的目的。一旦打开，就必须采取措施防止种子从空气中吸收潮气。把锡箔袋简单扎上放在冰箱里不能防止种子从空气中吸收多余水分。应当将种子放在防水又密封的容器里，在底部放一层薄薄的硅胶干燥剂，然后放在冰箱里。

4.3.2　介质

介质是指用于支撑植物生长的材料。植物生长所需的全部水分和矿物质都由根系从介质中吸收而来，因此，生长基质中必须有足够的营养、适宜的 pH 值范围，以及良好的根系生长环境。研究表明，植物生长最理想的介质应含有50%的固形物、25%的空气和25%的水分。穴盘育苗用的介质，应达到如下要求：

①透气性、排水性好，持水能力也较强；

②EC 值低，有足够的阳离子交换能力；

③尽可能达到或接近理想的固、气、液相标准；

④不含有毒物质、病菌、害虫及杂草种子。

4.3.2.1　介质的常见特性

选用介质时要考虑到介质的物理性质和化学性质。介质的物理性质主要有容重（密度）、总孔隙度、大小孔隙比及颗粒大小。容重指单位体积介质的重量。容重太大，穴盘苗太重，影响穴盘苗的搬运操作；容重过小，则介质过于疏松，透气性好，有利于根系的伸展，但不利于固定植物。总孔隙度是指介质中持水孔隙和透气孔隙占介质体积的百分比。总孔隙度大的介质较疏松，较利于植物根系的生长，但对于植物根系的支持固定作用较差，易倒伏；总孔隙度较小的介质较重。实际生产采用混合介质，目的之一是克服单一介质总孔隙度过大过小的缺点。大小孔隙比是指通气孔隙（大孔隙）与持水孔隙（小孔隙）之比，它反映的是介质中的气、水比状况，其最理想的比率是 1:1。介质的颗粒大小影响上述 3 个指标。同种介质，颗粒越粗，则容重越大、总孔隙度越小、大小孔隙比越大。只有介质颗粒大小合适，才能形成合理的气水比。

介质的化学性质主要包括酸碱性、阳离子交换量、缓冲能力及电导率。介质的酸碱性会影响到种苗的生产及肥料施用的有效性，使用前应进行酸碱性测定。阳离子交换量（CEC）值反映的是介质保存养分的能力，CEC 值过低，介质保肥能力差；CEC 值过高，介质保存养分离子的能力过强，会造成基质可溶性盐离子含量的增高。缓冲能力是指介质加入酸碱物质后，介质本身所具有的缓和酸碱变化的能力。电导率（EC 值）是指介质未加入营养液前，本身原有的电导率。它反映介质中原来带有的可溶性盐含量，会影响到植物的根系的生长及营养液的平衡。

4.3.2.2　穴盘苗生产常用的介质

穴盘苗生产常用的介质有泥炭、蛭石、珍珠岩。

（1）泥炭

泥炭是一种特殊的半分解的水生或沼泽植物，可分为两类：一类是草炭（sedge），形成于莎草或芦苇，我国东北产的草炭便属于此类。此类泥炭虽然被国内有些单位用于生产穴盘苗，但其指标与穴盘苗生产的介质要求相差甚远。另一类是泥炭藓（peat moss），形成于较原始的泥炭藓属植物，其物理和化学性质稳定，是国际间一种理想的商品用种苗介质。优质泥炭有如下特性：保水性和通气性均好；保肥能力强；清洁、没有杂草；再分解困难，作为介质较为稳定；没有肥分；强酸性。目前生产上常用的原产加拿大东部的泥炭的物理和化学性质如下：pH 3.4 ～ 4.4；EC 0.1 ～ 0.3 mS/cm；含水量 35% ～ 55%（按质量计）；容重 0.1 ～ 0.14g/cm³；CEC 100 ～ 140mmol/100g；总孔隙度 95% ～ 97%；自由孔隙度 12% ～ 40%；持水量 55% ～ 83%；吸水能力为自身干重的 8 ～ 20 倍。

各种泥炭和草炭用作基质之前，需要测试物理和化学特性。水藓泥炭比较适合作基质，因为它的纤维结构好于其他泥炭，有利于通气和排水。泥炭中加入其他物质有利于增加基质的排水性和透气性，通常的添加物有：蛭石、珍珠岩和煅烧土。

（2）蛭石

蛭石是一组叶片状的矿物，外表类似云母，经 1100℃ 高温处理，体积膨大 8 ～ 20 倍而成。膨胀蛭石具有较好的物理特性，如良好的保温、隔热、通气、保水、保肥作用。作为园艺用的蛭石最好是较粗的膨胀蛭石，质轻，容重仅为 100 ～ 130kg/m³，呈中性至碱性（pH 7 ～ 9）；具有良好的通气性、保水性及化学缓冲能力。每立方米蛭石能吸收 500 ～ 650L 水。蛭石不耐压力、易碎，随着使用时间的延长，大块片状蛭石变成细碎蛭石，容易使介质变得致密而失去通气性和保水性。因此，生产穴盘种苗用蛭石应选择粗的薄片状蛭石，即使细小种子，播种用介质及覆盖用介质，均以较粗的为好，片径最好在 3 ～ 5 mm。蛭石在种苗生产中属于短期使用，理化性质改变不大，所以较为合适。

（3）珍珠岩

珍珠岩是由硅质火山岩在 1200℃下燃烧膨胀而成。质轻，容重仅 50~60kg/m³，通气良好，无营养成分，质地均一，不分解，无化学缓冲能力，阳离子交换量低，pH 7~7.5，对化学和蒸气消毒都是稳定的，能吸收自身重 3~4 倍的水。园艺种苗生产用的珍珠岩最适粒径为 2~4 mm，加入介质中主要用来增加介质中的通气量。由于珍珠岩过轻，浇水后常会浮于介质表层，造成介质"分层"；同时也会使基质过于疏松，根系不能与介质紧密贴合，造成换盆后成活率下降。因此，在配制混合介质时要控制珍珠岩的比例。

（4）煅烧土

煅烧土也可以加到混合基质中，以增加颗粒的大小变化，提高基质的透气性。煅烧土在高温下聚集，形成较硬的颗粒，这些颗粒较大，从而提高了基质的疏松性，增加了排水和透气的大孔。值得注意的是，煅烧土可增加基质的阳离子交换量和钠的水平，在使用前，一定要对煅烧土进行测试。

穴盘苗生产用介质一般是上述几种介质按一定比例混合而成。在选择使用时要注意如下问题：检查泥炭的含量；使用前及使用时每周检测介质的 pH 值及 EC 值；对于大多数花卉而言，理想的介质 pH 值是 5.8，然而，对于天竺葵、万寿菊、凤仙、洋桔梗等花卉而言，则需要较高的 pH 值(6.0~6.2)才能生长良好，此时，可通过向介质中加入磨成细粉的石灰石、施用含有硝酸钙(15-0-15)的碱性肥料或使用高碱度化的水等方法来提高 pH 值，若 pH 值太高，可用含 NH_4^+—N 和尿素的酸性肥料等方法来降低介质的 pH 值；要经常对浇灌用水质进行检测，检测硬度及纯度，硬度一般保持在 60mg/kg，不得低于 40mg/kg。

4.3.3　水

传统播种育苗不重视水质。现代穴盘苗生产，由于人工配制的基质缓冲能力差，水质对穴盘苗生长的影响非常大。水质差在穴盘苗生产中会造成如下后果：破坏介质结构（使介质透气性、透水性变劣）；对根系和叶产生危害；可能导致微量元素中毒；可能导致某种程度缺素；改变介质的 pH 值；导致和传播病害；引起植株发育不良等。现代穴盘苗生产要进行水质的检测，对于不合格的水质要进行水质调整。

影响穴盘生长质量的水质指标主要有 4 大类：pH 值和碱度，可溶性盐含量，钠吸收率，水中营养成分含量。水质检测主要对上述 4 类指标进行检测。

（1）pH 值

穴盘育苗水的适宜 pH 值范围应该在 5.5~6.5，在此范围内，大部分营养元素、生长调节剂、杀菌剂和杀虫剂的溶解度是比较好的。灌溉水 pH 值不会影响到介质的 pH 值，但水的酸碱度则直接对生长基质和植物的营养吸收有影响。两种水源，pH 值均为 5.5，但碱度可能不同，例如，一个为 60mg/kg，另一个为 280mg/kg。这两种水对介质的 pH 值影响极其显著。如表 4-2 所示，浇灌 1 周后，前者使介质 pH 值略升，变为 5.8；而后者使介质 pH 值略急剧上升，变为 7.8。可见碱度是灌溉水水质不可忽略的指标之一。

表 4-2　灌溉水的碱度对介质 pH 值的影响

灌溉水水质特性		介质 pH 值的变化	
pH 值	碱度/(mg/kg)	开始时	1 周后
5.5	60	5.5	5.8
5.5	280	5.5	7.8

但是水的碱度并不是越低越好。碱度越低，水越纯净，缓冲能力就越差。当碱度低于 50mg/kg 时，介质的 pH 值会随着肥料的酸碱性而产生比较大的波动幅度，不利于植物的生长。当水中钙(Ca^{2+})、镁(Mg^{2+})、钠(Na^+)的含量较低，表示水的碱度较低，此时可在每 1L 水中加入 1.2g 石灰或 0.12g 碳酸氢钾，目的是通过增加钙离子、镁离子的含量来增加水的缓冲能力。

(2)可溶性盐含量

在穴盘育苗中，可溶性盐类是水质的重要组成部分，地位仅次于碱度。可溶性盐含量是指单位溶液内所有可溶性离子的总量，常用电导率(EC 值)来计量，计量单位为毫西门子每厘米(mS/cm)。通常我们要求灌溉用水的可溶性盐浓度应低于 0.8mS/cm。可溶性盐浓度过高有可能会损坏植株的根或根毛，降低种子发芽率；还有可能会灼伤植株的叶子。如果对水进行测试的结果是含有高浓度的盐类，应该弄清楚的是何种盐类，多半是来自钠、氯、硼、氟及硫酸根离子。许多穴盘苗对因使用劣质灌溉用水而导致种植介质过高的可溶性盐过敏。

(3)钠吸收率

钠离子吸收率(SAR)量化了钠与钙、镁含量的关系。其计算公式如下：

$$SAR = Na/[(Ca + Mg)/2]1/2$$

在这个公式中，钙、镁、钠的值必须用毫克当量(meq)表示，当这些元素的值用 mg/L 表示时，需将钙值除以 20，镁的值除以 12.15，钠的值除以 23 转化成 meq 表示。

钠吸收率能评价长期使用某种水源对介质渗透能力的影响。如果钠吸收率低于 2.0，钠离子的浓度低于 40mg/kg，则说明吸收率完全正常。钠离子浓度高会造成介质结构越来越密实，通气量减少，含水量增加，最终妨碍根系的正常生长。钠离子与钙、镁离子产生竞争，如果灌溉水的中钠离子吸收率相对偏高，可以在介质中加入石灰、石膏或硫酸镁来增加钙和镁离子的含量。在穴盘苗生长的初期，应添加钙、镁和钾多的肥料，避免使用含硝酸钠的肥料，因为这些肥料会使钠离子的浓度升高。确保每次浇水能排出 5% ~10% 的水，就可以将过多的钠洗去。

(4)其他营养成分

除了影响可溶性盐含量外，硼(BO_3^{3-}，$B_2O_7^{4-}$)、氯(Cl^-)和硫酸(SO_4^{2-})等离子对穴盘苗的成苗质量也会产生很大影响。硼离子浓度若高于 0.5mg/kg，会导致部分花卉叶烧尖或叶尖发育不全；氯离子浓度若高于 80mg/kg，会导致根尖烧伤、根腐和下层叶子出现枯斑或坏死。铁离子浓度过高会引起叶片失色，雾喷头阻塞、藻类植物滋生，并束缚锰、钙和镁的利用。穴盘苗适宜的水质指标见表 4-3。

表 4-3　穴盘苗生产的水质标准

水质指标	标准值	水质指标	标准值/（mg/kg）
pH 值	5.5～6.5	氯化物（Cl^-）	80
碱度	60～80mg/kg，CO_3^{2-}	硫酸盐（SO_4^{2-}）	24～240
可溶性盐（EC）	<0.8 mS/cm	硼（BO_3^{3-}，$B_2O_7^{4-}$）	<0.5
钠吸收率（SAR）	<2	氟化物（F^-）	<1
硝酸盐（NO_3^-）	<5mg/kg	铁（Fe^{3+}，Fe^{2+}）	<5
磷（HPO_4^{2-}，$H_2PO_4^-$）	<5mg/kg	锰（Mn^{2+}）	<2
钾（K^+）	<10mg/kg	锌（Zn^{2+}）	<5
钙（Ca^{2+}）	40～120mg/kg	铜（Cu^{2+}）	<0.2
镁（Mg^{2+}）	6～25mg/kg	钼（MoO_4^{2-}）	<0.02
钠（Na^+）	40mg/kg		

4.4　温室穴盘苗生产的环境条件控制

4.4.1　温度

温度通过影响光合作用、呼吸作用、蒸腾作用及植物体内生化反应酶的活性等方面影响植物的生长发育。

植物生长对温度有一个"三基点"反应，即最低温度、最佳温度、最高温度。低于最低温度，植物不能生长；高于最低温度，植物生长速度会随着温度的升高几乎呈线性增加，然后达到一个最佳温度，在最佳温度条件下，植物生长最快。

不同植物的最佳生长温度不一样，温带、亚热带及热带植物的最佳生长温度分别依次升高。不同发育阶段的最佳温度不一样。多数植物发芽时所需温度比发育过程要高。穴盘育苗 4 个阶段所需温度也不尽相同。第 1 阶段所需温度较高，以后各阶段温度都有所降低，第 4 阶段温度最低，以适应炼苗的需求。例如，矮牵牛在穴盘育苗的 4 个阶段，所需最适温度分别如下：发芽期：温度 24～26℃；过渡期：温度 22～26℃；快速生长期：温度 17～20℃；炼苗期：温度 17～18℃。

叶片数决定着穴盘苗的上市时间。在最低温度到最佳温度范围内，日平均温度与叶片增加速度、植物生长速度呈正比。因此，确定了温室的日平均温度，便能确定穴盘苗在温室生长所需的时间，并确定上市时间。

节间长度影响穴盘苗高度，从而影响穴盘苗质量。昼夜温差加大会造成节间长度的增加。节间伸长对清晨 2～3h（从太阳升起前的半小时算起）的温度比较敏感。快速降低这 2～3h 的温度能明显降低节间长度的伸长。

日平均温度和昼夜温差也会影响穴盘苗的其他形态指标。茎秆粗度随着日平均温度下降及昼夜温差增加而变粗，叶片大小随着日平均温度及昼夜温差增加而增加，叶色随着昼夜温差增加而加深。在穴盘苗温室生长过程中，我们更重要的是考虑日平均温度对生长速度的影响，以及昼夜温差对种苗高度的影响。

温度会与其他因素互作影响种苗的生长。温度适宜但光照不足时，光合作用受到限制，而呼吸作用正常，碳水化合物消耗增加、积累减少，种苗虚弱徒长。在最佳温度下，高 NH_4^+ 会引起节间伸长速度及叶片增加速度加快，导致种苗生长柔弱细长；基质温度过低时，高 NH_4^+ 不能被土壤中的细菌分解转化为硝态氮、不能被植物吸收，对种苗产生毒害，导致根系、叶片发生损伤。

4.4.2　光照

光照以光质、光周期、光强及光量4种形式影响种苗生长发育。种苗的生长和产量（植株大小等）主要受一天内接受光量的影响。植株形态（高度和株型）主要与光质有关。光合作用受光量和光强度影响。短日照和长日照植物，其开花主要受光周期和光量的影响。

（1）光质

光质指光的波长，一般分为可见光（400～700nm）、红外线（750～800nm）和紫外线（300～400nm），红外线对种苗的生长不产生影响；紫外线促使植株低矮、紧凑，但多数情况下都被温室的覆盖材料遮挡，作用甚微；可见光有利于植物的光合作用，其中在红光光区和蓝光光区内光合作用最强；可见光中的红光促进植物长得短粗、分枝多，有利于某些种子的萌发；远红光促进植物节间加长，分枝少，抑制某些种子的萌发。温室内穴盘上方放置吊篮时，或者穴盘内植物过于拥挤时，叶片的重叠过滤掉了大部分红光，使植物主要接受远红光照射，结果使穴盘苗茎节伸长，减少了在低位节间的分枝。

（2）光周期

部分花坛植物的开花对光周期敏感，有的需要长日照，有的需要短日照。在穴盘苗生产过程，满足某花坛植物对于光周期的要求，就能促进穴盘苗移栽后提前开花。百日草是短日照植物，在穴盘苗生产期间需提供3周15h的长夜，以加速花芽诱导与发育，促进移栽后的提早开花。半边莲是长日照植物，穴盘育苗时期需提供<10h的短夜，促进花芽诱导和移栽后的提早开花。注意，有些花坛植物，既有长夜型，还有短夜型。如一串红，品种'Farinacea''splendens'是短夜型，'Red pillar''Bonfire elite'是长夜型，'Scarlet pygmy'是日中性植物。在穴盘苗生产中要注意同种花卉不同品种的光周期敏感类型，提供相应光周期处理措施。短日照处理措施是通过遮盖黑布来实现的，一般从17：00～18：00开始遮盖，翌晨7：00～8：00打开；夏天遮盖黑布会产生热害，可以尽可能推迟下午遮盖的时间，推迟翌晨揭开的时间，或者采用透气性遮盖物。长日照处理一般在午夜利用荧光灯或高强度放电灯提供2～4h的光照，即可打破长夜，一般不采用白炽灯，因为白炽灯的远红光较多可能导致种苗的节间过快伸长。

（3）光强度

光照强度低时，蒸腾作用低，根系吸收水分弱，种苗对钙的吸收随之降低，导致种苗生长较弱：茎段细长、叶子薄、根系不发达。在冬季或多雨季节，需采用一些措施提高温室光照强度：如使用透光率高的温室覆盖物（如使用玻璃屋面），并保持覆盖物清洁；穴盘苗上方不挂吊篮；金属架涂白色的反光漆；穴盘不要摆得太密。光照超过饱和点时，光合作用也不会增加，而且会产生多余的辐射热，使种苗叶片变白、灼伤，气孔部分或全部关闭，光合作用降低或停止，植物生长缓慢，严重时导致种苗死亡。许多高档育苗温室夏季采用自动遮阳帘，通过人工或微机控制温室内的光照光强。

(4) 光量

植物一天内接受的光,即为总的光量。光照持续时间乘以光强度即为光量。光量影响光合作用、植物生长及开花。光量低,植物合成的碳水化合物少,迫使植物将这些碳水化合物主要分配给叶片,促使长出更多的叶片进行光合作用,这时根系很难得到碳水化合物的供应。开花时,光合作用形成的碳水化合物首先供应给花朵和正在形成的种子,接着是茎叶,最后是根部。所以在穴盘苗阶段开花的种苗,移栽后很难继续进行营养生长。因为植物的大部分营养已被花朵吸收,而非茎叶和根系。

夏季,光照强度很大,叶片的温度过高时植物会自行停止光合作用。光量高时,幼苗需要的养分也多,有时植物在较高的光量下生长,光合作用达到最高,蒸腾作用也比较强,需经常给植物浇水和施肥,以防止萎蔫现象的出现。

冬季,进入短日照,太阳光变弱,因此光照有限,种苗所有生理过程(特别是光合作用)降低,植物生长减慢、茎段细长、节间长。补光能促使茎段粗短、健壮,枝叶茂盛,根系发达,株型紧凑,提高穴盘苗质量。种苗总的需光时间一般为 16~18h,冬天一般在 16:00 开灯,到午夜关灯。幼苗期植物对光照敏感,第 1 片或第 2 片真叶出现后的 2~6 周补光效果最好,会加速生长,提高种苗质量。过了 6 周后,补光对植物生长的促进作用不大。金属卤灯和高压钠灯是冬季补光功效较好的两种补光灯,前者发出的光波较好,但价格稍贵;后者价格及操作费用都较便宜。荧光灯冬季补光也有效,但由于需要安装的数量多(弥补光强低的缺点)、灯架镇流器占地,会遮去部分自然光。反光镜和灯一样重要,它可以使光分布均匀,避免苗床出现过热或照射不到,保证苗床上受光均匀一致。

4.4.3　湿度

空气湿度高时,蒸腾作用降低,水的吸收减少,钙的吸收降低(因为钙是溶在水中随水的吸收进入植物体内的)。植物细胞壁加厚需要钙,高湿度引起的钙吸收减少会导致穴盘苗生长细弱。空气湿度低时,蒸腾作用加快,种苗对钙和镁的吸收加强,穴盘苗茎枝粗壮,抗逆性强,根系发育好,穴盘苗质量得到提高。在穴盘育苗过程中,如果由于忽略,使已处于阶段 2 或阶段 3 的穴盘仍置于阶段 1(催芽阶段)所在的喷雾区,将会引起种苗徒长。夏天利用喷雾法降温时,要特别注意湿度提高可能导致种苗徒长。

4.4.4　二氧化碳

二氧化碳是光合作用中合成碳水化合物的来源。将温室中二氧化碳浓度提高 3~5 倍,会增加产量、提高质量、缩短栽培周期。试验表明,三色堇、天竺葵、秋海棠的穴盘苗在较高浓度二氧化碳温室生长,可使移栽期及开花期提前。但是,在考虑二氧化碳对种苗生长的促进作用时,必须考虑到其他光合作用因子的协作影响。有足够的光,更多的二氧化碳才能发挥促进作用;光受限过多时二氧化碳就不会对植物有利。空气湿度高,减少蒸腾作用并减少气孔开张,不利于二氧化碳的吸收利用。二氧化碳浓度增加,光合作用加强,碳水化合物的合成加快,需要提供更多的营养和水分,能保证根和茎叶的加速生长。温室中可以通过施用液体二氧化碳或燃烧矿物燃料法产生二氧化碳。前一种方法常将液体二氧化碳在温室外保存，通过塑料管吹入温室内；后一种方法常在温室中使用开放式火炉来产生二氧化碳。建议在第1片真叶出现后，补充600~1200 μL/L二氧化碳，能使穴盘苗长得更好。

4.5　穴盘育苗技术

4.5.1　播　种

播种是穴盘育苗生产的第一步，它主要包括如下步骤：种子选购，介质和穴盘选购；制贴标签；填料，打孔，播种；覆料和淋水等。

(1)种子的选购

目前，有能力生产高品质专业园艺用商品花卉种子的公司全世界仅少数几个大公司，主要集中在美国、德国、日本、荷兰、英国等国的几个大的花卉制种公司。如美国的PanAmerican，Goldsmith，德国的Benary，日本的Sakata、Takii，英国的Colegrave、Floranova，丹麦的Daehnfeldt等。一般这些花卉制种公司生产的质量是比较稳定的。作为大规模穴盘育苗生产，选用这些公司的种子比较可靠。国内的草花制种技术相对落后，某些公司可能在某一两种花卉制种上有所突破，其他的均为代销国外知名品牌的草花种子。目前，国内注重品质保证，长期稳定供应的种子公司有"广州高华""北京科美""浙江虹越""广州三力"等。

商用花卉种子分为两大类：一类是家庭园艺用的；一类是专业园艺生产用的。前者的发芽率、整齐度等性能不太稳定，往往以彩袋小包装形式销售。后者往往有如下特征：包装量大；包装袋上除公司和品牌外，还印有种名、品种名、颜色、数量、批号、发芽率、种子来源等。作为穴盘苗的生产，必须选购专业园艺生产用种子。

(2)介质和穴盘选择

泥炭是穴盘育苗介质的最主要成分，除了从供应商的产品说明了解外，还应对其颗粒大小、阳离子交换量、总空隙度和大小空隙比，以及持水量进行逐一试验，以充分了解其品质。蛭石和珍珠岩是穴盘育苗用介质的常用添加物，只需要对其颗粒大小和粗细进行选择，其他性状的差异不是很大。

选择介质时，可以选择专业介质生产商生产的介质，虽然成本高，但品质稳定、使用安全。目前，用于种苗生产的介质品牌主要有Fafard、SunGro、Berger等，它们的产品都是以加拿大泥炭为主要原料，是种苗生产的首选，其次，欧洲的Klasmann公司也有生产适合育苗使用的混合介质。此外，生产者也可以自己配制介质，这要求单一介质的来源可靠、品质稳定、未受污染；原料中最好不含有任何不确定的营养成分。自行配制的介质往往稳定性差。

选择穴盘时，应考虑以下几点：

①所选用的穴盘要与播种机、移苗机等相配。

②穴盘规格的选择：一般情况下，穴盘的穴孔越多，每个穴孔的容积就越小，在选择时，要考虑到种子的大小与形状、植物的特点及客户对种苗大小的需求。一般大粒

的种子不适合播在小孔穴盘内。多汁植物(如秋海棠、非洲凤仙等)及移植前需要较长生长期的植物适合在穴孔较大的穴盘(如72、128、288穴盘等)中栽培,生长迅速的花卉种苗在穴孔较小的穴盘(如512穴盘等)里生长良好,但由于穴孔较小,很容易造成挤苗,成苗后应及时定植。穴孔越小,穴盘苗对土壤中的温度、养分、氧气、pH值及可溶性盐的变化就越敏感。通常穴孔越深,基质中的空气越多,这样就有利于透水和透气,有利于根或根毛的生长。有些穴盘在穴孔间还有通风孔,这样空气可以在植株间产生流动,使叶片干爽,减少病害,干燥均衡。选择穴盘要考虑所选用的穴盘与播种机、移苗机等相配。

③穴孔的形状:穴盘的穴孔可以是圆形、方形、六边形、八边形或呈星状。研究表明,在穴孔数相等的情况下(288孔),每个方形穴孔比圆形穴孔的介质量多30%,这说明在方形穴孔内根系可接触到的介质的面积更大一些,有利于根系得到更加充分的发育。六边形、八边形和星状穴孔的介质容量更大,介质与根系接触的面积也更多,但单苗的介质成本更高,所以目前用得最多的是方形穴孔的穴盘。

④在选择穴盘生产厂家之前,先要取一些样品,测试其耐用性。高温、较强的阳光和化学物质都会使聚苯乙烯老化、开裂、变脆。

(3)填料打孔、播种、覆料及淋水

填料打孔　指的是将配制好的介质用人工或机械的方法将其填充到选择好的穴盘中并按压穴孔,让介质略微下凹的过程。

填料的要点是:填料前首先要将介质充分疏松、搅拌,同时将介质初步湿润;填充量要充足、填料要均匀;防止同批介质在填料机中反复循环,以免介质颗粒大小出现明显差异;对穴孔中的介质略施镇压,但不要过度压实;需要覆盖的品种,介质不能填得过满,以便留出足够的空间覆料;已经填料的穴盘不能垂直码垛在一起,否则下层的穴盘介质会被压得很密实,影响透气性,应如图4-8的方式摆放或直接放到发芽架上。为了防止介质变干影响发芽,填料至多可在播种的前一天完成,不可过早,如果一定要提前几天填料,装盘后应用塑料薄膜覆盖,或者把穴盘放在催芽室里直到播种为止。

图4-8　填料后穴盘的堆放方式

打孔的目的是让介质在穴孔内略微凹下,播种时可让种子平稳地停在穴孔中间,并有足够空间覆料以及浇水后种子不会被冲到邻近穴孔或流失。凹下的程度视种子形状和大小而定,长型种子其凹下部分越平越好。

播种　指把种子播种至穴盘的孔穴内的过程。根据操作方式的不同可分为人工播种、手持管式播种机、板式播种机和全自动播种机播种,详见4.2.4节。人工播种,即人为地将种子一粒一粒播于穴盘孔穴中。穴盘育苗的快速化和工厂化体现在全自动播种机播种。不论是针式还是滚筒式,都是流水作业,按照播种机的说明书进行操作。但是,在大规模播种前,都要根据气流量大小等进行反复调试,以适合该种花卉的播种。

覆料　大粒种子和嫌光性种子在播种后都需要覆料,以满足种子发芽所需的环境条件，保证其正常萌发和出苗。覆料可以保持种子周围的湿度，有利于发芽；促进胚根向下扎入介质，有利于固定植株。可用于覆盖的材料有粗蛭石、珍珠岩、沙、播种介质等，每种材料都各有利弊。目前用的较多的是粗蛭石，它不仅可以很好地保持种子周围的湿度，还具有较好的透气性，但是判断何时浇水是比较困难的；沙子和珍珠岩不易浇水过量，但却难以保持湿度；播种介质往往因为过于细小、通气性不够而不被种苗生产商采用。

覆料经常出现覆盖得太少、太多或不均匀的情况。如果覆料太少，就失去了覆料的意义；如果太多，种子被深埋在下面，很可能导致窒息死亡或出苗不稳定；如果覆料不均匀、湿度不一致，会导致种子萌发参差不齐，为后期均匀浇水造成困难。

淋水 在生产线上完成播种、覆料之后，便进行穴盘种苗生产过程中的第一次浇水——淋水。采用播种流水线作业时，淋水是由机器自动完成的，机器可以控制水滴的大小、水流的速度，淋水非常均匀。如果是人工浇水，则要注意选择喷头流量的大小。太大会冲刷介质，甚至冲走种子；太小则浇水过慢，效率太低。

4.5.2 温度管理

播种后，种苗在穴盘中的生长要经历发芽期、过渡期、快速生长期、炼苗期4个阶段。

在上述4个阶段，要注意温度、湿度、光照、营养和病虫害等环境条件的调控。下文先介绍温度管理。

发芽期(阶段1)最适基质温度随着花卉种类不同而异，一般原产热带、亚热带的花卉发芽温度要高，原产温带的花卉发芽温度要低(表4-4)。大多数花卉，基质最适温度在21~24℃；少数种类如毛地黄、福禄考和香豌豆基质适温是16~18℃。基质温度过高，会因为热休眠等原因致使种子发芽不好。基质温度过低会降低萌发速度，导致种子不能按时萌发或不萌发，致使发芽不整齐。水分蒸发可能导致基质温度低于空气温度3~6℃，由喷雾系统出来的冷水也会降低基质温度，而基质温度降低需要8h以上的时间才能恢复到21℃。所以要经常对基质温度进行检查。

发芽室温度可采用如下方法进行控制：通过空调、暖气及穴盘苗下埋设电热丝等措施加温；通过空调、湿帘风机系统、深井冷水管降温及空气喷雾等措施降温。

表4-4 常见花卉种子发芽时对遮光、温度及发芽时间的要求

中文名	拉丁名	对光照要求	发芽温度/℃	发芽时间/d
毛地黄	*Digitalis purpurea*	光	15~18	5~10
雏 菊	*Bellis perennis*	光	21~24	7~14
羽衣甘蓝	*Brassica oleracea*	覆盖	20	7~14
金盏菊	*Calendula officinalis*	覆盖	21	10~14
紫罗兰	*Matthiola incana*	光或覆盖	18~24	7~14
三色堇	*Viola tricolor*	轻微覆盖	18~21	7~14
大花三色堇	*Viola × wittrockiana*	轻微覆盖	18~24	7~10
欧洲报春	*Primula vulgaris*	光	16~18	21~28

（续）

中文名	拉丁名	对光照要求	发芽温度/℃	发芽时间/d
报春花	*Primula malacoides*	光	16~18	21~28
四季报春	*Primula obconica*	光	20	10~20
蒲包花	*Calceolaria herbeohybrida*	光	21	10~16
金鱼草	*Antirrhinum majus*	光	21~24	7~14
须苞石竹	*Dianthus barbatus*	轻微覆盖	16~21	7~10
中国石竹	*Dianthus chinensis*	轻微覆盖	21~24	7
花菱草	*Eschscholzia californica*	—	21~22	4~8
麦秆菊	*Helichrysum bracteatum*	光或覆盖	21~24	7~10
多叶羽扇豆	*Lupinus polyphyllus*	覆盖	18~24	6~12
翠菊	*Callistephus chinensis*	—	21	8~10
长春花	*Catharanthus roseus*	轻微覆盖	24~27	7~15
鸡冠花	*Celisia argentea*	覆盖	24	8~10
千日红	*Gomphrena globosa*	光或覆盖	22	10~14
万寿菊	*Tagetes erecta*	轻微覆盖	22~27	7
孔雀草	*Tagetes patula*	轻微覆盖	22~27	7
美女樱	*Verbena × hybrida*	轻微覆盖	24~27	10~20
小百日草	*Zinnia angustifolia*	覆盖	21~22	4~8
百日草	*Zinnia elegans*	覆盖	21~22	3~7
硫华菊	*Cosmos sulphureus*	覆盖	21	5~7
凤仙花	*Impatiens balsamina*	轻微覆盖	21	8~10
布落华丽	*Browallia speciosa*	光	24	7~15
半枝莲	*Portulaca grandiflora*	光	24~27	7~10
五星花	*Pentas lanceolata*	光	21~22	5~12
矮牵牛	*Petunia × hybrida*	光	24~26	10~12
一串红	*Salvia spenlends*	光	24~25	12~15
四季秋海棠	*Begonia semperflorens*	光	26~27	14~21
球根秋海棠	*Begonia tuberhybrida*	光	24~26	15~30
心叶藿香蓟	*Ageratum houstonianum*	光	26~28	8~10
观赏辣椒	*Capsicum annuum*	光或覆盖	22	10
矢车菊	*Centaurea cyanus*	轻微覆盖	18~21	7~14
紫茉莉	*Mirabilis jalapa*	覆盖	22	4~6
向日葵	*Helianthus annus*	覆盖	20~22	5~10
天竺葵	*Pelargonium × hortorum*	覆盖	21~24	7~10
盾叶天竺葵	*Pelargonium peltatum*	覆盖	21~24	5~10
桔梗	*Platycodon grandiflorus*	光或覆盖	16~21	7~14
大花飞燕草	*Delphinium grandiflorum*	覆盖	15~20	12~18
落新妇	*Astilbe × arendsii*	光	16~21	14~21
耧斗菜	*Aquilegia caerulea*	光	21~24	21~28
凤尾蓍	*Achillea filipendulina*	光	18~21	10~15
凤铃草	*Campanula medium*	轻微覆盖	21	14~21
大花金鸡菊	*Coreopsis grandiflorum*	光	18~24	9~12
紫松果菊	*Echinacea purpurea*	光或覆盖	18~22	14~21
火炬花	*Kniphofia uvaria*	光	18~24	21~28
蛇鞭菊	*Liatris spicata*	光	18~21	21~28

（续）

中文名	拉丁名	对光照要求	发芽温度/℃	发芽时间/d
情人草	*Limonium latifolia*	—	18~24	14~21
蓝亚麻	*Linum perenne*	光或覆盖	18~24	10~12
毛叶金光菊	*Rudbeckia hirta*	光或覆盖	21	5~10
非洲菊	*Gerbera jamesonii*	覆盖	20~24	10~14
大丽花	*Dahlia × hybrida*	覆盖	26~27	5~10
大花美人蕉	*Canna × generalis*	覆盖	21~24	8~12
仙客来	*Cyclamen persicum*	覆盖	16~20	28~35

　　种子发芽的最初阶段，需要较高的温度，穴盘苗的阶段1和阶段2都是在发芽室进行的，发芽室的温度较高。种子若经过基质覆盖，在阶段1(长胚根阶段)往往看不到发芽迹象；到阶段2，当胚芽长出覆料时，才会看到较明显的发芽迹象。当有50%的胚芽开始顶出覆料(介质)时，穴盘苗需移至温度较低的育苗温室。若待全部胚芽顶出介质时再移出发芽室，可能会导致幼苗的徒长。一些发芽和生产特别快的花卉(如百日草)，需在天黑前将发芽室的穴盘检查一次，如发现部分种苗胚芽顶出介质，应马上从发芽室移至温室；若迟至第2天再移，种苗则发生徒长。

4.5.3　水分管理

　　穴盘苗的水分管理非常重要，穴盘基质过于干燥或水分过于饱和对发芽或种苗质量产生不利影响。

　　穴盘基质过于干燥时，植物光合作用速率降低，生长迟缓，叶片小，茎短，植株表皮坚硬；有的叶缘或根尖出现灼伤，有的植物下部的叶子会脱落。在阶段1、阶段2的湿度水平太低时，有些植物的发芽率会大大降低。

　　浇水次数过多时，新生茎叶容易长得大而弱，植株徒长，不利于运输或储存。基质的水分过于饱和会减少基质透气性，造成烂根，增加患猝倒病、葡萄孢菌腐烂病及各种叶斑病的几率。

　　阶段1、阶段2的湿度太高，也会减少美女樱、长春花、大丽花等花卉的发芽率。

　　一些种苗企业认为浇水是件简单的工作，会雇用一些没有经验的工人来做这件工作，这可能会给穴盘苗生产带来巨大损伤。没有经验的"喜湿"工人害怕干旱引起幼苗萎蔫死掉，浇水次数多，造成种苗生长弱、徒长、根系不发达、缺少根毛，需要较多次地施用杀菌剂控制病害。没有经验的"喜干"工人要等到最后一刻才浇水，可能会引起发芽率降低，或者引起穴盘边缘的种苗出现永久性萎蔫。

4.5.3.1　种苗生长的需水特点

　　要学会正确浇水，首先需要了解不同阶段种苗的需水特点。

　　在阶段1，为了保证种子的吸胀和迅速萌发，需要提供较高且均衡的湿度。为保证种子周围有足够的水分又不缺氧，通常在种子上覆盖一层粗蛭石或珍珠岩。

　　在阶段2的前期，种苗还在发芽室中，介质仍保持较高湿度，水分管理较简单。但等胚根长出介质表面后，进入阶段 2 中后期阶段，须把穴盘移至育苗温室中，此时要降低基质湿度，以促进根系向下生长；湿度过高，会影响根系的生长，同时会使胚轴徒长，种苗易产生倒伏、受损伤，出圃前种苗因"脚"太高而影响质量。但要注意观察不能使介质表面变干，否则会导致幼苗干枯、子叶不能"脱帽"（不能脱种皮）或胚根根尖干枯等不良现象的出现。

在阶段 3，萌发过程已完成，叶和根开始活跃生长。种苗对水分的需求较高，但由于干湿变化范围比较大，这个阶段的湿度平均较低。浇水原则是"见干见湿"，即浇水时使种苗有一个干湿交替的过程。在基质表面完全干燥（但里面基质未完全干透）时，浇透水直至穴底部有水流出；待基质表面再次完全干燥后再浇透水。这样既能满足种苗快速生长对水分的需求，也能使基质中有较多的空气。这一阶段若浇水过多，会导致基质太湿，种苗根系发育不良，患猝倒病、根腐病等苗期病害的概率增大，甚至会导致基质表面长出青苔（青苔又会导致基质里的氧气交换不足、基质干后不容易浇透水而影响种苗的生长）。但是浇水过少，会导致植株矮短、成苗率降低。但是，也有一些特殊情况，四季秋海棠的根系仅在基质表层生长，在过渡期和快速生长早期，生产者要特别注意表层的水分管理，不宜过干或过湿。洋桔梗在过渡期和快速生长期根系生长快，很快扎到穴盘孔的基部，不能仅注重基质表面的水分，更重要视整个穴孔的水分；基质表面可以较干一些（防止青苔的产生），表层下面的基质应"见干见湿"。

阶段 4 为炼苗期，穴盘苗可以进一步干化，有时直到萎蔫才浇水，但此阶段的干湿度变化比阶段 3 更剧烈。种苗对水分的需求为"宜干不宜湿"，这一时期要控制浇水，让种苗尽可能干一些，有时会让种苗干到萎蔫状态再浇水。以控制种苗的株高，防止徒长挤苗，提高种苗的抗性。但有些品种不能采用控水的措施来炼苗，如鸡冠花会因水分供应不足形成"小老苗"（小苗开花）。

4.5.3.2 如何判断基质湿度

要正确浇水，还需学会判断基质湿度情况。若没有用薄膜等对穴盘进行覆盖，当基质表面颜色轻微的由深变浅，说明基质已开始变干。在萌发阶段（阶段 1、阶段 2），上面的经验显得更为重要。还有几种经验用于判别基质湿度：①先用手触摸基质表面，然后把手指插进基质里，可以感觉基质的湿度；②较深的穴盘，浇水前挖出穴孔基质一部分，观察下半部分是否有一定的湿；③穴盘在湿度水平不同时（湿、中等、干）的重量不一样，有经验者托起穴盘依其重量来估计基质湿度。

4.5.3.3 穴盘的湿度与环境因子相关

要正确浇水，还需了解穴盘基质湿度与温度、光照、空气湿度及营养的相互作用有关。高温和强光会引起水分的蒸发和蒸腾作用加快，加快穴盘基质变干。多云天气、温室通风差、低温等会产生高湿，穴盘失水慢，但光合作用活跃，幼苗出现徒长的几率增大；有些肥料会明显增加基质中可溶性盐含量，需使用清水淋洗以降低可溶性盐含量，这会使基质较长时间处于较湿的状态，因此要考虑化肥的种类和施用次数的调整。穴盘苗根系及茎叶发育完好时，会吸收或蒸腾更多的水分，此时穴盘苗比预计的干得快。

4.5.4　光照管理

根据发芽期光照对种子萌发的影响可分为中性种子、喜光种子和嫌光种子。多数花卉种子为中性种子，在光照或覆盖(黑暗)条件下均可萌发。喜光种子只能在有光照的情况下萌发。嫌光种子见光抑制萌发，在黑暗的环境下能较好萌发，播种后需用粗蛭石、珍珠岩等覆盖种子。

种子萌发后，为防止茎的徒长，应及时提供充足的光照。根据植物对光照强度的反应，可分为喜光植物、耐阴植物及中性植物。大部分花坛花卉属于喜光植物，种子萌发后应提供充足的光照。霍香蓟、洋凤仙等属中性花卉，需提供半阴环境，夏季生产洋凤仙穴盘时，需提供遮阴环境。根据植物对光周期的反应不同，可分为短日照植物、长日照植物和日中性植物。可以通过在种苗期提供光周期处理措施，使花卉提早或推迟开花。如春夏播种的万寿菊，应在发芽结束后提供2周的短日照(每天8h短日照)，可提早开花且开花整齐。

穴盘苗进入练苗阶段，应加强光照和通风。如果是夏季育苗，还要逐渐缩短遮阴时间，减低遮阴强度，让种苗适应强光照等自然条件。

4.5.5　肥料与养分管理

种苗在穴盘里要生长达6周之久甚至更多，在穴盘苗生长的第2~4阶段都可能需要施肥。

4.5.5.1　营养元素的作用

肥料中不同的营养元素对种苗的生长发育起着不同的作用。

(1)氮

氮被植物用来合成氨基酸、蛋白质、酶和叶绿素。植物缺氮时绿色的叶绿素会褪色至浅绿色，最终变成黄色(失绿病)。由于氮是一种移动性元素，失绿病首先会在较老的叶子上发生。一些花卉如彩叶草、秋海棠可形成红色或同色色素，当氮缺乏时，常形成淡红色甚至粉色的色素，而不是正常的颜色。

为了防止植物缺氮，可根据植物的类型和生长阶段，使用含氮的化肥，可通过持续施肥(每次浇水时施用)或增加氮的浓度来促进植物的生长。

(2)钾

钾对植物细胞的生长、蛋白质的合成、酶激活及光合作用都是非常重要的。植物对钾的吸收有高度的选择性，并且与植物的代谢有密切的关系。钾在植物体内始终是游离的，缺钾的第一症状是在老叶的边缘出现失绿病。此外，缺钾的植物对霜冻或霉菌侵染更敏感。

进行肥料配比时，应使钾的含量与氮和钙相当，钾容易被淋洗，需经常添加。应注意的是，过量的氮(2N∶1K)和钠会抑制钾的吸收；钾过剩时，会抑制氮、钙、镁的吸收。

(3) 磷

缺磷会使植物的叶子变成暗绿色或阻止植物顶端的生长。缺磷的症状不容易觉察，需通过附近正常生长的植物的对比。许多作物缺磷时还会老叶出现紫斑，特别是内侧紫斑，接着发生干枯。

粉末状的过磷酸钙比较适合于穴盘苗基质。若穴盘浇水次数过多，要注意及时补充少量的磷。此外，升高土壤温度或把 pH 值降低到 6.5 的水平会大大提高植物对磷的吸收。

(4) 钙

钙主要参与细胞壁的合成，对细胞膜的稳定、细胞分裂和生长有重要的作用。钙能提高植物对细菌与霉菌的抗性，同时在植物的生长发育过程中起着信号传导的作用。

钙在植物体内是不移动的，因此缺钙的症状首先出现在顶端。幼叶的边缘不能形成，有时形成条形叶。生长点终止发育，生长缓慢。幼叶发育成浅绿色或出现失绿。根的生长衰退，根部短厚。

钙主要通过根系对水分的吸收进入植物体内，因此钙的吸收会受到根部的温度和其他影响水分进入植物体的因素如土壤干旱、盐度高或空气湿度高等的影响。钙的吸收也受 pH 值和钾、钠、磷、铵态氮等其他阳离子的影响。当泥炭为主的基质的 pH 值为 6.0 时，植物既能吸收钙，又不会造成对微量元素的过多吸收。但是当 pH 值高于 6.5 时，钙的吸收过度，反而抑制镁和硼等其他营养元素的吸收。通常，在水和基质中含有足够的钙，一般为增加泥炭基质的 pH 值需加入石灰石或白云石灰石，石灰石在 2～4 周内释放钙，供幼苗使用。

(5) 镁

镁是光合作用所需要的叶绿素分子的组成成分，植物缺乏时表现出的症状首先从基部开始，然后逐渐向上发展。老叶或刚成熟的叶片变黄或在叶脉间发生失绿症。植物根部对镁的吸收受到钾、钙、锰、钠及铵态氮等其他阳离子的抑制。此外，基质 pH 较低时（<5.5）也会降低对镁的吸收。无土基质中，可以使用含钙和镁的白云石灰石对 pH 值进行调节，增加镁的含量。含蛭石的基质中通常有充足的镁，因为蛭石中天然含镁。

(6) 其他微量元素

硫、铁、锰、硼、锌、铜等微量元素，虽然含量很低，但对穴盘苗的生长发育也起到重要的作用。铁和锰都是植物生理活动如光合作用的重要元素，酶的激活还需要锰作为催化因子。锰还可以增强植物根部对易感染的病原体的抗性。硼对植物的授粉、坐果和种子的发育是十分重要的，在糖的运输、碳水化合物的合成，细胞壁的合成中都发挥重要的作用。锌在一些酶和酶反应中起着重要作用，可以保护细胞膜。铜对植物的呼吸作用和光合作用是十分重要的。

缺硫的症状与氮缺乏相似，所以不容易诊断。缺铁时幼叶上的叶脉失绿，当失绿现象下移时，幼叶变黄并进一步枯化；铁中毒会导致锰的缺失。缺锰的症状是幼叶上出现叶脉间失绿，与缺铁相似，但失绿现象会在叶脉间发展成为小的、浅棕色的随机分布的斑点。缺硼表现在植物生长的初期，子叶的叶片向下卷曲，看似萎蔫；幼叶变黄，叶片上面分布铁锈色或橘黄色的坏死斑点。缺锌表现为幼叶变黄，节间变短，叶子变小。在严重的情况下茎尖发育不完全。缺铜的情况并不多见，也表现为叶脉间失绿，但叶子尖端仍为绿色，严重时随叶片的扩展叶边组织坏死，导致叶片极小，小叶上常有灼伤现象。

微量元素除了防止缺失引起的症状外，还应注意微量元素含量过高引起的中毒症状。例如，锰中毒后，植株的老叶的尖端或边缘出现干枯、坏死或老叶上出现坏死斑点；硼中毒主要是老叶叶缘表现为失绿病，灼伤，嫩枝和根都停止生长。

氮和硫之间存在着一种平衡关系，若没有足够的硫，植物将不能有效利用氮和其他养分，硫和氮的比例应为 1∶10。硫主要以硫酸盐的形式被吸收。在无土基质中可以通过加入硫酸钙或过磷酸盐(含石膏)来补充硫。最常用的水溶性化肥不含硫，植物种植后添加的微量元素，如 STEM，是硫酸盐的形式，可以提供额外的硫。给基质中添加一些微量元素的组合就可以满足植物对各种微量元素的需要。

4.5.5.2　肥料的类型与配制

穴盘苗生产中，无论是使用商品肥料还是自己配制肥料，有 3 个重要因素要加以考虑：铵态氮在全氮中所占的百分比，肥料的酸碱性，肥料中钙和镁的含量。

(1)铵态氮在全氮中所占的百分比

不同类型的氮对于穴盘苗的生长有不同的影响。铵态氮促进节间伸长、叶片变大变绿，但不促进根的生长，促进营养生长的作用超过生殖生长。铵态氮在全氮中所占的百分比超过 25% 时，植物进行营养生长；超过 50% 时会对植物产生毒害。低温和低 pH 值时，铵态氮难被土壤中的细菌转化，造成超量积累而产生铵毒害。

硝态氮使植物的株型紧凑，叶片小而厚，节间短，茎秆较粗壮。

在使用商品肥料或自配肥料时，既要考虑总氮含量，又要考虑铵态氮占总氮的百分比。例如，Scotts 公司生产的 20-10-20 肥料，氮(N)、磷(P_2O_5)及钾(K_2O)的含量分别为 20%、10%、20%，其中铵态氮占全氮 40%，此肥料适宜于种苗的快速生长使用，在冬天要减少用量。肥料 14-0-14 是种苗生长中另一种常用的肥料，氮(N)、磷(P_2O_5)及钾(K_2O)的含量分别为 14%、0% 及 14%，此肥料中的氮以硝态氮为主(铵态氮仅占全氮 8%)，能促进种苗根系生长，植株生长缓慢而茎秆健壮。在种苗生产中，一般 20-10-20 肥料(铵态氮含量高)和 14-0-14 肥料(硝态氮含量高)常交替使用。

(2)施肥与基质的 pH 值控制

穴盘苗基质的 pH 值在穴盘苗生长过程会发生变化。使用碱度高的水会使 pH 值升高。水溶性肥料中氮的不同类型会对基质 pH 值产生不同影响。铵态氮和尿素含量高的肥料会在土壤溶液中引起酸性反应，使用一段时间后会使基质 pH 值降低，如硝酸铵、硫酸铵和磷酸铵会引起较强的酸性反应，尿素仅会引起微酸性反应。硝态氮含量高的肥料会在土壤溶液中引起碱性反应，例如，使用硝酸钙、硝酸钠和硝酸镁、硝酸钾会升高基质 pH 值。商品肥料中由于铵态氮/硝态氮的比例不同会呈现有差异的酸碱性。国外公司生产的肥料一般会在标签上标明该肥料的酸碱性。如 Scotts 公司的 20-10-20 肥料的铵态氮占全氮量 40%，标签上标明该肥料酸性为 422，说明在 1t 此肥料中需要添加 191.1kg(422lb)的石灰石中和其中的酸；15-0-15 肥料硝态氮含量占全氮量 87%，标签的碱性为420，表明施用1t该肥料相当于在基质中添加了190.5kg(420lb)石灰。可见，水溶性肥料的使用对穴盘基质pH值的影响是较大的。可以通过使用不同的肥料来降低、保持或增加种植后基质的pH值。

(3)肥料中的钙和镁

钙和镁对穴盘种苗的生产具有特别重要的意义。钙能促进细胞壁形成，使茎叶加厚、健壮，促进根系生长。镁促进叶绿素的形成，影响光合作用和叶片颜色。钙和镁营养会影响到穴盘苗的质量。

早期的酸性肥料中不含钙和镁，因为钙与硫酸根离子及磷酸根离子反应，形成硫酸钙和磷酸钙沉淀，镁与磷酸根离子反应形成磷酸镁沉淀。人们用两个不同的肥料罐并用一个双头注射器同时添加20－0－20(酸性肥料)和14－0－14(碱性肥料)，可以解决钙镁与磷酸和硫酸形成沉淀的问题。也有一些种苗场交替使用两种作用相反(酸性和碱性)的肥料。目前，国外一些肥料供应商，生产出能同时供应磷、钙、镁，但不产生沉淀的肥料，例如，Scotts牌13(N)－2(P_2O_5)－13(K_2O)－6(Ca)－3(Mg)肥料能同时提供2%的磷、6%的钙、3%的镁，而不会产生沉淀。还有一点要注意，钙和镁是相互颉颃的，其中一种元素的提高会抑制另外一种元素的吸收，最好始终保持钙和镁的比例为2:1。

(4)自配肥料或购买园艺商品肥料

园艺商品肥料水溶性强，既可供应氮、磷、钾营养，又可供应钙、镁和微量元素营养。直接购买园艺商品肥料，省去了人工配制所需要的劳力，但是购买成本较高。自配肥料可以根据植物的需要灵活掌控配制成分及浓度，但要考虑会增加劳力，增加肥料罐、多头喷射器等额外设备。自配肥料时，要注意自配肥料的铵态氮的含量、肥料的酸碱性，肥料中应配入钙、镁及微量元素营养。

4.5.5.3　根据作物及生长阶段施肥

在阶段1，有些花卉种苗生产前，可以预先把少量控释性肥料掺入到基质中(即加上启动肥料或称基肥)，这些肥料浓度较低，但足以持续到7~10d，故在此种情况下阶段1不需施肥。有些基质的初始养分很低或没有初始养分，待种子长出露出胚根即需施肥，以氮浓度25~50mg/kg的低铵肥料一直施用直到阶段2。

在阶段2，从胚根出现到子叶完全伸展，幼苗进行光合作用。每周应施用含50~75mg/kg氮的肥料1~2次(如果此阶段浇水次数多，由于淋洗作用施肥次数也要相应增多)，交替使用铵态氮含量高的肥料(如Scotts牌20－10－20肥料)和硝态氮含量高的肥料(如Scotts牌14－0－14肥料)。此阶段，由于湿度水平较高，又施用了铵态氮肥料，有些种类会表现出徒长现象。

在阶段3，植物叶片和根系生长旺盛，幼苗需肥料量较多，每周施用氮含量50~75mg/kg的肥料1~2次，同样避免单一施用铵态氮含量高的肥料，应继续交替使用铵态氮含量高及硝态氮含量高的肥料。有些花卉在此阶段需肥料较多，施肥浓度可达到100~150mg/kg，如一串红、鸡冠花、百日草、矮牵牛、秋海棠、非洲菊、天竺葵等。有些花卉需肥料较少，施肥浓度可控制在50~100mg/kg，如非洲凤仙、三色堇、金鱼草。另外，有些植物在该阶段喜含铵态氮较多的可溶性肥料 20(N) - 10(P$_2$O$_5$) - 20(K$_2$O)，如秋海棠、彩叶草、非洲菊、矮牵牛。有些花卉喜含硝态氮较多的可溶性肥料14(N) - 0(P$_2$O$_5$) - 14(K$_2$O)，如仙客来、羽衣甘蓝、非洲凤仙、金鱼草等。应根据不同的花卉种类，有区别地施用不同浓度或种类的肥料。由于浇水及施肥会影响到基质的酸碱度及可溶性盐含量，要定期检测基质的 pH 值及 EC 值，应保证 pH 值在 5.8 左右、EC 值在 1.0 mS/cm 左右较为合适。

在阶段4，开始炼苗，应提供低温(<18℃)，加强光照和通风，控制基质湿度。同时，减少肥料供应，尤其是减少铵态氮的供应。有必要的话，可施用氮含量为 100 ~ 150mg/kg 的高硝态氮肥料及钙含量高的肥料。硝态氮和钙含量高的肥料会促进种苗生长健壮、茎秆粗矮、根系发达、叶厚，适合移植与运输。有些种植者在此阶段根本不施肥，这会造成根毛减少、叶绿素减少，并且会导致移栽后不能很好地生长等损失。此阶段为了防止微量元素缺乏，应使基质 pH 值低于 6.5，EC 值小于 1.0 mS/cm。

4.5.5.4　根据环境条件与基质湿度施肥

当温度低于15℃时，铵态氮被细菌转化成硝态氮的速度就非常慢，导致铵在基质中累积，产生铵中毒。因此温度低时，一方面由于生长量小可适当减少肥料的施用；另一方面应使用铵态氮含量低的肥料，如 Scotts 牌肥料 13(N) - 2(P$_2$O$_5$) - 13(K$_2$O) - 6(Ca) - 3(Mg) 或 Scotts 牌肥料 14(N) - 0 - 14(K$_2$O)。当土壤温度较高(如基质温度高于18℃)时，植物对铵态氮的利用率提高。此时要防止铵态氮供应量太多引起的枝条过度生长、根的滞后生长。当穴盘苗处于强光和高温下时，硝态氮不能满足植物光合作用的需要，植物需要更多的铵态氮用于生长及保持叶片深绿色。有的生产商采用 DIF(昼夜温差)控制穴盘苗高度，当使用负 DIF 时，日平均温度可能接近 15℃，此时不用铵态氮含量高的肥料，多用硝态氮含量高的肥料。

冬天，有时连续几天光照会很低，处于生长阶段3、阶段4的穴盘苗出现徒长：叶子大而软，根生长慢，茎生长快。此时应相应调整施肥计划，降低施肥量和施肥次数，施用高硝态氮并含钙的肥料。当光照大于 26 900 lx 时，穴盘苗光合作用较强，因此需要更多养分，应施用铵态氮含量高的肥料，来满足快速生长的需要。

温室湿度较高时，蒸腾作用减少，钙吸收减少(而钾吸收不变)引起钾钙不平衡，幼苗徒长。采用降低温室内空气湿度(尤其夜间湿度)的措施，使叶子保持干燥并促进蒸腾作用，并且改用高钙、低钾、低铵态氮肥料等施肥措施来使种苗变得壮实。温室温度较低时，蒸腾作用非常活跃，钙的吸收达到最大程度，与钾保持平衡，根与枝条的生长保持平衡，枝条短粗，此时，为了满足叶片伸展和叶片颜色的需要，需要增加铵肥的施用。

4.5.5.5　水溶性肥料(速效性肥料)和控释性肥料

在穴盘种苗生产中用的肥料有水溶性肥料(速效性肥料)和控释性肥料。

水溶性肥料为速效性肥料，适合于种苗培育等短期生长过程。其特点是：分布均匀，适合于施用于小型孔穴容器；较易通过施肥量和施肥种类控制植株生长速度；为配方肥料，既含有大量元素，又含有微量元素；但是易从生长介质中淋失，造成浪费和污染。配方水溶性肥料一般以 XX – YY – ZZ 形式来标示肥料成分，其中 XX、YY、ZZ 分别代表 N、P_2O_5 及 K_2O 等肥料成分在此肥料中的百分比。如 20 – 10 – 20 是最常用的种苗肥料，它表示此肥料中氮（N）含量为 20%、磷（P_2O_5）含量为 10%、钾（K_2O）含量为 20%，此肥料适宜于种苗的快速生长使用，在冬天要减少用量。肥料 14 – 0 – 14 是种苗生长中另一种常用的肥料，表示氮（N）、磷（P_2O_5）及钾（K_2O）的含量分别为 14%、0% 及 14%，此肥料中的氮以硝态氮为主，适合于生长后期及冬天生长较慢时使用。在种苗生产中，一般 20 – 10 – 20 肥料和 14 – 0 – 14 肥料常交替使用。

控释性肥料是将营养成分包裹在一种聚合物形成的膜内，通过介质水分渗入到膜内将其溶解后再慢慢释放出来。控释性肥料长期缓慢释放营养，适合于生长周期长的植物如盆花、苗木。也有一些苗期长的穴盘苗采用控释性肥料。由于控释性肥料无法像水溶性肥料一样容易控制植物生长。如天热、多雨季节植物本身生长快，控释性肥料释放营养成分的速度也快，无法较快地使植物生长速度减慢下来。控释性肥料施用时间超过一半有效期后，大部分肥料已经释放，此时欲使种苗快速生长，控释性肥料能起的作用不大。因此，穴盘苗生长中，还是以水溶性肥料为主，控释性肥料用得少。

4.5.5.6　水质、基质和肥料的相互作用

施肥计划的制订取决于水和基质的质量。

水的质量包括 3 个方面：碱度、可溶性盐和水中的养分。碱度可衡量水的缓冲能力，水的碱度越大基质的 pH 值就会越高；可溶性盐的含量不应超过 0.75 mS/cm。可溶性盐在水、基质、肥料中的积累会阻止根的发育，导致烂根。

基质的质量也会对 pH 值的控制、可溶性盐、养分水平产生影响。例如，石灰石可以用来提高基质的 pH 值；基质吸收的养分越多，供幼苗利用的养分就越多；基质的孔隙度会影响浇水的频率和养分的淋洗。

由可溶性盐组成的化肥会使水和基质中可溶性盐的水平提高，致使幼苗的根系受到影响。基质中全部可溶性盐的水平低会抑制幼苗的营养生长，若水平过高，幼苗会生长过快。使用肥料时首先应当明确，水和基质已经提供了部分养分，肥料的添加应当根据幼苗生长状况计算。

4.5.6　穴盘苗生长的控制

优质的穴盘苗有以下的特征：①叶色健康，无黄叶或黄斑；②高度适中，节间短，分枝多；③没有明显的花芽和花；④充分伸展的叶片及与穴盘苗的规格相一致的叶片数量；⑤健康、发达的根系，根上有明显的根毛，基质潮湿时苗容易拉出；⑥无病虫害；⑦移栽后能及时开花；⑧穴盘苗比较整齐；⑨经过炼苗期，苗坚挺。

要生产出优质穴盘苗，需把水质、基质质量、环境、养分和水分管理对地上部和根部的影响综合考虑，获得合适的地上部与根部的比率。

4.5.6.1 地上部的生长指标

(1)种苗高度

基质以上苗的高度是衡量种苗质量的一个重要指标。单茎植物苗高主要由节间长度决定，丛生植物苗高由花茎长度或叶片长度决定。

(2)叶片颜色

非彩叶植物正常的种苗叶片颜色是纯绿色。低位叶变黄暗示营养不够，或者烂根。叶子深绿色表明铵态氮太多，浅绿色的叶子表示缺氮、铵中毒或缺镁。

(3)叶片大小和伸展度

每种植物在特定大小穴盘里叶子都有一定的伸展度。移栽或运输前，叶片应该把穴盘完全覆盖。非正常的小叶会使穴盘看起来稀稀拉拉，小叶可能是铵肥不足，也有可能是施用过多的生长调节剂或光照太强造成的。叶片大、薄、软是徒长的表现，徒长的叶片容易患病、移栽或运输中易受伤。

(4)真叶数量

真叶数量反映种苗的生理年龄，真叶数量太多暗示穴盘苗年龄较大，或者温室温度高，或者铵态氮肥施用过多。

(5)花芽和花

一般而言，穴盘苗出现花芽或开花，表明苗龄过大或受到环境胁迫。单茎、单花植物的穴盘苗若形成花芽，移栽后的营养生长会非常缓慢。多分枝植物的穴盘苗形成花芽对移栽后的营养生长不会产生太多影响，一些用户希望购买多分枝有花芽的穴盘苗，这样可以缩短栽培周期。

4.5.6.2 根的生长指标

(1)可拉性

正常生产的穴盘苗，移栽前和运输前1周，浇水后根系应有一定的可拉性：即根系发达，能够把基质聚集在一起完好地拉出，然后一同移栽。

(2)根的数量和位置

根主要位于基质的外部或穴的底部。浇水量小且次数少，会造成穴盘基质团下半部分太干，大部分根都位于基质团的上半部分；下半部太湿，也只有上半部分根系生长正常。上述两种情况均会造成根的可拉性差。

(3)根毛和根的粗细度

根毛增加了根的表面积，能提高根吸收水分和养分的效率。浇水过度、基质不透气，会造成基质外侧和穴盘底部的根长得细长、根系混乱模糊、根毛稀少。生长正常的根毛受到高盐或干旱胁迫时也会坏死掉。根毛的损坏会导致根系腐烂、幼苗生长迟滞，延长移栽后的缓苗期。

4.5.6.3 调整地上部和根部比例的措施

(1)调整地上部的生长过量

穴盘苗质量差的一个主要表现是地上部生长过量或地上部与根部的比例太大。其不良症状表现有：苗长得较高、茎徒长、叶片大而软、根系差。从地上部分观察似乎可以移栽，但根系生长不佳，根的可拉性差，实际移栽困难。纠正地上部分生长过量的技术措施有：①减少浇水；②增加光强；③降低温度；④改用含硝态氮和钙多的肥料；⑤使用生长延缓剂；⑥水分管理中保持良好的干—湿循环。干—湿循环既能促进根系生长，又能抑制地上部分的过快生长。

(2)调整根的生长过盛

穴盘苗质量差的另外一个表现是根的生长过盛。其不良症状表现有：根系过于发达，地上部分太小，地上部与根的比率过低。而叶小、颜色浅；节间短且顶端小，根多，穴盘苗可拉性好。纠正根生长过量的技术措施有：①增加穴盘苗周围的湿度；②降低光强；③增加环境温度；④改用含铵和磷多的肥料，少用含硝态氮和钙多的肥料；⑤减少生长延缓剂的使用。

4.5.6.4 调整生产滞后与超前

有时，由于某些原因穴盘苗的生长晚于计划的生长时间，不能按时出圃销售。可以采取如下措施加速种苗的生长：①将日平均温度增加3℃；②使用铵态氮含量高的肥料（如Scotts牌20-10-20肥料），将氮的水平调整至150~200mg/kg；③增加光强（至16 140~26 900lx）；④浇水采用干—湿循环法。在上述过程中，定期检查pH值和EC值，以避免根的生长和养分的吸收出现障碍。

有时，穴盘苗的生长会提前于计划，可以采取如下措施延缓种苗的生长：①将日平均温度减少3℃甚至更多；②使用硝态氮含量高和含钙的肥料（如Scotts牌13-2-13-6-3肥料或Scotts牌14-0-14肥料）；③浇水前使基质稍干燥；④施用生长抑制剂。同时，要注意监测pH值和EC值，特别是在控干基质或使用碱性肥料的时候，因为在基质干燥的情况下，根系周围的可溶性盐浓度会增加三四倍。

4.5.7 穴盘苗高度的控制

高度适当是穴盘苗质量好坏的一个标准。穴盘苗过高导致苗弱易折断，不耐储运，根系差，不耐移栽，不能尽早开花。穴盘苗太低导致苗太小、叶片数量少、根系差、很难移栽，购买后生产者需在穴盘内继续培育一段时间才能移栽。在穴盘苗高度的控制上，首选的措施是通过控制环境条件（非化学的控制方法）来控制株高；其次才是采用生长延缓剂（化学的方法）来控制株高。

4.5.7.1 环境调控的生长控制

穴盘苗生产商更重视利用对温度、光照、水分和营养等环境条件的调控来控制穴盘苗的生长高度。

温度　适当降低环境温度，可以降低高度生长，但是降低日平均温度，有可能使穴盘苗的生产周期延长。昼夜温差 DIF 对株高影响最大，在清晨太阳升起的最初两三个小时使用 DIF 技术对于株高控制非常有效。降低清晨太阳升起后两三个小时的温度（可以通过控制加热来实现），使 DIF 变小，从而能降低穴盘苗的高度。

湿度　温室内空气湿度高会使蒸腾作用、蒸发作用减少，从而引起植株徒长。日落前对温室进行短时间的加热和通风可以降低温室空气湿度，采用强行通风机或循环风机加快空气流通也能降低温室空气湿度。阶段 3 的苗，要防止湿度大引起徒长。

营养　基质未播种前若已含有较高的肥料，会引起幼苗早期徒长，导致后期（阶段3）很难控制植株高度。因此，在使用基质前，要测试溶解盐的水平，EC 值应低于 0.75 mS/cm（1∶2 稀释法）。对穴盘苗易徒长的某些花卉，要降低肥料的使用量，特别是铵态氮的使用量。

光照　进入阶段 3，光强应接近 26 900lx。如果接连数天由于阴天等原因使光强低于这个水平，种苗很快表现出徒长。冬天温室光照不足时，可采用 HID 灯提供 4842 ~ 64 56lx 补充光照，使冬天的光照时间延长到 16 ~ 18h，通过延长光照时间弥补光强降低造成的光量不足。这种额外的补充光加速了植物的生长，同时保证在冬季植株也能长得矮壮，有较好的分枝。

机械方法　通过拨动、振动及增加空气流动等方法，使种苗产生摆动弯曲，可以诱使植物体内产生乙烯，抑制顶端生长，促进侧枝发生，降低植株高度。

4.5.7.2　使用生长延缓剂调控植株生长高度

生长延缓剂抑制植物体内赤霉素的产生，通过减少分生组织下的节间长度来控制植株高度。

穴盘苗生产上常用的生长延缓剂有如下几种：

比久（B_9）（Daminozide）　是丁酰肼的商品名。多叶面喷施，使用浓度 1250 ~ 5000mg/kg，对大部分花卉种苗的高度控制有效，但对三色堇、非洲凤仙、天竺葵、万寿菊及百日草的作用效果小。温度高时，B_9 容易从叶片上散发掉，因此温度高的季节或地区，作用效果不明显。

矮壮素（Cycocel 或 CCC）　是氯化氯胆碱的商品名。可以叶面喷施及灌根，使用浓度 750 ~ 3000mg/kg。稍高浓度会出现叶面受伤的症状，如叶片出现黄色斑点，或新叶产生晕环斑。有时，将 B_9（约 2500mg/kg）和矮壮素（约 1500mg/kg）混合使用，其效果比单独使用效果要好。

A – Rest（有效成分为 Ancymidol）　是嘧啶醇的商品名称。其活性大于矮壮素和 B_9，用于穴盘苗的浓度一般为 5 ~ 25mg/kg。叶面喷施或基质浇施都容易被植物吸收利用。几乎对所有花卉有效。

多效唑（Bonzi）**和烯效唑**（Sumagic）　前者常用灌根法，种苗生产中也可使用喷施法；后者兼可用作喷施或浇施。对花卉的矮化效果比 B_9 及 CCC 好，只施一两次就会产生明显的矮化效果。但施用过量有时会使植物停止生长。多效唑的使用浓度在 2 ~ 90mg/kg（实际操作为安全起见，常用 2 ~ 15mg/kg。烯效唑的用量为多效唑的 1/2）。

矮壮素和 B_9 为水溶性的，透过叶片的蜡层的速度较慢，只有在叶片湿的时候才能进入蜡层。一旦叶片变干，就不再移动。因此，最好在傍晚或湿度较高的时候施用矮壮素和 B_9，并使这个湿度保持 12～18h。若此期间从顶部浇水，会把药品冲掉。A－Rest、多效唑和烯效唑是脂溶性的，透过蜡层的速度较快，能很快进入植物体内，在几分钟内完全被植物吸收。叶片上喷完该药剂后，几分钟后便可浇水，不会把药剂冲掉。多效唑和烯效唑对施用的浓度和用量比较敏感。每次喷施时，不仅要考虑浓度，而且要考虑用量，建议每次用量为 1 L/5m^2。

注意，在使用生长延缓剂时必须确保种苗不因失水萎蔫，否则，会使叶缘灼伤，发育迟缓，或出现叶斑。种苗在肥料不足的情况下，不宜施用生长调节剂，否则会导致生长停止，此时可改用硝酸钙阻止植物茎快速伸长。

4.5.8　穴盘苗病虫害的防治

(1)病害

穴盘苗的病害常由真菌、细菌或病毒引起。生产中易出现的病害是猝倒病、菌核病、叶斑病、霉病、软腐病等。防止病害发生的最好措施是预防，即采取严格的卫生防疫措施、使用无病基质。所有的育苗盘、标签及其他工具须消毒干净。繁殖地应干净，没有杂草和石块。发现任何感病植株或苗盘，就立即从育苗场地移走，可以减少病原物的数量。

猝倒病　是由真菌侵染萌发的种子或侵染幼苗引起的。镰刀菌属、葡萄孢菌属、丝核菌属、腐霉属等都可能单独或共同作用引起猝倒病，查明具体是哪种病原物较困难。萌芽前猝倒病在幼苗从基质萌发出来之前就已经感染病害；萌芽后猝倒病发生在幼苗从基质萌发出来后，这时可以看见褐色或黑色的真菌菌丝。发芽率低常被认为是"坏"种子造成的，但很可能是由于萌前猝倒病引起的。基质温度过低或过高、浇水或喷雾过多、基质未消毒或使用感病基质等因素都有可能增加患猝倒病的几率。

对于猝倒病的防治，预防是最好的办法，可以通过介质的消毒、提高介质排水性、合理浇水、增加空气流通等方法来降低猝倒病发生的几率。间隔一段时间喷施一些保护性杀菌剂也是有效的预防措施。一旦发生猝倒病，应及时清除受感染种苗，用敌克松或普力克浇灌介质，喷施甲基托布津、百菌清、甲霜灵等药剂。但是种子或幼苗对杀菌剂特别敏感，浓度稍高就可能造成伤害。要注意使用浓度、间隔次数。

菌核病　其显著特征是出现一种白色的棉花状的菌核，它能很快感染整个苗盘。菌核病在冷湿条件下容易发生。它是一种土壤致病菌，创造良好的卫生条件、对基质进行消毒是控制这种病发生的有效办法。

叶斑病　穴盘生产过程中，常产生叶斑病。由细菌引起的叶斑病呈现水渍状或黄色晕纹。由真菌引起的叶斑病呈现出棕色、黑色、灰色病斑，菌丝体和孢子较明显，先在基部叶片感染，然后蔓延到整个种苗。最常见的真菌叶斑病菌有炭疽病菌、链格孢菌和葡萄孢菌。防治的栽培管理措施有减少低温潮湿、高温潮湿及光照不足等，化学措施有喷施百菌清、代森锰锌、甲基托布津、多菌灵及扑海因等杀菌剂。

霉菌与白粉病　在穴盘苗生产中并不常见，但在湿度过大、昼夜温差很大的情况下易发生。霜霉病可用普力克、代森锰锌、甲霜灵来防治,灰霉病可用速克灵和菌核净来防治。白粉病可用甲基托布津来防治。一般常采用几种农药交替防治。

软腐病　是由细菌引起的,叶或茎水渍状,组织软腐黏滑,常伴有臭味,整个植株很快死亡。发病初期,可喷洒或浇灌农用链霉素或土霉素液,控制病害的扩展。

(2)虫害

穴盘苗易感染的温室害虫主要有蚜虫、蓟马、螨虫及白粉虱等刺吸性害虫及菜蛾等咀嚼式害虫。前者可使用内吸性杀虫剂进行防治,后者可使用胃毒性杀虫剂进行防治。另外,也可以采用一些物理措施,如温室的天窗及风机口加防虫网,进出温室时及时把门关上。温室中可以安置诱虫灯或黏虫板。

4.5.9　穴盘苗的保存

有时候,由于计划不周、气候差,或者销售不佳,导致穴盘苗到了移栽的生理年龄而无法种植,这时需考虑对穴盘苗进行保存。

常规保存穴盘苗会产生如下不良效果:①容易发生徒长。由于种植密度大,幼苗对光照的竞争十分激烈,幼苗会快速增高。幼苗长得过高,移栽后很难提高成花的质量。②超期保存穴盘苗,会使单茎单花类植物在穴盘内形成花芽或过早开花,会导致移栽后营养生长推迟,延迟成花时间,降低成花质量;在运输过程,开花穴盘苗的花朵易患葡萄孢菌病。③穴盘苗保存时间长,会导致根系盘缠在一起,当苗从穴盘内拉出时,甚至看不到基质,根比较长、根粗、根毛少、生长不活跃。④过老的苗叶片非常拥挤,低位叶上的水分散发不出去,容易患病。

鉴于上述情况的发生,要采取一些措施,尽量减少损失的发生。下文概述在温室内保存穴盘苗及在冷藏室内储存穴盘苗所采取的一些技术措施。

(1)在温室内保存穴盘苗

由于温室保存区的环境条件变化较大,很难使穴盘苗的生长完全停止,因此在温室内的保存期不应超过2周。百日草、鸡冠花和飞燕草(*Consolida ajacis*)等花卉的穴盘苗不能在温室内保存。温室保存,第一,是要提供10~15℃低温(在晚春、夏季和初秋可能无法提供上述低温条件)。第二,在不升高温室温度的前提下,提供大于26 900lx的强光。强光能部分关闭光合作用,减少同化物的合成,从而降低生长速度(但要防止光照过强造成的灼伤)。第三,控制湿度,等基质完全干了再浇水。若土壤EC值小于0.75mS/cm(1∶2稀释法),多数植物可以等到萎蔫临界点再浇水。不要傍晚前浇水,保持夜晚叶片干燥能防止疾病的发生。第四,只有在需要的时候才施肥,施用含100~150mg/kg氮的硝酸钙和硝酸钾肥,在这种低温条件下不要施用铵态氮肥。第五,在保存期要监控基质EC值和pH值,保持EC值<0.75mS/cm(1∶2稀释法),pH 6.0~6.5。第六,由于低温以及叶片密度高,要防止根腐病、叶斑病或霉病的发生,必要时使用杀菌剂处理。

(2)在冷藏室内储存穴盘苗

在冷藏室内储存穴盘苗可以保存更长的时间。在进入冷藏室前,需做一些准备工作。入冷藏室前,要提供充足的养分,使穴盘苗健壮,以便冷藏期间能抵抗病菌等不良条件。进入冷藏室前进行最后一次浇水时，应使用百菌清对苗进行浇灌或彻底喷湿。但浇水或喷药后，要等叶片干燥后才能进入冷藏室。健康、健壮的穴盘苗对贮藏条件的适应性比徒长苗要强。

冷藏室提供一定的低温，使入室的穴盘苗保持较低的生长速率。表4-5是不同花卉穴盘苗最适贮藏温度和最长贮藏时间。

表4-5 部分花卉穴盘苗最适贮藏温度和最长贮藏时间

花卉名称	最适贮藏温度/℃	暗室最长贮藏时间/周	加光室最长贮藏时间/周	花卉名称	最适贮藏温度/℃	暗室最长贮藏时间/周	加光室最长贮藏时间/周
香雪球	2.5	5	6	一串红	5.0	6	6
仙客来	2.5	6	6	心叶藿香蓟	7.5	6	6
天竺葵	2.5	4	4	非洲凤仙	7.5	6	6
三色堇	2.5	6	6	大花马齿苋	7.5	5	5
矮牵牛	2.5	6	6	观赏番茄（*Lycopersicon esculentum*）	7.5	3	3
四季秋海棠	5.0	6	6	美女樱	7.5	1	1
球根秋海棠	5.0	3	6	羽状鸡冠花（*Celosia cristata* var. *plumosa*）	10.5	2	2
大丽花	5.0	2	5	长春花	10.5	2	3
半边莲	5.0	6	6	新几内亚凤仙（*Impatiens hawkeri*）	12.5	2	3
孔雀草	5.0	3	6				

受冷藏室数量的限制，有时需在同一个冷储室贮藏不同的花卉，这时可以取一个折中的温度：7.5℃。但新几内亚凤仙绝对不能贮藏在这种折中温度下，7.5℃会导致其受冷至伤。冷藏时持续提供54lx的冷白荧光灯，可以延长某些花卉的可贮藏时间。

冷藏室的湿度会影响到穴盘苗变干的速度。湿度高时，易导致葡萄孢菌病的发生。一般要持续使用风扇保持良好的通风和均匀的温度分布。穴盘苗一般放在推车或架子上，但应留出空隙通风和透光。当穴盘苗干燥时，将推车推出低温区，用过顶灌溉和盆底吸水方式浇透水，但需等叶子干燥后再进入低温区。

在冷藏期间不必施肥。

4.6 穴盘苗生产管理与销售管理

穴盘苗生产企业依靠销售穴盘苗实现利润。穴盘苗是鲜活园艺产品，整盘集成式生产和销售，除了遵循普通的营销规律外，还具有自己的特有规律。为实现良好的销售管理，必须精心进行生产管理以获得高质量的穴盘苗。

4.6.1 销售计划的制订

销售管理中最重要的一个环节是销售计划的制订。一般参考上年度销售情况，依据本年度市场预测，计算出本年度增加或减少的品种和数量，制订出本年度的销售计划表（表4-6）。计划表需列出需要销售的种类、品种、颜色、数量，并把年度的销售总量分

表 4-6　花卉穴盘苗销售计划表(示范)

种类	系列和颜色	穴盘规格	生长周数	3月	4月	5月	6月	7月	8月	9月	10月	12月	小计(千株)
金盏菊	棒棒黄	288	6							30　30	60		120
四季秋海棠	奥林亚红	128	12			60	60	60	60	60	90	90	480
孔雀草	'杰妮黄'	288	5	30	60	30	60	30	30				240
百日草	梦境红	288	5	30	60		30	30					120

表 4-7　花卉穴盘苗播种计划表(示范)

种类	系列和颜色	穴盘规格	生长周数	1月	2月	3月	4月	5月	6月	7月	8月	9月	小计(千株)
金盏菊	棒棒黄	288	6					40		40	40	40	160
四季秋海棠	奥林亚红	128	12		80	120	120		80	120		120	640
孔雀草	'杰妮黄'	288	5	40	40	40	40	40		40	80		320
百日草	梦境红	288	5	40	40		40	40	80		80		320

解到年度的某些销售周中(一般根据订单或用苗规律确定销售周)。

4.6.2 播种计划的制订

播种计划应根据销售计划来制订。销售计划确定某个品种需在哪个周中销售后,根据该品种种苗生长所需的周数来计算并确定该品种需在某个周播种。种苗生长周数既不包括销售当周,也不包括播种的当周,播种周数 = 销售周数 − 种苗生产周数 − 1。例如,表 4-6 所示孔雀草'杰妮黄'品种有一个订单是在第 35 周销售,由于孔雀草'杰妮黄'生长周数为 5,故需在第 29 周进行该品种的播种。由于播种苗的成苗率一般不会达到100%,所以以播种时要考虑到损耗问题。实际播种量计算公式如下:某品种播种量 = 该品种计划销售量/该品种的成苗率。多数品种的穴盘苗成苗率按 75% 计算。如上例,计划在第 35 周销售孔雀草'杰妮黄'30 千株,则需在第 29 周播种该品种 30 千株/0.75 =40 千株(表 4-7)。少数发芽率偏低的品种,需在上面的基础再增加 20% 的播种量。确定某个品种在某个时间的播种量后,还需根据订单或市场情况,选用合适规格的穴盘(如 288 穴盘或 128 穴盘),最后确定需要播种的穴盘数。如上例,孔雀草'杰妮黄'拟采用 288 穴盘,则在第 29 周播种该品种 139 盘(40 000/288)。

生产主管根据年度播种计划,在某周安排下一周的播种实施方案,进行生产资料的准备。生产工人按生产主管提供的播种实施方案进行播种操作。

4.6.3 生产程序设计

生产管理中的另一个重要环节是生产程序的设计。生产程序包括从播种开始到穴盘苗库存的每个步骤。生产程序可分为 4 个阶段。下面以金盏菊为例,说明穴盘苗的生产程序(表 4-8)。

表 4-8　金盏菊种苗生产程序表

生产程序	对应种苗生长的 4 个阶段	时间/周	地点	工作要点
		0	准备房	播种进发芽室
第 1 阶段	发芽期:播种到胚根的出现	1	发芽室	注意发芽条件的控制
第 2 阶段	过渡期:从胚根出现,到子叶完全展开、第一片真叶出现	2	温室	肥水管理、病虫防治
第 3 阶段	生长期:从子叶完全展开、第一片真叶出现,到种苗长出 4~6 枚真叶时为止	3	温室	肥水管理、病虫防治
		4	温室	补苗或移苗,肥水管理,病虫防治
		5	温室	巡苗,做好库存,肥水管理,病虫防治
第 4 阶段	炼苗期:符合标准的种苗进行运输或移植前的驯化	6	炼苗区	炼苗,适当控制肥水
		7	炼苗区	种苗销售,适当控制肥水

由表 4-8 可见,生产程序基本与种苗生长的 4 个阶段对应。金盏菊生长周数为 6 周。第 0 周在准备房播种,播种后由准备房进入发芽室。第 1 周内发芽完成,从发芽室移至温室进行生长,第 2 周施一次 50mg/kg 20 − 10 − 20 的肥料,第 3 周施一次 75mg/kg 20 − 10 − 20 的肥料,第 2 周、第 3 周至少进行一次打药、喷水。第 4 周至少施一次 75mg/kg10 − 0 − 10 肥料,同时在第 4 周要进行补苗和移苗。补苗,即是在某些穴盘中,

由于发芽率达不到 100%，会出现部分空穴，将其他穴盘中的同品种同批次同规格的种苗补充到这些空穴，使该盘苗能达到满穴的数量。移苗，即将计划要移换穴盘的种苗从小孔穴盘移至大孔穴盘，如将 288 穴盘移至 128 穴盘中。第 5 周进行巡苗，即由有经验的人员检查并确认这一批苗的成苗情况，确认可以正式出售种苗的数量，做好库存计划，将苗送至炼苗区。第 5 周根据种苗生长情况，考虑是否施 1 次 75mg/kg10－0－10 肥料。第 6 周进入炼苗区，适当控制肥水。第 7 周适当控制肥水，进入种苗销售阶段。

4.6.4　种苗销售

穴盘苗销售可分为现苗销售和订单销售。其中订单销售又分为播种前订单销售和播种后订单销售。国外以播种前订单销售为主，国内以现苗销售和播种后订单销售为主。

在国内，一些大订单及特殊品种订单只能采取播种前订单销售，行此种销售方式时，应该与客户签订好合同，收取一定比例订金，然后严格按合同规定的品种和数量生产种苗。

播种后订单销售，只能销售生产计划中已安排生产的种苗，每周应及时从总量中扣除已确认的订单种苗数量，及时掌握还有多少可供销售种苗的品种和数量，避免后来的订单客户提不到某些种苗的情况发生。

现苗销售，应提前开拓客户，当种苗长至可以销售的规格时，力争在有效销售期内完成大部分现苗的销售。

4.6.5　种苗包装与运输

对于异地销售，种苗的包装与运输显得非常重要。一般需做好如下工作：

选择好包装箱　穴盘苗采用纸箱包装，安放 4 或 6 个穴盘，上下层穴盘用经过防潮处理的纸板隔层分开(未经防潮处理的纸板受潮后软化，导致上层穴盘压塌在下层穴盘苗上，造成种苗的损坏)。包装箱外标注"种苗专用箱"和向上放置、勿使倒置的标记。

种苗装箱　装箱前应控制穴盘介质在合适的水分范围，过干可能会导致运输过程中种苗失水，过湿可能会导致纸箱软塌。装箱时勿使种苗朝向与包装外的朝向标记相反，否则会导致搬运过程中穴盘的颠倒。穴盘苗在包装箱内一层层叠放好后，用胶布封口，用打包带扎紧。

种苗的运输与到达　最好采用专用车进行运输，也可采用空运、火车和汽车等其他运输方式。以其他方式运输时，最好一站到达，尽量减少转运环节。转运环节越多，出现穴盘颠覆的几率越高。种苗达到后，应及时开箱，将种苗置于阴凉通风处，喷水，使种苗尽快恢复生机。

若不重视包装运输，可能会出现穴盘颠倒，种苗干瘪，叶黄失绿，品种混淆等不良现象。

小　结

本章论述了穴盘苗生产发展的历史与现状，以及穴盘苗生产的应用前景；阐述了穴盘苗生产所需的主要设施设备(温室、发芽室、准备房、播种机、水肥系统)、穴盘育苗所需的关键生产资料、温室穴盘苗生产的环境条件控制、穴盘育苗技术,以及穴盘苗生产管理与销售管理。

思考题

1. 与传统播种育苗技术相比,穴盘育苗技术有什么优缺点?
2. 穴盘苗生产所需的主要设施设备有哪些?在生产中对这些设施设备有什么特殊要求?
3. 生产穴盘苗所用的介质需要考虑哪些物理性质和化学性质?
4. 生产穴盘苗所用的灌溉水的水质指标有哪几种?各指标对穴盘苗的生长影响体现在哪些方面?
5. 穴盘种苗生长包括哪4个阶段?
6. 穴盘种苗生产过程中,如何进行温度、光照和水分管理?
7. 穴盘种苗生产过程中,如何进行肥料与养分管理?
8. 穴盘种苗生产过程中,如何进行地上部与根部生长的控制?如何进行穴盘苗高度控制?
9. 穴盘苗生产管理和销售管理中需要注意哪些环节?

参考文献

葛红英, 江胜德. 2004. 穴盘种苗生产[M]. 北京:中国林业出版社.

R·C·斯泰尔, 等. 2007. 穴盘苗生产原理与技术[M]. 刘滨, 等译. 北京:化学工业出版社.

KORANSKI. 1997. Plug & Transplant Production:A Grower's Guide by Roger[M]. Batavia, Illionois:Ball Publishing.

专业扦插苗生产

扦插繁殖（cutting propagation）是利用花卉营养器官的再生能力，能发生不定芽或不定根的习性，切取植物体的根、茎、叶的一部分，插入基质中，使之生根发芽，发育成一个独立的新植株的繁殖方法。扦插所用的一段营养体称为插穗，通过扦插繁殖所得的种苗称为扦插苗。

5.1 扦插繁殖的意义及分类

5.1.1 扦插繁殖的意义

自然界中只有少数植物具有自行扦插繁殖的能力，栽培植物多是在人为干预控制下进行。种子繁殖，特别是异花授粉时，经常会得到与母本不一样的后代。但扦插繁殖和种子繁殖相比较，具有如下优点。

①扦插能够将亲本的遗传性状很好地保存下来，通过扦插可以培育出个体之间遗传性状比较一致的无性系。例如，如果发现有价值的芽变，通过扦插可以育成优良的无性系；如银杏等雌雄异株植物，可以通过扦插有目地繁殖雌株或雄株；可以用扦插来繁殖杂交第一代的优良个体；对于具有斑点或花纹的麝香百合、虎尾兰和叶子花等，可通过根插、叶插或鳞片插，来保持这些品种的斑点或花纹等特征，也可以用不带斑纹的组织分化出的新芽，通过扦插培育没有斑纹的品种。月季等花卉为提高其抗病性、耐寒性，以及调节其长势，常选择嫁接在相应的砧木上来达到此目的。而这些砧木要保持其优良性状，用种子繁殖也比较困难，但是扦插繁殖就可以保持这些砧木的优良特性。

②有些花卉重瓣品种和不育性强的品种或多年才能达到结实的品种等，都可用扦插繁殖。许多花卉在遗传上都是杂合体，比如菊花、现代月季等，种子繁殖的实生后代性状分离很严重，除育种之外，一般不用种子繁殖。所以采用扦插等方式通过诱导植物枝条等器官产生不定根，从而产生大量与母本完全一样的新个体。

③扦插繁殖可提早开花、结实。在一个生活周期内，大多数花卉要经过一定的幼年期后才能达到具有开花结实能力的成熟期。木本花卉从幼年期到成熟期的时间很长，

一般需要数年的时间。如果从发育已达成熟的母本上采取插穗进行扦插繁殖，不必经历幼年期，就会提早开花、结实。

④如果条件适合，扦插繁殖可以节省劳力，降低成本。正常的扦插苗根系生长良好，栽植成活率高、生长快。因此，可以缩短种苗培育时间。

但由于有些扦插苗缺乏主根，根系较差，固地性也较差，易出现树形杂乱、偏冠现象。扦插苗寿命比实生苗短。很多时候扦插苗的抗性比嫁接苗差些。

总之，用扦插繁殖方法培养的植株比播种苗生长快、开花时间早，短时间内可以育成较大的幼苗，并可以保持原有品种的特性，因此具有简便、快速、经济、量大的优点，在花卉生产中应用十分广泛。

5.1.2 扦插繁殖的分类

依插穗的器官来源不同，扦插繁殖可分为茎（枝）插、叶插和根插等类型。在花卉种苗培育中，最常用的是茎（枝）插。此外，根据插穗的方向，又可以分为直插、斜插、平插、船状扦插（适用于匍匐性植物，如地锦等）。

(1) 茎（枝）插

以带芽的茎（枝条）作插穗的繁殖方法称为茎插，又称枝插，是应用最为普遍的一种扦插方法。依枝条的木质化程度和生长状况又分为以下几类。

硬枝扦插(hardwood cutting)　以生长成熟的休眠枝作插穗的繁殖方法，常用于木本花卉的扦插，许多落叶木本花卉，如芙蓉（*Hibiscus mutabilis*）、紫薇（*Lagerstroemia indica*）、木槿、石榴（*Punica granatum*）、紫藤、银芽柳（*Salix argyracea*）等均常用。插条一般在秋冬休眠期获取。

半硬枝扦插(semihard wood cutting)　又称为半软枝扦插，以生长季发育充实的带叶枝梢作为插穗的扦插方法。常用于常绿或半常绿木本花卉，如米兰、杜鹃花、月季、海桐（*Pittosporum tobira*）、黄杨、茉莉、山茶和桂花等的繁殖。

软枝扦插(softwood cutting)　又叫绿枝扦插或嫩枝扦插。在生长期用幼嫩的枝梢作为插穗的扦插方法，适用于某些常绿及落叶木本花卉和部分草本花卉。木本花卉如木兰属（*Magnolia*）、蔷薇属（*Rosa*）、绣线菊属（*Spiraea*）、火棘属（*Pyracantha*）、连翘属、夹竹桃（*Nerium indicum*）等，草本花卉如菊花、天竺葵属（*Pelargonium*）、大丽花、满天星（锥花丝石竹）、矮牵牛、香石竹和秋海棠等。

芽叶插(leaf – bud cutting)　是以一叶一芽及芽下部带有一小片的茎作为插穗的扦插方法。有时也归至硬枝扦插中。此法具有节约插穗、操作简单、单位面积产量高等优点，但成苗较慢，在菊花、杜鹃花、玉树（*Crassula arborescens*）、天竺葵、山茶、百合及某些热带灌木上常用。亦常应用于一些珍贵和材料来源少的观赏树木。在生长季节选叶片已成熟、腋芽发育良好的枝条，削成带一芽一叶作插穗，以带有少量木质部最好。

(2) 叶插(leaf cutting)

叶插是用一片全叶或叶的一部分作为插穗的扦插方法，适用于叶易生根又能生芽的植物，许多叶质肥厚多汁的花卉，如秋海棠、非洲紫罗兰以及虎尾兰属（*Sansevieria*）和景天科（*Crassulaceae*）的许多种，叶插极易成苗。具体扦插方法有整片叶扦插（包括平插、直插）、切段叶插、刻伤与切块叶插等。

（3）根插（root cutting）

根插是用根段作为插穗的扦插方法，如随意草（*Physostegia virginiana*）、丁香、美国凌霄（*Campsis radicans*）、福禄考属（*Phlox*）、打碗花（*Calystegia hederacea*）等。插条在春季活动生长前挖取，一般剪截成10cm左右的小段，粗根宜长，细根宜短。扦插时可横埋土中或近轴端向上直埋。

5.2　扦插的成活原理

植物的细胞具有全能性，同一植株的细胞都具有相同的遗传物质。在适宜的环境条件下，具有潜在的形成相同植株的能力。另外，当植物体的某一部分受伤或被切除而使植物整体受到破坏时，能表现出弥补损伤和恢复协调的能力。植物扦插就是利用离体的植物组织器官，如根、茎、芽、叶等的再生性能，在一定条件下经过人工培育使其发育成一个完整的植株。用花卉茎、叶等进行扦插繁殖，首要任务就是让其生不定根。

许多花卉插穗的母株上已形成了根的原始细胞，插穗在适宜条件下易发展成根原基生根。而有些花卉，从母株上剪下的插条中尚不具有根的原始细胞，只有在剪下后并处于适宜条件下细胞才开始分生、分化并发育成根原基，最后产生不定根。这一进程的快慢，植物间的差异很大，如菊花扦插后3d便产生根的原始细胞，最快的7d就能生根；香石竹5d才产生原始细胞，约20d才生根；另一些植物始终不产生根的原始细胞，便不能生根。因此，不能以插条从母株上剪取时是否具有根的原始体或根原基来判定将来能否生根。某些极易产生不定根的种类，当处于湿润大气中或枝条平卧时，便会产生不定的气生根。从母株上剪取时，具有根原基的花卉，如无花果（*Ficus carica*）、八仙花（*Cardiandra moellendorffii*）、茉莉、柳属（*Salix*）、千里光属（*Senecio*）等易扦插生根。

5.2.1　不定根形成的机理

5.2.1.1　不定根的生根类型

扦插成活的关键是不定根的形成，而不定根发源于一些分生组织的细胞群中，这些分生组织的发源部位有很大差异，随植物种类而异。根据不定根形成的部位可分为两种类型：一种是皮部生根型，这种皮部生根较迅速，生根面积广，与愈合组织没有联系，一般来说，这种皮部生根型属于易生根花卉。草本花卉最常见起源于最邻近形成层的次生韧皮部。首先由这些细胞继续或恢复分生形成一团未分化的不定根原始细胞群，原始细胞群因植物种类及环境条件不同，或继续分生或经休眠后，分生、分化成不定根的根原基。根原基的结构与根尖的相同，包括根冠和分生区，继续生长就产生伸长区，最后突出于茎的表面。

（茎上）不定根主要起源于某些尚处分裂阶段的细胞或分化程度很低的薄壁组织，如产生于维管束鞘、形成层或射线等，还有表皮、皮层等。在枝（茎）插过程中，茎段上都带有芽，可由此产生不定根。

另一种是愈伤组织生根型，即以愈伤组织生根为主，从基部愈伤组织（或愈合组织），或从愈伤组织相邻近的茎节上发出很多不定根。愈伤组织生根数占总根量的70%以上，皮部根较少，甚至没有，如银杏、雪松(*Cedrus deodara*)、黑松、金钱松、水杉、悬铃木(*Platanus orientalis*)等。这两种生根类型，其生根机理是不同的，从而在生根难易程度上也不相同。

不定根也可以从插条切口上方的节间或节上出生，但越向上越少。许多单子叶植物，如禾本科(Poaceae)、天南星科(Araceae)及匍匐生长的双子叶植物，不定根常从节部出生，天竺葵的插穗也常自节上生根。

5.2.1.2　扦插生根的生理基础

在研究扦插生根的理论方面，有许多学者做了大量工作，从不同的角度提出了很多见解。

（1）植物发育

在植物生长周期内，尤其是多年生花卉、木本花卉等，均需要经过一定的幼年期，然后才能具备成花能力。在幼年期扦插，插穗具有很强的生根能力，很容易形成大量不定根。

（2）植物激素

花卉扦插生根以及愈合组织的形成都是受生长素调控的。刚扦插后，插穗的内源生长素急剧增加，主要是在枝条幼嫩的芽和叶上合成，然后向基部运输，参与根系的形成。初生根原基形成前达到峰值，到生根时反而减少了。植物嫩枝扦插，容易成活，就是因为其内源生长素含量高，细胞分生能力强。有研究表明，带叶扦插后，其根系非常发达，如果事先把芽和叶摘除掉，生根能力就会受到显著的影响，或者根本不生根，说明有重要物质影响插穗生根，也就是植物的叶和芽能合成生长素和其他生根的有效物质，并经过韧皮部向下运输至插穗基部促进生根。目前，在生产上使用的有吲哚丁酸(IBA)、吲哚乙酸(IAA)、萘乙酸(NAA)、萘乙酰胺(NAD)及广谱生根剂 ABT、HL-43等，用这些生长素类调节剂处理插穗基部后提高了生根率，而且也缩短了生根时间。但是，不同浓度的生长素对于不定根产生的促进作用也不同。在一般情况下，低浓度的生长素能够促进插穗的生根，而高浓度反而会抑制生根。比如利用不同浓度的 NAA 对金银花(*Lonicera japonica*)插穗的处理发现，浓度在 20～80mg/L 的条件下，NAA 对插穗的生根起促进作用，超过100mg/L 时则对金银花的生根起抑制作用。因此，在实际的生产应用中，严格控制使用植物激素的浓度，因材制宜，具有重要意义。

赤霉素、细胞分裂素等植物激素抑制插穗生根，在扦插中一般不使用。脱落酸对扦插生根的影响较复杂，有研究表明，其对扦插生根具有明显的抑制作用。但与此相反，另有研究证实，脱落酸浓度在 10～20mg/L 时能够增强生长素的促根作用。不过，相比单一激素水平与生根的关系，目前研究得较多的是生长素/脱落酸的比值与生根的关系，结论也更明确，一般认为，生长素/脱落酸的比值与生根率呈正相关，可用来衡量插穗生根的难易程度。通过对生根能力差异较大的柏科(Cupressaceae)几个树种的研究发现，IAA/ABA 比值较高的叉子圆柏(*Juniperus sabina*)和'金黄'球柏(*Platycladus orientalis* 'Semperaurescens')产生不定根所需时间短，生根数量多，生根率高，而比值较低的圆柏(*Juniperus chinensis*)、'龙柏'(*Sabina chinensis* 'Kaizuca')等生根率普遍偏低。

(3)生长抑制物质

一般情况下，扦插时所说的生长抑制物质是指代谢产物，尤其指酚类物质，会影响扦插生根。因此，生产实际中，可采取相应的措施，如流水洗脱、低温处理、黑暗处理以及用高锰酸钾、酒精、硝酸银等化学药品处理插穗，可以消除或减少抑制剂，以利于生根。

(4)营养物质

插穗的成活与其体内养分，尤其碳素和氮素的含量有一定的关系。扦插生根过程首先利用插穗中贮藏碳水化合物，接着也能分解插穗组织得到的营养补充。扦插实践表明：成熟度好，粗壮、长度大而节间短的插穗易生根，未充分成熟、细弱、短插穗不易成活；具有花芽的插穗，如果先开花，则推迟生根或不易生根等，这说明插穗中碳水化合物多则有利于愈伤组织的形成和不定根的产生。因此，生产中常采用蔗糖液浸蘸插穗基部切口，以增加组织中碳水化合物的含量，可促进生根。但外源补充碳水化合物，易引起切口腐烂。

氮素也是插穗生根必需的营养物质之一，既可以促使根原体形成，又能促进根系以及地上部分的生长。

不过，实际上插穗的生根成活不是简单地决定于其体内碳水化合物或氮素营养的含量，而是受其相对比率影响的。一般说 C/N 比高，也就是说植物体内碳水化合物含量高，相对的氮化合物含量低，对插穗不定根的诱导更有利。

无机养分与插穗的生根或发芽也有关系，在柳杉的试验中发现，插穗中硼、钾的含量越高，生根率也越高。总之，插穗营养充分，不仅可以促进根原基的形成，而且对地上部分生长也有促进作用。

(5)生根辅助因子及酶类物质

这是国内外生理生化研究者新近发展的一种观点，他们认为植物体内含有的维生素 B_1、维生素 B_6、烟酸等可以辅助生根。对这些辅助因子的作用原理有 3 种认识：一是认为生根辅助因子的作用是保护生长素不受酶系统的破坏；二是认为生根辅助因子促进了生长素的产生；三是认为生根辅助因子直接对生根产生作用。

近年来，国内外的研究发现，过氧化物酶(POD)、吲哚乙酸氧化酶(IAAO)、多酚氧化酶(PPO)这 3 种酶类物质在高等植物体内普遍存在，对不定根的发生和生长有直接或间接的作用。POD 是一种活性较高的酶，参与植物体内的各种生理过程以及木质素的形成，与不定根的诱导和伸长生长密切相关，常被认为是植物插穗生根的指标之一。通过对含笑(*Michelia figo*)、芍药等多种植物研究发现，在不定根的发生过程中 POD 活性显著升高，与不定根的生长具有密切关系。IAAO 是植物体内广泛存在的一种酶，具有降解 IAA 的作用，调节植物体内 IAA 的含量，即在根的形成过程中 IAAO 的活性影响着根原始体的启动与不定根的形成。通过对桉树(*Eucalyptus robusta*)等多种植物扦插生根过程中 IAAO 活性变化的研究中发现，容易生根的植物体内 IAAO 活性较低，而难生根的植物体内 IAAO 活性较高。PPO 也是插穗生根有关的重要酶之一，能够催化 IAA 与酚类物质缩合而形成"IAA – 酚酸复合物"，该物质被普遍认为是一种促进不定根形成的生根辅助因子，通过化学组织鉴定方法发现，PPO 主要集中于插穗不定根的起源部位，对植物生根具有重要的作用。

5.2.2　不定芽发生机理

叶插成苗需产生不定根与不定芽，缺一不可。一般情况，生根比出芽容易，能生根的不一定能出芽，但能出芽的总能生根。某些花卉，如菊花等，叶插容易生根，但难产生芽，生根的叶有时生活一年也不形成不定芽。叶插成苗有两种类型：一种是叶柄基部或主叶脉伤口处的薄壁组织，可以叶插的绝大多数植物属于此类型。叶柄基部或主叶脉与茎相似，不定根的来源也相同。另一类是叶缘上着生叶胚，如落地生根（*Bryophyllum pinnatum*）类花卉，在母株上的叶片成熟后，在叶缘缺刻处，由发育早期便存在的一群细胞反复分生形成一个胚状体，称为叶胚。叶胚继续发育突破表皮，在叶缘发育成带叶的芽，最后脱落生根形成幼苗。对这类花卉进行人工叶插时，将成熟叶取下扦插几天后，叶胚的根原基首先突破表皮，接着再出芽成苗。

多年生木本花卉可采用根插，要在根段上产生不定芽才能成长为新植株。一些花卉在未离体的根上已产生不定芽，特别是当根受伤后更容易形成不定芽。在幼根上，不定芽是在靠近维管形成层的中柱鞘内产生；在老根上，不定芽是从木栓形成层或射线增生的，类似愈伤组织里产生的。芽原基还可能从插穗茎或根的伤口处愈伤组织中产生。扦插再生形成新植株，不仅要产生不定芽形成茎，而且还要在根段上重新产生根。不同植物种类根插后产生不定芽的途径有所不同，通常是根段首先发生不定芽，在新的不定芽的基部再发生根，而不是在原根段上发生新根。有些植物是在根段上发育出良好的根系时才产生不定芽。也有些只发根不发芽或只产生不定芽而不产生根，遇到这种情况插穗就不能成活。

5.3　影响扦插成活的因素

扦插繁殖，首要任务就是让其生根。在插穗生根过程中，插穗不定根的形成是一个复杂的生理过程。插穗扦插后能否生根成活，除与植物本身的内在因子外，还与外界环境因子有密切的关系。

5.3.1　内在因素

（1）植物种类

不同植物间遗传性也反映在插穗生根的难易上，不同科、属、种，甚至品种间都会存在差别。如仙人掌（*Opuntia dillenii*）、景天科、杨柳科（Salicaceae）的植物普遍易扦插生根；木犀科（Oleaceae）的大多数易扦插生根，但流苏树（*Chionanthus retusus*）则难生根；山茶属（*Camellia*）的种间反应不一，山茶、茶梅（*Camellia sasanqua*）易，云南山茶（*Camellia reticulata*）难；菊花、月季等品种间差异大。

不同花卉生根的难易，只是相对而言，随着科学研究的深入，有些很难生根的花卉可能成为可扦插的树种，并在生产上加以推广和应用。所以，在扦插育苗时，要注意参考已证实的资料，没有资料证实的品种，要进行试插，以免走弯路。在扦插繁殖工作中，只要在方法上注意改进，就可能提高成活率。如一般认为扦插很困难的花卉，通过对萌芽条的培育和激素处理，在全光照自动喷雾扦插育苗技术条件下，可提高生根率。一般属于扦插容易的月季品种中，有许多优良品系生根很困难，如在扦插时期改为秋后带叶扦插，在保温和喷雾保湿条件下，生根率可达到95%以上。这说明许多难生根的树木或花卉，在科技不断进步的情况下，根据亲本的遗传特性，采取相应的措施，可以找到生根的好办法。

（2）插穗的成熟程度

插穗的生根能力是随着母株年龄的增长而降低的，这是由于植物新陈代谢作用的强弱，是随着发育阶段变老而减弱的，其生活力和适应性也逐渐降低。相反，幼龄母树的幼嫩枝条，其皮层分生组织的生命活动能力很强，所采下的枝条扦插成活率高。所以，在采条时应选取年幼的母树，以1~2年生苗上的枝条扦插效果最好。

对于一些稀有、珍贵树种或难繁殖的树种，为使其在生理上"返老还童"可采取以下有效途径：

绿篱化采穗 即将准备采条的母树进行强剪，不使其向上生长。

连续扦插繁殖 即连续扦插2~3次，新枝生根能力急剧增加，生根率可提高40%~50%。

用幼龄砧木连续嫁接繁殖 即把采自老龄母树上的接穗嫁接到幼龄砧木上，反复连续嫁接2~3次，使其"返老还童"，再采其枝条进行扦插。

用基部萌芽条作插穗 即将老龄树干锯断，使幼年（童）区产生新的萌芽枝用于扦插。

插穗的成熟程度不同，其生根能力也不同。一般都从当年生枝条上剪取带叶的嫩枝插穗，更易生根成活，这是由于嫩枝处于生长旺盛时期，枝条代谢能力较强，而且嫩枝上的芽和叶能合成内源激素和碳水化合物，有利于不定根的形成。充分成熟的休眠枝条积累碳水化合物多，芽体饱满，发育完善，在正常通过休眠期后，并给予插穗基部外源生长素，也能促进发芽和生根。1年生枝的再生能力也较强，但具体年龄也因树种而异。

（3）枝条的着生部位及发育状况

有些树种树冠上的枝条生根率低，而树根和干基部萌发条的生根率高。因为母树根颈部位的1年生萌蘖条其发育阶段最年幼，再生能力强，又因萌蘖条生长的部位靠近根系，得到了较多的营养物质，具有较高的可塑性，扦插后易于成活。干基萌发枝生根率虽高，但来源少。所以，作插穗的枝条用采穗圃的枝条比较理想，如无采穗圃，可用插枝苗、留根苗和插根苗的苗干，其中以后二者更好。硬枝插穗的枝条，必须发育充实、粗壮、充分木质化、无病虫害。

不同营养器官的生根、出芽能力不同。有试验表明，侧枝比主枝易生根，硬木扦插时取自枝梢基部的插穗生根较好，软木扦插以顶梢作插穗比下方部位的生根好，营养枝比结果枝更易生根，去掉花蕾比带花蕾者生根好，如杜鹃花。

（4）枝条的不同部位

同一枝条的不同部位根原基数量和贮存营养物质的数量不同，其插穗生根率、成活率和苗木生长量都有明显的差异。但具体哪一部位好，还要考虑植物的生根类型、枝条的成熟度等。一般来说，常绿树种中上部枝条较好。这主要是中上部枝条生长健壮，代谢旺盛，营养充足，且中上部新生枝光合作用也强，对生根有利。落叶树种硬枝扦插中下部枝条较好。因中下部枝条发育充实，贮藏养分多，为生根提供了有利因素。若落叶树种嫩枝扦插，则中上部枝条较好。由于幼嫩的枝条，中上部内源生长素含量最高，而且细胞分生能力旺盛，对生根有利。

(5)插穗的粗细与长短

插穗的粗细与长短对于成活率、苗木生长有一定的影响。对于绝大多数树木来讲，长插穗根原基数量多，贮藏的营养多，有利于插穗生根。插穗长短的确定要以植物生根快慢和土壤水分条件为依据，一般木本花卉硬枝插穗 10～25cm，草本花卉 5～10cm。随着扦插技术的提高，扦插逐渐向短插穗方向发展，有的甚至一芽一叶扦插，如茶树（*Camellia sinensis*）、葡萄（*Vitis vinifera*）采用 3～5cm 的短插穗扦插，效果很好。

对不同粗细的插穗而言，粗插穗所含的营养物质多，对生根有利。插穗的适宜粗细因树种而异，多数针叶树种直径为 0.3～1cm；阔叶树种直径为 0.5～2cm。

在生产实践中，应根据需要和可能，采用适当长度和粗细的插穗，合理利用枝条，应掌握粗枝短截，细枝长留的原则。

(6)插穗的叶和芽

插穗上的芽是形成茎、干的基础。芽和叶能供给插穗生根所必需的营养物质和生长激素、维生素等，对生根有利。尤其对嫩枝扦插及针叶树种、常绿树种的扦插更为重要。插穗留叶多少一般要根据具体情况而定，一般留叶 2～4 片，若有喷雾装置，定时保湿，则可留较多的叶片，以便加速生根。

另外，从母树上采集的枝条，对干燥和病菌感染的抵抗能力显著减弱，因此，在进行扦插繁殖时，一定要注意保持插穗自身的水分。生产上，可用水浸泡插穗下端，不仅增加插穗的水分，还能减少抑制生根物质。

(7)插穗极性

插穗是有极性的，不论怎么扦插，总是上端发芽，下端生根。枝条的极性是距离茎基部近的为下端，远离茎基部的为上端。根插穗的极性则是距离茎基部近的为上端，远离茎基部的为下端。有人做过试验，无论是枝插、根插，也不管是正插、倒插、横插都不能改变上端发芽和下端生根的规律，这就是极性的表现。扦插时要注意插穗的极性，不要插错方向。

5.3.2 外界因子

影响插穗生根的外因主要有温度、湿度、通气、光照、基质等。其因子之间相互影响、相互制约，因此，扦插时必须使各种环境因子有机协调地满足插穗生根的各种要求，以达到提高生根率、培育优质苗木的目的。

(1)基质

基质直接影响水分、空气、温度及卫生条件，是扦插的重要环境。理想的扦插基质是排水、通气良好，又能保温，不带病、虫、杂草及任何有害物质。人工混合基质常优于土壤，可按不同植物的特性而配制。

扦插常用的土壤和基质材料有砂土、沙、炉渣、珍珠岩、蛭石、泥炭、水苔以及水(水插)、雾(雾插)等，总称为插壤。有关这些基质的特性见 4.3.2 节。一般对易生根的植物，若需要大量的扦插，多用大田直接扦插，但要求土壤肥沃，保水性和透气性较好的壤土或砂质壤土。对一些扦插较难生根的植物要实施插床扦插，一般选择清洁无菌、不含养分的河沙、珍珠岩、蛭石等作为基质。

(2)湿度

在插穗生根过程中，空气的相对湿度、插壤湿度以及插穗本身的含水量是扦插成活的关键，尤其是嫩枝扦插，应特别注意保持合适的湿度。

空气相对湿度　对难生根的针、阔叶树种的影响很大。插穗所需的空气相对湿度一般为 90% 左右。硬枝扦插可稍低一些，但嫩枝扦插空气的相对湿度一定要控制在 90% 以上，使枝条蒸腾强度最低。生产上可采用塑料薄膜、喷水、间隔控制喷雾等方法提高空气的相对湿度，使插穗易于生根。

插壤湿度　插穗最容易失去水分平衡，因此要求插壤有适宜的水分。插壤湿度取决于扦插基质、扦插材料及管理技术水平等。据毛白杨扦插试验，插壤中的含水量一般以 20% ~ 25% 为宜。含水量低于 20% 时，插穗生根和成活都受到影响。有报道表明，插穗由扦插到愈伤组织产生和生根，各阶段对插壤含水量要求不同，通常以前者为高，后者依次降低。尤其是在完全生根后，应逐步减少水分的供应，以抑制插穗地上部分的旺盛生长，增加新生枝的木质化程度，更好地适应移植后的田间环境。

(3)温度

对扦插生根快慢起决定作用。多数植物生根的最适温度为 15 ~ 25℃，以 20℃ 最适宜。一般木本植物插穗愈伤组织和不定根形成与气温的关系是：8 ~ 10℃，有少量愈伤组织生长；10 ~ 15℃，愈伤组织产生较快，并开始生根；15 ~ 25℃，最适合生根，生根率最高；25℃ 以上生根率开始下降；28℃ 以上，生根率迅速下降；36℃ 以上，插穗难以成活。气温太高，插穗的养分和水分消耗大，常会发芽而不发根，且易滋生病菌，引起插穗腐烂；气温太低，发根慢，插穗易遭受寒害。

不同花卉插穗生根对土壤的温度要求也不同，一般土温高于气温 3 ~ 5℃ 时，对生根极为有利。这样有利于不定根的形成，使得不定根的形成先于芽的萌动，避免出现"假活"现象。在生产上可用马粪或电热线等作酿热材料增加地温，还可利用太阳光的热能进行倒插催根，提高其插穗成活率。

温度对嫩枝扦插更为重要，30℃ 以下有利于枝条内部生根促进物质的利用，因此对生根有利。但温度高于 30℃，会导致扦插失败。一般可采取喷雾方法降低插穗的温度。插穗活动的最佳时期，也是病菌猖獗的时期，所以在扦插时应特别注意通气条件，插穗生根时需要氧气。

(4)光照

光照对扦插繁殖也很重要。扦插生根需要一定的光照条件，尤其是带叶的嫩枝扦插和常绿植物的扦插，需要光照进行光合作用来制造有机物质和生长素以促进生根。对这些插穗，在发根初期应给予充足的日光，但忌日光直射，防止水分过度蒸发而导致插穗枯萎，一般接受 40%～50% 的光照为佳。如果用花盆和浅箱扦插，要放在"见天不见日"的地方。光照度的强弱和光照时间的长短对插穗生根、萌芽有很大的影响。带叶绿枝扦插的插穗，在基质水分充足时，日照较长和一定光照度能促进生根，提高生根率和发芽率。

研究表明，许多草本花卉如大丽花，以及木槿属(*Hibiscus*)、杜鹃花属(*Rhododendron*)、常春藤属(*Hedera*)等木本花卉，采自光照较弱处母株上的插穗比强光下者生根较好，但菊花却相反，采自充足光照下的插穗生根更好。扦插生根期间，许多木本花卉，如木槿属、锦带花属(*Weigela*)、荚蒾属(*Viburnum*)、连翘属，在较低光照下生根较好，但也有许多草本花卉，如菊花、天竺葵及一品红，适当的强光照更有利于生根。

不同的光质对插穗生根的作用也不相同，如在菊花的扦插生根过程中，红光处理下生根早、生根率高，并有侧根出现，优于黄光、蓝光和自然光。在多花野牡丹扦插中，红光有利于提高生根率和平均根长。

(5) 氧气

扦插生根需要氧气，但是，插壤的水分和氧气状况常常是相互矛盾的。插壤透气性强时，往往保水性较差。但如果插壤湿度过高又会降低其透气性能，抑制插穗的有氧呼吸，造成插穗基部腐烂，不利于生根。因此，应合理选择扦插基质或利用各种基质混合配制，协调水、气矛盾。

5.4 扦插苗生产

5.4.1 促进插穗生根的方法

(1) 激素及生根促进剂处理

激素处理　一般用生长素类激素处理。常用的生长素有萘乙酸(NAA)、吲哚乙酸(IAA)、吲哚丁酸(IBA)、2,4-D 等。一般可用少量酒精将生长素溶解，然后配置成不同浓度的药液。低浓度(如 50～200mg/L)溶液浸泡插穗下端 6～24h，高浓度(如 500～10 000mg/L)可进行快速处理(数秒到 1min)。此外，还常将溶解的生长素与滑石粉或木炭粉混合均匀，阴干后制成粉剂，用湿插穗下端蘸粉扦插；或将粉剂加水稀释成为糊剂，用插穗下端浸蘸；或做成泥状，包埋插穗下端。处理时间与溶液的浓度随植物和插穗种类的不同而异。一般生根较难的浓度要高些，生根较易的浓度要低些。硬枝浓度高些，嫩枝浓度低点。

几种不同的生长素混合使用可以弥补其单用的不足，使那些难以生根的植物在扦插时得到比较满意的生根效果。如分别用 NAA 和 IBA 的混合激素处理金银忍冬(*Lonicera maackii*)和杜鹃红山茶(*Camellia changii*)插穗，其生根效果显著优于 NAA 或 IBA 单独使用。因此，各种不同生长素的混合使用将成为未来应用的一种趋势。目前，以萘乙酸(NAA)、吲哚丁酸(IBA)为主要成分，添加其他植物激素、维生素、微量元素等生根促进物而配制的新型促根复配制剂，在世界各国形成了不同产品，对难生根树种的生根起到了促进作用。

生根促进剂处理　目前使用较为广泛的有中国林业科学院林业研究所王涛研制的

"ABT生根粉"系列；华中农业大学林学系研制的广谱性"植物生根剂 HL-43"；山西农业大学林学系研制并获国家科技发明奖的"根宝"；昆明市园林所等研制的"3A 系列促根粉"等。它们均能提高多种树木如银杏、桂花、板栗(*Castanea mollissima*)、红枫(*Acer palmatum* 'Atropurpureum')、樱花、梅、落叶松(*Larix gmelinii*)等的生根率，其生根率可达90%以上，且根系发达，吸收根数量增多。

(2)洗脱处理

洗脱处理一般有温水处理、流水处理、酒精处理等。洗脱处理不仅能降低枝条内抑制物质的含量，同时还能增加枝条内水分的含量。

温水洗脱处理　将插穗下端放入 30~35 ℃的温水中浸泡几小时或更长时间，具体时间因树种而异。某些针叶枝如松树、落叶松、云杉(*Picea asperata*)等浸泡 2h，起脱脂作用，有利于切口愈合与生根。

流水洗脱处理　将插穗放入流动的水中，浸泡数小时，具体时间也因植物不同而异。多数在 24h 以内，也有的可达 72h，甚至有的更长。

酒精洗脱处理　用酒精处理也可有效地降低插穗中的抑制物质，大大提高生根率。一般使用浓度为 1%~3%，或者用 1%的酒精和 1%的乙醚混合液，浸泡 6h 左右，如杜鹃花类。

(3)营养处理

用维生素、糖类及其他氮素处理插穗，也是促进生根的措施之一。如用 5%~10%的蔗糖溶液处理雪松、龙柏、水杉等树种的插穗 12~24h，对促进生根效果很显著。若用糖类与植物生长素并用，则效果更佳。在嫩枝扦插时，在其叶片上喷洒尿素，也是营养处理的一种。

(4)化学药剂处理

有些化学药剂也能有效地促进插穗生根，如醋酸、磷酸、高锰酸钾、硫酸锰、硫酸镁等。如生产中用 0.1%的醋酸水溶液浸泡卫矛(*Euonymus alatus*)、丁香等插穗，能显著促进生根。0.05%~0.1%的高锰酸钾溶液主要用来浸泡木本花卉的插穗，一般浸泡 12h 左右，除能促进生根外，还能抑制细菌发育，起到消毒作用。

(5)低温贮藏处理

将硬枝放入 0~5℃的低温条件下冷藏一定时期(至少 40d)，使枝条内的抑制物质转化，有利生根。

(6)增温处理

春天由于气温高于地温，在露地扦插时，易先抽芽展叶后生根，以致降低扦插成活率。为此，可采用在插床内铺设电热线(即电热温床法)或在插床内放入生马粪(即酿热物催根法)等措施来提高地温，促进生根。

(7)倒插催根

一般在冬末春初进行。利用春季地表温度高于坑内温度的特点，将插穗倒放坑内，用沙子填满孔隙，并在坑面上覆盖 2cm 厚的沙，使倒立的插穗基部的温度高于插穗梢部，这样为插穗基部愈伤组织的根原基形成创造了有利条件，从而促进生根，但要注意水分控制。

(8) 黄化处理

在生长季前用黑色的塑料袋将要作插穗的枝条罩住，使其处在黑暗的条件下生长，形成较幼嫩的组织，待其枝叶长到一定程度后，剪下进行扦插，能为生根创造较有利的条件。

(9) 机械处理

在树木生长季节，将枝条基部环剥、刻伤或用铁丝、麻绳或尼龙绳等捆扎，阻止枝条上部的碳水化合物和生长素向下运输，使其贮存养分，至休眠期再将枝条从基部剪下进行扦插，能显著地促进生根。

绞缢处理　即将母树上准备选做插穗的树枝，用细铁丝或尼龙绳等在枝茎部紧扎，这样因绞缢阻止了枝条上部叶片光合作用产生的营养物质向下运输，使得养分贮存在枝条内部，经 15 ~ 20d 后，再剪取插穗扦插，其生根能力有显著提高。

环剥处理　即在母树树枝的基部，进行 0.5 ~ 1cm 宽的环状剥皮，环剥皮 15 ~ 20d 后，剪取插穗扦插，有很好的生根效果。

5.4.2　插穗的准备与扦插

5.4.2.1　插穗的准备

(1) 采条母株处理

许多木本花卉扦插生根比较困难，为了使其扦插时容易生根，使插穗在采条前积累较多营养或者幼龄化，为扦插生根创造良好条件，在采集插条之前，对母株进行人工预处理，可以取得好效果。其处理办法如下：

重剪处理　冬季修剪时，对准备取条的母树进行截干重剪，使母树下部的茎干产生萌条，采用这种幼年化萌条作插穗，可以克服从老龄母树上直接剪取插穗难以生根的缺点。

此外，还可以进行前述的黄化处理和机械处理。

(2) 穗条的采集处理与贮藏

从母树上采取的穗条，还没有经过剪切加工的称为插条。插条一般应当选取年轻粗壮、节间延伸慢且均匀的枝条。首先应采取萌芽枝或当年生枝条作插穗。采集插穗可结合母树夏、冬季修剪进行，通常应采用母树中上部枝条。夏剪的嫩枝，生长旺盛，光合作用效率高，营养及代谢活动强，有利于生根。冬剪的休眠枝已充分木质化，枝芽充实，贮藏营养丰富，也利于生根。

采集的插条应分树种及品种捆扎，拴上标签，标明品种，采集地点和采集时间等。带叶的嫩枝条或草本花卉，应随剪随用，不可久留。采后应立即放入盛有少量水的桶中，使插条基部浸泡在水中，让其吸水以补充因蒸腾而失去的水分，以防插条萎蔫。如果从外地采集幼嫩枝条，可将每片叶剪去 1/2，以减少水分蒸腾损耗，并用湿毛巾或塑料薄膜分层包裹，基茎部用苔藓包好，运到后应立即解开包裹物，用清水浸泡插条茎部。休眠枝较耐干旱，一般将插条放在阴凉处，用湿帘子盖好，若无风吹，即使放 4 ~ 5d 也无妨。如果插条需存放 1 周以上，就要用洁净土或其他材料掩埋，其基部用清水浇浸。另外,皮孔粗大、髓心空、易失水的插条,需要全部埋入湿沙中贮藏。

春插所需插条量大时,常将休眠枝或种根事先采集并贮藏,待扦插适期再用。这样既能保持良好的插穗条件,又能使劳力合理安排。

在插条的贮藏中,开始的2周放在约15℃的条件下,然后在0~5℃低温条件下正式贮藏,这样可保持日后的生根率。在贮藏的过程中环境温度尽量保持在10℃以下。具体贮藏方法:

假植　又分为浸水假植和壅土假植。浸水假植是将枝条的1/3插入清水中,在清洁的流水中更好,但水的流速不能快,同时要注意遮阴,防止水温升高。壅土假植就是选择排水良好,较背风的地方,挖掘窄沟,将枝条倾斜排放在沟内,回填细土,轻轻踏实。这种方法易受温度变化影响,不宜长时间贮藏。

土中埋藏　尽量选背阴且排水良好的地方,挖40cm深的土坑,坑底铺2cm厚的稻草,上面放12cm厚的枝条,再铺2cm厚的稻草,最后加盖30cm厚的土,踏实,周围开排水沟。

穴藏　在斜坡中部或山谷内挖穴,将插条贮藏在穴内。在穴内先铺10~20cm厚的湿细沙,将插条排入细沙中贮藏。

冰封雪埋　在我国东北地区,可于封冻之前挖取贮藏坑。11月采集插条,以天气寒冷、浇在插条上的水能够很快凝结成冰为宜。将插条绑扎成捆,平置于坑中后,向插条上喷洒清水,边喷水边结冰使插条周围均匀覆盖一层薄冰。以此方法依次处理,一般以放置2~4层插条为宜。最后在上面覆盖一层草帘或稻草等,并在稻草上面覆盖一层厚厚的积雪,拍实。但是这种方法要把握好扦插的时期,防止冰雪融化造成插条腐烂。

人工低温贮藏　由于果实、蔬菜等进行低温贮藏获得成功,所以用低温处理插条同样得到人们的重视。具体方法是在冷库中要放插条的一角洒足水,将插条靠角落立放整齐即可,由于冷库中的温度和湿度可自动调节,所以这种方法管理方便,效果好,插条可安全存放半年左右。

(3)插穗的剪截与处理

①选取插穗的原则　茎插应选幼嫩、充实的枝条,要利用节间还未伸长的,粗细均匀的部分。叶插和叶芽插应首先选取萌发枝条上的叶片和叶芽;其次,再选取主枝上充实的新生叶。根插应选用直径为0.6~2.0cm粗的幼嫩且充实的部分作插穗。草本花卉应当选用还没有木质化的,再生能力强的幼嫩部分作为插穗(图5-1)。

②插穗的剪截　关于插穗的长度,随着植物的种类或培育苗木的大小而有很大的变化。一般嫩枝插比休眠枝插的插穗要短些。插穗的标准长度可以考虑为:针叶树7~25cm,常绿阔叶树7~15cm,落叶阔叶树种10~20cm,草本7~10cm,也可以按芽眼数量剪截成单芽、双芽、三芽、多

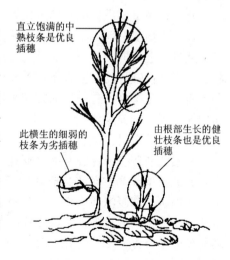

直立饱满的中熟枝条是优良插穗

此横生的细弱的枝条为劣插穗

由根部生长的健壮枝条也是优良插穗

图5-1　插穗的选择
(引自刘宏涛等,2005)

芽的插穗(图5-2至图5-4)。

插穗的剪口大多剪成马耳形单斜面的切口；木质较硬的插穗剪成楔形斜面切口和节下平口，更有利于生根(图5-5)。

为了减少插穗基部切口的腐烂和有利于生根，插穗剪切应当用锋利的枝剪、小刀，对于柔嫩的草本类花卉，用锋利的剃刀更好。

③插穗的处理　剪切后的插穗需根据各种植物的生物学特性进行扦插前的处理，以提高其生根率和成活率。

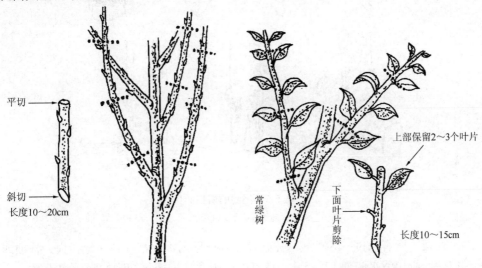

图5-2　落叶木本花卉插穗的剪取
(引自刘宏涛等，2005)

图5-3　常绿木本花卉插穗的剪取
(引自刘宏涛等，2005)

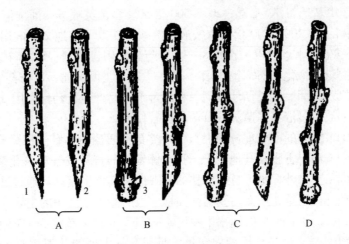

图5-4　插穗的剪截方法
(引自刘宏涛等，2005)

A. 单芽插穗　B. 双芽插穗　C. 三芽插穗　D. 多芽插穗

1. 单斜面切口　2. 双斜面切口　3. 靠近节部平剪

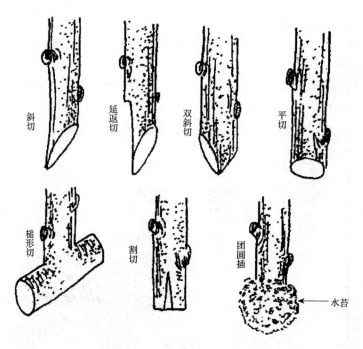

斜切　延返切　双斜切　平切

槌形切　割切　团圆插　←水苔

图 5-5　插穗的剪口

（引自刘宏涛等，2005）

浸水处理　所有经过一冬贮藏的休眠枝，其插穗内水分都存在一定损失，扦插或进行处理前，均应用清水浸泡 12~24h，使其充分吸水，以恢复细胞的膨压和活力。

消毒与防腐处理　为防止插穗因病菌的侵染而腐烂，必须进行消毒处理。常用的方法有：300 倍等量式波尔多液浸泡插穗 30min，阴干；600~800 倍 75% 百菌清喷雾；1500 倍硫菌灵（甲基托布津）喷雾；200~500 倍 50% 多菌灵喷雾。插壤消毒可用0.1%~0.3% 高锰酸钾溶液；200~400 倍代森铵液；硫酸亚铁以一亩地 2kg 的用量与插壤混匀或 2%~3% 硫酸亚铁水溶液以一亩地 8~10kg 药液的用量喷洒；5% 辛硫磷颗粒与插壤以 1:100 比例混匀等，化学药剂消毒后一般要过 3~7d 再扦插，以防药害。由于不同消毒剂的作用机理不同，且长期使用同一种消毒剂容易产生抗药性。因此，不同消毒剂应交替使用，如波尔多液与多菌灵或百菌清交替使用。

增进扦插生根能力的前处理分两大类，一类是将插穗中含有生根障碍的物质（包括单宁、树胶、松节油、香脂及其他树脂、具有挥发性的特殊成分和氧化酶等）清除掉或者消除其有害作用。另外，也可打破插穗的休眠促进其再生流动。通过这一类处理，对插穗的生理活动进行调整，从而达到增强插穗生根的能力。使用的主要办法是：先将插穗的 1/3~1/2 浸入 30~35℃ 的温水中浸泡 4~12h，再放入浓度为 1% 的酒精、乙醚混合液中浸泡约 6h。另一类是对插穗中含量不足而又是生根的必需物质进行补充，从而提高其生根能力。主要方法是对植物施以生长激素，以促进生根；也可用维生素、糖类、含氮化合物进行处理。

除上述方法之外，在生产实践中，广泛应用的还有加温催根法。其方法主要有电热温床催根法和火炕催根法。电热温床催根法一般采用地下式温床，保温效果好，便于管理。用此法催根，开始1~2d，把温度调到15~20℃，2d以后调到25℃左右，见插穗基部产生愈伤组织，发出幼根后，停电锻炼1~2d，可取出扦插。火炕催根法，炕温不得超过28℃，通过往沙上浇水控制高温。当插穗基部产生愈伤组织，幼根刚突起后立即停火，锻炼1~2d后扦插。

5.4.2.2　扦插

不同的地区对于不同的花卉可选择不同的时期。在温室条件下，可全年保持生长状态，不论草本或木本花卉均可随时进行，但根据花卉的种类不同，各有其最适时期。一些宿根花卉的茎插时期，从春季发芽后至秋季生长停止前均可进行。在露地苗床或冷床中进行时，最适时期在夏季7~8月雨季期间。多年生花卉作一、二年生栽培的种类，如一串红、金鱼草、三色堇、美女樱、藿香蓟等，为保持优良品种的性状，也可进行扦插繁殖。

落叶木本花卉的扦插，春、秋两季均可进行。但以春季为多，春季扦插宜在芽萌动前及早进行。北方在土壤开始化冻时即可进行，一般在3月中下旬~4月中下旬。秋插宜在土壤冻结前随采随插，我国南方温暖地区普遍采用秋插。在北方干旱寒冷或冬季少雪地区，秋插时插穗易遭风干和冻害，故扦插后应进行覆土，待春季萌芽时再把覆土扒开。为解决秋插困难，减少覆土等越冬工作，可将插条贮藏至次春进行扦插，极为安全。落叶树的生长期扦插，多在夏季第一期生长终了后的稳定时期进行。生产实践证明，在许多地区，许多木本花卉四季都可进行扦插。如蔷薇(*Rosa multiflora*)、石榴、金丝桃(*Hypericum monogynum*)等在杭州均可四季扦插。

南方常绿树种的扦插，多在梅雨季节进行。一般常绿树发根需要较高的温度，故常绿树的插条宜在第1期生长终了，第2期生长开始之前剪取。此时正值南方5~7月梅雨季节，雨水多、湿度较高，插条不易枯萎，易于成活。按植物不同器官作扦插材料的扦插方法有以下几种：

(1)枝插(或茎插)

软枝扦插　又叫绿枝扦插或嫩枝扦插。大部分一、二年生花卉以及一些花灌木采用此扦插繁殖法。在环境条件适宜时，软枝扦插很快能生根，20d至1个月即可成苗。具体方法是：选健壮枝梢，剪成5~10cm长的插穗，每个插穗至少要带一片叶子，叶片较大者剪去一部分。剪口以平剪、光滑为好，通常多在节下剪断，剪下的插穗要随剪随插。扦插前应在插床上开沟，将插穗按一定株行距摆放沟内，或者放入事先打好的孔内，然后覆盖基质，插完后浇水。扦插不宜过深，一般插

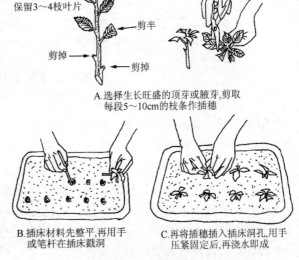

保留3~4枝叶片
剪半
剪掉
剪掉

A.选择生长旺盛的顶芽或腋芽，剪取每段5~10cm的枝条作插穗

B.插床材料先整平，再用手或笔杆在插床戳洞

C.再将插穗插入插床洞孔，用手压紧固定后，再浇水即成

图5-6　软枝扦插
（引自刘宏涛等，2005）

入基质的深度为插穗的1/3，最多为1/2。扦插初期应遮阴并保持较高的湿度(图5-6)。

　　半软枝扦插　这种扦插一般是指用半木质化，正处在生长期的新梢进行嫩枝扦插，具有生根快、成活率高、能当年培育成苗的优点。露地半软枝扦插，江南地区多在6月中旬~7月上旬梅雨季节进行。其插穗应尽量从生长健壮，无病虫害的植株上剪取当年生半木质化的嫩枝。采插条的时间最好在早晨有露水而且太阳未出时，采下的插条用湿布包裹，放在冷凉处，保持新鲜状态，切不可在太阳下暴晒。插穗长10~25cm，下部剪口齐节下，剪口要平滑，剪去插穗下部叶片，顶部留地上部分枝叶或不带叶。扦插不宜过深，插穗要剪后立即扦插(图5-7)。半软枝扦插应先开沟或打孔，其密度以叶片不拥挤、不重叠为原则，插入后用手指将四周压实，插后遮阴，经常喷水(每天喷3~4次水)，待生根后逐步去除遮阴。

A. 选择中熟饱满的半木质化枝条，剪取每段10~15cm作的枝条作插穗

B. 插床材料先整平，再用手或笔杆在插床上戳洞

C. 再将插穗插入洞中(注意切勿倒插)，用手压紧固定后，再浇水即成

图5-7　半软枝扦插

(引自刘宏涛等，2005)

　　硬枝扦插　又称休眠扦插，是用已充分木质化的一、二年生枝条作插穗进行扦插。由于这种扦插用的枝条是已进入休眠期的枝条，一般是秋季落叶后，或是早春树液流动前剪取的。这种枝条内营养物质最丰富，细胞液浓度最高，呼吸作用微弱，易维持插条内的水分代谢平衡。用这种枝条扦插，有利于插条的愈伤组织形成和分化根原基及产生不定根。硬枝扦插通常分为3种方法：长枝扦插、短枝扦插、单芽扦插。

　　①长枝扦插　其插穗一般超过4节，长度大于20cm。依据插穗长短、粗细、硬度和生根难易，选择不同的扦插方式和技术。

　　②短枝扦插　这种插穗要具有2~3节，穗长为10~20cm。采取直插或斜插，在基质面上仅留一个芽露出，插后要覆盖，以保持芽位湿度，防止插穗风干影响发芽。这是

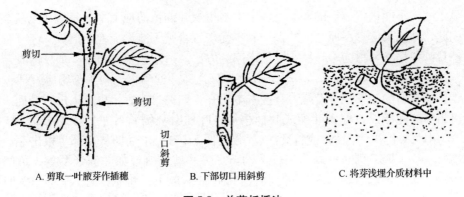

A. 剪取一叶腋芽作插穗　　　B. 下部切口用斜剪　　　C. 将芽浅埋介质材料中

图5-8　单芽扦插法

（引自刘宏涛等，2005）

扦插繁殖中最简便、最有效的方法。

　　③单芽扦插　又称芽叶插，插穗为一节一芽，长度为5～10cm。它对插穗质量和扦插技术要求高，最好是先在保护地内采用营养钵或育苗盘扦插，待生根并长出4～6片叶时，再移植到露地管理。如果直接在露地进行单芽扦插，要求扦插后覆盖稻草或河沙，要经常往稻草或沙上喷水，注意保湿，防止插穗风干，待生根、萌芽开始后，撤除覆盖物（图5-8）。

　　（2）叶插

　　能自叶上发生不定芽及不定根的植物都能进行叶插（图5-9），但实际上仅用于少数

A. 剪取生长健壮成熟肥厚的叶片，
连叶柄2～4cm作插穗

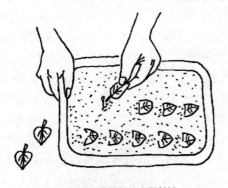

B. 叶柄切口蘸上发根剂后，立即斜插
于介质中，用手压紧再浇水

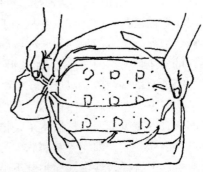

C. 再用大型塑料袋把整个
插穗封起来，如此可长好

图5-9　叶插法

（引自刘宏涛等，2005）

无明显主茎，不能进行枝插的种类。多数木本植物叶插苗的地上部分是由芽原基发育而成。因此，叶插穗应带芽原基，并保护其不受伤，否则不能形成地上部分。

整片叶扦插 又称为全叶插，是最常用的方法。适用于草本植物，如秋海棠、大岩桐、景天科、虎尾兰(*Sansevieria trifasciata*)、百合等。近年来，利用弥雾等扦插设施以及改善扦插基质的透气性等措施，有些木本花卉，如夹竹桃等，也可以进行叶插。许多景天科植物的叶肥厚，但无叶柄或叶柄很短，叶插时只需将叶平放于基质表面(即平插)，不用埋入土中，用铁针或竹针加以固定(图5-10)，不久即从基部生根出芽。落地生根属(*Bryophyllum*)则从叶缘生出许多幼苗。另一些花卉，如非洲紫罗兰、草胡椒属(*Peperomia*)等，有较长的叶柄，叶插时需将叶带柄取下，将基部埋入基质中(即直插法)(图5-11)，生根出苗后还可以从苗上方将叶带柄剪下再度扦插成苗。

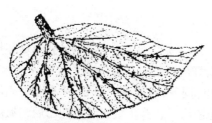

A. 固定叶片

B. 叶插成活后长出新植株

图5-10 叶插的平插法

(引自刘宏涛，2005)

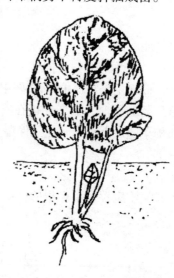

图5-11 叶插的直插法

(引自刘宏涛等，2005)

切段叶插 又称片叶插，用于叶窄而长的种类，如虎尾兰叶插时可将叶剪切成7~10cm的几段，再将基部约1/2插入基质中。为避免倒插，常在上端剪一缺口以便识别。网球花(*Haemanthus multiflorus*)、风信子、葡萄水仙(*Muscari armeniacum*)等球根花卉也可用叶片切段繁殖，将成熟叶从鞘上方取下，剪成2~3段扦插，2~4周即从基部长出小鳞茎和根。椒草(*Cryptocoryne wendtii*)叶厚而小，沿中脉分切左右两块，下端插入沙中，可自主脉处发生幼株。而蟆叶秋海棠、大岩桐、豆瓣绿(*Peperomia tetraphyl-la*)、千岁兰(*Welwitschia mirabilis*)等叶片宽厚，亦可采用切段叶插。将蟆叶秋海棠叶柄从叶片基部剪去，按主脉分布情况，分切为数块，使每块上都有一条主脉，再剪去叶缘较薄的部分，以减少蒸发，然后将下端插入沙中，不久就从叶脉基部发生幼小植株。大岩桐也可采用片叶插，即在各对侧脉下方自主脉处切开，再切去叶脉下方较薄部分，分别把每块叶片下端插入沙中，在主脉下端就可生出幼小植株。千岁兰的叶片较长，可横切成5cm左右的小段，将下端插入沙中，自下端可生出幼株。千岁兰分割后应注意不可使其上下颠倒，否则影响成活(图5-12)。

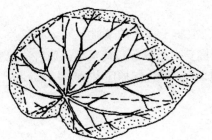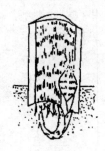

图5-12　叶插的切段叶插

（引自刘宏涛等，2005）

刻伤与切块叶插　常用于秋海棠属（*Begonia*）花卉上。具根茎的种类，如毛叶秋海棠（*Begonia villifolia*），从叶片背面隔一定距离将一些粗大叶脉作切口后将叶正面向上平放于基质表面，不久便从切口上端生根出芽。具纤维根的种类则将叶切割成三角形的小块，每块必须带有一条大脉，叶片边缘脉细、叶薄部分不用，扦插时将大脉基部埋入基质中。

某些花卉，如菊花、天竺葵等，叶插虽易生根，但不能分化出芽。有时生根的叶存活1年仍不出芽成苗。

叶插法应注意叶片也有极性现象，千万不可插倒，叶段颠倒则发根难，生芽也难。

（3）根插

这也是木本花卉常用的一种扦插方法。一类是用于枝条不易扦插成活种类，如泡桐、漆树类（*Toxicodendron* spp.）、香椿（*Toona sinensis*）、牡丹等；另一类是用于根部再生能力较强的种类，如凌霄（*Campsis grandiflora*）等，多采用根插繁殖。蓍草（*Achillea wilsoniana*）、牛舌草（*Anchusa italica*）、秋牡丹（*Anemone hupehensis* var. *japonica*）、灯罩风铃草（*Campanula medium*）、肥皂草（*Saponaria officinalis*）、白绒毛矢车菊（*Centaurea cineraria*）、剪秋罗（*Lychnis fulgens*）、宿根福禄考（*Phlox paniculata*）等也可以采用根插繁殖。

根插繁殖技术因植物种类不同而异。一般应选择健壮的幼龄树或生长健壮的1~2年生苗作为采根母树，根穗的年龄以一年生为好。通常是在晚秋或冬季植物休眠期间天气相当温暖时采根，若从单株树木上采根，一次采根不能太多，否则影响母树的生长。采根时勿伤根皮，采后及时假植在沙土中妥当保存，以保持其根部的良好状态，待到次春截成插穗进行扦插。插根较粗、较长者营养丰富，易成活，生长健壮。根插也有极性现象，注意扦插时不要颠倒。在南方最好早春采根随即进行扦插。

我国南方气候温暖地区及北方有温室或塑料大棚等设施的地方，根插一年四季均可进行，不受季节的限制。根插的适温是10~16℃，供扦插的根条选择较粗大者为好。根段长为5~8cm或10~15cm。草本植物根较细，但不应小于5mm，根段长5~10cm不等。根段剪切时，上口剪平，下口剪斜。

根插法可在露地进行，也可在温室内和温床内进行。具体插法与硬枝插相似（图5-13），插后立即灌水，直到发芽生根前最好不灌水，以免地温降低和由于水分过多引起根穗腐烂。有些易发不定芽的植物的细短根段还可以用播种的方法进行育苗。一般10~15d可发芽。

根据根的类型，根插有3种方式：

细嫩根类根插　将根切成3~5cm长的插穗，散布于插床的基质上，然后覆盖一层基质。为遮阴保湿，可盖上玻璃或塑料薄膜，外侧盖上报纸等，待发根出芽后移栽。

肉质根类根插　将根剪截成2.5~5cm长的插穗，用沙作插床基质，插于沙内，上端与基质面齐或稍突出。

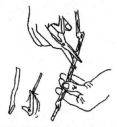

A. 剪切根每段6~10cm,朝上放一端用平切,朝下一端用斜切,这样可以辨认上下,不会插倒

B. 插床材料先整平,用手或移植铲在插床上掘浅穴

C. 再将插穗全部斜埋穴中(勿倒插),用手稍镇压后浇水即成

图5-13　根插法

（引自刘宏涛等，2005）

A.根条钵插情况

B.根插成活后的情况

图5-14　粗壮根扦插

（引自刘宏涛等，2005）

图5-15　水插法

（引自刘宏涛等，2005）

粗壮根类根插　这种粗壮根可直接在露地进行扦插，插穗长10~20cm，横埋于土中，深约5cm(图5-14)。

此外，以水作为扦插基质的水插法（图5-15），一般是将插穗固定于有孔的木板或其他轻质物体上，支撑插穗浮于水面，或者直接插于盛水的玻璃瓶中。经常注意保持水的清洁，待生根后及时上盆栽培。

5.4.3　扦插后的管理

扦插繁殖的生根率和成活率的高低，不仅取决于扦插前对插穗和插壤的处理方法是否科学，扦插期和扦插方法是否合理，而且在很大程度上也取决于扦插后的管理是否有效。俗话说"三分栽，七分管"，这是实践经验的总结。扦插后的管理同样重要，应引起足够的重视。扦插后到生根前其管理的重点是水分、光照和温度的管理。

扦插后管理也很重要。一般扦插后应立即灌一次透水，以后注意经常保持插壤和空气的湿度，做好保墒及松土工作。插穗上若带有花芽应及早摘除。当未生根之前地上部已展叶，则应摘除部分叶片，在新苗长到 15 ~ 30cm 时，应选留一个健壮直立的枝条，其余抹去，必要时可在行间进行覆草，以保持水分和防止雨水将泥土溅于嫩叶上。硬枝扦插对不易生根的树种，生根时间较长应注意必要时进行遮阴，嫩枝露地扦插也要搭荫棚遮阴降温，每天 10：00 ~ 16：00 遮阴降温，同时每天喷水，以保持湿度。用塑料棚密封扦插时，可减少灌水次数，每周 1 ~ 2 次即可，但要及时调节棚内的温度和湿度，插穗扦插成活后，要经过炼苗阶段，使其逐渐适应外界环境再移到圃地。在温室或温床中扦插时，当生根展叶后，要逐渐开窗流通空气，使逐渐适应外界环境，然后移至圃地。

温度的控制也是插穗生根的重要方面。植物最适生根的温度一般是 20 ~ 25℃，早春扦插时的地温较低，达不到适温要求，往往要用地热线增加插壤土温来催根；夏季和秋季扦插，地温较高，气温更高，需要通过遮阴和喷水来降气温，设法达到适宜温度；冬季扦插时气温地温都很低，则需要在温室内进行。

（1）插床扦插后的管理

通常在插穗未生根成活之前（1 ~ 2 个月），插床应严格用塑料薄膜密封。尽量减少开启塑料薄膜次数，每日喷水 3 ~ 4 次，以保持床内较高的空气湿度。在此期间，每天早晚可打开约 10min 通气，并借此机会检查插穗情况，清除枯枝落叶。在夏季高温期，每天中午温度过高，要在插床外面和顶上洒水降温。

用自动喷雾插床，在扦插前的 1 ~ 2 周应加大喷雾强度和增加喷雾的次数，以后逐渐减少。插床内喷水要根据扦插基质的保水性能区别对待。排水好的多喷几次；保水好排水差的应少喷。

普通插床要适当遮阴，尤其是春末至秋季这一时期内。阳光过强会使床温增高和湿度降低，这对扦插成活十分不利，一定要注意遮阴。

扦插一段时间后，要检查生根情况，检查时不可硬拔插穗，要轻轻将插穗和基质一起挖出，重新栽入时要先打洞再栽，避免伤害主根和愈伤组织。

插穗生根后，应逐渐减少喷水，降低温度，增强光照，以促进插穗根系的生长，若根系已生长发达，就要适时移栽，否则在无营养的基质中生长时间过长，新植株会因缺乏养分而老化衰弱。

（2）露地扦插后的管理

一般露地扦插后不需要任何特别的保护设施，有时只需在露地插床上铺一层草，以保持土壤的湿润，防止表土迅速干燥。常绿植物及嫩枝扦插，在插后要架设阴棚，并注意浇水、洒水，以增加空气湿度。待扦插成活后，长到 20cm，可稍施稀薄粪水，勤除杂草以促进生长。如果一株上有 2 ~ 3 个芽，应选优良健壮者保留一个，其余都抹去。有时插穗下端产生愈合组织，但变为紫红色的球状体且不发根，发现这种现象时，应把插穗拔出剪削，削至青绿色的皮层为止，经消毒后重新插入土中，即可刺激生根。

5.5 扦插育苗新技术

5.5.1 全光照自动喷雾技术

5.5.1.1 全光照自动喷雾扦插的由来

插穗在长时间的生根过程中，能否生根成活，最重要的是保持枝条不失水。扦插过程中所采取的各种措施都是为了保持枝条的水分，为了给脱离母株的枝条创造不失水条件，而且还要补充枝条生命活动所需的水分，以及适宜生根的其他营养和环境条件。

早在1941年美国的莱尼斯、卡德尔和弗希尔等同时报道了应用喷雾技术可以保持枝条不失水分，而且促进了插穗生根的效果。20世纪60年代美国研究人员发明了用电子叶控制间歇喷雾装置，并证明其效果及经济效益皆优，才使扦插的喷雾装置进入生产应用阶段。1977年国内开始报道并引用了这种新技术。在我国，80年代初南京林业大学谈勇首先报道了"电子叶"间歇喷雾装置的研制和在育苗中的成功应用。湖南省林业科研所和其他单位相继研制了改良型"电子叶"和"电子苗"，北京市园林局、中国科学院北京植物园等也先后研制成功"电子叶"间歇喷雾装置。1983年吉林铁路分局许传森研制了干湿球湿度计原理的传感器及其全套喷雾装置，并推广到全国许多育苗单位使用。1987年林业部科技情报中心研制了2P-204型自动间歇喷雾装置的水分蒸发控制仪也向全国推广。仅十几年时间，全光照雾插遍及全国许多育苗单位，1995年中国林业科学院又推出了旋转式全光雾插装置，大大提高了育苗苗床的控制面积，产生了很好的育苗效果和经济效益。

5.5.1.2 全光照自动喷雾装置

（1）湿度自控仪

接收和放大电子叶或传感器输入的信号，控制继电器开关，继电器开关与电磁阀同步，从而控制是否喷雾。湿度自控仪内有信号放大电路和继电器。

（2）电子叶和湿度传感器

电子叶和湿度传感器是发生信号的装置。电子叶是在一块绝缘板上安装上低压电源的两个极，两极通过导线与湿度自控仪相连，并形成闭合电路。湿度传感器是利用干湿球温差变化产生信号，输入湿度自控仪，从而控制喷雾。

（3）电磁阀

电磁阀即电磁水阀开关，控制水的开关，当电磁阀接受了湿度自控仪的电信号时，电磁阀打开喷头喷水。当无电信号时，电磁阀关闭，不喷水。

（4）高压水源

全光照自动喷雾对水源的压力要求为 $1.5\sim3kg/cm$，供水量要与喷头喷水量相匹配，供水不间断。小于这个水的压力和流量，喷出的水不能雾化，必须有足够的压力和流量。

全光照自动喷雾装置如图5-16所示。

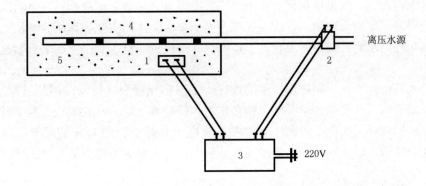

图5-16　全光照自动喷雾装置图
1. 电子叶　2. 电磁阀　3. 湿度自控仪　4. 喷头　5. 扦插床

5.5.1.3　工作原理

喷头能否喷雾，首先在于电子叶或湿度传感器输入的电信号。电子叶和湿度传感器上有两个电极，当电子叶上有水时，电子叶或湿度传感器闭合电路接通，有感应信号输入，微弱电信号通过无线电路信号逐级放大，放大的电信号先输入小型继电器，小型继电器再带动一个大型继电器，大型继电器处于有电的情况下，吸动电磁阀开关处于关闭状态。当电子叶上水膜蒸发干了时，感应电路处于关闭状态，没有感应信号输入小型继电器和大型继电器。大型继电器无电，不能吸下电磁阀开关，电磁阀开关处于开合状态，电磁阀打开，喷头喷水。水雾达到一定程度时，又使电子叶闭合电路接通，有感应信号输入，又经上述信号放大，继电器联动、吸动电磁阀开关关闭。这样周而复始地进行工作。

5.5.1.4　全光照自动喷雾扦插注意事项

全光照自动喷雾扦插的基质必须是疏松通气、排水良好，床内无积水，但又保持插床湿润。

全光照自动喷雾扦插的插穗，一般来讲，插穗所带叶片越多，插穗越长，生根率就随之提高，较大的插穗成活后苗木生长健壮，但插穗太长，浪费插穗，使用上不经济。因此一般以10～15cm为宜。相反，插穗叶片少，又短小，成活率低，苗木质量差，移栽成活率低。插穗下部插入基质中的叶片、小枝要剪掉。

全光照自动喷雾扦插若采用生根生长调节剂处理，更能促进插穗生根，特别是难生根的树种采用生长调节剂处理能提高生根率，可提前生根，增加根量。自动喷雾扦插容易引起插穗内养分溶脱，原因是经常的淋洗作用，使插穗内激素也被溶脱掉。使用生长调节剂处理可增加插穗养分，并提前生根，因此采用喷雾扦插加生长调节剂处理就显得更为重要。

全光照喷雾扦插苗床的使用，在不同纬度和地区，存在着时间的差异。北京地区每年5～8月为使用的黄金季节，过早或过晚因气温低而生根难。但是如果将苗床建在温室或塑料大棚内,可以提早和延长使用时间各 1 个月;如果插床底部铺装电热线与湿控仪接通,则可一年四季使用。也就是说把全光照喷雾苗床与电热温床结合使用,在温室内建造永久性的水泥扦插苗床。在人工控制温、湿度的条件下,一年四季都能进行扦插繁殖。

各地水质条件不一,利用地下水的地区,多因矿化度高,使用时间超过两个月时,常因杂质堵塞喷头的喷嘴,电子叶上积存水垢,使喷雾不匀,喷程缩短,电子叶感应不灵,影响使用效果。因此,每两个月将喷头及电子叶卸下,用 15% 的稀盐酸浸泡喷头和电子叶的叶面。电子叶切不可全浸入稀盐酸中,以免对无垢部分造成腐蚀。

5.5.2　基质电热温床催根育苗技术

电热温床育苗技术是利用植物生根的温差效应,创造植物愈伤及生根的最适温度而设计的。利用电加温线增加苗床地温,促进插穗发根,是一种现代化的育苗方法。因其利用电热加温,目标温度可以通过植物生长模拟计算机人工控制,又能保持温度稳定,有利于插穗生根。在花卉扦插、林木扦插、果树扦插、蔬菜育苗等方面,都已广泛应用。先在室内或温棚内选一块比较高燥的平地,用砖作沿砌宽 1.5m 的苗床,底层铺一层黄沙或珍珠岩。在床的两端和中间,放置 7cm × 7cm 的方木条各 1 根,再在木条上每隔 6cm 钉上小铁钉,钉入深度为小铁钉长度的 1/2,电加温线即在小铁钉间回绕,电加温线的两端引出温床外,接入育苗控制器中。其后再在电加温线上辅以湿沙或珍珠岩,将插穗基部向下排列在温床中,再在插穗间填铺湿沙(或珍珠岩),以盖没插穗顶部为止。苗床中要插入温度传感探头,感温头部要靠近插穗基部,以正确测量发根部的温度。通电后,电加温线开始发热,当温度升为 28 ℃时,育苗控制器即可自动调节进行工作,以使温床的温度稳定在 28 ℃ ±2 ℃范围内。温床每天开启弥雾系统喷水 2 ~ 3 次以增加湿度,使苗床中插穗基部有足够的湿度。苗床过干,插穗基部皮层干萎,则不会发根;水分过多,会引起皮层腐烂。一般植物插穗在苗床保温催根 10 ~ 15d,插穗基部愈伤组织膨大,根原体露白,生长出 1mm 左右长的幼根突起,此时即可移入田间苗圃栽植。过早过迟移栽,都会影响插穗的成活率。移栽时,苗床要筑成高畦,畦面宽1.3m,长度不限,可因地形而定。先挖与畦面垂直的扦插沟,深 15cm,沟内浇足底水,插穗以株距 10cm 的间隔,将其竖直在沟的一边,然后用细土将插穗压实,顶芽露在畦面上,栽植后畦面要盖草保温保湿。全部移栽完毕后,畦间浇足一次定根水。

该技术特别适用于冬季落叶的乔灌木插穗,枝条通过处理后打捆或紧密竖插于苗床,调节最适的插穗基部温度,使伤口受损细胞的呼吸作用增强,加快酶促反应,愈伤组织或根原基尽快产生。如石榴、桃(*Amygdalus persica*)、银杏等植物皆可利用落叶后的光秃硬枝进行催根育苗。具有占地面积小,高密度的特点(每平方米可排放插穗 5000 ~ 10 000 株)。

电热温床应注意的事项:

①如与电热温床结合,在温室用水泥制作永久性苗床,应考虑排水问题。

②扦插前应用喷壶喷水,使基质充分吸水,扦插后再喷 1 次水,起到压实的作用,使基质与插穗紧密连结在一起,以利生根。

③停用时，应将湿控仪及电磁阀、电子叶拆卸下来，擦拭干净存放于干燥处保存，以备下一季节使用。管内存水应排干净，喷头也应卸下擦拭干净保存留用，主管口应包封。

④插床在第二季使用前，应对基质进行消毒。同时整个装置应该进行 1 次调试，以便及时发现停用期间管道铁锈堵塞喷头等问题。

⑤保持插床清洁，及时清除枯叶及未生根的插穗，以免在床内高温、高湿下发霉腐烂。

⑥起苗时不要用花铲等铁制工具，避免切断或划破电热线。最好用手扒苗(带上基质)。

⑦电热苗床温度高，为了使幼苗适应外界环境，起苗上盆的前 7～10d 可停电炼苗，提高扦插苗的成活率。

5.5.3　雾插技术

雾插技术又称空气加湿加温育苗技术。若于冬季寒冷的季节育苗，就需开启空气加热系统。用于加热的热源有空气加热线或燃油燃气热风炉，安上热源后，再与植物生长模拟计算机连接后实现自控，使空气温度达到最适。另外，用于植物快繁中的雾插(或气插)技术，为密闭的雾插室提供稳定的生长生根温度。

5.5.3.1　雾插的特点

雾插(或气插)是在温室或塑料棚内把当年生半木质化枝条用固定架把插穗直立固定在架上，通过喷雾、加温，使插穗保持在高湿适温和一定光照条件下，愈合生根。雾(气)插因为插穗处于比土壤更适合的温度、湿度及一定光照环境条件下，所以愈合生根快，成苗率高，育苗时间短，如珍珠梅(*Sorbaria sorbifolia*)雾插后 10d 就能生根，如土插就要 1 个多月。雾插法节省土地，可充分利用地面和空间进行多层扦插。其操作简便，管理容易，不必进行掘苗等操作，根系不受损失，移植成活率高。它不受外界环境条件限制，运用植物生长模拟计算机自动调节温度、湿度，适于苗木工厂化生产。

5.5.3.2　雾插的设施与方法

(1)雾插室(或气插室)

一般为温室或塑料棚，室内要安装喷雾装置和扦插固定架。

(2)插床

为了充分利用室内空间，在地面用砖砌床，一般宽为 1～1.5m，深 20～25cm，长度以温室或棚长度而定，床底铺 3～5cm 厚的碎石或炉渣，以利渗水，上面铺上 15～20cm 厚的沙或蛭石作基质，两床之间及四周留出步道，其一侧挖 10cm 深的水沟，以利排水。

(3)插穗固定架

在插床上设立分层扦插固定架。一种是在离床面 2～3m 高处，用 8 号铅丝制成平行排列的支架，行距 8～10cm，每根铅丝上弯成 U 字形孔口，株距 6～8cm，使插穗垂直卡在孔内。另一种是空中分层固定架，这种架多用三角铁制作，架上放塑料板，板两边刻挖等距的 U 形孔，插穗垂直固定在孔内，孔旁设活动挡板，防止插穗脱落。

(4)喷雾加温设备

为了使雾插室内有插穗生根适宜及稳定的环境，棚架上方要安装人工喷雾管道，根据雾喷距离安装好喷头，最好用弥雾，通过植物生长模拟计算机使室内相对湿度控制在 90% 以上，温度保持 25~30 ℃，光照强度控制在 600~800lx。

5.5.3.3 雾插繁殖的管理

(1)插前消毒

因雾插室一直处于高湿和适宜温度下，有利病菌的生长和繁衍。所以必须随时注意消毒，插前要对雾插室进行全面消毒，通常用 0.4%~0.5% 的高锰酸钾溶液进行喷洒，插后每隔 10d 左右用 1∶100 的波尔多液进行全面喷洒，防止菌类发生，如出现霉菌感染可用 800 倍退菌特喷洒病株，防止蔓延，严重时可以拔掉销毁。

(2)控制雾插室的温、湿度和光照

要使插穗环境稳定适宜，如突然停电，为防止插穗萎蔫导致回芽和干枯，应及时人工喷水。夏季高温季节，室内温度常超过 30 ℃，要及时喷水降温，临时打开窗户通风换气，调节温度。冬季，白天利用阳光增温，夜间则用加热线保温，或用火道、热风炉等增温。

(3)及时检查插穗生根情况

当新根长到 2~3cm 时就可及时移植或上盆，移植前要经过适当幼苗锻炼，一般在阴棚或一般温室内，待生长稳定后移到露地。

5.6 部分花卉商业扦插苗生产

5.6.1 一品红扦插苗生产

现在高档的一品红种苗一般都采取在温室大棚中以花泥或泥炭为基质、以嫩梢作为插穗栽培，用这种方法培育出的种苗长势整齐、根系发达、成活率高。现将以花泥作为基质的扦插技术介绍如下。

5.6.1.1 插穗的剪取

剪穗前应准备的工具：干净的塑料袋，在袋上打 8~10 个直径约 5mm 的通气小孔，袋中铺一张已经消毒的湿报纸，若干把剪苗用刀具，装有 0.3%~0.5% 高锰酸钾消毒液的小盆子。

取苗前先将工作区域的遮阳网打开，取苗的母株应是专门培育的优良品种，切忌从开过花的植株上取苗，用刀具从母株上剪取生长健壮、无病虫害的嫩梢，长度为 3~4cm(包括芽的长度)，摘去嫩梢下部 1~2 片叶，每剪取 10 条嫩梢应立即放入袋中，以免嫩梢失水过多，每剪 5 棵母株应换一把刀具，使用过的刀具放回装有高锰酸钾消毒液的盆子中，经消毒后方能再次使用，刀具的拿、放要按先后顺序。

每袋大约可装嫩梢150条，每装满一袋插穗后，用湿报纸包裹好插穗，再将袋口封好，在袋外面贴上写有采取插穗的品种、数量、采收人等事项，这样做的目的是防止品种的混淆及采收的插穗质量的监控。插穗采收完后应对母株喷施杀菌剂。

采收好的插穗要尽快地运到温度为18℃左右的库房或空调房中，存放约1d后，再拿出来扦插。切忌采取完后立即拿来扦插，如果不等嫩梢的切口流出的胶液凝固、阴干就扦插，则会影响将来插穗的出根。

5.6.1.2　扦插

扦插前要对摆放用的铁床、卡槽、穴盘（新穴盘可免消毒）进行消毒处理。铁床可用常见的消毒剂喷雾消毒，卡槽、穴盘可用0.3%～0.5%高锰酸钾溶液浸泡消毒。

在铁床上将卡槽摆放、固定好，卡槽间间隔约6cm，再将穴盘钳入卡槽中，后将花泥放置于穴盘内。扦插前对花泥淋透3次水，目的是使花泥充分软化及冲淋掉花泥中的粉渣以免以后根部积水。

在白天进行扦插操作时应将工作区域的遮阳网打开，用经高温消毒的红泥加适量的吲哚丁酸（IBA）拌成糊状，作为生根剂。扦插时将插穗蘸一下生根剂，插穗蘸生根剂的深度约为1cm，扦插深度以恰好露出整个嫩芽为好。扦插完后要尽快淋透水。

5.6.1.3　后期管理

（1）拔心

即拨开遮住嫩芽的叶片和过于荫蔽的叶片。在扦插完的当天或第2天对扦插苗进行拔心，拔心的作用是让嫩芽、叶片更好地接受光照。这项工作在此后的育苗管理工作中视种苗的生长情况再进行1～2次。

（2）肥水管理

一品红喜微酸性，浇灌用水pH值应在6.0～6.5，保持基质湿润，出根前白天经常向叶面喷雾，正常情况约30min一次，每次1～3min，保持叶面湿润。傍晚停止喷雾，以免夜间湿度过大引发病害，这点在气温较低的季节尤为重要。

出根后停止喷雾，根据基质（花泥）的湿润情况，1～2d淋一次水肥，此阶段一般不需单独淋水。水肥EC值为0.8，每次淋水肥都要检测流出液的EC值、pH值，如流出液的EC值过高，改为淋清水，待EC恢复正常后再淋水肥。大约在扦插15d后，将水肥的EC值上调为1.0mS/cm，水肥所用的肥料最好是一品红生长期专用肥。

（3）光、温、湿管理

除夏季光照较强外，一般情况下不需遮阴，秋冬季育苗夜间进行3～4h的补光。白天湿度保持在85%左右，晚上棚内湿度适当降低一些。白天棚内温度以25～28℃为宜，晚上以20℃左右为宜，冬季晚上温度不能低于15℃，如低于15℃，应加盖薄膜或用加温设备加温。

（4）病虫害防治

常见的病害有根腐病、茎腐病，可使用福美双、苯来特防治。常见的虫害有白粉虱、蚜虫，可用扑虱净等防治。每隔 10d 左右进行一次病虫害防治，采取叶背面喷雾法。

插穗经过 7 ~ 10d 即可生根，25 ~ 30d 苗高 6 ~ 8cm 即为最佳的上盆时机。

5.6.2　新几内亚凤仙扦插生产

新几内亚凤仙种子通常很难获得，除杂交一代用种子繁殖外，几乎全部通过扦插繁殖。花卉生产者可以通过多种途径获得新几内亚凤仙插穗，但必须保证是不带病虫害的高质量的繁殖材料。

5.6.2.1　插穗的选择

选择生长良好，无病虫害的植株作为母株，专门用于剪切插穗。2 ~ 2.5cm 的带顶芽插穗是最佳的繁殖材料，要求带有不超过 2 片完全展开的叶片和 3 ~ 4 片未完全展开的叶片。最下部叶片以下留 1.0 ~ 1.3cm 茎段，以便能插入基质。扦插密度以插穗叶片不相互覆盖为宜。若插穗已经出现花蕾，应将所有花蕾摘除，或弃置不用。国内进行新几内亚凤仙扦插繁殖时，插穗有时长达 6 ~ 7cm，甚至超过 10cm，造成母株养护困难，浪费繁殖材料。另外，较长的插穗成熟度高，可能已经完成了花芽分化，生根困难，且带有各种病虫害的可能性较大，破坏植株生长的整齐度。插穗应随剪随插，若不能及时扦插，则应放在开口袋中，连续喷雾。新几内亚凤仙插穗生根率接近 100%，一般不需使用生根素处理。

与扦插有关的所有物品均需保持洁净状态，一切与插穗接触的物品均需消毒。扦插器具可用 10% 医用消毒剂浸泡 60min，也可用 10% 家用漂白剂消毒 30min。

5.6.2.2　扦插基质

可以采用多种扦插基质，如泥炭、蛭石、珍珠岩、河沙等，但所有基质必须排水良好，具有较高的透气性。实践证明泥炭与蛭石按 1∶1 的体积比混合非常适宜新几内亚凤仙插穗生根。扦插基质可溶性盐含量低于 0.75mmhos/cm（EC = 0.75mS/cm），pH 值维持在 5.5 ~ 6.5 之间。

5.6.2.3　管理

扦插期间光照强度控制在 14 000lx 左右。生根以后可将光照强度增大到 23 000lx 左右，以提高根的生长速度。白天温度 24℃，夜温控制在 21 ~ 22℃。基质温度为 22 ~ 24℃ 时最适宜生根，最好通过地温加热。如果采用室内全光喷雾扦插，随着天气的不同，喷雾频率从晴天的每 15min 喷雾 5s 递减到阴天的每两小时喷雾 5s；夜间不必喷雾，否则对生长不利。若采用小拱棚扦插，则每天喷雾 1 ~ 2 次，白天适当通风，夜间覆盖。在高温高湿条件下，5 ~ 7d 形成愈伤组织；10 ~ 14d 根长达到 0.6cm，喷雾频率减至每半小时一次；3 ~ 4 周后，根长至足够长度，可进行移栽上盆。扦插期间不必施肥。插穗根长至足够长度以后应立即移栽上盆，否则将限制根的自由发展。

5.6.3　香石竹扦插生产

香石竹切花生产用苗，在国外进行规模生产时，一般都由专业化的扦插苗生产企业提供商品苗。我国目前香石竹生产除了从国外引进部分种苗外，也已逐步形成了种苗生产的产业。

5.6.3.1　母株养护

(1) 母株栽植的环境

经过组织培养获得的脱毒苗，离开无菌环境的玻璃试管瓶之后，是作为香石竹栽培苗的组培原种，栽植于组培原种圃。在组培原种圃采取插穗，扦插成活的幼苗称为原种，也称扦插第1代苗。由母本圃生产切花商品用苗，也即为第2代扦插苗，用于大田生产。

香石竹在栽培过程中极易感染病毒病与细菌性的萎蔫病、立枯病，因而从试管苗移植到栽植环境必须严格进行无菌消毒。在原种圃同样应在有较好隔离设施的大棚或温室内栽培，必须与切花生产分离，母株定植宜用离地的栽培高床，栽培基质可用泥炭与珍珠岩混配，并进行严格消毒。有条件的栽植床要用防虫网隔离昆虫侵入，定期喷洒药物，预防病害发生，采穗、摘心等各项操作，尽量带一次性手套进行手工操作。

(2) 母株栽植与管理

母株的定植期、定植密度、定植后的管理对插穗的生产效率与品质有很大影响。

定植时期　母株定植期应该根据生产上定植用苗的时期而定。1棵母株作周年栽培，可采到40~50枝插穗。通常在6月定植，采穗质量最好。

定植密度　母株定植株行距为15~20cm，25~40株/cm^2。降低栽培密度，采穗总量会有所减少，但每单株产量会有增加，插穗茎节增粗，质量有所提高。

母株栽植量　母株栽植量一般为切花栽培用苗量的1/40~1/30。即每一母株育苗30~40株。每公顷切花栽植为6000~8250株，采穗母株用地为300~375m^2。

母株栽培管理　母株栽植后的肥水管理要求对氮素营养稍高一些，每次采穗后作2次氮磷钾复合肥的补充。土壤灌水以使用滴灌方式为好，可避免叶面沾水。并定期喷洒药剂，防止病害发生。母株定植后15~20d，当苗高20cm左右时，留茬10cm左右，在4~5个节位处摘除顶芽，以促进侧枝萌发。一棵母株一般供采插穗的年限为1年，以后应更换母株。

5.6.3.2　插穗的采收

通常母株栽植后，经1~2次摘心，然后开始采穗。前期摘心下来的顶芽一般因发育不整齐，均不留作繁殖用。当摘心后20d左右，侧枝萌发伸长到15~16cm以上、有8~9对叶时，即可在每一分枝上留2~3个节采摘插穗。香石竹标准插穗应长12~14cm，鲜重4~5g以上，茎粗大于3mm，有4~5对展开的叶。所取插穗大小长短要整齐，长势健壮，无病。插穗可每周掰摘一次，同时去除弱芽，调整植株生长势。采穗前1~2d先对母株喷洒一次百菌清等杀菌剂，以防插穗带病。

5.6.3.3　插穗处理

采取的插穗需要进行整理，插穗基部折断的位置，应在茎节处，这有利于发根。每枝插穗保留顶端 3 对叶，其余叶全部摘除。按每 20 ~ 30 枝扎成一把，浸入清水中30min，使插穗吸足水分后再扦插，或用 500 ~ 2000mg/L 的萘乙酸(NAA)、吲哚丁酸(IBA)等生长调节剂浸泡插穗基部后再行扦插。

5.6.3.4　扦插

香石竹扦插苗床大都设置于温室或大棚内，用砖砌或木板围槽，宽度为 1m 左右，基质用清洁消毒的蛭石、珍珠岩或碳化稻壳、河沙等。插床基质厚度为 8cm 左右，并尽量设置全光照喷雾装置。扦插苗的株行距为 2 ~ 3cm，深度 2cm 左右，插后浇水使插穗与基质密接。

当基质的温度在 20 ~ 25℃时，香石竹的生根速度较快，温度过高或过低会延迟植株生根，因此在不同的季节要充分利用设施来满足植株对温度的要求。在高温季节中，可以通过遮阳网遮阴、喷雾、通风、浇水等措施来降低温度；而在低温季节则尽可能通过加强保温、透光以及加温的方式来满足对温度的要求。扦插以春秋两季生长快，成活率高，一般 15 ~ 20d 即能生根起苗。冬季 30 ~ 40d 起苗。夏季在全光照喷雾条件下 10 ~ 12d 即可成苗，但在高温高湿与排水不良情况下，很易感病烂苗。苗期仍然要重视喷杀菌剂防病。

5.6.3.5　插穗冷藏

香石竹插穗的采收是分批进行的，但为了在预定幼苗定植的时期，能比较集中地扦插苗出圃，可以将不同时期陆续采收的插穗，进行冷藏后同时扦插。另外采取插穗冷藏的措施，也可减少母株栽植数量，增加插穗产量，降低生产成本。

香石竹插穗的冷藏应注意下列一些问题：

①在秋季到春季的短日照条件下，生产的插穗质量较好，6 ~ 8 月的插穗较差，要把握好采穗的有效佳期。

②采收插穗宜在晴天进行。

③采穗前一天对母株要喷洒杀菌剂。

④冷藏温度为 - 0.5 ~ 1.5 ℃。

⑤为防止插穗失水，在冰箱内冷藏插穗上可盖湿布。

⑥在稳定的低温条件下插穗冷藏 3 个月，幼苗的发根率仍然良好，在特殊情况下冷藏期可达 6 个月，但冷藏期超过 3 个月，插穗易发生腐烂，高温期定植，幼苗易受伤。

⑦香石竹已发根的扦插苗也可通过冷藏，集中定植。但一般不如插穗冷藏安全。生根扦插苗冷藏期限为 2 个月。

5.6.3.6　成苗移栽

自扦插之日起，20 ~ 25d 后，香石竹的扦插苗 95% 以上长出了新根，可以移栽。移植到土质疏松，有机质含量丰富，pH 5.8 左右的土壤中，移栽时将种苗的根部顺着根部的生长方向轻轻地放入地穴中，再用土将根埋起来，用手指捏紧土壤与种苗结合部，使土壤与种苗结合紧密。在移栽过程中避免将根折断，或将根盘成团。定植深度不宜过深，刚刚把根埋起来为好，避免将茎部植入土中，定植后要及时浇透第一道定根水，以后的 7~10d 内要保证叶面湿润。

5.7 国际商业扦插苗的生产现状

20 世纪 90 年代以来，随着我国花卉产业的迅猛发展，组培和现代化育苗设施在花卉生产中广泛运用，花卉种苗的生产规模和数量迅速增加，香石竹、菊花等大多数花卉种类都基本实现了种苗本地化。但是，不同种苗生产企业的产品，甚至同一企业不同时期产品的质量良莠不齐，特别表现为很高的带毒、带病率。其原因之一，是目前我国缺乏统一的健康扦插种苗生产技术标准和有效的检验认证机制及程序，从而无法对整个种苗生产流程进行严格的质量控制。

欧美等发达国家是世界花卉繁育生产的中心，经过上百年的发展，具有了完备的花卉生产体系和认证程序。在这些国家和地区，花卉扦插苗都必须严格按照品种的获得及选择（作为专业种苗企业是不能随便克隆未经授权的商业品种的）、采穗母株系统病害的检测（包括维管束病菌检测及病毒检测）、采穗母株的获得及栽培养护、采穗计划的制订（根据市场需求、栽培季节等确定采穗数量、最佳采穗时期等）以及在保证卫生条件的基础上进行扦插繁殖等生产程序进行生产。

为防止植物病虫害在国际间蔓延，欧美等发达国家地区在充分考虑植物卫生安全的原则下，根据各自不同的情况，在花卉中逐项提出严格的种原健康生产标准，以便该地区农产品的安全流通。虽然欧美和日本的种苗生产标准不完全一样，但其基本内容是一致的。

5.7.1 种苗生产体系

一般健康种苗生产程序分为以下 3 个阶段：

(1)核心种苗生产

新品种或现有品种以及杂交种都可作为候选材料。扦插繁殖的花卉品种基本上都应采用茎尖培养以消除大多数的病原。

生产 用于生产核心种苗的候选材料应栽培保存在独立的防蚜虫温室中，并与核心种苗隔离开。所有植株应分别种植在装有灭菌生长基质的花盆中，并严格防治病原菌的侵染。这些病原菌以及其他病害是否对植株造成侵染可通过目测作定期检测。所有植株要分别进行病毒检测，并在生长至花期进行品种真实性检查。

保持 核心种苗通过组培进行保持与扩繁，这样可以保持核心种苗特性一致。此外，也可以栽培在专用于保存核心种苗的适宜防虫温室中。核心种苗应每年进行 1~2 次的病毒复检。从核心种苗上获得的插穗，只要种植在与核心种苗相同环境并分别通过病原检测，可以视为核心种苗。对检测中表现为阳性或出现任何感病症状（真菌、细菌、病毒)的植株应立刻清除。

任何一个株系的核心种苗都应保留几株和将所有植株栽种在栽培槽中,以进行病原检测。如果发现任何一株带病,所有这些植株则取消其核心种苗的资格,并进行复检。

(2)原种的扩繁

核心种苗在严格的保持条件下可以扩繁2代以上,扩繁的繁殖苗要栽培在防虫温室中的花盆或栽培槽中。所有植株的来源应记录清楚,这样每株种苗都可根据繁殖的代数追溯到核心种苗。

栽培期间,定期进行病虫害的防治。在目测检测时,所有表现病症的植株都要清除,并定期对原种随机抽样进行检测病毒。对所有检测出的带毒植株都要清除,如有必要应进行第2次检测。

(3)母本苗生产

从原种上生产的扦插苗经生根即为母本苗,母本苗生产的扦插苗即为鲜切花或盆花生产用种。母本苗应种植在隔离土壤的栽培槽中。定期进行病虫害防治,发现带病植株立刻消除,并对病毒进行随机抽样检测,对于真菌和细菌病害要经常进行目测检查。此外,经繁殖和母本苗生产的植株要检测品种纯度及是否发生变异。

5.7.2 检疫认证

(1)核心种苗

所有植株都进行病毒检测,不能检测出病毒,也不能检测出病菌,并且无任何植株表现有病毒、真菌、细菌等症状,否则不予认证。

(2)原种种苗

每一批次植株的病毒检测须为阴性,即未检测出病毒。否则,本批次中的每株都必须复检。无任何植株表现有病毒、真菌、细菌等感染症状,否则本批不予认证。

(3)母本苗

随机取样测定病毒,所有感染的植株必须被清除。如果同一批次的带毒率超过5%,则不予认证。目测观察的有病毒病症状的植株应低于1%,并且不能感染有各种真菌和细菌病害,否则此批次种苗不予认证。

5.7.3 种苗繁殖机构的注册和认证

在欧美,所有从事生产花卉核心种苗、繁殖苗、种苗的企业或机构需事先申请,经过官方注册认证,方可进行生产。注册单位每年需进行年审,如果结果达到要求,可以延续一年。生产机构应遵守认证规则,申报产品生产地点,并在每个生长阶段随时接受官方检查。根据从业者的设施设备情况,各国规定有所差异,一般可分为A、B两级。

(1)A级生产机构

要求批准生产和繁殖核心种苗和原种的机构为A级生产机构,此类机构必须达到:①采用以上规定的生产方法进行材料繁殖,并具有必要设施设备和受过培训的人员。如果茎尖脱毒转包给其他实验室,此实验室也应进行注册。②根据要求,提供完全隔离而封闭的设施以确保满足生产核心种苗生产。③提供隔离而封闭的空间以繁殖植株和生产扦插苗，核心种苗、原种的生产和繁殖都应分散在不相连的地方进行，以符合要求。④要配备必要的设备，以便花卉的生产及繁殖时期能有效地执行病原的检测。操作人员必须有足够的生物学及血清学检测经验。如果生物学及血清学检测是转包其他实验室执行，相关的实验室也必须经过注册。⑤如果生产过程中有组织培养，或转包给另外实验室执行，其相关项目都必须注册。

（2）B级生产机构

注册只可生产母本插穗的企业或机构即B级生产机构。生产条件应符合母本繁殖和生产的设施设备要求。

小　结

本章首先阐述了扦插的意义、分类、原理、影响扦插成活的因素等基础理论。然后详细介绍了扦插苗生产及最新技术等，并介绍了一品红、新几内亚凤仙、香石竹等商业扦插苗的生产技术。最后简单介绍了国际商业扦插苗的生产现状。

思考题

1. 扦插的分类方法有哪些？各分为几类？
2. 影响插穗生根的因素有哪些？如何促进生根？
3. 扦插前应如何准备插穗？如何进行扦插育苗？
4. 扦插育苗新技术有哪些？

参考文献

刘宏涛. 2005. 园林花木繁育技术［M］. 沈阳：辽宁科学技术出版社.

苏金乐. 2003. 园林苗圃学［M］. 北京：中国农业出版社.

周心铁，杨承桂. 1988. 松树针叶育苗［M］. 北京：中国林业出版社.

JOHN M D, JAMES L G. 2006. Cutting propagation：a Guide to propagating and producing floriculture crops［M］. Batavia Illionois：Ball Publishing.

6

花卉分株苗、嫁接苗及压条苗生产

利用有性繁殖进行花卉种苗生产简便易行，繁殖量大，但实生繁殖易发生变异，大多具有无法保持原有品种的优良性状等不利因素。利用花卉营养器官的一部分进行的无性繁殖具有保持母本的优良性状，且育苗周期短，开花结实早等优点；不足的是有些花卉的无性繁殖苗生长势及生活力不及实生苗。分生、嫁接和压条等繁殖方法是花卉生产上传统的无性繁殖方法，也常用于雌雄蕊退化或因染色体倍数问题而不能结实的花卉种类，以及优良的园艺花卉变种的繁殖，还用于种子繁殖生长缓慢或到开花期时间太长的花卉种类。

6.1　分株苗生产

一些园林花卉植物具有自然分生能力，并借以繁衍后代。分株繁殖是利用花卉植物具有自然分生能力特点而进行生产性繁殖的方法，即人为地将植物体分生出来的幼植物体，或植物营养器官的一部分与母株分离或分割，分别进行栽植，形成若干个独立的新植株的繁殖方法。分株繁殖是无性繁殖的主要方法之一，具有新个体能保持母株的遗传性状，繁殖方法简便，容易成活，成苗较快等特点，但大多数繁殖系数较低。分株是宿根花卉和部分木本花卉常采用的繁殖方法。在生产上，根据分生部位不同可归纳为以下几种分株繁殖的形式。

6.1.1　根蘖

许多花卉，尤其是宿根花卉的根系或地下茎生长到一定阶段，在自然条件或外界刺激下可以产生大量的不定芽，当这些不定芽发出新的枝芽后，连同部分根系一起被剪离母体，成为一个独立植株，就是将大

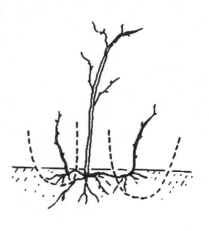

图 6-1　根　蘖

丛母株分割成若干小丛。这类繁殖方式统称为根蘖繁殖，所产生的幼苗称为根蘖苗，如图6-1所示。

根蘖苗保留了母株的优良性状，在发育阶段上是母株生长发育的继续，生长阶段性较高，因此苗木生长快，并能提早开花结果。同时，繁殖技术操作简便，投资少，节约土地，节省劳力。在生产上为了提高根蘖苗的繁殖率，通常采用行间挖沟的方法，因为母株根系在受伤后更易发生根蘖。

与种子实生繁殖育苗相比，根蘖苗的不足之处是繁殖系数小，出苗量少，常常难以满足大规模生产的需要；受母树营养水平和根系粗细等质量的影响，使根蘖幼苗大小、高矮、粗细不均、不整齐；对母树的破坏性较大，影响母树的生长。这些都直接影响根蘖繁殖在生产上的规模与应用。

根蘖分株繁殖有全分法和半分法两种。全分法是在分株时先将母株挖起，将母株分割成数丛，使每一丛上有2~3个枝干，下面带有一部分根系，适当修剪枝、根。然后分别栽植，经2~3年又可重新分株；半分法是在母株一侧挖出一部分株丛，分离栽植，如果要求繁殖量不多，也可不将母本挖起，而直接分离部分株丛。

根蘖分株繁殖适用于萱草(*Hemerocallis fulva*)、兰花、一枝黄花(*Solidago canadensis*)、南天竹(*Nandina domestica*)、蜡梅(*Chimonanthus praecox*)、茉莉、短穗鱼尾葵(*Carvota mitis*)、棕竹(*Rhapis excelsa*)、天门冬(*Asparagus cochinchinensis*)、玫瑰、石榴、银杏等，也适用于丛生型竹类繁殖如佛肚竹(*Bambusa ventricosa*)、观音竹(*Rhapis excelsa*)等，以及禾本科中一些草坪地被植物。分株的时间在春、秋两季。秋季开花者宜于春季萌发前进行，春季开花者宜在秋季落叶后进行，大多数树种宜在春季进行，而竹类则宜在出笋前一个月进行。

下面将常见根蘖分株繁殖的花卉简介如下。

6.1.1.1　市市花卉

不同花卉所采用的分株繁殖方法各有不同，有些种类的木本花卉在分株繁殖前需将母株从田内挖出，并尽可能地多带根系，然后将整个株丛分成若干丛，每丛都带有较多的根系，如牡丹等。而另一些萌蘖力很强的花卉种类，在母株的四周常萌发出许多幼小株丛，在分株时可不必挖掘母株，只需将分蘖苗分离挖出另栽即可，如蔷薇、月季等。

(1)牡丹

毛茛科芍药属落叶小灌木。单瓣花牡丹结籽多，生产上常用种子进行繁殖；半重瓣和重瓣花的品种多因雄蕊和雌蕊多退化或瓣化，不实或结籽少，大多采用无性繁殖，包括分株、嫁接、扦插、压条和组织培养法。牡丹没有明显的主干，为丛生状灌木，很适合分株，也较简便易行。其优点是成苗快，新株生长迅速；缺点是繁殖系数小，苗木规格大小不一，商品性差。

牡丹有"秋生根"的习性，在菏泽、洛阳一带，牡丹分株一般于9月上旬至10月上旬期间进行，这期间的地温非常适合于新根系的形成。牡丹生长3年即可进行分株繁殖，但以4~5年生的母株为好。将母株从母本园挖出，去掉泥土，剪除病根和伤根，晾晒1~2d，使根部失水变软，这样分株时不易伤根。分株时应注意观察根部纹理，顺其自然之势用双手拉开，或用剪刀、斧凿等剪开、劈开，一般4~5年生母株可分3~5株，多者可分5~8株。每棵分株苗地上部应带有1~3个枝条或2~3个萌蘖芽，下部应带有3~5条大根和部分细根，使枝根比例适当，上下均衡。分株后伤口处最好用1%硫酸铜或0.5%高锰酸钾溶液涂抹消毒，以防治感染病害。选择地势稍高、排水良好、阴凉、肥沃的圃地进行栽培，喷洒一些敌敌畏等药剂防治害虫伤根。栽植时将根理直舒展，不可扭曲。栽好覆土并踩实，连续浇几次水，使土壤完全沉实，与根接触密实。华北地区天寒，第1年要保护越冬，要对植株进行包裹等防寒处理。裹前要先用草绳将枝条捆拢，捆前把叶子剪去，保留一部分叶柄的保护芽不致碰坏。第2年3月中、下旬再打开。

近几年，牡丹从株苗开始，培育盆花和切花，建观赏园，直至最后将牡丹进行深加工，已形成一条产业链，牡丹的商品生产逐渐呈现多元化发展态势，开始向成品化，深加工等发展转变。如鲜切花已经开始出口到欧美等地；2002年河南省制定了牡丹分株种苗的质量标准，见表6-1。

表6-1　河南省牡丹分株种苗的质量标准

项　目		质　量　等　级		
		一级	二级	三级
枝	数量/个	≥2	≥2	≥2
	枝长/cm	≥18	≥16	≥14
	枝径/cm	≥0.5	≥0.4	≥0.4
根	数量/个	≥3	≥3	≥3
	根长/cm	≥20	≥20	≥20
	根粗/cm	≥0.8	≥0.6	≥0.6
芽		饱满	饱满	基本饱满
品种纯度/%		≥99	≥97	≥95
病虫害		无检疫对象		
外　观		整批外观整齐、均匀，枝芽完好，根系完整	整批外观基本整齐、均匀，枝芽完好，根系损伤较小	整批较整齐、均匀，枝芽基本完好，根系损伤较小
起苗后处理		去除枯叶残叶和老根、病根，并经药物处理		
起苗时间		符合起苗期(一般每年9~12月)，其他时间需带土团起苗		

(2) 茉莉

木犀科素馨属常绿灌木。茉莉花从原产地的热带地区引进我国亚热带、温带地区种植，由于所处的环境条件与原产地有很大的不同，导致雌蕊、雄蕊退化、发育不完全，难以结籽。因此，在我国花卉生产上，茉莉花不用种子实生繁殖。由于茉莉再生能力强，生产上均采用无性繁殖的方法来繁殖，主要方法有扦插繁殖、压条繁殖、分株繁殖等。

茉莉的分株繁殖是将母株整株掘起或从盆中倒出，用枝剪或利刀从分蘖处剪开或切割，按 2~3 个丛生茎为一小株分成若干部分，尽可能保护好根系。然后按规定的株行距栽植。分株的时间应在新芽未发、树液未动的早春进行为好。秋季进行也可，但最迟不要超过 9 月，气温太低不利生根。茉莉分株也有不将母株挖起或从盆中倒出，直接在地上或盆中分开的。这样操作虽然麻烦一些，但母株受影响较小。

(3) 玫瑰

蔷薇科蔷薇属落叶灌木。玫瑰以分株繁殖为主，也可压条、扦插繁殖。玫瑰在分株前 1 年，要在母株根际附近松土（伤根）、施足肥料，同时保持土壤疏松湿润，促进根部大量萌蘖。因玫瑰分蘖能力很强，每次抽生新枝后，母枝易枯萎，因此必须将根际附近的嫩枝及时分株移植到别处去，使母枝仍能旺盛生长。每年 11~12 月，植株落叶后，或翌年 2 月芽刚萌动时，可从大花墩中挖取母株旁生长健壮的新株，每丛 2~3 枚，带根分栽。栽后自土面以上 20~25cm 处截干，培育 2~3 年即可成丛开花。

6.1.1.2 草本花卉

草本花卉如兰花、鹤望兰、萱草等，在生产上也常用分株繁殖。分株前先把母本从圃地掘出或从盆内脱出，抖掉大部分泥土，找出每个萌蘖根系的延伸方向，并把盘在一起的根分解开来，尽量少伤根系，然后用刀把分蘖苗与母株分割开，并对根系进行修剪，剔除老根及病根然后立即栽植。浇水后放在荫棚养护，如发现有凋萎现象，应向叶面和周围喷水来增加湿度，待新芽萌发后再转入正常养护。

(1) 鹤望兰

旅人蕉科鹤望兰属常绿宿根草本植物。鹤望兰可用播种、分株、组织培养等多种方法繁殖。在原产地鹤望兰的植株由体重仅 2g 的蜂鸟传粉，是典型的鸟媒植物。在我国一般栽培条件下，必须人工辅助授粉，才能结籽。由于实生繁殖种源缺乏，并有幼苗生长期长，且幼苗优劣不齐，致使花枝品质差异甚大等原因，我国鹤望兰生产多不采用实生繁殖。组培繁殖法只能用芽作外植体，常因鹤望兰外植体的氧化褐化严重，组培苗又极易发生变异，目前难于生产推广应用。因此，分株法是鹤望兰生产上常用的最佳繁殖法。

用于整株挖起分株的母株一般选择生长 3 年以上的具有 4 个以上芽、总叶片数不少于 16 枚、叶片整齐、无病虫害的健壮成年的植株。分株后用于盆栽的可选择有较多带根分蘖苗的植株。分株适宜时间也为 5~6 月。鹤望兰分株繁殖常用有保留母株和不保留母株两种方法。

不保留母株分株法，即整株挖起再进行分株。将植株整丛从土中挖起，用手细心扒去宿土并剥去老叶，待能明显分清根系及芽与芽间隙后，合理选择切入口，用利刀从根茎的空隙处将母株分成若干丛。在分株过程中应保证每小丛分株苗有 2~3 个芽，根系不应少于 3 条，总叶数不少于 8~10 枚。如果根系太少或侧芽太少，可 2 株合并种植。尽量减少根系损伤，以利植株恢复生长。切口应蘸草木灰，并在通风处晾干 3~5h，过长的根可进行适当短截，切口亦需蘸草木灰后进行种植。此法适用于地栽苗过密有间苗需要时。栽培数年后的鹤望兰因植株过密相互影响生长，减少产花量，而且不通风易受病虫害。此时可将一部分植株当母株分株繁殖，应留差挖优或挖差留优。通常生产上是挖优留差，差的留后再加强管理。

保留母株分株法，是在苗圃地中对生长过旺又无需间苗时，可不挖母株，直接在地里将母株侧面植株用利刀劈成几丛。这样对原母株的生长和开花影响比较小。如需盆栽应只从母株剥离少数生长良好侧株种植。

(2) 兰花

虽然大多数国兰品种可产生数量极多的种子，但绝大多数都难以发芽，只有极少种子可以正常萌发繁殖后代，生产上以无性繁殖为主。洋兰虽可以进行有性繁殖，但营养繁殖简便易行，大多数洋兰都常用无性繁殖；分株法繁殖是最为传统的繁殖方法。具有操作简单，成活率高，增株快，开花较早，确保品质特性等优点。随着组培快繁技术的应用，组织培养繁殖成为兰花规模生产中最主要的繁殖方式。

分株通常在种植后 2~3 年，兰株已经长满全盆时进行；为加快繁殖数量，可对具有 4 株以上的连体兰簇进行分株；为防止芽变及植株的退化，也可对仅是一老一新连体子母簇株进行分株。

兰花分株繁殖，一般一年四季均可进行。按其生理特性，最佳时机是在花期结束时，因为此时兰株的营养生长势较弱，不仅新芽尚未形成，而且连芽的生长点也尚未膨大，分株不易造成误伤。同时，花期已结束，一般不会再有花芽长出，也就不存在因分株而损害花芽的问题。另外，通过分株的刺激，还可以促其营养生长的活跃，提高兰株的复壮力和萌芽率。

在分株前一段时间要控制水分，分株时要保持盆土湿润，这时兰根较软，可避免出盆兰根折断。分株要选择生长健壮的母株，一般春兰(*Cymbidium goeringii*)每丛 7~10 筒，蕙兰(*Cymbidium faberi*)每丛 10 筒以上为宜。选好母株后，可将兰株从盆中轻轻脱出，将泥坨侧放或平坐在地，除去根部泥土，用剪刀小心修除枯叶及腐烂的根。修剪好后，再以清水洗刷假鳞茎和根部的土。刷时勿用力过猛，以免损伤根芽。然后用 40% 甲基托布津或百菌清 800 倍液消毒后，放置在阴凉处晾干。等根部发白变软时，用剪刀在假鳞基间处剪开，切口处涂上木炭，以利防腐，再种植盆内。

分离后的兰株，在上盆栽植时应注意：避免兰花新株的创口接触到基肥，以防溃烂。在基质未偏干时，不能浇水；在新根未长出时，尽量不施肥，以防发生烂根。但可以 1 周喷施叶面肥或促根剂 1 次。也可将叶面肥和促根剂稀释数倍后隔天喷施。

(3) 大花君子兰(*Clivia miniata*)

石蒜科君子兰属多年生草本植物。用播种或分株法繁殖。君子兰是异花授粉植物，为了促进结实，应进行人工辅助授粉，播种一般是为培育新品种。分株繁殖，可于春季进行，将母株根颈周围产生的 15cm 以上的分蘖(脚芽)。待脚芽长至 6~7 片叶时于春季换盆时，将母株周围的子株取出。分株后母株与子株的伤口都要涂细炉灰，以免伤口伤流，使伤口迅速干燥，防止腐烂。用播种土栽植，栽得略深一些以防倒伏。浇水后保持盆土潮润而不湿，保持较高的空气湿度和 20~25℃室温，1 个月左右就能长出新根，再用培养土栽植。较大的子株养护 1~2 年即能开花。

6.1.2 吸芽

吸芽是指某些花卉植物能自根际或地上茎叶腋间自然发生的短缩、肥厚呈莲座状的短枝。吸芽的下部可自然生根，因此可利用吸芽进行繁殖。如芦荟（*Aloe arborescens*）、石莲（*Sinocrassula indica*）、美人蕉等，在根际处常着生吸芽；观赏凤梨等花卉的地上茎叶腋间也易萌生吸芽，如图6-2。促进吸芽发生，可人为地刺激根茎。如芦荟，有时为诱发产生吸芽，可把母株的主茎切割下来重新扦插，而受伤的老根周围能萌发出很多吸芽。

图6-2　凤梨的地上茎叶腋间的吸芽

常由吸芽繁殖的乔、灌木花卉种类包括苏铁、火炬树（*Rhus typhia*）等植物；由这种方式繁殖的多浆类观赏植物有芦荟、石莲花等。

(1) 苏铁

苏铁科苏铁属植物。为常绿小乔木，原产我国华南地区，现各地多有栽培。在原产地温度较高，栽培10余年即可开花，且年年开花结实；但长江流域以北，由于日照较长及积温不够，难于开花，故有"千年铁树难开花"之说。苏铁的播种繁殖需要5年以上才能长成适宜造景的植株，而吸芽繁殖仅需2～3年即可长成一株苏铁盆景。因此，分株是苏铁生产中常用的繁殖方法之一。

华东等地苏铁一般常用根基发蘖或茎部蘖芽分栽，当铁树长到一定年龄，高约1m时，长势旺盛的可在叶基中产生吸芽。利用吸芽繁殖成活率可达80%～90%，分株时吸芽伤口越小越容易成活。当老株茎部长出蘖芽有鸡蛋大时，在早春3～4月用利刀切离母株，切割时尽量少伤茎皮，并剪去叶片，放置阴凉处，待伤口流液稍干后，再移栽到砂质壤土中，后浇一次透水，遮阴保温，2～3个月可长新根。家庭盆栽，常可购买吸芽，吸芽无根无叶，尖端有毛茸。买来后，种前需先浸入清水中，2～3d后取出，栽于土中，使土与吸芽密切接触。浇水后保持湿度并遮阴养护。

(2) 芦荟

百合科芦荟属多年生多肉植物。芦荟虽然也能开花结籽，但无性繁殖性能好，除了培育新芦荟品种，进行人工杂交、有性繁殖外，一般都采用无性繁殖。无性繁殖速度快，品种优良特征可以稳定保持下来，所以无论家庭种植，还是大规模产业种植园经营，都利用芦荟的营养器官进行繁殖。

分生繁殖是芦荟的主要繁殖方法。通过人工的方法，将芦荟幼株从母体分离出来，形成独立的芦荟新植株。分生繁殖在芦荟整个生长期中都可进行，但以春秋两季作分生繁殖时温度条件最为适宜。春秋分生繁殖的芦荟新苗返青较快，易成活，只要苗床保持良好的通气透水状态，芦荟分生苗很快可以恢复生长。

芦荟一般生长2～3年以上时，可从地下茎部或主茎的节部萌生出新的植株，当这样的植株长到5～10cm高时即可将其用刀切割下来进行繁殖。生根较好的子株可将其与母株直接分离，割去交错的和老化的根系，插入花盆或专用的苗床即可，如果根部有较大的伤口，应将其伤口部稍晾干(阴凉避光处)后方可植入土中，否则易发生腐烂。

而对茎节上生出的子株，经常不能形成良好的根系。与母株分离时需注意：一是幼苗长至3~5叶时最适宜掰苗，苗太小或太大都不利芦荟生根成活；二是苗掰下后要在室内放2~3d，等伤口干燥后再插，可提高成活率，提早生根长叶。

子株栽植不要插得过深，1~2cm即可。子株栽后，不必浇水，因芦荟可从叶部吸收空气中的水分，土壤中浇水易导致腐烂现象的发生。但空气中增加一定的湿度是必要的，所以可以加盖塑料棚，以利保持空气湿润。新株栽植时尽量避免强光照射，温度应控制在白天30℃左右，夜间5℃以上，经过20~30d后就可长出3~4个根，长度达5cm左右。

(3)香蕉(*Musa × paradisiaca*)

芭蕉科芭蕉属多年生草本。香蕉树姿优美，是美化庭园的良好植物。果实香甜，营养价值很高，是热带的主要果树之一。香蕉吸芽分株法是广东、广西、福建传统的种苗繁育方法，多从生产性蕉园中选取。吸芽分株时，除大叶芽外，红笋和楼衣芽均可作为吸芽分株的材料。吸芽宜选用茎部粗壮、上部尖细、叶片细小如剑者。当吸芽高至40cm以上就可以分株，留作下一代的母株或作种苗。分株时，应先将吸芽旁的土壤掘开，然后用铲从母株与吸芽间切开。苗掘出后，剪去过长和受伤的根，将切口阴干或用草木灰涂抹，即可栽植。

6.1.3 珠芽及零余子

珠芽及零余子是某些植物所具有的特殊形式的芽。有的生于叶腋间，如卷丹(*Lilium lancifolium*)腋间有黑色珠芽，如图6-3所示；有的生于花序中，如观赏葱类花常可长成小珠芽；有的生在腋间呈块茎状，如秋海棠地上茎叶腋处能产生小块茎。这些珠芽及零余子脱离母体后，自然落地即可生根，可用做繁殖，经栽植可培育成新的植株，园艺上常利用这一习性进行繁殖。

卷丹是百合科百合属植物。在上部叶腋间易长有珠芽，可摘下作繁殖材料。当夏季花谢后，珠芽已成熟即将脱落前，应及时摘下，用2倍的清洁细干沙混拌均匀，贮藏在阴凉、干燥、通风的屋内。于秋季9月中、下旬

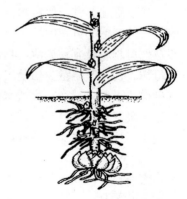

图6-3 卷丹腋间的珠芽

取出播种，按行距20cm在整好的苗床上开横沟，沟深3~5cm。然后，在沟内播入珠芽，覆细土2~3cm，畦面盖草保湿，以利安全越冬。当年能生根，而且珠芽变白、增大。翌春出苗时揭除覆盖的草和膜，中耕除草，适当追肥浇水，促使秧苗旺盛生长。秋季地上部分枯萎后挖取小鳞茎，再按行距30cm、株距9~12cm播种，覆土厚约6cm，按上一年管理方法再培育1年，秋季可收获达到标准大小的种球，部分未达标小鳞茎可继续培育。

6.1.4　走茎和匍匐茎

走茎是某些植物自叶丛抽生出来的节间较长的茎，茎上的节具有着生叶、花和不定根的能力，可产生幼小植株。如虎耳草（*Saxifraga stolonifera*）、吊兰、吉祥草（*Reineckea carnea*）等，如图 6-4 所示。把这类小植株剪割下来即能繁殖出很多植株。通常在植物生长季节内均能繁殖。但不同花卉利用走茎和匍匐茎繁殖的适宜时期、方法也有所不同。匍匐茎与走茎相似，但节间稍短，横走地面并在节处着生不定根和芽，如禾本科的草坪植物狗牙根（*Cynodon dactylon*）、野牛草（*Buchloe dactyloides*）。

图 6-4　吊兰的走茎

（1）吊兰

百合科吊兰属常绿宿根草本花卉。为宿根草本，具簇生的圆柱形肥大须根和根状茎。可用分株繁殖。除冬季气温过低不适于分株外，其他季节均可进行。盆栽 2～3 年的植株，在春季换盆时将密集的盆苗，去掉旧培养土，分成两至数丛，分别盆栽成为新株，栽种后，浇透水直到盆底有水流出，要将盆放置在半阴通风处，分株上盆 1 周后，可将其放置在阳光处。也可剪取吊兰走茎上的簇生茎叶（实际上就是一棵新植株幼体，上有叶，下有气根），种植在培养土中或水中，待小植株长根后即可移栽。此法简便，成苗快，故常用。

匍匐茎与走茎相似，但节间稍短，横走地面并在节处生不定根和芽，如禾本科的草坪植物狗牙根、野牛草。

（2）狗牙根

禾本科狗牙根属植物。又称爬地草、绊根草。广泛分布于温带地区，在我国的华北、西北、西南及长江中下游等园林绿地中应用广泛。我国黄河流域以南各地均有野生种。也是我国应用较为广泛的优良草坪草品种之一。

狗牙根草种子稀少，不易采收，且发芽率很低，故常用无性繁殖。狗牙根具有根状茎、匍匐茎和直立茎 3 种类型。它的直立茎不高，只有 30cm 左右，但匍匐茎却十分发达，数量多、长度长，有的长可达 2m 以上。在一般情况下，狗牙根主要靠根状茎和匍匐茎扩展蔓延，具有极强的分蘖能力。匍匐茎上可形成多个节，遇土后，节上即可萌生不定根和直立茎，很快新、老匍匐茎即可互相交织成网。人工繁殖时先将草坪成片铲起，冲洗掉根部泥土，将匍匐茎切 3～5cm 的小段，将切好的草茎均匀撒于已整好的坪床上，然后覆一薄层细土压实，浇透水，保持土壤湿润，20d 左右即可滋生匍匐茎，快速成坪。

6.1.5　根茎

根茎是地下茎增粗，在地表下呈水平状生长，外形似根，同时形成分支四处伸展，先端有芽，节上常形成不定根，并侧芽萌发而分枝，继而形成株丛，株丛可分割成若干

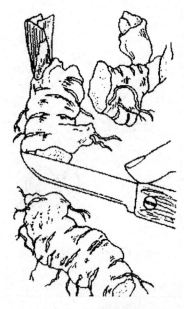

图6-5　鸢尾的根茎

新株。根茎与地上茎的结构相似，具有节、节间、退化鳞叶、顶芽和腋芽。一些多年生花卉的地下茎肥大呈粗而长的根状，并贮藏营养物质。将肥大根茎进行分割，每段茎上留2～3个芽，然后育苗或直接定植。如美人蕉类（*Canna* spp.）、鸢尾（*Iris tectorum*）、紫菀、荷花（*Nelumbo nucifera*）、睡莲（*Nymphaea tetragona*）等，如图6-5所示。

6.1.5.1　美人蕉类

美人蕉类花卉原产美洲、亚洲及非洲热带。宿根草本花卉，其地下部分具有横生多节根茎，肉质、肥大。繁殖美人蕉，通常有播种法和分根茎法两种。播种法繁殖较少，主要用于培育新品种，通常采用分根茎法。

分株繁殖宜在3～4月进行。将老根茎挖出，分割成块状，每块根茎上保留2～3个芽，去掉腐烂部分，并带有根须，然后埋于室内的素沙床或直接栽于花盆中，在10～15℃的条件下催芽，并注意保持土壤湿润。20d左右，当芽长至4～5cm时，即可定植。

6.1.5.2　水生花卉类

水生花卉按照其生活方式与形态特征分为挺水型、浮水型、漂浮型及沉水型。水生花卉生产上大多以分株繁殖为主；少数以种子繁殖为主，如王莲（*Victoria amazonica*）等。

荷花是睡莲科莲属多年生挺水植物。在花卉生产应用中，多采用无性繁殖，一是可保持亲本的遗传特性，二是当年可观花。荷花的无性繁殖有两种方式。

①分藕繁殖　种藕必须是藕身健壮，无病虫害，具有顶芽、侧芽和叶芽的完整藕。荷花分栽时间通常是在气温相对稳定，藕开始萌发的情况下进行。根据我国气温特点，华南地区一般在3月中旬进行，华东、长江流域在4月上旬，而华北、东北地区可在4月下旬～5月上旬。若植于池塘，一般采用整枝主藕作种藕。缸、盆栽时，可用子藕。不论哪类作种藕，都要具有完整无损的顶芽，否则当年不易开花。在池塘栽植时，先将池水放干，池泥翻整耙平，施足底肥，然后栽藕，栽时应将顶芽朝上，呈20°～30°斜插入泥，并让尾节翘露泥面，一两日放水20～30cm。盆、缸栽荷，其操作方法基本同塘栽，只是将种藕靠近缸壁徐徐插入泥中。

②分密繁殖　荷花的地下茎未膨大形成藕前，习称"走茎"或"藕鞭"，古称"密"。藕鞭白嫩细长，有节与节间之分。节间初短后长，节上环生不定根，它不仅是吸收水分、养分的器官，且起着固定和支撑植株的作用。节上有腋芽，可分化为叶芽、花芽，发育成幼叶和花蕾，侧芽又可萌生分支藕鞭。将生长中的藕鞭切成一段段，可繁殖成新株，故称为"分密繁殖"。因分段切取藕鞭作繁殖材料，类似木本植物切取枝条扦插，

故有"藕鞭扦插"之名。将生长正茂的荷全株拔起，剪成若干段，每段 2～3 节，均带有 1 个顶芽或 1 个侧芽，保留浮叶或 1 片嫩绿的立叶，将多余的立叶剪掉，以减少蒸腾。叶柄切口高出水面，避免从切口灌水死苗。立即植基质中。分密繁殖是生长季节的一种繁殖方法。其优点是：可弥补耽误的植藕季节，填充缺苗田块，节省种藕，降低成本，有助良种快繁，延长盆栽荷花的观花期。

6.1.5.3 观赏竹类

我国竹类的种类繁多，有 500 余种，大多可供庭园观赏。常见栽培观赏竹有：散生型的紫竹（*Phyllostachs nigra*）、刚竹（*Phyllostachys viridis*）等，丛生型的佛肚竹、孝顺竹（*Bambusa multiple*）等，混生型的箬竹（*Lndocalamus tessellates*）、茶杆竹（*Pseudosasa amabilis*）等。竹是多年生木质化植物，具地上茎(竹秆)和地下茎(竹鞭)。大多数竹子种类是通过无性繁殖的，如母竹移植、竹蔸移植、移鞭、移笋、竹竿压条、竹竿扦插等。母竹移植法应用最多，其优点是成活率高、新竹发展快，但繁殖系数小、母株体积大搬运不便。

竹类的无性繁殖主要有：①移鞭繁殖，选 2～4 年生的健壮竹丛，在竹鞭出笋前 1 个月左右进行。挖出竹鞭后，切成 60～100cm 为一段，多带宿土，保护好根芽，种植于穴中，将竹鞭卧平，覆土 10～15cm，并覆草以防水分蒸发，一般夏季可长出细小新竹。为防止新竹枯萎，可剪去 1/3 竹鞘，保留 6～7 盘枝叶。②带母竹繁殖，选择 1～2 年生、生长健壮、无病虫害、带有鲜黄竹鞭，其鞭芽饱满、竹竿较低矮、胸径不太粗的母竹，挖前要确定竹鞭走向，然后在距母竹 30～80cm 处截断竹鞭。挖时不能动摇竹竿，用利刀截去其上部，一般保留 5～7 档竹枝，然后栽入预先挖好的穴中。入土深度比母竹原来入土部分稍深 3～5cm。栽后及时浇水，覆草，开好排水沟，并设支架，以防风吹摇动根部，影响扎根。

6.1.6 块茎

块茎是地下变态茎的一种，在地下茎末端常膨大形成不规则的块状，也是一种越冬的变态茎。块茎顶部肥大，有发达的薄壁组织，贮藏有丰富的营养物质。通常块茎顶部有几个发芽点，块茎的周边也分布有一些芽眼，一般呈螺旋状排列，每一芽眼内有 2～3 个腋芽，但常常仅萌发其中一个腋芽，能长出新枝，故块茎可供繁殖之用，如图 6-6 所示。

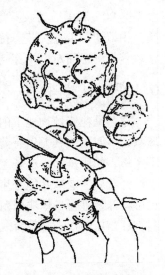

(1) 人工切块繁殖

部分块茎是由胚轴部分经年年肥大而成的非更新类型，由于无自然分球的习性，生产上常用切割带有芽(眼)的部分块茎繁殖，如仙客来、大岩桐等。

仙客来繁殖方法可分为两类：播种繁殖和营养繁殖。播种繁殖的仙客来虽能获得大量幼苗，但生长期较长，而且常发生品种变异。仙客来的营养繁殖包括分割块茎繁殖、组织

图6-6 花叶芋的块茎

培养繁殖。

仙客来是报春花科仙客来属多年生球根类花卉，但其块茎不能自然分生子球，因而不能像一般球根花卉那样分球繁殖，因此常用分割块茎繁殖。在生产上，仙客来大都作一、二年生栽培，植株生长旺盛，开花繁多，而3年生以上植株，虽开花增多，但花朵变小，植株生活力逐渐衰退，越夏困难，故多弃之不再栽培。但这样的块茎却可以通过切割处理，人为促进块茎增殖来繁殖新个体。传统的分割块茎繁殖方法一般在8月下旬块茎即将萌动时，将块茎自顶部纵切分成几块，每块都应带有芽眼，将切口涂以草木灰，稍微晾干后，即可分植于花盆内或苗地，精心管理，不久即可展叶开花。但此法有如下缺点：繁殖系数小；易腐烂，管理困难；植株开花少、株形不美、块茎不圆整等。

目前还有一种改良分割块茎繁殖的方法。在苗圃地或原盆内将块茎作纵切分割，使之形成再生苗。选生长健壮、充实肥大的块茎，于花后1~2个月进行分割。分割前必须降低土壤湿度，以抑制过多伤流的产生。分割时，先将块茎上部切除，厚度约为块茎的1/3，然后做放射状或十字状纵切，深度以不伤根系为度，块茎越大，所分割出的小块块茎越多。切割后应立即将盆用塑料薄膜罩好，以促使切面尽早愈合。在30℃温度下，在分割后30~50d，各切块相继形成不定芽，此时，再降低温度到15℃左右，使萌发的不定芽逐渐适应环境。自不定芽开始形成，逐渐增加浇水量，促进根系活动，并每周追施液肥一次。分割约100d后，基本形成再生植株，便可分栽上盆。这种方法繁殖，通常开花较早，可直接进行操作，再生率高，再生个体性状一致，比较容易推广应用。

(2) 自然分球繁殖

有的块茎各部着生着侧芽，可自然分球。这类块茎能进行自然分球繁殖。如花叶芋、银莲花(*Anemone cathayensis*)类等。花叶芋为天南星科彩花芋属多年生常绿草本。地下具膨大块茎，扁球形。繁殖以分株为主。5月在块茎萌芽前，将花叶芋块茎周围的小块茎剥下，若块茎有伤口，则用草木灰或硫黄粉涂抹，晾干数日待伤口干燥后盆栽。为了发芽整齐，可先行催芽，将块茎排列在沙床上，覆盖1cm细沙，保持沙床湿润，室温为20~22℃，待发芽生根后盆栽。如块茎较大、芽点较多的母球，可进行分割繁殖。用刀切割带芽块茎，待切面干燥愈合后再盆栽。室温应保持在20℃以上，否则栽植块茎易潮湿而难以发芽，造成腐烂死亡。

6.1.7 球茎和鳞茎

球茎是花卉植物地下的变态茎之一，为节间短缩的直生茎，常肉质膨大呈球状或扁球状，节明显，其上生有薄纸质的鳞叶，顶芽及附近的腋芽较为明显，球茎基部常生有不定根，如唐菖蒲、小苍兰(*Freesia refracta*)，如图6-7所示。球茎花卉的分生能力比较强，开花后在老球茎能分生出几个大小不等的球茎，小球茎则需培养2~3年后能开花，也可将球茎进行切球法繁殖。多数是地上部于每年冬季枯死成为多年生草本越冬的休眠器官，当新的地上部发育之后，球茎有的腐烂，有的可存活2年以上。

鳞茎也是花卉植物的变态地下茎，有短缩而扁盘状的鳞茎盘，鳞茎中贮藏丰富的有机质和水分，以度过不利的气候条件，如图 6-8 所示。每年从老球的基部的茎盘部分分生出几个子球，抱合在母球上，把这些子球分开另栽来培养大球，有些鳞茎分化较慢，仅能分出数个新球，所以大量繁殖时对这些种类需进行人工处理，促使长出子球，如百合类（*Lilium* spp.）可用鳞片扦插，风信子可用对鳞茎刻伤促使子球发育。

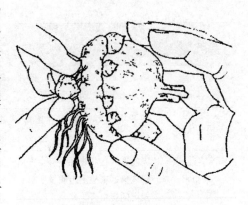

图 6-7　唐菖蒲的球茎

目前百合生产在我国南北各地都有较大规模的发展。如 20 世纪 90 年代，江苏连云港鲜切花生产基地开始成型，经历十多年的发展，据不完全统计，目前连云港的鲜切花生产面积已有上千亩，年产鲜切花逾 3000 万枝，其中香水百合有 100 栋温室，每栋温室年产百合切花 1.3 万枝，产值 8 万~9 万元，效益达 4 万元。2008 年北京昌平区百合种球繁育基地在经历了两年的建设后也已开始投入生产。截至 2014 年，种植百合的日光温室 1700 多栋，其中切花（包括二茬花）累计 1050 栋，种球繁育 420 栋，轮作累计 220 栋，年产百合花逾 600 万枝，百合子球 600 万粒（2014，北京昌平年鉴）。百合商品种球的繁育可为百合切花基地

图 6-8　水仙的鳞茎

提供种球，解决目前由于种球进口造成的高成本问题，减少农民的生产开支，推动百合产业健康快速发展。近几年，云南省制定了"鲜切花种苗和种球质量等级"（DB 53/T 107—2003）百合种球质量标准，见表 6-2。我国制定了花卉种球产品等级（GB/T 18247.6—2000），其中规定了百合种球的质量分级指标，见表 6-3。

表 6-2　云南省对百合种球质量等级划分要求

质量要求	等级		
	一级	二级	三级
外观整体质量要求	种球充实、不腐烂、不干瘪。中心胚芽及鳞片发育正常，具有该新鲜种球所特有的颜色、弹性及气味等	种球充实、不腐烂、不干瘪。中心胚芽及鳞片发育正常，具有该新鲜种球所特有的颜色、弹性及气味等	种球干瘪不新鲜或腐烂。中心胚芽及鳞片发育不正常，没有该新鲜种球所特有的颜色、弹性及气味等
芽体质量要求	中心胚芽不损坏，肉质鳞片排列紧凑、发芽整齐均匀、销售时无芽	中心胚芽不损坏，肉质鳞片排列较紧凑、发芽整齐均匀、销售时无芽	中心胚芽不损坏、肉质鳞片排列不紧凑、发芽整齐均匀、销售时芽长≤1.0cm

（续）

质量要求	等级		
	一级	二级	三级
外膜质量要求	鳞茎盘无缺损，无凹底、鳞片完整无缺损≥95%	鳞茎盘无缺损，无凹底、鳞片完整无缺损≥85%	鳞茎盘无缺损，无凹底、鳞片完整无缺损≥75%
根系状况	根系生长好，新鲜程度好，壮实	根系生长好，新鲜程度好，较壮实	根系生长较好，新鲜程度较好，较壮实
病虫害	无病害的症状表现及病虫害损伤现象；未检测出质量要求所规定的病虫害	无病害的症状表现及病虫害损伤现象；未检测出质量要求所规定的病虫害	稍有病害的症状表现及病虫害损伤现象
变异率/%	≤1	≤3	≤5
混杂率/%	≤1	≤2	≤3

表6-3　百合种球质量等级表

cm

序号	种名	一级			二级			三级			四级			五级		
		围径	饱满度	病虫害	围径	饱满度	病虫害	围径	饱满度	病虫害	围径	饱满度	病虫害	围径	饱满度	病虫害
1	亚洲型百合(百合科　百合属) *Lilium* spp. (Asiatic hybirds)	≥16	优	无	≥14	优	无	≥12	优	无	≥10	优	无	≥9	优	无
2	东方型百合(百合科　百合属) *Lilium* spp. (Oriwntal hybirds)	≥20	优	无	≥18	优	无	≥16	优	无	≥14	优	无	≥12	优	无
3	铁炮百合(百合科　百合属) *Lilium* spp. (Longiflorum hybirds)	≥6	优	无	≥14	优	无	≥12	优	无	≥10	优	无			
4	L-A百合(百合科　百合属) *Lilium* spp. (L/A hybirds)	≥18	优	无	≥16	优	无	≥14	优	无	≥12	优	无	≥10	优	无
5	盆栽亚洲型百合(百合科　百合属) *Lilium* spp. (Asiatic hybirds pot)	≥16	优	无	≥14	优	无	≥12	优	无	≥10	优	无	≥9	优	无
6	盆栽东方型百合(百合科　百合属) *Lilium* spp. (Oriental hybirds pot)	≥20	优	无	≥18	优	无	≥16	优	无	≥14	优	无	≥12	优	无
7	盆栽铁炮百合(百合科　百合属) *Lilium* spp. (Longiflorum pot)	≥16	优	无	≥14	优	无	≥12	优	无	≥12	优	无			

　　风信子，别名洋水仙、五色水仙。百合科风信子属多年生草本。鳞茎卵形，有膜质外皮。以分球繁殖为主，花后剪下花序，待叶片枯黄时挖起球根，连同子球(不分离)置放在凉爽、通风、干燥处贮存，分球不宜在采后立即进行，以免分离后留下的伤口于夏季贮藏时腐烂。秋季栽植时，将母球周围子球分离下来，分别栽种，培养2~3年才

能开花。为提高繁殖系数，可采用扇形挖切和十字形切割繁殖。切割的目的在于破坏生长点，去除鳞茎生长的顶端优势，以促进侧生鳞茎的生长发育。具体方法：鳞茎先通过25℃贮藏30d，待花芽形成后进行切割。把鳞茎底部茎盘先均匀地挖掉一部分，使茎盘处伤口呈凹形，再自下向上纵横各切一刀，呈十字切口，深达鳞茎内的芽心为止，这时会有黏液流出，应用0.1%的升汞水涂抹消毒，然后放在烈日下暴晒1~2h，再平摊在室内。室温先保持21℃左右，使其产生愈伤组织，待鳞片基部膨大时，温度渐升到30℃，3个月后形成小鳞茎，可分株栽种。诱发的小鳞茎培育3~4年后开花。

百合、唐菖蒲、郁金香、水仙、其他球根花卉等的种苗生产将在本书的"第8章 花卉种球生产"中详细论述。

6.1.8 块根

块根是大丽花、花毛茛等花卉植物由侧根或不定根的局部膨大而形成。它与肉质直根的来源不同，因而在一棵植株上，可以在多条侧根中或多条不定根上形成多个块根。块根繁殖是利用植物的根肥大变态成块状体进行繁殖的方法。块根上没有芽，它们的芽都着生在接近地表的根茎上，单纯栽一个块根不能萌发新株。因此分割时每一部分都必须带有根颈部分才能形成新的植株。也可将整个块根挖回贮藏，翌春催芽再分块根，另外可以采芽进行繁殖。如图6-9所示。

大丽花，别名地瓜花、天竺牡丹、大理花等。菊科大丽花属多年生草本植物。大丽花结有许多块根，可用来繁殖。其分块根繁殖：① 块根的贮藏，在收获前进行株选，选生长健壮具本品种特性、无病虫害的植株作种株；在早霜来临之前挖回，首先剪除离地面10cm以上的茎，大丽花芽的部位在根颈处，因此应整墩挖出块根，并带有部分泥土以保护根颈；挖出的块根晾晒一段时间后贮藏，贮藏场所应进行灭菌消毒；贮藏块根时堆放不能太厚，防止过早发芽和发热烂根，一般堆放3~5层为宜；在块根四周和上面覆盖一层平整的细沙或细土，用于保湿。② 在3~4月将贮藏的块根取出，剔除腐烂和损伤的块根。放到温暖的地方催芽，一般控温15~20℃。如果贮藏的是整墩块根，即秋季没有分割的，出芽后把每个块根分开，每个块根上的根颈处至少要有1个芽。然后将每个块根放在容器中培育成大苗。切割的伤口用草木灰消毒，对未发芽的块根继续催芽，如此2~4次，即可完成分块根繁殖。

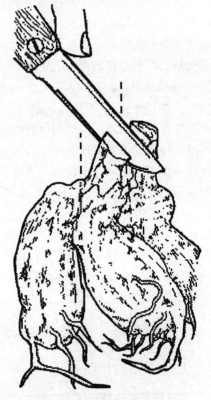

图6-9 大丽花的块根

6.2　嫁接苗生产

　　嫁接又称接木,就是将花卉植物的部分枝或芽,接到另一株带根系的植物枝干上,使之愈合成为一个具共生关系的新植株。用作嫁接的枝或芽叫接穗,承受接穗带有原根的植株叫砧木。用嫁接方法培育的苗木称为嫁接苗。如将观赏四季橘(*Citrus × micro-carpa*)的芽嫁接到枳壳(*Citrus × aurantium*)(砧木)上,使其长成一株四季橘树。也就是人们常说的"移花接木"中的接木。嫁接通常用符号"+"表示,即砧木 + 接穗;也可以用"/"表示,但这时一般将接穗放在前面,如蛇瓜/葫芦,表示蛇瓜(*Trichosanthes angui-na*)嫁接在葫芦(*Lagenaria siceraria*)砧上。

　　花卉植物嫁接能够成活,主要是依靠砧木和接穗结合部分的形成层具有分裂新细胞的再生作用,使二者紧密结合而共同生活的结果。嫁接后,接穗和砧木切口上的细胞能形成一种淡褐色的薄膜保护切口,防止内部细胞水分蒸腾,同时在薄膜内切口附近的形成层迅速分裂生长形成愈合组织,愈合组织把砧木和接穗的原生质相互连通起来。同时,形成层不断分生向内分化为新木质部,向外分化为新的韧皮部,把砧木、接穗的导管、筛管等输导组织相连通,接穗的芽和枝得到砧木根系所供给的水分和养分,便开始发芽生长形成一个新的植株。

　　嫁接繁殖是花卉一种重要的无性繁殖方法,其特点是:①能保持接穗品种的优良特性,克服了种子繁殖后代个体之间在形状、生长量、品质等方面存在的差异;②能促进提早开花结果,如玫瑰等经嫁接的苗木植后第 1~3 年就可以开花,这是因为嫁接直接从已具有开花能力的成年树中采集接穗,因而接芽生长老熟后即具备开花的能力;③通过嫁接可以利用砧木的抗性来扩大栽培区域,不同砧木的抗性(如抗寒、抗旱、抗病虫危害)及耐涝、耐盐碱的能力不同;④可以调节树势使树体乔化或矮化,利用矮化砧或矮化中间砧就可以控制树冠的发育,如比利时杜鹃(西洋杜鹃)嫁接后使树冠矮小、紧凑,提高了花卉的观赏性和商业性;⑤可以克服其他方法难以繁殖的困难,是一些扦插不易生根或发育不良的,以及不易产生种子的重瓣花卉品种,如山茶、牡丹、桂花等常用的繁殖方法,观果类花卉植物也常用嫁接方法繁殖。如紫花羊蹄甲(*Bauhinia purpurea*)等用扦插、压条很难成活,用实生繁殖变异大、结果迟而少、产量低。通过嫁接就可以很好地解决这个问题。有些花木也有这种情况,如蜡梅虽能结籽,但播后容易分离变劣,失去观赏价值,用扦插、压条繁殖又不易成活,如果用狗牙蜡梅(*Pnunus mume* var. *intermedius*)作砧木进行嫁接则容易成活。除了木本花卉可进行嫁接繁殖外,菊花常以嫁接法培养塔菊,仙人掌科植物也常用嫁接法进行繁殖。

6.2.1　接穗和砧木的准备

6.2.1.1　接穗的准备

(1)接穗的选择

　　接穗是嫁接时接于砧木上的枝或芽的总称。它长大后形成嫁接苗的树冠,具有原母本的优良性状。因此，严格选择接穗是繁殖优质嫁接苗的关键。

为了保证苗木品种纯正，必须建立良种母本园。从母本园中采穗，或从生产园中选取遗传性状稳定、品种纯正、生长健壮、丰产稳产、优质、无检疫对象的成年植株作为采穗母树。对观赏花木要选择花形美观、层次多、花色艳丽、具芳香味的作采穗母株。

在接穗的选取上，应剪取树冠外围中上部生长充实、健壮、芽体饱满、表面光洁、无病虫害的发育枝或结果母枝作接穗。具体因树种、嫁接方法、嫁接时期不同而异。春季嫁接一般多用1年生的枝条，如上一年的春、夏、秋梢作接穗。有些种类如无花果等只要枝条粗度适当，用2年生的枝条嫁接成活率也较好。夏季嫁接可选用当年老熟的新梢，也可用1年生，甚至多年生的枝条。秋季嫁接则多选用当年的春夏梢。嫁接以芽刚萌动或准备萌动的接穗，接后出芽最快。很多熟练嫁接工在采穗前都提前7～10d将枝条剪顶，待芽萌动后剪取，嫁接后破膜快，成活率高。

（2）接穗的采集

采集时期　接穗的新鲜程度是影响嫁接成活率的一个重要因素。越是新鲜的枝条，嫁接成活率越高。因此接穗最好是随接随采。尤其是南方地区，周年嫁接多采用随接随采的做法。北方寒冷地区春季嫁接常将接穗枝条贮藏过冬，春季再用来嫁接，这样可避免冬季严寒对枝条的伤害。夏秋季嫁接采用随接随采的做法，有伤流特性的树种如葡萄等应在伤流发生前采集和嫁接。

采后处理　剪下枝条后及时剪去其上的叶片，以及顶端太幼嫩的部分，防止叶片及幼嫩组织因蒸腾造成枝条失水。剪叶片时注意留下0.5cm左右一小段叶柄保护芽体。剪好的枝条放置在树荫下，用剪下的叶片或湿布覆盖好，全部剪完后按50～100条扎成捆，标明品种名称，再用湿布或塑料膜包裹保湿备用。为防止病虫害的传播，应对接穗进行消毒。我国一些花卉产区已制定了较具体的消毒措施，如用1%肥皂水洗接穗，再用清水洗净晾干，可防治蚧类、螨类等害虫；用700单位/mL农用链霉素液浸泡枝条1h后晾干，可有效地预防溃疡病等。

（3）接穗的贮藏

接穗在相对湿度为80%～90%，温度4～13℃的环境条件下贮藏最为理想，常用的方法有沙藏、窖藏、蜡封贮藏等。

沙藏　是在室内或阴凉避风雨的地方将接穗枝条堆放好后用干净的湿河沙覆盖其上，要求沙的含水量在5%左右，用手抓时，沙成团，松开手时，沙团出现裂纹为宜。以后每隔7～10d检查1次，并剔除霉变腐烂枝条，沙太干时要注意喷水。此法南北适用，可以贮藏2个月左右。

窖藏　是将接穗枝条扎成捆，大小视枝条的粗细而定，每扎50～100条不等，挂上标签后用塑料膜包裹严密，置于地窖中贮藏。

蜡封贮藏　是将枝条两端无用部分剪去，只留中间有用的一段，两端迅速蘸上80～100℃的石蜡液封闭伤口，然后装入塑料袋内，置于低温窖或冰箱内贮藏。蜡封贮藏是名贵花木，或要求保湿条件较高的接穗较理想的贮藏方法。

6.2.1.2　砧市的准备

(1)砧木的选择

砧木是接穗的承载体,是嫁接苗的根系部分(部分高接砧木带有枝干),它可以取自整株植物,也可以是根段或枝段(嫁接后再扦插生根成苗或作中间砧等)。

正确选择砧木,历来为园林花卉植物栽培和育种界所重视。不同类型的砧木对气候、土壤等生态环境条件的适应能力不同,只有因地制宜,适地适树,就地取材,育种与引种相结合,选择适合当地条件的砧木,才能更好地满足花卉栽培和生产的要求。

我国砧木资源丰富,种类繁多。各地选用的种类往往各不相同。但是优良的砧木都应具备以下几个条件:①与接穗品种具有良好的嫁接亲和力;②对接穗的生长和开花有良好的影响,比如使接穗生长健壮、花大、花美、品质好、丰产、稳产等;③对栽培地区的气候、土壤等生态条件具有良好的适应性;④对主要病害、逆境有较强的抗性;⑤砧木来源充足,繁殖容易;⑥根系发达,固着力强;⑦能满足特殊栽培目的的要求。

(2)砧木的繁殖和培育

目前,用作嫁接的砧木主要是用种子繁殖的实生苗,用自根苗作砧木的比较少。因为种子繁殖具有种子来源广、繁殖方法简便、根系发达、适应性强、繁殖系数大等优点。实生苗繁殖包括种子的采集、处理、播种、管理等过程。

为保证种子的质量,必须采集充分成熟的种子。种子成熟过程分生理成熟和形态成熟两个阶段。生理成熟是种子内部营养物质呈溶解状态,含水量多,种胚已经发育成熟并具有发芽能力。这类种子采后播种即可发芽,且出芽整齐。但因其含水量高,种皮尚未充分老化,不宜长期贮藏。形态成熟是指种胚已经完成了生长发育阶段,内部营养物质大多已转化为不溶解的淀粉、脂肪、蛋白质等。而且生理活动明显减弱,甚至进入休眠状态,种皮充分老化致密,不易腐烂,可以长期贮藏。因此应采集形态成熟的种子。

鉴别种子形态成熟的方法,一般是根据果实的颜色已转为成熟的色泽,果肉变软,种子颜色变深且具光泽,种子含水量少,干物质增加且充实等来确定。

南方常绿砧木树种最好采用鲜种播种,尽量减少贮藏时间,贮藏时间越长,发芽率越低。种子需要贮藏时要严格控制影响种子生理活动的主要因子:种子含水量、温度、湿度和通气状况等。北方落叶树种的种子一般都要经过贮藏,甚至层积处理后才能播种。贮藏期间应保持相对湿度在50%～80%,温度0～8℃为宜。大量贮藏种子时,要认真做好通风换气工作,特别在高温高湿的情况下,更要注意通气、降温降湿。同时注意防治虫、鼠的危害。

种子生活力直接影响砧木成苗数量和质量。鉴定种子生活力的方法有目测法、染色法和发芽试验法。①目测法。就是直接观察种子的外部形态。种粒饱满、种皮新鲜光泽、种粒重而有弹性、胚及子叶呈乳白色的为具有生活力的种子。核果类种子因种壳坚硬,应剥壳检查胚及子叶的状况,统计有生活力的百分数。②染色法。用一些染色剂对胚及子叶进行染色、观察、判别种子生活力的强弱,计算具有生活力种子的百分数。常用的染色剂有靛蓝胭脂红、曙红和四唑。③发芽试验法。是将无休眠期或经过后熟的种子，置于适宜的条件中促其发芽，统计发芽率，从而推断种子的生活力。

砧木的播种一般经过催芽、播种两个过程。①催芽是确保全苗、齐苗的有效方法。常用的催芽方法有湿沙催芽、覆盖催芽等几种。②播种有撒播和条播两种，由于撒播用种量大，后期除草管理困难，分床时易造成死苗，故现在很少使用。条播育苗，苗木生长快而整齐，目前在生产上广泛应用，但育苗量低；条播的做法是先按行距开好行，一般行距为 15～25cm，然后将经过催芽的种子均匀地撒在行沟内或一一点播。一般株距小粒种子类 3～5cm，如蔷薇等；大种子类 5～10cm，如狗牙蜡梅、蜡梅、女贞、桂花，考虑带土移苗时株距还要更宽。播好后覆土，覆土厚度 1～3cm 为宜，太厚不利出芽，最后盖上稻草或杂草，经常淋水保湿。有条件的可搭盖遮阳网棚，防止强烈阳光及暴雨伤及幼芽。

6.2.2　嫁接方法

花卉嫁接方法多种多样，一般可分为枝接、芽接、根接、二重接、高接、茎尖嫁接等。但最常用的嫁接方法是枝接和芽接。现将主要的嫁接方法介绍如下。

6.2.2.1　枝接法

枝接是用带有一个芽或数个芽的枝段作接穗进行嫁接的方法。嫁接时通常将砧木的上部剪除或锯掉，使砧木根系吸收的养分和水分全部集中供应接穗，促进接穗上芽的迅速萌动和生长。所以枝接的植株成活率高，前期生长快，苗木健壮。在南方苗木培育中广泛应用。常用的枝接法有：切接、劈接、皮下接、腹接、舌接、靠接、插接等。嫁接时期多在早春芽萌动前后。

（1）切接法

切接法是目前花卉嫁接中广泛应用的一种方法，具有成活率高、生长健壮、操作简便、包扎快的特点。熟练工人每天可接 600～1000 株。如图 6-10 所示，具体操作方法如下：

切砧木　根据不同花卉或品种在离地 5～25cm 处选择皮层光滑的地方剪断砧木，剪口要平，无皮裂现象，然后在砧木剪口的对面稍斜削一刀，角度 10°左右，削去少许

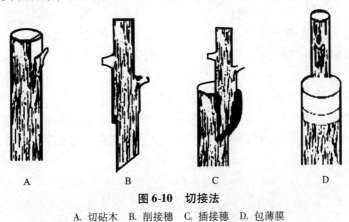

A　　　　B　　　　C　　　　D

图 6-10　切接法

A. 切砧木　B. 削接穗　C. 插接穗　D. 包薄膜

皮层及木质部,最后在斜削面处皮层内略带木质部纵切一刀,长1.5~2.0cm。切口宽度视接穗的大小而定,退刀时将刀向外稍压,利于插入接穗。

削接穗 倒拿枝条,选平滑面用嫁接刀从枝条由上向下,略带木质部纵切一刀,长2cm以上;翻转枝条,留切口长1.3~1.8cm后斜30°将枝条削断,然后倒转枝条,左手拿住削好段(勿碰脏切口),留1~3个芽将枝条剪(削)断,即削好接穗。

插接穗及包扎 将削好的接穗切口插入砧木的切口中,使砧穗两边的形成层对齐,若接穗切口较小,应一边形成层对准,然后用宽3~4cm的薄膜自下向上包扎,在砧穗接合部分重复几圈,再往上将接穗和砧木的伤口都包扎严密即可。注意芽眼处不可重叠。整个包扎一气呵成。

(2)劈接法

劈接法常用于花卉砧穗大小相差较大(砧大穗小)或嫩砧的嫁接上。如高接换种时,或砧木太大及尚未木质化的小苗嫁接。具体操作方法如下:

砧木处理 在嫁接部位将砧木剪断或锯断,如为大砧劈接,要注意砧桩表皮光滑、纹理通直,最好切(锯)口下4~6cm范围内无节疤。否则易使劈缝扭曲不直。

锯砧木后用刀将粗糙的锯面削平,然后用刀在砧木截面中心处纵劈一刀。劈接口时不要用力过猛,可将刀刃放在劈口处,用木槌轻轻地敲打刀背,使劈口深3~5cm。如劈口不够光滑可用嫁接刀将劈口面两侧削平滑。注意不让泥土落进劈口内。

削接穗 倒拿枝条,用嫁接刀将枝条基部两侧削成一个长2~3cm的对称的楔形削面,要求削面要平直光滑。然后倒转(顺拿)枝条,留2~3个饱满芽后斜削一刀将枝条剪(削)断,即得削好的接穗。

插接穗及包扎 将削好的接穗插入劈口内,如果砧木较大,可在两侧各同时插一个接穗,但要一侧的形成层对准砧木一侧的形成层。插接穗时,要注意削面上部留0.2~0.5cm的削口外露,这样有利接穗和砧木分生组织的形成和愈合。

采用一条接穗时,其包扎方法同切接法,用薄膜条自下向上包扎,每圈薄膜条重叠1/4~1/3,包接穗时芽眼处不能重叠,否则不易破膜。采用二条接穗时,可用大小适宜的薄膜袋套下后,再用薄膜条在接合部位扎实即可。砧木锯口很低时可用埋土保湿的方法,用不易板结的细表土堆盖在接砧上,盖土高过接穗顶部2cm左右即可。雨后板结时要打破结块,以利发芽。

嫩砧劈接的做法是剪砧后用嫁接刀从中心处纵切一刀,深2~3cm,接穗削成对称的楔形,长1.5~2cm,插入砧木切口内,包扎同切接法。如图6-11所示。

(3)舌接法

舌接法多用于砧径0.4~1.0cm,砧穗粗度相近的嫁接。舌接法由于砧穗形成层接触面大,接合牢固,愈合快,所以成活率高。为福建、广东两省应用较多。但舌接法要求技术较高,木质较硬的园林植物插穗时易出现撕裂现象。因此多用于木质较软的树种嫁接。如图6-12所示。

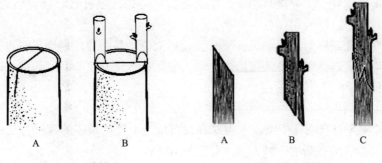

图 6-11　劈接法
A. 切砧木　B. 插接穗

图 6-12　舌接法
A. 削砧木　B. 削接穗　C. 插接穗

(4) 皮下接

皮下接适用于砧木直径较大(2~3cm)、接穗较小(0.5~1cm)的嫁接，应用也比较广泛，而且操作简便，容易掌握，但宜在砧木树液流动旺盛，容易离皮的时期进行。如图 6-13 所示。

(5) 枝腹接

枝腹接广泛用于园林植物的嫁接上。由于嫁接时不剪砧，因此接后发现不成活时，可以多次进行补接。接口愈合好，接位低，剪砧后生长快，操作简单易行。如图 6-14 所示。

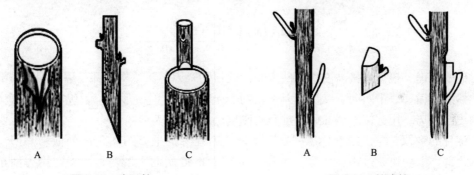

图 6-13　皮下接
A. 切砧木　B. 削接穗　C. 插接穗

图 6-14　枝腹接
A. 切砧木　B. 削接穗　C. 放接穗

(6) 靠接法

嫁接成活前接穗并不切离母株，仍由母株供给水分和养分。此法适于用其他方法嫁接不易成活或贵重珍奇的种类。靠接应在生长期间进行，及时在两植株茎上分别切出切面，深达木质部。然后使二者形成层紧贴扎紧。成活后，将接穗截离母株，并截去砧木上部枝茎。如白兰花(*Michelia × alba*)一般都用靠接。如图 6-15 所示。

6.2.2.2　芽接法

芽接是以芽片作为接穗进行嫁接的方法。具有

图 6-15　靠接法

操作简单，接穗消耗少，嫁接时期长，成活率高，可以反复补接，接口愈合好的优点。因此在现代育苗上广泛应用。

芽接时期多在砧穗形成层细胞分裂旺盛，树液流动快，皮层易剥离时进行。华南地区3~10月均可进行，以秋季嫁接为多。常用的芽接方法有：T字形芽接、嵌芽接、盾片芽接等几种。

(1)T字形芽接

T字形芽接是目前园林植物及木本花卉种苗生产上应用最广的嫁接方法，也是操作简便、速度快、成活率高的一种方法。如图6-16所示。

T字形芽接法最好是在1年生的砧木上进行。砧木直径0.5~2.5cm。如砧木过老或过粗，会使树皮增厚老化，剥皮困难，影响嫁接速度和成活。具体操作方法如下：

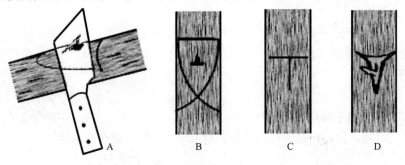

图6-16　T字形芽接
A. 削接穗　B. 三刀法接穗　C. 切砧木　D. 插接穗

砧木处理　根据嫁接高度，选砧木光滑处横切一刀，深达木质部，以刚到木质部为好。然后在横切口中间向下纵切一刀，长约1cm，形成"T"字形切口，纵横切略有交叉以利皮层分离。用芽接刀尾的硬片挑开两侧皮层。

芽片的削取　左手顺拿接穗，右手拿嫁接刀在芽的上方约0.5cm处横切一刀，深达木质部，横切口超过半径以上。再在芽下约1cm处斜向下削一刀，均匀用力削至与芽上面的横切口相遇。然后用右手食、拇指捏住芽的两侧，轻轻扳动将芽片取出。

或者用三刀取芽法，即在芽的上方约0.5cm处横切一刀后，再在芽两侧分别用刀尖划两条弧形切口，相交于芽下约1cm处，深达木质部，轻轻扳动芽片即可取出。

插芽及包扎　将芽片轻轻放入挑开的T形切口内，慢慢往下推压，使芽片的横切口与砧木的横切口对齐，不留间缝。用宽2cm、长20cm的薄膜条自下向上缠缚，每圈重叠1/3左右，露芽不露芽均可。膜厚时宜露芽眼。不露芽包扎的，萌动前需解膜以利芽萌动生长。

(2)嵌芽接

本法适用于枝梢具有棱角或沟纹的树种。如木质部较软的花木的嫁接，如玉兰(*Magnolia denudata*)、月季、杜鹃花、仙人掌、蜡梅等。具体操作方法如下：

削砧木　在嫁接高度选光滑面呈35°~45°斜切入木质部，深度视接穗的大小而定，然后在切口上方2cm左右处向下斜削一刀，与第一刀相交，取出盾形片。

削接穗　削法似削砧木，削切大小相等或略小些。先在芽下方呈35°~45°斜削一刀，过木质部，再在芽上方向下斜削一刀至第一切口，即得一长 1.5～1.8cm 的盾形芽片。

嵌合 将接穗盾形片嵌入砧木切口内，使两侧形成层对齐，如芽片偏小时，可一边对齐；如芽片过大，用刀削小后再放入。芽片上端的砧木微露白，再用薄膜条包扎密封好伤口即可。如图 6-17 所示。

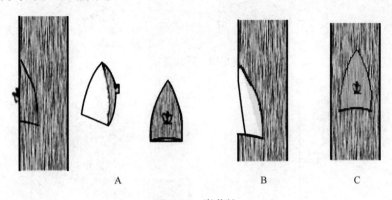

图 6-17 嵌芽接
A. 削接穗　B. 削砧木　C. 嵌合砧穗

（3）方块形芽接

方块形芽接也称贴片芽接。此法在砧、穗双方都容易剥离皮层的树种或时期应用较多。做法是从接穗上切取不带木质部的方形芽片，再在砧木上切开一个与芽片大小相同的方形切口，去掉皮层，将接穗芽片贴上包扎好即可。如图 6-18 所示。

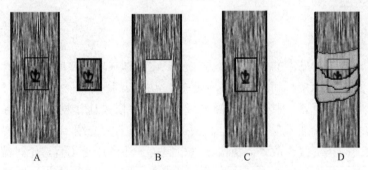

图 6-18 方块形芽接
A. 取接芽、接芽　B. 砧木切接口　C. 贴合接芽　D. 包扎

（4）环状芽接

环状芽接也称管状芽接、套芽接。接穗呈圆筒形，适用于砧木与接穗粗细相近，皮部容易剥离的树种，在生长旺盛时期，树皮与木质部分离时进行。因为砧木与接穗接触面积大，容易愈合，可用于嫁接较难成活的树种。做法是在芽上方 1cm 处剪断接穗，再在芽下 1cm 处环割切断皮层，轻轻扭动，自上而下取出芽管，若不易剥离，则背面纵切一刀，将芽套剥离；然后选取和芽管粗细相近的砧木，剪去上端，剥开树皮；最后将芽管自上而下套在砧木上，绑扎牢固既可。如图 6-19 所示。

如果砧木与接穗的粗细不吻合，可将芽管的背面纵切一刀。若接穗粗于砧木，可根

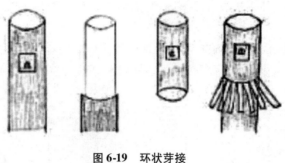

图 6-19 环状芽接

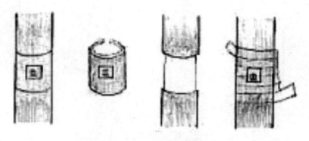

图 6-20 环状嵌芽接

据砧木的茎宽将芽管纵向切去一部分;若砧木粗于接穗,可在砧木上适当保留一些树皮,使砧木与接穗吻合,最后将接穗环状套在砧木上并包扎好既可。此法也叫开口管状芽接或环状嵌芽接。如图 6-20 所示。

6.2.2.3 根接法

根接法是以根段为砧木的一种嫁接方法。多在砧木缺乏,或园圃扩穴产生大量根段时使用本法。可根据嫁接时间的不同选用劈接、切接、腹接、插皮接等方法进行嫁接。注意接穗基部与根段上部相接,切勿颠倒极性。如果根段比接穗小,可将根段插入接穗,视接穗的大小倒接插入 1~2 个根段。具体做法与前文介绍相同。

接好后用薄膜条绑紧,放入假植苗床进行假植,注意床土不宜过干过湿,过干接口愈合不好,过湿会使接口腐烂。以土壤湿度为 7%~9% 较适宜。若为地接,可直接选生长粗壮的根在平滑处剪断嫁接。如图 6-21 所示。

图 6-21 根 接

6.2.2.4　多肉多浆植物的嫁接方法

嫁接已成为多肉多浆植物繁殖的一个重要手段，占有相当大的比重。近年来，多肉多浆植物的嫁接发展很快。它的主要优点有：①生长快、长势旺。只要选择合适的砧木，嫁接的植株生长速度都比扦插或播种的植株生长快得多。如用量天尺（*Hylocereus undatus*）嫁接金琥（*Echinocactus grusonii*）球，生长速度快，株形也好，待砧木支持不住时可落地栽培。②促进接穗加速生长发育。有些多肉多浆植物的根系不发达，栽培中如以自根生长则非常迟缓。利用嫁接栽培可以明显地使植株生长健壮和促进开花。许多种类特别在籽苗时期生长缓慢，而且容易夭折，利用嫁接技术可以使播种发芽的幼苗生长速度惊人。籽苗经嫁接栽培一年的时间能达到自根生长几年也难以达到的效果。③临时急救名贵品种和繁殖特殊的园艺变种。当有些名贵多肉多浆植物的根部或茎基发生腐烂或有意外损伤时，栽培者可以把未伤的顶部作为接穗及时进行嫁接，这样可以使之被抢救而得以保存。部分多肉多浆植物的园艺变种具有红、黄、白等颜色而缺少绿色，这些变色品种虽很有观赏价值，但它们不能进行光合作用或进行光合作用时极受影响，从而生长受限，往往难以产生根系；因此，只能利用嫁接栽培，使其依靠绿色砧木的营养生长发育。另有些畸形变种也常以嫁接技术表现其特征，突出观赏价值。④可产生变异并表现出某些优良特性。嫁接植株由于砧穗互相影响，可能发生变异。强刺球属（*Ferocactus*）的种类嫁接在量天尺上则刺发育粗长，色泽艳丽，强刺的优良特性得到了充分发挥。

由于多肉多浆植物含水量高，易受病菌侵染腐烂，在嫁接前，要做好接穗、砧木、嫁接刀、镊子、棉线和消毒用的酒精等的准备工作。接穗宜选用3个月至1年生的植株，直径在0.4cm以上者为佳；采用植株切顶后滋生的子球，切顶最好选择幼龄植株，这样出的子球又多又快。接穗最好随取随用，放置太久球体会发生萎缩，萎缩时可放在清水中浸泡片刻，待吸满水后再进行嫁接。砧木的选择是嫁接成败的关键，砧木选择是否恰当，往往关系到成活率和接穗发育的好坏，良好的砧木应具备下列条件：繁殖容易，在短期内能生产出大量植株；生长良好，根系发达，适应性强；与接穗亲和力强，适应性广，嫁接成活后不会导致接穗变形；植株生长饱满，截面大，髓部小，维管束不易木质化，刺少，易操作。目前在嫁接中应用较多的砧木有：草球（*Echinopsis tubiflora*）、量天尺、叶仙人掌（*Pereskia aculeata*）等。

多肉多浆植物属于温室花卉，因此，在温室内嫁接一年四季均可，但在露地栽培时，一般以春季到初夏间嫁接最好，此时愈伤组织形成较快。夏季大多数仙人掌类植物处在休眠或半休眠状态，不易成活，秋季嫁接后适宜生长时间太短，极易受冻。嫁接一般以晴天为好，湿度太大切口易感染病菌而腐烂。大多数种类在温度达到20～25℃时，嫁接成活率最高。多肉多浆植物的嫁接方法较多，以平接法、斜接法、劈接法和嵌接法等使用较多。

（1）平接

此法简单方便，易于成活，适合在柱类和球形种类上应用。将砧木顶部和接穗基部分别削平，使接穗的基部平放于砧木的顶部，对准中心柱，并用棉线将接穗与砧木绑扎紧，待愈合成活后松绑。绝大部分多肉多浆植物均可采用，最常见的有'绯牡丹'(*Gymnocalycium mihanovichii* var. *friedrichii* 'Hibotan')、黄雪晃(*Notocactus graessneri*)等。砧木常用量天尺等。5~10月均可嫁接，嫁接愈合快，成活率高。

(2)劈接

此法主要是用在接穗为扁平形茎枝，如嫁接蟹爪兰(*Zygocactus truncatus*)、令箭荷花及昙花等种类常用此法。所用砧木多为柱形及掌状仙人掌植物。先在砧木有维管束部位用刀劈开一适当裂口，再把扁平的接穗基部在大面斜削两侧，露出维管束，然后将接穗插入裂口，刀劈时深入到砧木中央髓部以保证接触砧木维管束。接穗楔插入砧木后，可用细竹针或仙人掌植物的长刺将二者插连固定。砧木为掌状种类时，也可以在切口两侧先垫纸，然后用不是过紧但有适当压力的竹夹或小型文具夹夹牢。

(3)嵌接

将砧木顶端切成V形缺口，将接穗下部削成V形缺口，把接穗嵌在砧木缺口处，然后用线绑缚牢固。对一些畸形变种特别是鸡冠形缀化品种的接穗，用平接的形式切取很不方便，改为嵌接不但接穗易切取，而且V形接口可以使二者的维管束接触密实牢固。嵌接所用砧木以柱形较为方便。

(4)斜接

当嫁接细柱形多肉多浆植物时，接穗不能切取过短，平接的办法通过顶部绑缚也甚感不便。砧木顶部平切，细柱形接穗下部斜削，将两切面扣接，使维管束接触，可以便于绑缚。如果砧木也较细，可以在砧木顶部斜切，然后使两个斜削面扣在一起，因为是斜削，二者的维管束接触机会可以增多。斜削的角度要得当，一般在35°~45°之间为宜。接穗砧木皆斜切者宜用针刺插连固定。

多肉多浆植物嫁接后未愈合的植株不应放在阳光直射的地方，应放在空气流通遮阴的场所，过度潮湿则易引起感染，过于干燥易使砧穗失水过多，因此最好把嫁接的植株放在封闭遮阴的小拱棚中。温度以20~25℃为宜。过高或过低对愈伤组织的迅速形成都不利。注意不要让水溅到切口上，松绑日期视接穗大小和气温而定，普通大小的接穗在25℃左右过4d就可以松绑。对于接穗截面较大的，一般需要10d左右才能拆线。拆线后切口无异常颜色，接穗饱满，接合处全部或大部分已经粘连，证明嫁接成功，可以向盆内浇水，但浇水时应尽量避开伤口处，并逐步增加光照。对于因切削掌握不好，或捆绑压力不够造成接穗和砧木看似愈合而未愈合的，可以重新嫁接。

6.2.2.5　离体嫁接

离体嫁接是一种在试管内将砧木与接穗进行嫁接的技术，它是组培快繁与嫁接技术的结合。根据离体嫁接所选用的接穗不同，可分为茎尖嫁接、微枝嫁接、愈伤组织嫁接和细胞嫁接等。与常规的嫁接方法相比，离体嫁接生长条件可以人为控制，不受季节和环境的影响，对嫁接组合的生长发育影响小，因此，目前广泛应用于植物栽培、育种实践和基础理论研究等方面，显示出良好的前景。

(1)茎尖嫁接

茎尖嫁接目前主要用于脱毒苗木的繁育，以及一些用其他方法嫁接难以成活的名贵花木的嫁接上，或在接穗稀少的情况下使用本法。它是用幼小的茎尖生长点作为接穗的一种嫁接方法。要求设备条件较高，育苗成本大，但对克服一些毁灭性病害具有无法替代的作用，而且可以实行工厂化育苗，因此，茎尖嫁接是一种很有发展前途的嫁接方法。

从生产园或温室植株上采回 1 ~ 3cm 长的嫩梢，用解剖刀切下茎尖 1cm 左右梢段，经严格消毒后，在解剖镜下切取带有 2 ~ 3 个叶原基的茎尖，在无菌条件下取出 15d 苗龄的试管苗作砧木，留 1.5cm 长的砧木的茎后剪顶。在剪口下侧边切一倒 T 形口，再横切一刀，竖切两平行刀，深达形成层，挑去三刀间的皮层，将切好的茎尖放入砧木切口，最后将嫁接苗置于试管培养基中，于强光下培养。

(2) 微枝嫁接

微枝嫁接是指在无菌条件下将试管苗的茎段嫁接到另一株去顶的试管苗或茎段上，在适宜条件下培养成为新植株。

(3) 愈伤组织嫁接

愈伤组织嫁接是指将不同植物的愈伤组织进行混合培养，即将不同植物诱导形成的愈伤组织并列平放或叠放在同一培养基上，使两愈伤组织相互接触，从而获得嫁接嵌合体的方法，它可避免整体嫁接时由于切割造成的隔离层对接穗与砧木愈合的阻碍作用。

(4) 细胞嫁接

细胞嫁接是指将不同植物的细胞或原生质体进行混合并继代培养，诱导根、茎、叶的分化，形成植株。

6.2.3　影响嫁接成活的因素

嫁接成活率高是利用嫁接方法繁育花卉种苗的前提。除了要求砧木与接穗生长良好、新鲜充实外，嫁接成活率的高低还受砧穗亲和力、环境条件及嫁接技术、极性等因素的影响。

6.2.3.1　砧穗亲和力

亲和力是指砧木与接穗经嫁接而能愈合生长的能力。一般情况下，亲缘越近的植物，其组织结构、遗传特性和生理生化过程就越接近，亲和力就越强。亲缘越远的植物，其组织结构、生理生化过程的差异就越大，亲和力就越小。如同种或同品种间的亲和力强，同属异种间的亲和力相对较差，属间或科间的亲和力更差。但少部分花木树种属间也有亲和力较好的。如芸香科枳属中的枳(*Citrus trifoliata*)砧嫁接芸香科柑橘属中的'代代'(*Citrus × aurantium* 'Daidai')就表现出良好的亲和性。

6.2.3.2　嫁接的环境条件

(1) 温度

温度是影响嫁接成活的重要因子之一。不同植物愈伤组织对温度的要求不同，但大多数树种形成层活动的最适温度在 20 ~ 28℃。温度过高过低都会影响形成层的活动，抑制愈伤组织的形成。如 2000 年 4 月在白兰花嫁接试验中，分别在日气温最低 17℃，最高29℃和最低19℃，最高33℃的两天各嫁接100株；第1次接后连续7d最高温度在30℃以下；第2次接后连续3d最高温度在33℃以上。结果第一次的成活率达83%，而第2次仅为15%。足见温度对成活的影响。据此，应该选择温度适宜的时期或季节进行嫁接。

（2）土壤水分及接口湿度

在温度适宜的情况下，土壤含水量的多少直接影响到砧木的生理活动。土壤含水量适宜时，砧木形成层分生细胞活跃，愈伤组织形成快，砧穗输导组织易连通。土壤干旱缺水时，砧木形成层活动滞缓，不利愈伤组织形成。土壤水分过多，则会引起根系缺氧而降低分生组织的愈伤能力。同时易使剪口渍水，出现浸泡接口的现象，降低成活率。根据多年的经验，若在连续降雨或暴雨过后1~2d内嫁接时砧木会立即溢出水滴，或接后溢出沿砧木下流，接穗受浸泡很快发黑而死亡，成活率极低。

接口湿度对砧穗的愈合也有较大的影响。若接后几天接口膜内出现小水珠，表明湿度适宜，此时膜内相对湿度在90%~100%，处在形成愈伤组织所需的饱和湿度内，成活率高。如膜内无水珠出现，表明湿度过小，接穗易失水，愈伤组织形成慢而降低成活率。若有水从膜内沿砧木渗出，表示接口内湿度过大，成活率降低。因此凭接口膜内的水珠情况就可判断接口的湿度和成活率。秋季嫁接时薄膜有时易被蚂蚁咬破，接穗失水干枯而死亡。因此注意喷药防治蚂蚁危害，是确保成活的有效方法。

（3）光照

在黑暗条件下，能促进愈伤组织的生长。直射光明显抑制愈伤组织的形成，主要是生长素被阳光破坏，另外直射光造成蒸发量增大，接穗容易失去水分枯萎。嫁接初期要适当遮阴保湿，有利嫁接愈合成活。

6.2.3.3　植物极性

愈伤组织的形成具有明显的极性。愈伤组织最初总是在形态基部发生，这种特性称为垂直极性。因此，常规嫁接时，应将接穗的形态基部与砧木的形态顶端部分相接，这种异极嫁接的极性关系才能有利于接口的永久愈合成活，砧穗才能进行正常生长和发育，但根接时，接穗的基部应插入根砧的基部。

6.2.3.4　嫁接技术

嫁接技术是嫁接成活的重要条件。嫁接技术主要包括嫁接刀的准备、砧木与接穗的削面平滑和干净、形成层对齐密合、包扎严密、操作速度快等。砧木与接穗削面粗糙起毛，形成层错位，包扎松散漏气时，成活率就低。尤其是含酚类物质较多的树种，如果操作速度较慢，削面上很快氧化成不溶性化合物，从而在结合面之间形成隔离层，阻碍砧木与接穗双方的物质交流和愈合，使嫁接失败。所以嫁接技术熟练也是嫁接成功的关键。

6.2.3.5　嫁接时期

露地苗圃嫁接受季节的影响很大，生产上多在春季和秋季(初秋)进行。南方尽管提出周年嫁接，但成活仍以春秋两季最高。而秋季嫁接时除碧桃（*Prunus persica* f. *duplex*）、紫叶李（*Prunus cerasifera* f. *atropurpurea*）等少数生长较快的可在翌春达标出圃外，大多数树种不能达标出圃，因此嫁接主要在春季进行。春接时用上一年的老熟枝条作接穗，组织充实，温度、湿度适宜，形成层分裂旺盛，愈伤组织形成快，成活率高。南方夏季温度较高，成活率较低。秋季温度较适宜，在水分保证的情况下成活率也较高。

另外，砧木的健壮状况及接穗的组织充实程度对嫁接成活有重要的影响。

6.2.4　嫁接后管理

6.2.4.1　挑膜及补接

一般接后 15～20d，即可看出接芽是否成活，如接芽新鲜，芽眼有萌动迹象，或砧穗形成层处有愈伤组织形成，表明已经成活，这时对采用厚膜包扎且不露芽的接苗，用刀尖在芽眼处轻轻挑一小孔，以利接芽穿膜而出。同时对不成活的砧苗及时进行补接，以免延误嫁接时期，影响成活。

6.2.4.2　解绑

关于解绑时间，很多书籍都提出嫁接成活后 15～20d 即可解绑。根据经验，解绑过早时，接口尚未完全愈合完好，解绑后经风受雨，愈伤组织形成慢；输导组织还没有很好连通，水分、养分运输受阻，易造成接芽中途死亡，即使成活，也是黄化弱小之苗。若解绑过迟，砧穗过度增粗，薄膜勒陷入皮层内，阻断输导组织，引起接口肿大，形成黄化劣质苗。因此必须注意解绑时间，最好在接穗有 1～2 次稍充分老熟时进行解绑。用嫁接刀或锋利的枝剪刀尖在接穗对面的砧木上，对绑膜轻轻纵切一刀，割断薄膜即可。

但对芽接法解绑可适当提前，在接后 30～40d，看见芽片四周形成层愈合后即可解绑，否则会影响接芽的萌发。

6.2.4.3　剪砧

芽接法在萌动解绑后应及时剪砧，以使养分、水分集中供应接芽，促进接芽萌发生长。剪砧可一次性剪除或分两次剪除，一次性剪除是在接芽上方 1～2cm 处将砧木剪断；分两次剪除的做法是先在距接芽较远的地方剪断顶上砧木，留下一段较长的砧桩，用以绑缚固定幼小的接苗，待接苗长大增粗以后再在接芽上方 1～2cm 处剪断砧木。

6.2.4.4　除萌

在花卉嫁接生产中，有时砧芽萌发过多，会影响接穗芽的生长，造成嫁接成活率降低。嫁接以后要及时将砧木上萌生的砧芽抹除，以使养分、水分集中供应接穗，加速伤口愈合和接芽生长。不同树种砧芽萌生的速度和数量不一样，因此除萌是一项经常性的工作，对于一些易萌砧芽的花卉，一般接后每隔 10～15d 抹除一次，直至接芽生长健壮，无砧芽生长为止。

6.2.4.5　肥水管理

嫁接后遇干旱要及时淋水保湿，淋水时注意不要让水喷洒到接口上，否则影响成活。遇大雨要及时疏沟排水，而且最好能搭架覆膜。经验证明，接后 5～7d 内遇大雨或连阴雨时，会使成活率大大降低。

嫁接后由于行间裸露，杂草滋生快，要经常耨除杂草，并结合中耕施肥，以促进嫁接苗的生长。培养整形苗时按树形要求摘顶促分枝，选留好骨架枝后剪除多余枝梢，或趁枝梢幼嫩柔软，整成所需观赏造型。期间注意防治病虫害，确保苗木健康生长。

6.2.5　可用嫁接繁殖的花卉

6.2.5.1　草市花卉

有时为加速珍稀品种的繁殖，或艺术造型的需要，草本花卉也可嫁接。草本花卉嫁接时期，宜选择植株生长旺盛、温暖的春季，在阴天无风时进行。温度太低或过高，都会影响成活。适宜的嫁接期，可减少接穗蒸腾失水，维持砧、穗水分平衡，促进愈伤组织的形成。因草本植物细胞柔嫩，含水量多，对环境敏感，草本花卉用嫁接繁殖的种类并不多，常见的有菊花等。

菊花是菊科菊属多年生草本宿根花卉，常用扦插、分株、嫁接及组织培养等方法繁殖。扦插繁育过程中，易出现变异、退化等不良现象。采用蒿作砧木嫁接菊花，培育的菊花既保持了原有品种的特性，又解决了常规扦插成活率低的问题，并且利用嫁接可以做成"什锦菊"或塔菊。菊花与黄蒿（*Artemisia annua*）同属菊科，两者亲和能力较强，嫁接成活率较高。最好选嫩枝，且砧、穗老嫩基本一致，有益于愈伤组织的形成，提高成活率。

秋末采蒿种，冬季在温室播种，或 3 月间在温床育苗，4 月下旬苗高 3～4cm 时移于盆中或田间，5～6 月间在晴天进行嫁接。砧木需选择鲜嫩的植株，若砧木已露白，表示过老，不易成活，即使成活，生长也不理想。嫁接前两三天对砧木和接穗母株浇一次透水，增加接穗和砧木含水量。嫁接前一两个小时对砧木、接穗母株进行喷水，使母株不至于在嫁接过程中因太阳暴晒发生生理萎蔫，但应注意叶面上的水分全部蒸发后开始嫁接。

菊花嫁接采用劈接法，砧木粗度达 3～4 mm 或略大于接穗。接穗随采随接，不要一次采得过多，以免失水影响成活；选无病虫、健壮 5～7cm 长的菊苗顶梢作为接穗，去掉下部较大叶片，顶端留两三片叶。用双面刀片将接穗削成 1.5cm 长的楔形，削好后放清水中或含在口中；将砧木茎干在适当位置剪去顶部，于横切面纵切一刀，深度略长于接穗削面；将削好的接穗迅速插入砧木切口，使砧、穗密接吻合，两者形成层要对齐；接穗嵌好后，用薄膜将嫁接口严密包扎牢固，同时把接穗顶端断口封好，防止水分蒸发；套袋，为减少接穗水分蒸发，嫁接完成后，用塑料袋将嫁接部位套住或将全株罩住，防止风吹凋萎。草本花卉嫁接，技术要熟练，操作要快。

菊花嫁接后管理的关键是遮阳保湿，防止凋萎。搭棚遮光，防止暴晒、风吹，喷水维持空气湿润。接后 7～8d 无萎蔫现象，说明基本成活，15～20d 愈合牢固，可解膜和除袋，50d 左右逐渐拆除阴棚。嫁接成活一段时间后，要及时解除绑缚。

目前我国菊花的生产规模逐步扩大，出口不断增加，尤其是对日本等近邻亚洲国家的出口不断增加。2005 年，由海南东方光华现代农业开发有限公司生产的首批 6 万枝鲜切菊花空运至日本并顺利通过日方严格的检验检疫，成功进入日本市场以来，菊花出口呈现良好的发展势头。2006 年该公司菊花出口 600 万枝，创汇 134 万美元；2007 年菊花出口 1055 万枝，创汇 174.4 万美元，与 2006 年同期分别增加 76.8%、30.1%，为企业创造了可观的经济和社会效益；2007 年海交会前后签订了逾 1200 万枝鲜切菊花出口订单，金额达 2000 万元；2008 年出口 2000 万枝，出口量占全国同类产品出口总量的 1/3 以上。2009 年，"东方菊花"品牌在成功打进日本、韩国、俄罗斯花卉市场的基础上，又开辟了美国市场。此外，专业从事切花菊种苗产销的昆明虹之华园艺有限公司已成为亚洲最大的标准化菊苗生产基地和最大的菊花种苗供应商，公司先后在园区内完成 320 亩种苗基地的建设，建有 172 亩温室及其相应配套设施设备的菊花种苗专业生产基地，2014 年出口日本的切花菊苗超过 1 亿株，占日本切花菊苗进口量的 40%，同时也是亚洲最大的标准化菊苗生产基地和菊花种苗供应商。其他企业和组织，如北京信采种养殖有限公司、北京合众力源农业高科技有限公司和厦门琴鹭鲜花专业合作社等在菊花的生产和出口中也取得了很好的业绩。

6.2.5.2 木本花卉

花木种类不同采用的砧木也不同。如月季可用各种蔷薇作砧木；碧桃或各种桃花可用寿星桃(*Prunus persica* f. *densa*)、山桃(*Amygdalus davidiana*)、毛桃(*Prunus persica*)作砧木；桂花可用女贞作砧木；梅花可用桃、杏(*Armeniaca vulgaris*)作砧木；西洋杜鹃可用毛杜鹃(*Rhododendron pulchrum*)作砧木；樱花(*Prunus serrulata*)可用毛樱桃(*Prunus tomentosa*)作砧木；白兰花可用木兰(*Yulania denudata*)作砧木；山茶花可用野山茶作砧木；蜡梅可用狗牙蜡梅作砧木；木瓜(*Chaenomeles sinensis*)可用贴梗海棠作砧木。嫁接时间一般以早春顶芽刚开始萌动时为好。

(1)梅花

蔷薇科李属落叶乔木，少有灌木。梅的繁殖方法，最常用的是嫁接，扦插、压条次之，播种又次之。梅的砧木，南方多用梅或桃，北方常用杏、山杏(*Armeniaca sibirica*)或山桃。杏与山杏都是梅的优良砧木，嫁接的成活率也高，且耐寒力强。梅共砧表现良好，尤其用老果梅树蔸作砧木，嫁接成古梅桩景，更为相宜。通常用切接、劈接、舌接、腹接或靠接，于春季砧木萌动后进行；腹接还可在秋天进行。也可以利用冬闲，用不带土的砧苗在室内进行舌接，然后沙藏或出栽。至于靠接，多以果梅老蔸与梅花幼树相接，时期春、秋俱宜。

多于 6～9 月进行，常用 T 字形芽接法。枝接用直径 1cm 粗的山桃、毛桃或杏苗作为砧木，春季 3～4 月间嫁接。这时特别要注意新接活的苗须防止阳光直晒。

(2)月季

蔷薇科蔷薇属常绿或落叶灌木，嫁接繁殖主要用于扦插不易生根的月季种类和品种，如大花月季、杂种茶香月季中的大部分种类。

月季的嫁接首先必须要选择适宜的嫁接砧木。现在通常所用的砧木为蔷薇及其变种和品种,如'粉团'蔷薇、'曼尼蒂'月季、荷兰玫瑰及日本无刺蔷薇等。这些蔷薇种类根系发达、抗寒、抗旱,对于所接品种具有较强的亲和力、遗传性较稳定。选择开花后从顶部向下数第一或第二枚具有 5 小叶的腋芽作接穗,腋芽一定要饱满充实。剪掉叶片及梢端发育不充实的腋芽后,置于阴凉处备用,随采随接。

按照月季的生长习性及生长规律,在一年中任何时期均可进行嫁接,但在温度较高时会影响成活率,当气温达到 33℃以上时嫁接的成活率相对降低;也可利用冬季休眠期进行嫁接,冬季低于 5℃、砧木处于休眠状态时嫁接也适宜。目前生产实际采用的嫁接方法有嵌芽接、T 字形芽接和方块形芽接。

月季是中国传统名花,在我国具有悠久历史,深受人们的喜爱。我国已建立几个较大月季生产基地,如河南省卧龙区石桥镇,该基地从新品种培育、新技术创新应用入手,积极推进月季标准化生产,制定了具有国际先进水平的企业标准《月季种苗质量标准》《田间管理制度》《种苗溯源制度》《疫情检测制度》等,对月季种苗的生产、销售进行全面的标准化管理(表 6-4)。2004 年,南阳月季开始出口荷兰、日本、德国、英国、加拿大等国家,作为母本,嫁接玫瑰,出口 59 批 497.87 万株,累计创汇 172.8 万美元。在 2016 年,南阳月季种植面积近 5 万亩,年出圃苗木逾 4 亿株,年产值达 10 亿元。畅销全国 30 个省、自治区、直辖市,供应量占国内市场的 80%,同时远销到日本、德国、法国、荷兰、俄罗斯等 20 余个国家,占我国出口总量的 70% 以上。南阳目前拥有中国最大的月季种苗繁育基地(南阳金鹏月季有限公司),现种植规模 3000 余亩,精优品种 600 多个;年产树状月季、大花月季、藤本月季、地被月季、丰花月季、微型月季及玫瑰切花等各类月季种苗逾 3000 万株。

表 6-4　月季嫁接苗的质量要求和规格

评价项目	等级		
	一级	二级	三级
1. 砧木基径/cm	≥0.8	≥0.6	≥0.4
2. 接枝基径/cm	≥0.5	≥0.4	≥0.3
3. 接穗位高/cm		5~10	
4. 接枝长/cm	≥15	≥10	≥8
5. 接枝茎节数/个		≥3	
6. 叶片数/片		≥4	
7. 根系状况	绝大多数根的长度超过 6cm,根系丰满、匀称、新鲜、色泽正常,无黑根、病根和黄褐根,无变异、畸形或缺损	绝大多数根的长度超过 5cm,根系较丰满、匀称、新鲜、色泽正常,无黑根、病根和黄褐根,无变异、畸形,有少许缺损	绝大多数根的长度超过 4cm,根系较丰满、匀称、无黑根和病根,偶有黄根,无变异、畸形,有少许缺损
8. 整体感	生长旺盛,新鲜程度好,茎秆粗壮挺拔,色泽正常,无畸形、药害、肥害和机械损伤	生长旺盛,新鲜程度好,茎秆粗壮挺拔,色泽正常,无畸形、药害、肥害,稍有机械损伤	生长正常,新鲜程度稍差,茎秆挺拔,色泽稍淡,无药害、肥害,稍有机械损伤

（续）

评价项目	等级		
	一级	二级	三级
9. 病虫害	无病害的症状表现及病虫害损伤现象；未检测出质量要求所规定的病虫害	无病害的症状表现及病虫害损伤现象；未检测出质量要求所规定的病虫害	稍有病害的症状表现及病虫害损伤现象
10. 变异率/%	≤1	≤3	≤5
11. 混杂率/%	≤1	≤2	≤3
备　注	月季嫁接苗具有嫁接的痕迹与已愈合的接口，同时有接芽1～2个。无叶片的苗木，以茎节数代替		

注：引自云南省《鲜切花种苗和种球质量等级》（DB53/T 107—2003）

（3）蜡梅

蜡梅科蜡梅属落叶灌木。常用播种、分株、压条、嫁接等方法进行繁殖。嫁接是蜡梅主要的繁殖方法，一般用于繁殖优良品种。砧木用狗牙蜡梅的分株苗或品种较差的实生苗。常用方法有切接、靠接和腹接。

蜡梅切接所用砧木为2～4年生的蜡梅实生苗或狗牙蜡梅，接穗为优良品种的1～2年生枝条。在接前1个月要在母树上选好粗壮且较长的接穗枝，并截去顶梢，使养分集中，有利于嫁接成活。蜡梅切接的最适时间为春季芽萌动有麦粒大小时，这个时间很短，只有1周左右，错过这个时间就很难嫁接成活。如果来不及切接，可将选好的接穗枝上的芽摘去使其另发新芽，或将接穗提前采下用湿沙贮藏，这样既可延长嫁接时间，又不影响嫁接成活率。

靠接在春、夏、秋三季都可以，以5～6月效果最好。腹接时间宜在6～9月，6～7月最适。

（4）白兰花

木兰科含笑属常绿乔木。白兰花的繁殖较其他花困难，一方面由于气候等因素，白兰花在我国不结果，所以无法采用播种法；另一方面，繁殖能力弱，枝条不易发生不定根，所以也无法采用扦插法。通常白兰花的繁殖采用嫁接和压条法。嫁接可用靠接和多芽平面腹接等方法。靠接，可在2～3月，选择株干粗0.6cm左右的紫玉兰（*Yulania liliiflora*）作砧木上盆，到4～9月间进行靠接，尤以5～6月为宜。接后约50d，嫁接部位愈合，即可将其与母株切离。新植株应先放在有遮蔽的地方，傍晚揭开遮盖物。要注意防风，以免在接处折断。

多芽平面腹接，选多年生白兰花实生苗为砧木，在基部距地面10～20cm处自上而下削长度为2～5cm的皮，露出形成层，不伤木质部，并保留适当长度的削皮；选1年生生长势良好的含2个以上饱满芽、长度7～12cm的白兰花枝条作接穗，削成正反两个削面，正削面平削，削皮长度为2～5cm，露出形成层，不伤木质部，反面斜削0.5cm；将接穗的正削面紧贴砧木削面，对准形成层，接穗反削面则紧靠砧木削皮，以砧木削皮覆于其上，并绑扎；用薄膜将砧木及接穗结合的接口完全封闭；于嫁接后15～

20d 检查成活率，未成活的及时补接；于嫁接后 2 个月左右进行第 1 次剪砧，剪去距接口 20～30cm 以上的砧木；于嫁接经过一个生长季后进行第 2 剪砧，剪去接口以上的全部砧木。

(5) 碧桃

蔷薇科李属落叶观花小乔木。可用播种、嫁接方法来繁殖，一般多采用嫁接方法来繁殖。在嫁接中，又常采用芽接方法，因芽接容易成活。

芽接可在 7～9 月间进行，以 8 月中旬～9 月上旬为最佳时间。砧木一般采用 1 年生毛桃实生苗，也可用杏、梅 1 年生实生苗，作 T 字形芽接。一般嫁接苗 3 年就能开花。

(6) '美人'梅(*Prunus mume* 'Beauty Mei')

蔷薇科杏属落叶小乔木。是由重瓣粉型梅花与紫叶李杂交而成的园艺杂交种。一般采用嫁接法。在晚秋落叶后或早春萌芽前进行嫁接，砧木可采用毛桃或杏及梅实生苗。在早春多用劈接法。芽接多在生长季节或秋季进行。

(7) 山茶

山茶科山茶属灌木或小乔木。大多采用嫁接法和扦插法。嫁接繁殖又有两种方法：一种是嫩枝劈接；一种是靠接。

嫩枝劈接可充分利用繁殖材料，且生长较迅速。常选用单瓣山茶花和油茶作砧木，前者亲和力强，后者则存在后期不亲和现象。种子播于沙床后约经 2 个月生长，幼苗高达 4～6cm，即可挖取用劈接法进行嫁接。选择生长良好的半木质化枝条，从下至上 1 芽 1 叶，一个一个地削取。充分利用节间的长度，将接穗削成正楔形，放入湿毛巾中。挖取砧木芽苗时，在芽苗子叶上方 1～1.5cm 处剪断，使其总长为 6～7cm，再顺子叶合缝线将茎纵劈一刀，深度与接穗所削的斜面一致，将楔形接穗插入砧木裂口，使两者形成层对准，再用塑料布长条自下而上缠紧，用绳扎牢。然后将接好的苗种植于苗床中。种植后的苗床要搭塑料棚保温，上盖双层帘子。一般 10～15d 开始愈合，20～25d 可在夜间揭开薄膜，使其通气。其后逐步加强通风，适当增加光照，至新芽萌动以后，全部揭去薄膜。只要管理精细，当年就可长出 3～4 片新叶。

(8) 杧果(*Mangifera indica*)

漆树科杧果属常绿乔木。植株高大，嫩叶具有各种美丽的颜色，果形别致，是美化庭园和绿化道路的理想树种。可用播种和方形芽接法繁殖。方形芽接的方法是：先在砧木上切开宽 0.8～1.2cm、长 3～4cm 的芽接位，再削取接穗，除去木质部，削成比芽接位稍小的长方形薄片，迅速地置于芽接位中，立即用塑料薄膜带绑牢。芽接后 20～30d 可以解绑，经 2～3d，如芽片保持原状，并紧贴其上，说明已成活，即可在其上方 2cm 处剪断砧木，进行定植，或仍留在苗圃，待其抽梢后出圃。

(9) 金柑(*Fortunella margarita*)

芸香科金柑属常绿灌木或小乔木。金柑枝叶茂密，树枝秀雅；花白如玉，芳香远溢；灿灿金果，玲珑娇小，色艳味甘，是我国传统观果盆栽珍种。常用嫁接繁殖。砧木用枳、酸橙(*Citrus* × *aurantium*)或播种的实生苗。嫁接方法有枝接、芽接和靠接。枝接，在春季 3～4 月中用切接法。芽接，在 6～9 月进行，盆栽常用靠接法，在 6 月进行。砧木要提前一年盆栽，也可地栽砧木。嫁接成活后的翌年萌芽前可移植，要多带宿土。

（10）桂花

木犀科木犀属常绿阔叶乔木。嫁接是繁殖桂花苗木最常用的方法。主要用靠接和切接。嫁接砧木多用女贞（*Ligustrum quihoui*）、小叶女贞、水蜡（*L. obtusifolium*）、流苏树（*Chionanthus retusus*）和白蜡（*Fraxinus chinensis*）等。实践表明，女贞砧木嫁接成活率高，初期生长也快，但亲和力差，接口愈合不好，风吹容易断离；小叶女贞、水蜡等砧木，嫁接成活率高，亲和力初期表现良好，但后期却不够协调，会形成上粗下细的"小脚"现象；流苏树和白蜡等砧木，亲和力初期也表现良好，但后期仍不够协调，常形成上细下粗的"大脚"现象。今后应注意培养桂花的实生苗，进行本砧嫁接，以解决亲和力差的问题。当前，桂花砧木仍以女贞和小叶女贞等应用较为广泛。如能适当深栽砧木，促使埋入地下的接穗部分本身长出根系，那么，砧木与接穗之间的不亲和问题也可以得到某种程度的缓解。

（11）杜鹃花

杜鹃花科杜鹃花属植物。杜鹃的类型较多，常绿杜鹃目前都采用播种繁殖，落叶杜鹃则可用扦插、嫁接及播种繁殖。在繁殖西洋杜鹃时较多采用嫁接繁殖。其优点是接穗只需要一段嫩梢；嫩梢随时可接，不受限制；可将几个品种嫁接在同一株上，比扦插长得快，成活率高。

常采用嫩枝劈接法，最适宜在5~6月进行。选2年生的独干毛鹃（*Rhododendron × pulchrum*），新梢与接穗粗细相仿。在西洋杜鹃母株上，剪取3~4cm的长嫩梢，去掉下部叶片，留顶端3~4片小叶，将基部削成楔形。在毛鹃当年新梢2~3cm处截断，摘除该段叶片，纵切1cm，插入接穗，对齐皮层，用塑料带绑缚，接口处连同接穗套入塑料袋中，扎紧袋口。置荫棚下，忌阳光直射。注意袋中有无水珠，如果没有可解开喷湿接穗，重新扎紧。接穗7d不萎蔫即可能成活，2个月后去袋，次春解开绑扎。

（12）扶桑

锦葵科木槿属常绿灌木。嫁接也是繁殖扶桑常用的方法之一。此法多用于扦插不易成活的珍贵品种，还可以嫁接成开出不同颜色花朵的植株。嫁接扶桑的时间，选在生长旺季，以春季最佳，成活后当年生长期长，植株可得到充分生长发育。在温室条件下，嫁接繁殖四季均可进行。嫁接时事先考虑接穗、砧木两者的生长势、分枝规律、节间长短、花期早晚等是否近似或一致。若多品种嫁接在一起，还应考虑花形、花色是否搭配合理和鲜艳美观。

嫁接方法可用切接、劈接及靠接。一般多用简单易行的劈接法。

6.2.5.3 多肉多浆植物

（1）蟹爪兰

又称"蟹爪莲"，是仙人掌科多年生肉质植物。形态美，花色鲜艳，具有较高的观赏价值，花期从12月至翌年3月。蟹爪兰用嫁接繁殖，成型快，开花早，砧木可用三角柱或仙人掌。用三角柱作砧木成活率高，但不耐低温。用仙人掌作砧木，蟹爪兰生长迅速，开花早，抗病、抗旱、抗倒伏性能强，并能耐较低的温度。由于蟹爪兰茎节扁平，一般采用劈接法嫁接。在培育好的仙人掌上端平削一刀，然后在平面上顺维管束位置向下切一插口。选择3~6节长势旺盛的蟹爪兰，把接穗削成鸭嘴形。将削好的接穗插入砧木中，要插到切口的底部。用仙人掌刺或针将接穗固定在仙人掌上，不让其滑出。嫁接后要把嫁接苗放在有散射光的阴凉处，接后1周内不要浇水，过10d左右，接穗鲜亮，可视为成活。这时可适当浇点水，并逐渐增加光照。砧木上长出的蘗芽应及时去掉，否则接穗不易成活。

嫁接时要注意：嫁接时间一般在春秋两季，春季最好。由于仙人掌、蟹爪兰都是肉质茎，因此切削刀一定要锋利。一般用手术刀、单面刀片和剃须刀，刀具事先要消毒。蟹爪兰的维管束和砧木的维管束要对准。仙人掌的维管束一般不在中间，因此在向下切仙人掌时应稍偏离中心，以保证切在维管束的位置上。蟹爪兰的维管束在中间，削时一定要对准，使得维管束露出。

(2)令箭荷花

别名荷令箭、红孔雀、荷花令箭。仙人掌科令箭荷花属多年生肉质草本植物。一般采用扦插繁殖或嫁接繁殖。嫁接时间最好在5~8月。采用令箭荷花当年的嫩茎6~8cm作接穗，以仙人掌作砧木，晴天时进行。在仙人掌的顶部深切一个1cm的口，用刀将接穗削成楔形，顶部的楔形裂口不能开在正中，应靠在一边，这样才能使接穗和砧木的维管束接触，在两者切口均未干时，将接穗接在砧木上，并用竹针将两者固定。接后放置阴处，接活后方能见光。一周后嫁接处组织愈合，愈合后抽出竹针。在嫁接中，砧木和接穗都要用利刀切削，使接触面平滑干净。在梅雨季节或切削腐烂病株的接穗，每次切削前嫁接刀要用酒精消毒，以免感染。接好的令箭荷花每生长一个茎节，就剪去上半部，留下7~10cm的茎节，这样会促其经常孕蕾开花。

(3)绯牡丹

别名红牡丹、红球。仙人掌科多年生肉质草本。植株呈扁球形，主要用嫁接繁殖。由于球体没有叶绿素，必须用绿色的量天尺、仙人球(*Echinopsis tubiflora*)、叶仙人掌等作砧木，以用量天尺效果最佳。用量天尺作嫁接的砧木，具有操作简便、愈合率高的优点，但不太耐寒，在北方地区，没有温室越冬，容易冻死。嫁接时间以春季或初夏为好，愈合快、成活率高。选择晴天，从绯牡丹母球上选健壮、无病虫害、直径为1cm左右的子球剥下作切穗。用消毒刀片，先将砧木顶部一刀削平，然后把子球球心，对准砧木中心柱，使其紧紧密接，再用细线从接穗顶心至盆底按不同角度绕3~4圈扎牢，松紧要适度，过松过紧都不易成活。因绕线时，子球易滑动，可用仙人掌的刺扎入子球内，将子球固定在砧木上，再绕线扎牢。约经半个月，如接口正常，即已成活。如接口发黑或出现裂缝，应将子球取下，再重行嫁接，一般接后两个月左右便可成活供观赏。

(4)鼠尾掌(*Aporocactus flagelliformis*)

又名金纽。是仙人掌科鼠尾掌属多浆植物。多用扦插繁殖，也可嫁接。通过嫁接，可长成良好的悬垂株形。

嫁接多在春夏或初夏进行。砧木可选用茎节较长的仙桃、马氏蛇鞭柱、三棱箭、直立柱状仙人掌如梨果仙人掌、大花蛇鞭柱等，一株砧木上可以同时嫁接3~4接穗。取鼠尾掌顶端变态茎10cm作接穗。选用叶仙人掌没有完全木质化的分枝，从分枝2～3cm处剪断，并将其削成长约1cm的圆锥形，把一根幼嫩、呈绿色的鼠尾掌基部插于砧木削尖处。接后注意遮阴和控制浇水，湿度不易过大，否则造成嫁接失败。十余天后接穗仍保持鲜绿即成活。解除绑扎物，然后进入正常管理。

（5）金琥

仙人掌科金琥属植物。繁殖以播种为主，也可扦插、嫁接。如种子缺乏，可在生长季节切除球顶部生长点，促其生子球，待其长到0.8～1cm时，切下进行扦插或嫁接。嫁接砧木宜用较长而粗壮的量天尺作砧木。嫁接后放在半封闭式的高湿条件下培养。嫁接的小金琥1年可长到直径4～5cm，2～3年可达到直径10cm以上。当金琥生长很大而砧木不能支持时，可将其切下扦插。切球体时，宜连带一小段砧木(3～5cm)，这样扦插更容易生根。

6.3　压条苗生产

压条繁殖是花卉植物无性繁殖的一种，是将母株上的枝条或茎蔓埋压土中，或在树上将欲压的部分的枝条基部，经适当处理后包埋于生根介质中，使之生根后再从母株割离成为独立、完整的新植株。多用于一些茎节和节间容易发根或一些扦插不容易发根的木本花卉植物。

压条繁殖由于枝条木质部仍与母株相连，可以不断得到水分和矿质营养，枝条不会因失水而干枯，因此压条繁殖的成活率高，成苗快，可用来繁殖其他方法不易繁殖的种类，且能保持原有品种的优良特性；缺点是位置固定，不能移动，且受母树枝条来源限制，短时期内不易大量繁殖，不适于大量繁殖苗木的需要。在花卉中，仅用于一些木本花卉。

压条时间因植物种类而异，一般常绿树种以梅雨季节初期为宜，此时气温合适，雨水充足，并有较长的生长时期以满足压条的伤口愈合，发根和成长。落叶花木压条适期以冬季休眠期末期至早春刚开始萌动生长时进行为宜，因为这段时期枝条发育成熟而未发芽，枝条积存养分较多，压条容易生根。压条藤本花木多以春分和梅雨初期进行。无论常绿还是落叶花木树种，压条时间均不宜太迟，因施行刻伤、环割等措施，在树液流动旺盛期进行，将会影响伤口愈合不利生根。如松柏类植物不宜于早春或晚秋进行压条，因割伤皮层会有大量树脂流出，也影响伤口愈合妨碍生根。

6.3.1　压条的前处理

除了一些很容易发生不定根的种类，如紫藤、常春藤等，不需要进行压条前处理外，大多数花卉植物为了促进压条繁殖的生根，压条前一般在芽或枝的下方发根部分进行创伤处理后将处理部分埋压于基质中或包裹上生根基质。这种促进生根的创伤处理，称作压条的前处理。压条的前处理主要有机械伤(环割、环剥、绞缢、刻伤)、生长调节剂等处理，包括高枝压条用的生根基质、包裹材料等准备。前处理的主要作用：①将顶部叶片和枝端生长枝合成的有机物质和生长素等向下输送的通道切断，使这些物质积累在处理口上端，形成一个相对高浓度区；② 创造伤口，产生愈伤组织，促进诱发不定根；③ 由于其木质部又与母株相连，所以继续得到源源不断的水分和矿物质营养的供给。再加上埋压造成的黄化处理，使切口处像扦插生根一样，产生不定根。

(1) 机械处理

机械处理主要有环剥、刻伤等。环剥是压条繁殖前处理最常用的方法，诱导不定根的效果最好。一般环剥是在要进行压条枝条节、芽的下部剥去约枝条直径 1/2 宽的树皮，保证伤口在生根前不会愈合。对于不定根易产生的花木压条繁殖，可采用绞缢、环割、刻伤等方法，绞缢是用金属丝在枝条的节下面进行环缢；环割则是环状割 1~3 周，深达木质部，并截断韧皮部筛管通道，使营养和生长素积累在切口上部；刻伤是用刀等利器对压条枝条节、芽的下部进行刻、划，深达木质部即可。

(2) 黄化或软化处理

黄化或软化处理是用黑布、黑纸包裹或培土包埋枝条使其黄化或软化，以利根原体的生长。在早春发芽前将母株地上部分压伏在地面，覆土 2~3cm，使新梢在土中萌生，由于覆土遮断日光，新梢黄化，待新梢长至 2~3cm，尖端露出地面前，再加土覆盖。如此管理，待新梢 4~6cm 时，至秋季其黄化部分能诱导分化生长出一些不定根，将它们从母株切开就可成为独立植株。

(3) 生长调节剂处理

促进生根的生长调节剂处理与扦插基本一致，IBA、IAA、NAA 及 ABT 生根粉系列等处理能促进压条生根，因为其枝条连接母株，所以不能用浸渍方法，多采用涂抹法进行处理。为了便于涂抹，可用粉剂或羊毛脂膏来配制或用 50% 酒精液配制，涂抹后因酒精立即蒸发，药剂就留在涂抹处。尤其是空中压条中生长素处理对促进生根效果很好。白兰花在空中压条繁殖时用 IBA 和 NAA 的 600×10^{-6} 羊毛脂混合剂处理效果最好，并可缩短生根所需时间。生长调节剂处理与机械处理相结合，促进生根的效果更好。

(4) 保湿和通气

不定根的发生和生长需要一定的湿度和良好的通气条件。良好的生根基质，必须能保持不断的水分供应和良好的通气条件。尤其是开始生根阶段，长期土壤干燥使土壤板结和黏重，会阻碍根的发育。良好土壤和锯屑混合物，或泥炭、苔藓都是理想的生根基质。若将碎的泥炭、苔藓混入在堆土压条的土壤中也可以促进生根。

6.3.2 压条繁殖的方法

压条繁殖的种类很多，根据植物种类及其生长习性不同，可分为空中压条法和地面压条法及培土法三大类。常用的压条繁殖方法有以下几种。

(1) 高压法(空中压条法)

高压法为我国繁殖花木及果树最古老的方法，约有 3000 年的历史，又称中国压条法。以湿润土壤或青苔包围枝条被环(切)割部分，给予生根的环境条件，待产生不定根后剪离母体，重新栽植成一独立新株。这种方法的优点是容易成活，能保持原有品种的特性，能解决嫁接和扦插不容易繁殖的种类。花卉中，仅有木本花卉有时采用高压法繁殖。一些常绿木本花卉的枝条扦插发根困难，它们的枝条不易弯曲或枝条长度不够等

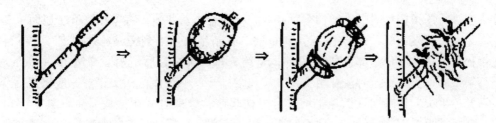

图6-22　空中压条法

原因不能压到地面的树种可采用高压法繁殖，如桂花、米兰、玉兰等。如图6-22所示。

高压法整个生长期都可进行，但以春季和雨季为好，一般在3~4月选生长健壮的2~3年生枝，也可在春季选用1年生枝，或在夏末部分木质化枝上进行。方法是将枝条被压处进行环状剥皮，剥皮长度视被压部位枝条粗细而定，一般在节下剥去约枝条直径1/2宽的皮层，注意刮净皮层、形成层，然后在环剥处包上保湿的生根材料，如新鲜苔藓、稻草泥、湿的椰糠或锯木屑，外用塑料薄膜包扎，封好上口，稍留空隙，以便补充水分与承接雨水。保持基质湿润，既不能中途失水，又不能太湿。3~4个月后，待泥团中普遍有嫩根露出时，剪离母树，为了保持水分平衡，必须剪去大部分枝叶，并用水湿透泥团，再蘸泥浆，置于庇荫处保湿催根，一周后有更多嫩根长出，即可假植或定植。

一般空中压条，常绿树是在生长缓慢期进行分株移植，落叶树是在休眠期进行分株移植。为防止生根基质松落损伤根系，最好在无光照弥雾装置下过渡几周，再通过锻炼成活更可靠，空中压条成活率高，但易伤母株，大量应用有困难。有些不易生根的植物要经过两个生长期才能分离母体，如丁香、杜鹃花及木兰等。

为促进高压苗生根，提高成活率，应注意：尽量选取母树健壮、直立、角度小的枝条作高压苗。实践证明：高压枝条越直、角度越小，生长势强，有利于水分的吸收，生根率就高，反之，生根率就低；环割部分敷包生根基质要紧结，大小要适中，太小不利生根，太大花灌木枝条易下垂，不利发根；薄膜包扎时间要及时，若是包裹稻草泥，过早土泥发软不能操作，过久土泥太干失水不利生根；分离母树时间于秋季进行较可靠，因秋季气温较凉，被压部分根系生长丰满健壮，栽植易成活，过早根系幼嫩，又正值夏季高温、干旱，如未能养护好，往往栽植成活率低。

（2）培土压条法

培土压条法亦称堆土法，此法常用于一些丛生性很强的大型落叶或常绿花灌木，它们的枝条没有明显的节，如贴梗海棠、八仙花、紫荆（*Cercis chinensis*）等。具体方法是在夏初的生长旺季，将部分分枝的枝条的下部距地面20~30cm处进行环（割）剥，然后堆拥起土堆，把整个植株的下半部（环剥部分）埋住，土堆应保持湿润，经过一定时间，环割的伤口处长出新根，到翌春刨开土堆，并从新根的下面逐个剪断，可直接定植，如图6-23所示。

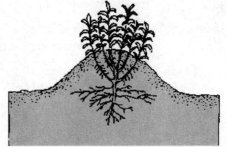

图6-23　培土压条法

在进行压条繁殖时，为增加繁育系数，可在春季萌芽前，将母株枝条在地面上2cm左右短截，促发萌蘖，当新梢长达20cm时，在新生枝条上刻伤或环状剥皮，并将行间土壤松散地培在新梢基部，高约10cm，宽约25cm。1个月后新梢又高达30~40cm时，进行第2次培土，培土时注意用土将各枝间距排开，不致使苗根交错。一般培土后20d左右开始生根，休眠期可扒开土堆进行分株起苗。分株时从新梢基部2cm处剪下，剪完后对母株再立即覆土保湿。翌春发芽前再扒开覆土，促使母株继续发枝，重复多次进行压条，母株利用多年后，为控制生长高度以利培土，对其进行更新修剪。

(3)单枝压条法

单枝压条法是最常用的一种地面压条法，这种方法多用于灌木、小乔木类花卉，如蜡梅、栀子(*Gardenia jasminoides*)、迎春(*Jasminum nudiflorum*)、茉莉等。选择基部近地面的1~2年生枝条，先在节下靠地面处用刀刻伤几道，或进行环状剥皮；再顺根际或盆边开沟，深10~15cm，将枝条下弯压入土中，用金属丝窝成U形将其向下卡住，以防反弹；然后覆土，把枝梢露在外面；生根后自母株切离，而成为独立的植株。一般一根枝条只能繁殖一株幼苗，如图6-24所示。

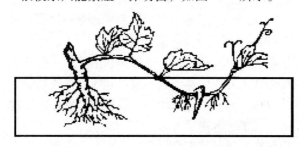

图6-24　单枝压条法

大型盆花的单枝压条，还可采用带盆压条的方法，即在盆旁边再放一只盛土的盆，将枝条进行环状剥皮或刻伤后，压入旁边的盆土中，枝梢伸出盆面外，令其生根，此法安全可靠，管理简便。常绿名贵花卉品种的生产上，往往将枝引入有缺口的花盆、竹筐或塑料营养袋中，然后埋土，待生根后切离母株，可连同容器一同取出移栽，由于根际带有宿土，移栽易成活。此法可在一个母株周围压条数枝，增加繁殖株数。此法在家庭中也普遍采用。

(4)枝顶压条法

枝顶压条法也是一种地面压条法，又称枝尖压条法。通常在早春将花卉枝条上部剪截，促发较多新梢，当夏季新梢尖端停止生长时，将先端压入土中。如果压入过早，新梢不能形成顶芽而继续生长；压入太晚则根系生长差。当年便在叶腋处发出新梢和不定根，一般在年末可剪离母株，成为新植株。植株包括一个顶芽、大量的根和一段10~15cm的老茎。因为枝梢压条苗弱，容易受伤和干燥，最好在栽植之前不久掘起。如图6-25所示。花卉生产中的迎春花等，其枝条既能长梢又能在梢基部生根。

(5)波状压条法

波状压条法是地面压条法的一种，又称重复压条。适用于枝条长而柔或蔓性植物如金银花、常春藤、爬山虎(*Parthenocissus tricuspidata*)、紫藤、南蛇藤(*Celastrus orbiculatus*)等。如图6-26所示。

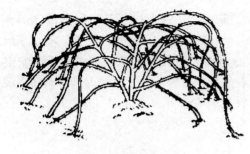

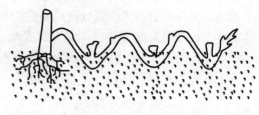

图 6-25 枝顶压条法   图 6-26 波状压条法

波状压条法多在春季用 1 年生半木质化枝条进行压条。先将接近地面的母株侧枝剪除，再把其前方空地土壤翻松，拌入腐熟细碎的基肥，然后在地上挖出深、宽各约 8cm 的小沟，将母本枝条上相隔 40cm 左右用利刀刻出数道伤口，将藤条伤口朝下分别弯压入沟内，将枝条一段覆土，另一段不覆土，用小树枝权固定，覆土压实使其生根，拱出地面部分发芽长出新枝，约 3 个月压条不定根已长成，可带土掘起，并在刻伤部位逐一剪断，分别移栽，移植后不需特别遮阴，常规管理即可。该方法成活率高，繁殖系数较大。

（6）连续压条法

连续压条法是地面压条法的一种，又名水平压条法。多用于灌木类花卉。在母株的一侧先开挖较长的纵沟，然后把靠近地面的枝条的节部略刻伤，再把它们浅埋入土沟内，并将枝条先端露出地面。经过一段时间，埋入土内的节部可萌发新根，不久节上的腋芽也会萌发而顶出土面。待新萌发的苗株老熟后，用利刀深入土层把各段的节间切断，经过半年以上的培养，即可起苗移栽。紫藤、蔓越橘、蔓性蔷薇等常用此法繁殖。如图 6-27 所示。

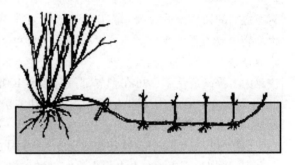

图 6-27 连续压条法

在连续压条中，常常随着新梢的伸长加深覆土，并及时抹去枝条基部强旺萌蘖。为增大繁育系数，通常对未压的枝条应行短剪，促发新枝供下一年备用。此法能使同一枝条上得到多数植株。但其操作不如单枝压条法简单，且新株较多，养料消耗大，易致母株衰弱，一般以 3 枝为宜。

6.3.3 压条后管理

压条以后必须随时检查埋入土中的枝条是否弹出地面，如已露出必须重压。对被压部位尽量不要触动，以免影响生根和折断已长的根；保持土壤适度湿润，促进生根。

花卉植物压条生根后切离母株的时间应根据其树性和生长快慢而定，有些种类如梅花、蜡梅等生长较慢，需到翌年才可将压条枝条切离母树；而有些花卉种类如月季、忍冬（*Lonicera japonica*）等生长较快、适应性较强，则当年即可切离。

压条切离母树移栽时要尽量多带土，以保护新根。压条时由于其不脱离母体，水分、养分的供应问题不大，而分离后必然会有一个转变、适应、独立的过程。所以开始分离后要先放在庇荫的环境，切忌烈日暴晒，这种炼苗过程对压条新苗的成活影响很大，以后逐步增加光照。对刚分离的植株，也要剪去一部分枝叶，以减少蒸腾，保持水分平衡，有利其成活。移栽后注意及时浇水、保持土壤湿润。

6.3.4　可用压条法繁殖的花卉

压条繁殖由于在生根过程中仍能得到母株的养分，不但成活率很高，成苗快，开花早，不需特殊管理，且能保持原品种特性，在观赏花卉树木的繁殖中已被广泛采用。

6.3.4.1　市市花卉

(1) 玉兰

木兰科木兰属植物。玉兰繁殖方法较多，可采用嫁接、压条、扦插、播种等方法，常用的是嫁接和压条两种。压条是一种传统的繁殖方法，适用于保持与发展名优品种。

玉兰压条一般多在 2 ~ 5 月春季进行。通常选用 2 年生枝条为好，在节间进行环状剥皮，即用剪刀夹住枝干转圈轻轻地剪，距上刀口 0.5 ~ 1cm 处再转圈剪一刀，然后将两刀之间的树皮部分去掉，露出木质部。接着用塑料薄膜在刀口下方 5cm 处捆扎成袋状，袋内放入青苔或草炭土等生根物质，再将袋口扎紧，然后用支架固定或用绳子挂在其他枝条上，以防止风吹折断。

为了提高成活率，可在剥皮部位直接涂 100mg/L ABT 生根粉溶液后包扎生根物质；也可以用 20 ~ 50mg/L ABT 生根粉溶液拌和的培养土包扎。用这种方法处理，压条枝发根率高，根数普遍增多。

假植可提高成苗率。枝条高压后 3 ~ 5 个月可以从树冠上剪下。将压条苗带土团移入土中，深 15 ~ 20cm，周边覆土压实，做到根土要粘紧。若气温高，要在畦面搭荫棚。加强肥水管理，调节畦面光照，3 ~ 5 个月后压条壮苗即可出圃。

(2) 米仔兰(*Aglaia odorata*)

楝科米仔兰属常绿灌木或小乔木。米仔兰一般雌蕊不发育或发育不正常，生产上无法用种子繁殖；用扦插法繁殖米仔兰成活率较低。采用高压方法繁殖米仔兰成活率可达到 95% 以上，同时新植株的移栽成活率也达到 90% 以上，高空压条法繁殖的小苗当年便开花，且该技术简便、实用而有效，特别适合中小规模的米仔兰繁殖，在母树来源充足的情况下也可进行大规模的米仔兰种苗生产。

米仔兰高压繁殖以在温度较高、湿度较大的条件下进行为好，压条时间一般在春夏间，以 6 月上旬梅雨季节最好，成活率高，生根快。因为这一时期，环境湿度比较高。实践证明，这一时期起高压 40d 后就陆续生根，到 10 月，若养护得法，还可以开花 1 ~ 2 次。7 ~ 8 月高压也可以，但这时正是盛夏酷暑之时，阳光猛烈，水分蒸发快，环境干燥，高压部位枝叶容易失水枯焦，愈合发根要慢一些，故这一时期高压后，要把盆栽的母本米仔兰放在半阴或有遮阴条件的地方，否则容易枯焦。

米仔兰高压苗成活的关键是要经常保持湿润。一般 2 个月可生新根，若新根不多，应再等待。判断高压米仔兰是否生根，是看高压后高压部分的叶片是否呈淡黄色，若呈现淡黄色说明开始愈合，再过一段时间，透过塑料袋若能看到长出白色嫩根，并逐渐布满袋内，证明不但成活，而且生长良好。这时，可以连塑料袋一起剪下来，轻轻拆去塑料袋(勿弄碎泥团)，进行栽种，浇足水后放置弱阳或遮阴处。经 10d 左右，待其脱去部分黄叶，就可以适当接受阳光。

(3)含笑

木兰科含笑属常绿灌木或小乔木。可用多种方法生产种苗，压条法繁殖是含笑常用的方法之一。压条可于 5 月上旬进行，选取大小适当、发育良好、组织充实健壮的 2 年生枝条，在选好的包土发根部位，做宽度 1cm 的环状剥皮，深达木质部，并涂以浓度 40mg/L 左右的萘乙酸，然后在环剥处套上大小适宜的塑料袋，下端扎实，在袋内填实苔藓和培养土或吸足水分的蛭石，上端留孔，以利灌水和通气。在养护期间，注意经常往袋内浇些水，保证一定湿度，切不可干涸或积水。经 2 个多月的时间即可发根。待新根充分发达后，即可将幼株切离母株，另行栽植。

(4)桂花

木犀科木犀属常绿阔叶乔木。可用多种方法生产种苗，当生产数量少时可采用压条等方法。桂花压条繁殖又分为空中压条和地面压条两种。空中压条繁殖一年四季都可进行，但以春季发芽前进行较好。通常在清明前后，从优良品种的健壮母株上选择 2 ~ 3 年生枝条进行环状剥皮，切口宽度为 2cm 左右，可用常规方法包裹生根材料；也可用竹筒包扎固定，取竹筒并将其劈开，且内铺一层砂质湿润的培养土，将枝条剥皮处全包起来，外面用塑料布包裹好，再用带子扎上，经常加水，保持筒内湿润，1 个月后伤口愈合，3 个月后在切口皮层生出新根。到 10 月或翌春，新根有 3 ~ 5cm 长时，即可切离母株。地面压条又称伏枝压条或普通压条，此法宜在 4 ~ 6 月或 8 ~ 9 月进行。在靠近根部的枝条上割皮 1 ~ 2cm 长，并将其压弯到地面，在伤枝上堆 7 ~ 8cm 厚的泥土，压实，经常浇水保持湿润，约 3 个月即可生根。翌春将其与母株切开，栽植新株。若是盆栽植株，也可将割开切口的枝条压入另一盆土中固定，待其发根后再切离移植。

(5)茉莉

木犀科茉莉花属常绿小灌木，可用压条、扦插等方法繁殖。茉莉植株较小，地面压条繁殖简便易行，在压条之前先选择适当母株，即选生长健壮、分枝较多的植株作母株。在母株上选择适当的枝条，弯曲压入土中，使枝梢向上，然后覆土压实即可。压条时需小心曲枝，边揉枝边弯曲，以免把木质部折断。同时将枝条压入土坑的最底部，在相应部位用刀环割皮层 0.5 ~ 0.8cm。当枝叶制造的有机养分向下运输至环割处而中止，便会形成愈伤组织，而产生新根。大批量繁殖，为省工起见，通常不做环割。每一母株压条的枝数要以母株枝条的多少而定。压条的时间 3 ~ 8 月均可。压条后 10 ~ 15d 生根。7 ~ 8 月温度较高，压条只需 8 ~ 10d 就可生根。压条生根后 40d，即可与母株割离，成为一棵独立的植株。待到适宜移栽的季节，就可作带土移栽。

对栽植密度较稀的地块，可以用压条法提高栽植密度，提高单位面积的产量和土地利用率。但是，压条法枝条耗量大，繁殖系数较低；根部弯曲，影响根系和植株的正常生长。

(6) 栀子

茜草科栀子属常绿灌木。多采用扦插法和压条法进行繁殖，也可用分株和播种法繁殖，但很少采用。选3年生母株上1年生健壮枝条，将其拉到地面，刻伤枝条上的入土部位，如能在刻伤部位蘸上粉剂萘乙酸，再盖上土压实，则更容易生根。生根后即可与母株分离，到翌春再带土移栽。

(7) 迎春

木犀科茉莉属植物。繁殖迎春可用压条、分株和扦插法，都极易成活。压条繁殖多在春季进行，3~6月均可。迎春枝条柔软细长，枝端经常匍匐地面而自然生根，因此可以将枝端压入土中，保持湿润，当年秋季便可脱离母株，另行栽植。采用硬枝压条，一般在3~4月进行，生长季节采用嫩枝压条，在5~6月进行，硬枝压条一般要2个月才生根，而嫩枝压条约为1个月生根。

(8) 八仙花

虎耳草科八仙花属落叶灌木。通常采用扦插、压条和分株进行繁殖。压条繁殖在春天芽萌动时用老枝进行。当嫩枝抽出8~10cm长，长出3~4节时亦可压条，此时压入土中的是2年生枝条。在6月也可进行嫩枝压条。压条前需去顶，挖宽2cm、深3~5cm的沟，不必刻伤。埋入土中以后将土拍实，并浇一次透水，需遮阴，以后正常管理，一个月后就可生根。待枝条抽出4~5节时，便可浇肥水，翌年2~3月与母株切断，根部带原土另行分栽。用老枝压条的子株当年开花，而用嫩枝压条形成的子株需到翌年才能开花。

6.3.4.2 藤市花卉

(1) 常春藤

五加科常春藤属多年生常绿木质藤本植物。攀缘生长，茎逾20m，其上具有附生根。主要采用压条法、扦插法等方法进行繁殖。除冬季外，其余季节都可以进行种苗生产，而温室栽培不受季节限制，全年可以繁殖。

由于常春藤匍匐于地的枝条可在节处生根并扎入土壤，压条法繁殖较为简单，成活率较高。压条法在生长期均可进行，将植株从盆中脱出，种植在有培养土的苗床中，上搭架用遮阳网或芦帘遮阴，任其长藤在苗床上蔓生，然后任意取其长蔓，每隔10~15cm在其蔓上压一撮培养土，在伏地生长中，边生长边生根。一般压土后，3周左右便可在其茎节上生出根来，这时连枝带根切取一段进行盆栽，浇足水放半阴处培养，这样就能成为一株新植株。

(2) 爬山虎

葡萄科爬山虎属多年生木质落叶大藤本。共有15个种，其中9个种在我国有原产，种质资源非常丰富。在潮湿条件下，蔓上有气生根。以扦插繁殖为主，在短期内获得较大的苗。也可用压条等方法繁殖。压条繁殖法是把爬山虎的茎藤压入土中，促使压入土中的茎节处抽发不定根，然后再剪断形成数个独立于母体的新株的繁殖方法。此方法优点是成活率高、管理简便、幼苗生长旺盛。缺点是繁殖率相对较低。

爬山虎在生长各期均可进行压条繁殖，一般以3~4月爬山虎的体内汁液开始流动和 7~8 月枝条成熟后的两个时期进行压条效果较好，其他时期压条虽然也能成活，但生根较慢。将匍匐于地面的茎藤，自基部保留 40~60cm 的暴露生长段外，其余部分均可埋入配好的生根基质。生根基质成分可常用优质厩肥: 锯末: 表土为 1:1:1 或 2:1:1。基质覆盖厚度一般为 15~20cm。覆盖后应经常浇水保持湿润以利发根、出芽。压条后15~20d，新芽便可自被埋压的节处长出。待新芽长至 40~50cm 时，新根已生长良好。此时可在新芽下方 10~15cm 处挖开小段土埂，在节间剪断，便得一株新苗。剪后立即覆盖剪口，使剪口尽快愈合。3~4d 后，新苗便可以移苗出圃，定植或保留在原位继续生长。

(3) 凌霄

紫葳科凌霄属落叶藤本。有许多气根，可攀附于其他物体上。繁殖主要用扦插、压条、分株法。在北方结果较少，不易采种，多用压条或扦插方法繁殖。凌霄枝条在节处容易生根，在生长季节压条繁殖比较合适。

压条繁殖一般在春季进行，也可在雨季进行。将植株根部的萌蘖枝或其他较长枝条弯曲后埋入土中，对较长的枝条可连续压，压土深度为 8~10cm，压后保持土壤湿润，2~3 个月可以生根。如果在茎节处埋土压条，成活率最高。

(4) 紫藤

别名藤萝、朱藤，豆科紫藤属落叶藤本。蔓左旋缠绕。可用压条等多种方法进行繁殖。但因实生苗培养所需时间长，所以应用最多的是压条和扦插。压条选取头年生或当年生略带木质化的健壮枝条，卧伏地面，波浪式埋入土中。每段埋入土中部分可先用刀在枝条上划破皮层，覆土 12cm 厚，这样容易在破损处生出根来。约 40d 即可从母株上分离下来另行栽培。

(5) 金银花

别名金花、银花、双花、忍冬花等，为忍冬科忍冬属植物，以花蕾、藤和叶作药用。繁殖方法有扦插、播种、分根和压条等。压条等方法简单、开花早，于秋冬季植株休眠期或早春萌发前进行，先将母株旁的表土锄松，选择 2 年生以上，已经开花，生长健壮的金银花作母株。将近地面的 1 年生枝条弯曲埋入土中，在枝条入土部分将其刻伤，压盖 10~15cm 细肥土，再用枝杈固定压紧，使枝梢露出地面。若枝条较长，可连续弯曲压入土中。压后勤浇水施肥，翌春即可将已发根的压条苗截离母体，另行栽植。压条繁殖方法，不需大量砍藤，不会造成人为减产。倘若留在原地不挖去栽种，因有足够营养，也比其他藤条长得茂盛，开的花更多。比起传统的砍藤扦插繁殖，除能提早2~3 年开花并保持稳产、增产外，更重要的是操作方便，不受季节和时间限制，成活率也高。

小 结

分株、嫁接和压条繁殖是花卉繁殖常采用的 3 种方法，具有可以保持优良品种的遗传性状、生长周期短、成活率高、开花结实早等特点，但也有繁殖系数低、有些花卉长势及生活力不及实生苗等缺点。

　　人为地将植物体分生出来的幼植物体，或植物营养器官的一部分与母株分离或分割，分别进行栽植，形成若干个独立的新植株的繁殖方法就是分株繁殖，根据分生部位不同又有几种形式：根蘖、吸芽、珠芽及零余子、走茎和匍匐茎、根茎、块茎、鳞茎和块根。

　　将优良母本的枝条或芽接到遗传特性不同的另一植株上，形成一个新的植物个体，称为嫁接繁殖。影响嫁接成活的因素有：砧穗亲和力、嫁接的环境条件、植物极性、嫁接技术和时间等。枝接方法有：切接、劈接、嵌接、舌接、插接、靠接等。芽接方法有：T字形芽接、嵌芽接、盾片芽接等。木本花卉经常采用嫁接法进行繁殖，草本植物柔嫩，含水量多，对环境敏感，嫁接较为困难。

　　压条繁殖就是将未脱离母体的枝条压入土壤，生根后剪离母株，重新栽植。适宜于一些茎节和节间容易发根的木本花卉和一些扦插不容易发根的花卉植物。主要方法有低压和高压。在压条前进行一些处理如机械处理、激素处理等可促进生根。

思考题

1. 什么是无性繁殖？有何优缺点？
2. 什么是分生繁殖？用于分生繁殖的特殊结构有哪些？
3. 什么是嫁接？嫁接繁殖有哪些种类？
4. 影响嫁接的成活的因素有哪些？
5. 提高嫁接成活率的措施有哪些？
6. 什么是压条繁殖？
7. 压条繁殖有什么优缺点，有几种方法？
8. 牡丹常采用哪些方法进行繁殖？
9. 简述卷丹的分株方法。

参考文献

柏劲松.2005.石榴的繁殖技术[J].湖北林业科技(2)：60－61.

包满珠.2003.花卉学[M].北京：中国农业出版社.

包满珠.2004.园林植物育种学[M].北京：中国农业出版社.

北京林业大学园林系花卉教研室.1990.花卉学[M].北京：中国林业出版社.

陈俊愉、程绪珂.1990.中国花经[M].上海：上海文化出版社.

陈卫元.2005.花卉栽培[M].北京：化学工业出版社.

观赏园艺卷编辑委员会.1996.中国农业百科全书·观赏园艺卷[M].北京：中国农业出版社.

金波.1999.宿根花卉[M].北京：中国农业大学出版社.

王秋萍.2002.花卉压条繁殖技术[J].西南园艺(2)：55.

徐玉芬.2007.桂花常用繁殖方法[J].农村实用技术(6)：52.

杨松龄.2000.秋季花卉[M].北京：中国农业出版社.

曾志林.2004.紫薇的繁殖技术[J].中国林业(19)：38.

张明春，晁红燕.2002.牡丹繁殖技术[J].林业科技(6)：56－57.

赵兰勇.2000.花卉繁殖与栽培技术[M].北京：中国林业出版社.

赵立芸.2005.木本花卉刻伤压条催根育苗法[J].河北林业科技(3)：32.

郑爱珍，张峰.2004.百合的繁殖方法[J].北方园艺(4)：43.

花卉专业组培苗生产

植物组织培养是从 20 世纪初开始，经过长期科学与技术实践发展形成的一套较为完整的技术体系，其理论基础是植物细胞具有全能性。通过无菌操作，把植物的器官、组织、细胞，甚至原生质体等，接种于人工配制的培养基上，在人工控制的环境条件下进行培养，使之生长、繁殖或长成完整植株个体的技术和方法，所培育得到的苗子称为组培苗。由于用来培养的材料是离体的，故称之为"外植体"，所以植物组织培养又称为植物离体培养，或称植物的细胞与组织培养。与"动物克隆"相对应，又可以称作"植物克隆"。所以，植物组织培养技术是现代生物技术中发展最快、应用最广的新技术，是许多观赏树木、园林花卉、蔬菜和果树作物，以及林木、农作物和中药材植物等克隆再生的重要手段，并在植物细胞工程、植物基因工程、植物转基因技术、植物新种质创制及育种(如人工种子、无性系变异的诱导与利用、倍性育种、远缘杂交育种等)、次生代谢产物获得(如某些药用植物生长慢、有效成分积累有限等，可用细胞的大量培养来生产)、种质资源保存(特别是面临退化、濒危、灭绝危险的物种挽救)与交换、植物脱毒新技术与检测技术等方面具有广泛的应用，是现代农业发展的有力推手。

与传统繁殖方法相比，植物组织培养由于培养条件可以人为控制，摆脱了大自然中四季、昼夜的变化以及灾害性气候的不利影响，管理方便，利于工厂化生产和自动化控制，具有以下优点：①组织培养法能生产质量高度一致且同源母本基因的幼苗。②利用微茎尖组培快繁技术，通过特殊的工艺能有效地生产无病原菌的种苗，为改善观赏植物的生长发育、产量和品质提供了新的途径，也可用于种质资源保存。③组织培养法可用于扩繁基因工程植物。④组织培养法育苗周期短、速度快和繁殖系数高。可用于周年育苗和温室流水线式生产种苗。利用这项育苗技术，1 个优良无性系的芽，1 年中能繁殖出 10 多万个优良后代。⑤组织培养法育苗通过芽生芽的技术路线进行快速繁殖，能最大限度地保持名、优、特品种的遗传稳定性。但是，植物组织培养的缺点是前期一次性投资较大，要建立一个具备规模化生产的组培实验室，需要有专业的设备和技术人员，还要有驯化场地、实验药品等，前期成本投入大，所以一般的民营花卉生产企业很难承担高额的资金投入。

　　20 世纪 70 年代以来，随着种苗业和设施园艺业的发展，以及对优良药用植物和绿化树木等高品质种苗需求的日益增加，在众多植物品种中组织培养技术逐步取代了营养繁殖或种子繁殖来生产种苗。组织培养技术不仅能实现在人工环境下进行种苗的工厂化高效生产，而且还能脱去植物的病原菌和病毒，保持优良种性，因而得到广泛采用。组培快繁的商业性应用始于美国的兰花工业，80 年代被认为是能够带来全球经济利益的产业。目前，已经应用到从草本植物到木本植物种类包括花卉、树木、药材、果树、蔬菜、农作物等多种植物的快繁领域，组织培养方法得到广泛应用与推广，组培苗年产量已经超过几十亿株。据不完全统计，世界较发达国家已建起商业性实验室几千个，年产试管苗 7 亿～8 亿株，一些主要植物的组培快繁和脱毒快繁技术已经成熟，并初步形成了工厂化生产栽培。世界植物组培苗的年贸易额已经超过 150 亿美元，并且以每年 15% 的速度递增。

　　我国目前从事植物组培的人员和实验室面积居世界第一，部分经济植物已开始进行工厂化栽培，如香石竹、兰花、火鹤花、新几内亚凤仙、朱顶红、百合 等已形成了快繁生产线，比使用常规方法繁育的花卉种苗生产的鲜切花每亩效益增加 35%～50%，并取得了较明显的社会效益，植物快繁产业化已经形成，试管苗的年产量已经逾 0.5 亿株。

　　在国家"863"计划支持下，我国观赏花木快繁技术创新取得重要进展，为新品种的规模化生产和产业化开发提供了保证。主要的组培观赏花木种类有：兰花类、观赏植物类、切花切叶类、木本植物类等。其中兰花组培苗数量占植物组培苗总量的 40%，观叶及蕨类植物组培苗量占 11.7%，鲜切花类占 20% 左右。在组织培养技术上突破了柚木(*Tectona grandis*)、番木瓜(*Carica papaya*)诱导生根技术，柚木、番木瓜快繁技术使种苗增殖稳定性及繁殖率大幅度提高；成功地建立了桂花组培快繁体系，胚培养解除了种子的休眠特性，使种子不经生理后熟即可萌发；突破了耐寒、芳香型山茶、茶梨(*Anneslea fragrans*) 7 个种胚子叶体细胞胚发生与再生技术；建立了牡丹离体胚培养以及胚状体诱导与培养技术体系，成功获得了胚培养苗与胚状体苗，为加快牡丹育种周期，提高育种效益，降低育种成本开辟了一条新途径；完善了蜡梅、蝴蝶兰、丽格海棠(*Begonia × hiemalis*)、大花蕙兰(*Cymbidium hybrid*)、山茶等物种的组织培养技术，优化了培养条件；建立了蝴蝶兰、中国名兰、半夏(*Pinellia ternata*)、樱桃(*Prunus pseudocerasus*)、火鹤等的组培快繁技术及其工艺流程，成功地建立了新品种的培养繁殖体系，提高了繁殖率、降低了变异率，有效地提高了质量，降低了成本；实现了花卉优良品种的工厂化大规模生产，为加快我国花卉产业的步伐起到了重要的作用。

　　据有关专家预测，我国的植物组培产业将以 7%～8% 的速度增长。由此可见，我国花卉组培事业方兴未艾。2015 年在南京市举办的第 5 届"全国植物组培、脱毒快繁及工厂化生产种苗新技术研讨会"上，提出了成立"植物组培与工厂化育苗联盟及专家组"，以指导全国的植物组培与工厂化育苗产业。

7.1 花卉专业组培苗的市场前景

7.1.1 适用组培生产种苗的类型

(1) 种子繁育困难或从播种到开花生育期长的花卉

一些花卉种子用常规的种子繁殖方法繁育，因其种子发芽困难，发芽率低，用种子繁殖种苗相对困难，如兰花、鹤望兰等名贵花卉和芍药、牡丹及一些木本的切花种类从播种到开花需要时间较长，要 3~5 年的时间，利用组织培养技术可以缩短成苗时间，达到大量快速繁殖的目的。有的组培技术尚未开展，有的虽有研究但还不能用于规模化种苗生产，这也是今后花卉组培技术研究应该加强的方面。

(2) 不能正常产生种子的花卉

如百合、大花蕙兰等的三倍体品种，以及'重瓣'满天星等一些重瓣性强品种的花卉，不能正常产生种子，无法用传统的种子繁殖。如采用组织培养法则能够保存品种、扩繁种苗。

(3) 因病毒感染而引起种性退化、花型衰败的花卉

一些采用分割鳞、球茎进行无性繁殖的鳞、球茎类花卉，如彩色马蹄莲、水仙、郁金香、百合等存在严重的种性退化现象，此类花卉以脱毒和种性复壮为目的的组织培养正在逐渐兴起。

(4) 需求量大、需要明显降低种苗生产成本的花卉

目前生产上所用的草本花卉种子绝大多数为一代杂交种，特别是一些优良品种，如各种矮牵牛、三色堇、角堇、非洲紫罗兰等的 F_1 代杂交种，其种子来源于国外，价格昂贵，种苗生产成本较高，直接制约了在国内的推广。通过组培快繁技术的研究，探索出一套实用的、规模化的种苗繁育流程和技术，能达到明显降低种苗生产成本的目的。

(5) 便于实现高度集约性和程序化生产种苗的花卉

如蝴蝶兰、万代兰(*Vanda* spp.)、石斛兰(*Dendrobium* spp.)、大花蕙兰、红掌、百合、文心兰(*Oncidium* spp.)等名贵花卉品种，可以在特定的工厂设施和设备条件下，严格按照预定的生产程序和流水线作业运作。从微型繁殖材料到生根成苗，都是在高度集约化和程序化的方式快速大量地生产种苗，立体培养架每平方米一次可生产试管苗 1 万株，其单产是常规密植育苗的几十倍。

7.1.2 重要盆花组培苗市场前景

7.1.2.1 适于组培法生产种苗的盆花类型

盆花多指植株较小，株丛比较密集，栽于盆内方便移动和摆放而又具有较高观赏价值的花卉。盆花是为了方便移动而兴起的。一些花卉冬季需要保护，移至室内越冬，也必须借助盆栽。此外，在节日或其他庆典需要短期陈设花卉时，也以盆花进行"排列""组合"较为方便。其他，如花卉展览或点缀几案、阳台、廊庭、台阶等也常用盆花。

盆花的种类很多，用途各异。人们习惯上将那些应用广泛、深受人们喜爱而生产数量大的盆花称作重要盆花。目前花卉市场上的盆花可谓琳琅满目、种类繁多、花色株形各异、功能用途不一。人们根据盆花的用途又将盆花分为经典盆花、趣味盆花、保健盆花、组合盆花、花坛盆花等类。花卉市场上常见的重要盆花主要有：中国兰花、菊花、四季秋海棠、矮牵牛、观赏凤梨（*Guzamania* spp.）、米兰、仙客来、君子兰、红掌、丽格海棠、虾衣花（*Woodfordia fruticosa*）、水塔花（*Billbergia pyramidalis*）、果子蔓（*Guzmania lingulata* var. *cardinalis*）、铁兰（*Tillandsia cyanea*）、佛手、'金边'瑞香（*Daphne odora* 'Aureo Mariginata'）、一品红、倒挂金钟、扶桑、令箭荷花、大花蕙兰、卡特兰（*Cattleya* spp.）、天竺葵、大岩桐、鹤望兰、蟹爪兰等。

盆花的种苗可以来自传统的播种苗、扦插苗、分株苗、嫁接苗等，也可以来自于近年来兴起的组培法育苗。就目前盆花生产的现状看，以来自于播种苗、扦插苗和组培苗的盆花为多。以组培苗生产盆花，虽然起步较晚，但它以其繁殖速度快、数量多、种苗规格整齐，且可以不带有害病原等优点，深受规模化盆花生产者喜爱，从而推动了盆花组培苗的生产。目前花卉市场上以组培苗为主生产的重要盆花种类有：兰花、香石竹、月季、菊花、大丽花、万寿菊、矮牵牛、仙客来、八仙花、比利时杜鹃、一品红、新几内亚凤仙、红掌、非洲紫罗兰、蒲包花、报春花、大花蕙兰、蝴蝶兰、卡特兰、猪笼草（*Nepenthes mirabilis*）、大岩桐、鹤望兰等。其中，国内外利用组织培养繁育较多的花卉是兰科植物，目前已培养成功的兰花分属 60 个属，所用的外植体包括茎尖、茎段、根、花梗、花序等，甚至还进行了兰花单细胞培养和原生质体培养。近年来，天南星科的花烛、白鹤芋（*Spathiphyllum kochii*）、马蹄莲、百合科的百合、大花萱草（*Hemerocallis middendorfi*）等，以及从国外引进的小型月季和其他优良品种的组培快繁工作正在兴起。

7.1.2.2　盆花组培苗的市场前景

我国盆花行业风头正盛。随着国家的富强，人民生活水平的提高，城市、单位及居民对周围环境及居家环境的美化、彩化和香化的需要逐步加强。对盆花的需求量在增加，质在提高。2006 年我国花卉种植面积 72.21 × 10^{4}hm^2，比 2005 减少了 10.86%。其中盆栽类种植面积约为 7.28 × 10^{4}hm^2，比 2005 年增加了 21.31%；销售量为 30.22 亿盆，比 2005 年增加 10.20%；销售额为 158.08 亿元，比 2005 年增加 16.35%。因此，盆花组培苗向产业化发展势在必行。名优新花卉品种利用组培苗生产盆花产业化市场潜力大，增产显著，效益可观，市场前景广阔。目前，果子蔓属（*Guzmania*）、丽穗凤梨属（*Vriesea*）、光萼荷属（*Aechmea*）、凤梨属（*Ananas*）、彩叶凤梨属（*Neoregelia*）等重要盆花均已获得组培苗。

7.1.3　重要切花组培苗市场前景

7.1.3.1　以组培法为主生产种苗的重要切花

切花最早是采用播种、扦插为主的传统育苗法进行鲜切花的种苗生产。但由于受种苗的数量、整齐度、易带菌和毒等因素的限制，人们开始探索组培法生产切花种苗的方法和技术，并先后在一些切花品种上取得成功。就目前切花生产的现状看，组培苗生产切花尽管起步较晚，却以其繁殖速度快、数量多、种苗规格整齐，且不带有害的病原等优点，深受规模化切花生产者的喜爱，从而推动了切花组培苗的生产。据统计，我国鲜切花的主栽种类约 30 个，400 余个品种，其中约 50% 的种苗来源于组培快繁技术。

目前，花卉市场上以组培苗为种苗来源进行生产的重要切花种类有：百合、菊花、月季、香石竹、唐菖蒲、满天星、红掌、非洲菊、蝴蝶兰、石斛兰、文心兰等开展较早，组培生产技术相对比较成功。另外，花毛茛、郁金香、马蹄莲及彩色马蹄莲、朱蕉、玉簪、勿忘我、情人草、小苍兰、蛇鞭菊、鹤望兰、朱顶红、六出花（*Alstroemeria aurantiaca*）、晚香玉（*Polianthes tuberosa*）、球根鸢尾（*Iris xiphium*）、洋桔梗、大花萱草、贝壳花（*Moluccella*）、金鱼草等切花的组培苗生产技术也已经成功，并在生产上投入使用。

7.1.3.2　重要切花组培苗的市场前景

我国鲜切花生产已经全面进入质量型。种苗质量在鲜切花质量型栽培效果中的重要性占 50% 以上。只有有了高品位、高质量的花卉种苗，才可以栽培出受消费者青睐的花卉商品，获得较高的市场占有份额和经营利润率。但是高档切花品种、品质却不能与迅速增长的市场需求相适应，每年需从国外进口大量高档花卉种苗和开花株。另外，由于高档花卉价位较高，大大制约着消费。目前，生产上急需合格的脱毒的新优花卉品种如大花蕙兰、红掌、百合、郁金香、大花萱草等的种苗。每年需求合格脱毒的鲜切花的种苗以亿株来计算，市场需求量很大，应用前景广阔。

我国的鲜切花生产总体发展趋势较好，产销结合紧密，鲜切花出口额呈上升趋势，出口潜力巨大，已成为中国农业结构调整的支柱产业之一，是中国农业新的经济增长点，种植面积、销售量和销售额逐年提高。2007 年我国花卉种植面积超过 $81 \times 10^4 hm^2$，销售额超过 600 亿元人民币，花卉种植面积比 20 年前增长了 44 倍，产值增长 70 倍。其中，鲜切花种植面积约为 $45 \times 10^4 hm^2$。月季、香石竹、菊花和唐菖蒲的种植面积、销售总量及销售额均居首位，按销售量大小依次为香石竹 > 菊花 > 月季 > 唐菖蒲。

因此，像香石竹、'重瓣满天星'等鲜切花，长期利用无性扦插繁殖，效率低，受病毒感染机会多，原种严重退化，花型变小等问题，近几年来科研工作者用茎尖脱病毒培养等，保持其优良种性，为鲜切花发展，提供了快速发展的可能性，为短期内提供足量种苗开辟了新途径。

鲜切花生产最能体现现代农业优质、高效、集约化的特点。因此在鲜花生产上，应充分依托科技进步，在设施化栽培、花期控制栽培、工厂化育苗、无土栽培基质及采后贮藏保鲜等方面利用新技术，展示现代农业和精致农业的优势，使在国内的竞争中和加入 WTO 后参与国际竞争后立于不败之地。因此，将组织培养技术应用于花卉新优品种的迅速扩大繁殖，向生产者提供优质种苗，可获得较高的经济回报，具有较为广阔的发展空间。

7.2　花卉种苗脱毒母株的获得

7.2.1　脱毒的概念与意义

自然界中，很多植物受病毒类病原菌侵染引起病毒类病害。这类病原菌种类繁多，病症表现也各不相同，但均可通过嫁接等无性繁殖方式传播，也可由媒介昆虫传播。一般植物发病后多生长不良、器官畸形、轻则减产或使产品质量下降，重则造成毁种无收。无性繁殖的花卉，由于病毒是通过维管束传导的，在利用有维管束的营养体繁殖过程中病毒可通过营养体进行传递，逐代累积，病毒浓度越来越高，危害越来越严重。病毒病害严重影响着大多数植物的生长发育，制约着花卉生产，甚至给花卉生产带来严重灾害。特别是通过嫁接、扦插、根繁等常规无性繁殖的花卉。

国内外大量的研究和生产实践表明，脱除病毒植株的表现明显优于感病植株，产量可提高10%～15%，植株健壮，个体间整齐一致。国外的许多花卉等作物都已实现无毒化栽培，并由此产生了巨大的经济效益。美国、加拿大、荷兰等国早已将植物脱毒纳入常规良种繁育的一个重要程序，有的还专门建立大规模无病毒种苗生产基地，生产脱毒种苗供应全国生产的需要，甚至还出口到其他国家。

脱毒，即用各种技术和方法如组织培养、物理的热处理等使病毒类病源[包括病毒(virus)、类病毒(viroid)、植原体(phytoplasma)、螺原体(spiroplasma)、韧皮部及木质部限制性细菌等]从植物体上脱去的过程。

7.2.2　脱毒方法

植物组织培养脱毒，是利用组织培养的技术与方法，把病毒类病原菌从外植体上全部或部分地去除，从而获得能正常生长的植株的方法，它是目前广泛应用和正在继续发展的主要脱毒方法，包括茎尖培养脱毒、茎尖微芽嫁接脱毒、愈伤组织培养脱毒、珠心组织培养脱毒，以及其他脱毒方法等。植物组织培养脱毒依据的主要原理是病原物在植物体内的分布不均匀及植物细胞和组织的全能性，采用不含病原物的组织和器官，通过组织培养分化，繁育成无病毒的植株材料。组织培养脱毒也可与作物遗传工程、品种改良和植物的快速繁育、工厂化育苗结合起来，有望成为更加有效和具有广阔应用和开发前景的方法。

7.2.2.1　茎尖培养脱毒

茎尖培养脱毒是以茎尖为材料，在无菌条件下把茎尖生长点接种在适宜的培养基上进行组织培养，进而获得无病毒植株的方法。

1952年，Morel等首先从感染有花叶病毒的大丽花上分离出茎尖分生组织(0.25 mm)培养得到植株，嫁接在大丽花实生砧木上检验为无病毒植株。从此，茎尖培养就成为脱毒的一个有效方法，并相继在菊花、兰花、百合、草莓(*Fragaria × ananassa*)、矮牵牛、鸢尾等花卉的茎尖培养脱毒的研究中获得成功。

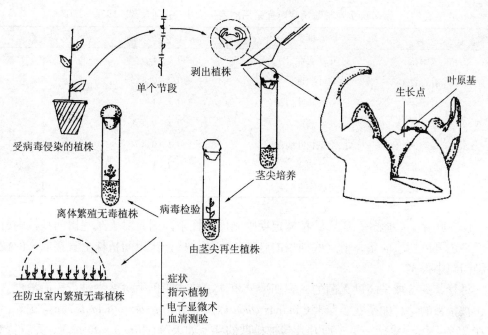

图 7-1　香石竹茎尖培养无病毒植株示意图

（引自张献龙和唐克轩，2005）

茎尖培养脱毒可脱除多种病毒、类病毒、类菌原体和类立克次体，很多不能通过热处理脱除的病毒可以通过茎尖培养而脱掉。茎尖培养脱毒直接从茎尖生长获得植株，很少有遗传变异，能很好地保持品种的特性(图 7-1)。

(1)茎尖培养脱毒的原理

茎尖培养能够脱毒，是由于病毒类病原物主要是通过维管束传导的，其在感病植株内的分布上是不一致的。维管束越发达的部位，病毒类病原菌分布越多，越靠近茎顶端分生区域病原的浓度越低。由于生长点内无组织分化，即尚未分化出维管束，所以通常不存在毒原。病原物只有靠细胞之间的胞间连丝传递，移动速度很慢，难以赶上细胞不断分裂的生长速度。另外，分生组织中旺盛分裂的细胞，又有很强的代谢活性，使病毒类病原难以复制。

(2)适宜的茎间大小

在进行茎尖培养时，切取的茎尖越小，带病的可能性就越小。但太小不易成活。在大多数研究中，无病毒植物都是通过培养 $100 \sim 1000\mu m$ 长的外植体得到的，即通过培养由顶端分生组织及其下方的 $1 \sim 3$ 个幼嫩的叶原基一起构成的茎尖得到的。对于不同种类的植物和不同的病毒而言，切取茎尖的大小亦不相同，表 7-1 为几种植物茎尖切取长度的适宜范围。

(3)茎尖的剥取

茎尖的剥取即获得表面不带病原菌的外植体茎尖。茎尖分生组织由于有彼此重叠的叶原基的严密保护，只有仔细解剖，无须表面消毒就应当得到无菌的外植体。应把供试植株种在无菌的盆土中，并放在温室中进行栽培。在浇水时，水要直接浇在土壤上，而

表7-1　带病毒植物脱除病毒时宜采用的茎尖大小(引自森宽，1958—1967)

植物种类	病毒种类	适宜茎尖长/mm	品种数
大丽花	花叶病毒	0.6 ~ 1.0	1
香石竹	花叶病毒	0.2 ~ 0.8	5
百合	各种花叶病毒	0.2 ~ 1.0	3
鸢尾	花叶病毒	0.2 ~ 0.5	1
矮牵牛	烟草花叶病毒	0.1 ~ 0.3	6
菊花	花叶病毒	0.2 ~ 1.0	3
二月蓝	芜菁花叶病毒	0.5 ~ 1.0	1

不要浇在叶片上。此外，还要给植株定期喷施内吸性杀菌剂。对于某些田间种植的材料来说，还可以切取插条，由这些插条的腋芽长成的枝条，比田间植株上直接取来的枝条污染问题小得多。

尽管茎尖区域是高度无菌的，在切取外植体之前一般仍须对茎尖进行表面消毒。叶片包被紧密的芽，如菊花、菠萝(*Ananas comosus*)、姜(*Zingiber officinale*)和兰花等，只需在75%乙醇中浸蘸一下；而叶片包被松散的芽，如大蒜(*Allium sativum*)、香石竹等，则要用0.1%次氯酸钠溶液表面消毒10min。这些消毒方法在工作中应灵活运用，以便适应具体的试验体系。

进行脱毒时，大小合乎脱毒需要的理想的外植体实际上很小，很难靠肉眼进行制备，因而需要1台带有适当光源的解剖镜(8 ~ 40倍)。解剖时必须注意由于超净台的气流和解剖镜上碘钨灯散发的热而使茎尖变干，因此茎尖暴露时间应当越短越好。使用冷光源灯(荧光灯)或玻璃纤维灯则更为理想，若在衬有无菌湿滤纸的培养皿内进行解剖，也有助于防止这类小外植体变干。

剥取茎尖宜在解剖镜下，用细镊子将其按住，另一只手用解剖针将叶片和叶原基剥掉。解剖针要经常蘸取90%乙醇，并用火焰灼烧以进行消毒。当形似一个闪亮半圆球的顶端分生组织充分暴露出来之后，可用一个锋利的长柄刀片将分生组织切下来，上面可以带有叶原基，也可不带，然后再用同一工具将其接到培养基上。应特别注意的是，必须确保所切下来的茎尖外植体不要与芽的较老部分或解剖镜台或持芽的镊子接触，尤其是当芽未曾进行过表面消毒时更需如此。

(4) 影响茎尖脱毒效果的因素

培养基、外植体大小和培养条件等因子，会影响离体茎尖($100 ~ 1000\mu m$)再生植株的能力。外植体的生理发育时期也与茎尖培养的脱毒效果有关。

培养基　通过正确选择培养基，可以显著提高获得完整植株的成功率。培养基主要的是其营养成分、生长调节物质和物理状态(液态、固态)。茎尖分生组织培养脱毒所需的培养基包括多种大量元素和微量元素，现在一般使用的是改进的MS完全培养基。斐荣倍(1988)对传统的培养基做了大胆的改进，减少了微量元素及有机成分等十几种试剂，其繁殖的脱毒效果与MS完全培养基基本相同。简化培养基不仅降低了成本而且节省了时间。

外植体的生理状态 茎尖最好从活跃生长的芽上切取。在香石竹和菊花中，培养顶芽茎尖比培养腋芽茎尖效果好。

外植体剥取的时间 这对于表现周期性生长习性的树木来说更是如此。在温带树种中，植株的生长只限于短暂的春季，此后很长时间茎尖处于休眠状态，直到低温或光打破休眠为止。在这种情况下，茎尖培养应在春季进行，若要在休眠期进行，则必须采用某种适当处理。

外植体大小 在最适合的培养条件下，外植体的大小可以决定茎尖的存活率。外植体越大，产生再生植株的概率也就越高。在木薯（*Manihot esculenta*）中，只有200μm长的外植体能够形成完整的植株，再小的茎尖可形成愈伤组织，或是只能长根。小外植体对茎的生根也不太有利。当然，在考虑外植体的存活率时，应该与脱病毒效率（与外植体的大小成负相关）联系起来。理想的外植体应小到足以能根除病毒，大到能发育成一个完整的植株。

叶原基 离体顶端分生组织必须带有2～3个叶原基才能再生成完整植株。叶原基能向分生组织提供生长和分化所需的生长素和细胞分裂素。在含有必要的生长调节物质的培养基中，离体顶端分生组织能在组织重建过程中迅速形成双极性轴。理论上讲，不带叶原基的离体顶端分生组织有可能进行无限生长，并发育成完整植株，是可能的外植体，但对于脱毒实践来说，并不可行。正如，Murashige（1980）所说："如果培养法得当，用较大的茎尖作外植体，其消除病毒的效果并不一定比只用分生组织差。"

培养条件 一般来说，光照培养的效果通常都比暗培养好。但在进行天竺葵茎尖培养的时候，需要有一个完全黑暗的时期，这可能有助于减少多酚物质的抑制作用。关于离体茎尖培养的温度对植株再生的效应，截至目前还未见报道，培养通常都在标准的培养室温下（25℃±2℃）进行。

茎尖培养的效率除取决于外植体的存活率和茎的发育程度以外，还取决于茎的生根能力及其脱毒程序。另外，细胞分裂素浓度、继代次数等也会影响脱毒率的高低。较高浓度的细胞分裂素以及多次继代培养可在一定程度上提高脱毒率。利用二次茎尖脱毒法对草莓进行病毒脱除相对于一次茎尖脱毒可明显地提高脱毒率，该方法也可尝试用于兰花类植物的脱毒。在香石竹中，虽然冬季培养的茎尖最易生根，但夏季采取的外植体得到无毒植株的频率最高。

7.2.2.2 茎尖微芽嫁接（MGST）脱毒

茎尖长出来的新茎，常常会在原来的培养基上生根，如若不能生根，则需另外采取措施。偶然情况下，在培养基中长出的茎，无论经过怎样的处理都不生根，如Morel和Martin（1952）在大丽花中就遇到过这种情况。在这种情况下，只要把脱毒的茎嫁接到健康的砧木上，就能得到完整的无毒植株，这称为茎尖微芽嫁接脱毒，是组织培养与嫁接相结合，是获得无病毒苗木的一种新技术。方法是将0.1～0.3mm的茎尖作为接穗，嫁接到由试管中培养出来的无毒实生砧木上，继而进行试管培养，愈合成为完整植株的脱毒方法。其基本程序是：试管砧木苗的准备；茎尖嫁接；嫁接苗的培育与管理。

微型嫁接的成活率多在50%以下，影响嫁接成活率和脱毒率的主要因素与茎尖培养的影响因子类似,主要包括茎尖大小、病毒类型、接穗来源及砧木种类。一般来说,茎尖越大微型嫁接的成活率越高,而脱毒率却越低。另外,对接穗进行一定时间的热处理后再嫁接,脱毒率有明显提高。

茎尖微芽嫁接脱毒可以解决一些木本观赏植物茎尖培养成苗难,特别是生根困难的问题。有些植物种类或品种,如'格瑞弗斯'苹果通过茎尖组织培养,可以获得无病毒新梢,但不能生根,只有通过茎尖微芽嫁接才能获得完整植株。

7.2.2.3 愈伤组织培养脱毒

在许多其他植物的茎尖愈伤组织中也已经再生出无病毒植株。在受病毒全面侵染的愈伤组织中,某些细胞之所以不带病毒,可能是由于:病毒的复制速度赶不上细胞的增殖速度;有些细胞通过突变获得了抗病毒的特性。抗病毒侵染的细胞甚至可能与敏感型细胞存在于母体组织中。Murakishi 和 Carlson(1976)利用病毒在烟草叶片中分布不均匀的特性,通过愈伤组织培养获得了不带 TMV 的植株。在一个受到 TMV 病毒侵染的叶片中,暗绿色的组织或者是不含病毒的,或者是病毒的浓度很低。因此,由这些组织中切取 1mm 的外植体进行培养,再生植株有 50% 是无毒的。目前,从愈伤组织分化出无病毒植株的花卉植物主要有草莓、唐菖蒲、老鹳草(*Geranium wilfordii*)等花卉。

7.2.2.4 组织培养其他脱毒方法

除以上提到的组培脱毒方法外,还可从花粉、花药、胚及胚珠等外植体(explant)组织培养获得无病毒的植株。

花药或花粉培养也可作为一种脱毒方法,这种方法可结合单倍体育种进行,用花药培养进行草莓脱毒,脱毒率可达 100%。花药培养获得的无毒材料多为高产优质的类型。

植物的感病组织中不是所有细胞都含有病毒。因此,有人从感病植株分离原生质体、愈伤细胞或其他细胞,继而培养获得植株,最后通过鉴定病毒从中选择无病的材料。

关于一些植物种胚中不携带病毒的原因有两种观点:一种认为病毒不能进入胚中,植物子房中胚与其他母体细胞之间缺少维管束组织和胞间连丝的关系;另一种认为病毒能进入胚,但进入后为寄主所消灭。有这样一种现象,种子在未成熟时带有病毒,到成熟时病毒就消失了。这就说明,即使没有胞间连丝,病毒还可以通过其他途径进入胚中,但这些植物的种子中存在着一种抑制病毒的物质。此外,还有人认为是有些种胚中缺少病毒增殖所需要的重要物质,而使病毒不能复制。

此外,温热疗法脱毒,其原理是将植物组织置于高于正常温度的环境中,组织内部的病原体受热后部分或全部钝化失去侵染能力,但寄主植物的组织很少或不受伤害,植物的新生部分不带病毒,取该部分无病毒组织培育从而达到脱毒的目的。香石竹植株在38℃ 下连续处理 2 个月,可消除茎尖内的所有病毒。香石竹进行脱毒热处理时,相对湿度必须保持在85% ~95%,准备接受热处理的植株必须具有丰富的碳水化合物储备。

与温热疗法相对的是冷疗法脱毒。菊花植株在 5℃ 条件下处理 4 ~ 7.5 个月后,切取茎尖培养，可除去菊花矮化病毒(CSV)和褪绿斑驳病毒(CCMV)(表7-2)，未经处理的茎尖培养则无此效果。

表7-2　菊花5℃处理4~7.5个月后茎尖培养脱除病毒效果(引自 Paluden，1985)

病毒	处理时间/月	茎尖培养数	无类病毒株百分数/%
CSV	4	9	67
	7.5	51	73
CCMV	4	37	22
	7.5	73	49

有些花卉对高温非常敏感，也可采用冷疗法结合茎尖培养来脱毒。如三叶草(*Trifolium pratense*)的脱毒，将准备切取茎间的母株在切取茎间之前，放在10℃的环境中经过2~4个月，以代替热处理，可以部分去除病毒。

7.2.3　病毒检测

应当指出，所谓无病毒苗只是相对而言，许多植物有多种已知的病毒类病原及尚未知道的该类病原。通过茎尖培养的幼苗，经过鉴定证明已去除主要危害的几种病原，即已达到目的，因此称之为"无特定病原苗"或"检定苗"，比泛称"无病毒苗"更合理。但为方便起见，多采用"无病毒苗"名称，这是特指无特定病毒类病原的一类幼苗。

7.2.3.1　病毒检测方法

脱毒苗的检测通常是在相关部门和权威机构的参与、指导和监督下进行的。通过检测已无病毒存在，才是真正的无病毒苗，才能在生产中推广应用。近10年来，人们一直在探索比较简便、快速、准确的检测技术，以满足科研、教学和生产的实际需要。最初人们是通过症状表现来判断的，以后采用组织化学染色技术、荧光染色技术、免疫学技术即免疫荧光、免疫电镜、ELISA 及 PCR 方法。这些技术在不同时期起到了有效检测作用。

(1)症状和内含体观察法

症状观察法是根据某些病原物对植株的危害所造成的特有症状，如花叶、畸形、斑驳等，在继代培养中组培苗和苗木栽植后的一段时间内是否有这些特有症状的出现，来判断植株是否脱除病原物。如果有典型症状，就说明没有脱除病原。这是一种最简便最直接的方法，但它一般要与其他检测方法结合起来，才能有效说明植株是否脱除了病原物。

病毒具有严格的细胞内寄生性，在适宜寄主细胞内能生长、繁殖。有的病毒在寄主细胞内还形成一定形状，在光学显微镜下可以看到病变结构(即内含体)。因此，可通过观察植物体内是否含有病毒内含体，从而判断植物体内是否存在病毒。

(2)指示植物鉴定法(传染试验)

此法也称为枯斑和空斑测定法，是利用病毒在其他植物上产生的枯斑来鉴别病毒种类的方法。该方法是美国病毒学家 Holmes 在 1929 年发现的，其做法是用感染 TMV 普通烟叶的汁液与少许金钢砂混合，在健康烟叶上摩擦，在 22~28℃半遮阴条件下 2~3d 后指示植物叶片上出现了局部坏死斑。这种方法需要专门用来产生局部病斑的寄主即指示植物，并且不能测出病毒的浓度，只能测出病毒的相对感染力。此外，该方法只能用来鉴定靠汁液传染的病毒。为了提高检测的准确性，指示植物应在严格防虫条件下隔离繁殖，以防交叉感染。

(3)抗血清鉴定法

根据沉淀反应的原理，当含有病毒抗体的抗血清与植物病毒相结合时发生血清反应。不同病毒产生的抗血清都有各自的特异性，即对稳定的病毒发生反应，因此，可用已知病毒的抗血清鉴定未知病毒的种类。这种抗血清是一种高度专化性的试剂，且特异性高，测定速度快，一般几个小时甚至几分钟就可以完成，因此抗血清法成为植物病毒鉴定中有用的方法之一。

但是，本方法程序复杂，技术要求高，需要提前做许多工作，不仅需要进行抗原的制备，包括病毒繁殖、病叶研磨和粗汁液澄清、病毒悬浮液提纯、病毒沉淀等过程，还需要进行抗血清的制备，包括动物的选择和饲养，抗原的注射和采血，抗血清的分离和吸收等过程，因而一般单位难以完成。

(4)电子显微镜检查法

植物病毒等病原物很小，不能通过肉眼直接观察到，即便用普通光学显微镜也很难看到，但利用电子显微镜可以容易发现其微粒的存在。利用电子显微镜对病原物进行直接观察，检查出植物体内有无病原物存在，从而确定植物是否脱除了病原物。

电镜法与指示植物法和抗血清法不同，它可以直接观察有无病毒粒子，以及观察到病毒粒子的形状、大小、结构和特征，并根据这些特征来鉴定是哪一种病毒。例如，许多学者通过电子显微镜对 MLO 病原进行了观察，在患有丛枝病的泡桐、枣树(*Zizyphus jujuba*)苗木体内观察到了 MLO 病原的存在。这是一种先进的检测方法，但需要一定的设备和技术，并且成本高，操作复杂，在有条件的单位可以应用。

(5)分光光度法

把病毒的纯品干燥，配成已知浓度的病毒悬浮液，在 260nm 下测其光密度并折算成消光系数。常见病毒的消光系数都可查出来，根据待测病毒的消光系数就可知道病毒的浓度。

本法所测的病毒浓度是指全部核蛋白的浓度，此外本法测某一已知病毒的纯品很方便，但不适合测量未知病毒的样品，最好与血清法结合起来。

(6)组织化学检测法

此法是利用迪纳氏染色法反应来判断植株是否带有病原物，即病梢切片经迪纳氏染色后呈阳性，健康枝梢切片呈阴性。其做法是，取待检苗木嫩梢制成徒手切片，厚度约为 100μm，用迪纳氏染色液染色 20 min 后，用蒸馏水冲洗干净，放在光学显微镜下检查。切片木质部导管呈亮绿色，病株的韧皮部筛管被染成了天蓝色，健康植株的切片韧皮部筛管则不着色。

这种方法简单、迅速，但有时具有非特异性反应，其可行性有待在生产中进一步检验。

(7) 荧光染色检测法

这是根据待检材料染色后，在荧光显微镜发出荧光的情况来判断的。一是以苯胺蓝为染色剂，与病株筛管中积累的胼胝质结合并染色，发出荧光反应。例如，泡桐、枣树丛枝病病原 MLO 检测方法是，取植株幼茎制成厚度为 $20 \sim 30 \mu m$ 徒手切片，在蒸馏水中煮沸数分钟固定后，用 0.01% 苯胺蓝液染色 20min，用蒸馏水冲洗干净后，放在荧光显微镜下检查。由于植株在正常的生长条件下，筛管的老化、季节的变化和各种逆境都可能导致胼胝质的积累，因此，这种检测方法的精确性也不是很高，只能作为检测 MLO 侵染的一种辅助手段。二是以 DAPI 为染色剂。检测泡桐丛枝病病原 MLO 的做法是，在组培苗幼茎、叶柄等部位切取厚为 $20 \sim 30 \mu m$ 的切片，用 5% 戊二醛溶液固定 2h，再用 0.1mol/L 硫酸缓冲液冲洗 $2 \sim 3$ 次后，滴加 $1 \mu g/mL$ 的 DAPI 液染色约 20min，然后在荧光显微镜下观察。若在韧皮部或筛管中产生特异性黄绿色荧光反应，则说明组织中有 MLO 存在。

荧光染色法检测 MLO 灵敏度高、特异性强，且荧光强度在一定程度上还可反映出 MLO 的含量，但是，DAPI 也可以使植物细胞内的线粒体、叶绿体等发出荧光，而产生一定的干扰，因此这一方法的应用仍存在一定的局限性。

(8) PCR 检测法

PCR(polymerase chain reaction) 检测法，即聚合酶链式反应检测技术，近年来才开始用于植物 MLO 检测上。自 1990 年 Deng 和 Hiruki 报道用 PCR 检测翠菊黄化病类菌原体之后，PCR 技术广泛应用于植物类菌原体的检测。它是根据植原体的 16 SrRNA 基因序列设计并合成引物，以病原核酸为模板通过 PCR 特异扩增来检测植原体的存在与否。泡桐丛枝病 MLO 的 PCR 检测表明，这项技术可以检测植株中 MLO。先提取待检样品植株的 DNA，根据 MLO 的 16S rRNA 设计一对核苷酸引物，取样本 DNA 进行 PCR 反应。如果样本含有 MLO 则通过 PCR 反应会扩增出约 1.2kb 的 DNA 片段，而健康苗则没有 DNA 带出现。这种检测技术灵敏程度高，特异性强，可以检测组培病苗材料稀释 106 ~ 107 倍的 DNA，比传统的方法在准确度和灵敏度上有了大幅度提高。PCR 检测技术已经成为香蕉、非洲菊、甜樱桃(Cerasus avium)、'瓯柑'(Citrus reticulata 'Suavissima')、马铃薯、草莓等植物的脱毒苗病毒检测的最重要手段之一。

综上所述，根据生产实践，采用内含体观察和症状观察鉴定法、指示植物鉴定法进行病毒鉴定是常用的两种方法，简便易行，成本较低；而抗血清鉴定法、电子显微镜鉴定法，鉴定结果虽然准确而且快速，但是要求的条件也相对较高。

7.2.3.2　脱毒种苗质量分级、保存

进行病毒检测鉴定时，首先应对该地区病毒侵染的种类及危害程度有一个比较清楚的了解，这样可以确定脱毒的目标。目标确定后，应对供体植物的染病情况进行检测，然后根据茎尖来源再对培养植株分别进行检验，当诱导植株无目标病毒存在时，才能确认达到脱毒的效果。这种检验一般需要进行 $2 \sim 3$ 次，经检验不带毒的植株才能称为脱毒苗。

根据脱毒种苗的质量可简单地分为4个级别,其标准如下:

脱毒种苗　即对同一茎尖形成的植株经2~3次鉴定,确认脱除了该地区主要病毒的传染,达到了脱毒效果的苗木,使用效果最佳。这是脱毒后在不同要求的隔离条件下,扩繁而成的种苗的统称。

脱毒试管苗　又称脱毒原原种苗,由茎尖组织脱毒培养的试管苗和试管微繁苗,经2~3次特定病毒检测为不带病毒,主要用于繁育脱毒原种苗。

脱毒原种苗　由脱毒试管苗严格隔离条件下繁育获得,无明显病毒感染症状,病毒感染率低于10%。本级种苗主要用于繁育生产用种。隔离效果好、病毒感染率低的,可继续留作本级种苗繁育,但一般沿用不超过3年。

生产用种苗　又称少毒苗,简称脱毒苗。由脱毒原种苗在适当隔离区避蚜繁育而获得,病毒症状轻微或可见症状消失,长势加强,可起到防病增产的效果,允许感染率10%~20%。本级种苗主要用于繁育和供应生产使用。隔离条件好、病毒感染率低的可继续留用本级种苗,但一般以2~3年为限。

原种苗的保存需要在无毒网或专门生产的温室内进行。

7.2.3.3　脱毒种苗的繁育体系

只有采用一定的措施和繁育体系,才能保证4个级别脱毒种苗的质量,确保生产者的利益和顺利推广应用。脱毒种苗的繁育体系分为品种筛选→茎尖组培→病毒检测→脱毒苗快繁→各级种苗生产与供应等环节。这些环节既相对独立,又相互关联,只有协调好各个环节,才能确保生产需求。具体操作程序如下:

①了解脱毒植物的生活习性、繁殖方法及市场需求状况。

②调查该植物在当地病毒危害的种类及发病情况,并查阅资料,确定茎尖脱毒的培养方法、取材大小及处理措施。

③取茎尖直接培养诱导成苗,或经热处理、化学处理等方法直接或间接诱导成苗。

④脱毒培养株的鉴定、繁殖与移栽。

⑤原原种在无毒环境中的保存与繁殖。

⑥原种的采集及在无毒环境中的保存、繁殖与再鉴定。原种苗的确认,是将脱毒苗的每个无性系取5~10株分别种植,旁边种同一品种的母株作对照,直至开花。观察比较其主要生物性状,若无差异,则可确认为原种;如有差异,则整个无性系应予淘汰。原种苗的保存可采用组培法保存,即将原种试管苗转接到MS琼脂培养基上,置于10~15℃的光照培养箱或光照培养室内保存,每3个月取分枝转接一次。也可扦插繁殖保存,或建立母本圃保存。

⑦生产用种苗的采集、扩繁及销售。在经过鉴定无毒的原种苗上采集外植体,扩繁时继代次数控制在10~15代,增殖比例控制在2.5~3.5倍,将增殖后的组培苗不定芽分别切割后,转接至生根培养基中进行生根培养,15~20d可长出新根。炼苗用的基质以泥炭加珍珠岩(1:1)为好。将经过炼苗的种苗包装,种苗袋材质最好为0.05~0.08mm的透明塑料薄膜,大小35cm×35cm,袋上打12~16个直径5mm的透气孔。每袋装种苗50~100株,装袋时须将带基质的根部朝下、茎叶部朝上整齐排列,然后

装入专用种苗箱出售。

⑧各地在应用无毒苗时要注意土壤消毒或防治虫害，以减缓无毒苗再感染的发生。一旦感染病毒，产量质量下降，应重新采用无毒苗，确保生产的正常进行。

7.2.3.4　脱毒苗再感染的预防

经过脱毒的植株，也会因重新感染病毒而带病，而自然界中植物往往受多种病毒的传染，因此真正获得全脱毒苗是比较困难的。无病毒苗培育成功后，还需要很好地隔离保存，防止病毒的再感染。通常无病毒原种材料是种植在隔离网室中，隔离网以300目的网纱为好，网眼规格为0.4~0.5mm，主要是防止蚜虫进入传播病毒。

栽培土壤要严格消毒，并保证材料在与病毒严格隔离的条件下栽培。生产场所应根据病毒侵染途径做好土壤消毒和蚜虫防治等工作。在新种植区、新种植地块，要较长时间才会再度感染；而曾经种植过感病植株的重作区在短期内就可感染。有条件的地方要将原种保存在海岛或高岭山地，气候凉爽、虫害少，有利于苗木无病毒性状的保持。

总之，各地应用无病毒苗时，要从当地实际出发，采取相应的措施来防治病毒的再感染，一旦感染，影响生产质量时，就应重新采用无病毒苗，以保证生产的正常进行。在整个生产过程中，要遵照"花卉脱毒种苗生产技术规程"进行操作。

7.3　花卉种苗组培快繁体系的建立

7.3.1　培养基制作

花卉种苗组培快繁是指在无菌条件下，利用花卉植株体的一部分在人工控制的营养环境条件下进行快速繁殖的一种方法。只要建立起组织培养快速繁殖体系，花卉繁殖材料将按几何级数增殖。由于组织培养环境几乎恒定，可进行周年生产，1年内可有6个左右的增殖周期，100m^2的培养面积可以相当于6.67hm^2土地，加之繁殖条件差异较小，苗木生长具有较好的一致性，而且还具有较好的商品性，运输和出口也比较方便。目前，非洲紫罗兰、香蕉、桉树、菊花、兰花和杜鹃花等花卉的组培快繁已经形成了较大的产业。

培养基是花卉种苗组培快繁的基础，它是小植株生长发育的基质或土壤，其在外植体的去分化、再分化、出芽、增殖、生根及成苗整个过程中都起着重要作用。培养基的选择和配制是组织培养及其试管苗生产中的关键环节之一，只有配制出适宜的培养基，才有可能获得再生植株，并有效地提高繁殖系数。培养基有固体和液体两种，常用的基本培养基有MS、N_6、Nitch、White等。但是，不论液体培养还是固体培养，大多数植物组织培养中所用的培养基都是由无机营养物、碳源(可不用，称为无糖培养)、维生素、生长调节物质和有机附加物等几大类物质组成。在一些木本观赏植物组织培养中，还经常需要加入其他的无机或有机物外源添加物，如无机的稀土元素、$AgNO_3$，有机物如椰子乳、天冬酰胺、谷氨酰胺、CH(水解酪蛋白)和PP_{333}(多效唑)、活性炭、间苯三酚、核黄素、氯化胆碱、青霉素等。例如，在培养基中添加活性炭能够提高生根苗的质量。

培养基的配制可参考组培手册或其他组培教材，这里不再重述，具体操作流程如图7-2所示。

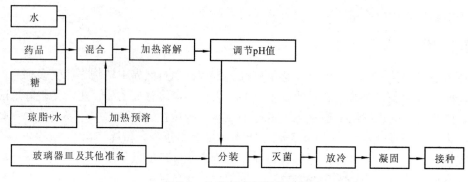

图7-2 培养基配制操作流程

7.3.2 启动培养

7.3.2.1 外植体选取

(1)取材部位

组织培养已经获得成功的花卉几乎包括了植株的各个部位，如茎尖、茎段、髓、皮层及维管组织、髓细胞、表皮及亚表皮组织、形成层、薄壁组织、花瓣、根、叶、子叶、鳞茎、胚珠和花药等。但生产实践中，必须根据种类来选取最易表达全能性的部位以增加成功机会，降低生产成本。如薄荷(*Mentha arvensis* var. *piperascens*)、四季橘(*Citrus mitis*)等植物用茎段，可解决培养材料不足的困难。罗汉果(*Fructus momordicae*)、秋海棠类(*Begonia* spp.)、大岩桐、矮牵牛和豆瓣绿等多利用叶片材料作为外植体。观赏凤梨多用侧芽、短缩茎等器官作外植体。一些培养较困难的植物，则往往可以通过子叶或下胚轴的培养而奏效。花药和花粉培养成为育种和得到无病毒苗的重要途径之一。另外，可根据需要，采用根、花瓣、鳞茎等部位来培养。

(2)取材时期

外植体取材时期因植物种类和取材部位不同而异。对于多数植物，发芽前采取枝条，室内催芽，然后接种，污染率较低，且启动所需时间短，正常化率很高；在萌芽后直接从田间采萌发芽接种，则以4月下旬~6月下旬污染率较低。百合以鳞片作外植体，春、秋季取材培养易形成小鳞茎，而夏、冬季取材培养，则难于形成小鳞茎。拟石莲花(*Dudleya echeveria*)叶的培养中，用幼小的叶作培养材料仅产生根，用老叶片培养可以形成芽，而用中等年龄的叶片培养则同时产生根和芽。在木本植物的组织培养中，以幼龄树的春梢较嫩枝段或基部萌条为好；下胚轴与具有3~4对真叶的微茎段，生长效果较好，而下胚轴靠近顶芽的一段容易诱导产生芽；茎尖取材部位以顶芽为好，启动快，正常分化率高，有1~2个叶原基的顶端分生组织也较理想，但树龄小的要比树龄大的易获得成功。

(3)材料大小

外植体取材大小需看植物种类和取材部位而定。兰花、香石竹、柑橘等许多植物的茎尖培养中，材料越小，成活率越低，茎尖培养存活的临界大小应为一个茎尖分生组织带 1～2 个叶原基，大小为 0.2～0.3mm。叶片、花瓣等约为 5mm，茎段则长约 0.5cm。

（4）接种

接种需要无菌环境，可在超净工作台上进行（图 7-3），也可在简易的手套箱中进行。常用的接种工具有镊子、接种针等（图 7-4）。

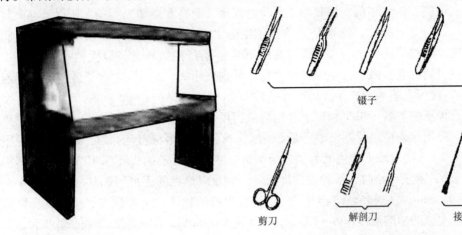

图 7-3　超净工作台　　　　　　　　图 7-4　各种接种工具

7.3.2.2　外植体消毒

（1）消毒的要求

一般而言，组织越大越易污染，夏季比冬季带菌多，甚至不同年份污染的情况也有区别。不同植物及一株植物不同部位的组织，对不同种类、不同浓度的消毒剂的敏感反应也不同。所以，都要摸索试验，以达到最佳的消毒效果。既要把材料上的病菌消灭，同时又不能损伤或只能轻微损伤组织材料，以免影响其生长。

（2）常用消毒剂

消毒剂应为既具良好消毒效果，又易于被蒸馏水冲洗掉或能自行分解，且不会损伤外植体材料、影响其生长的物质。常用的消毒剂有次氯酸钙（9%～10% 的滤液）、次氯酸钠液（0.5%～10%）、升汞（氯化汞，0.1%～1%）、酒精（70%）、双氧水（3%～10%）、84 消毒液（10% 左右）等。各种无机消毒剂的消毒原理不同。氯化汞或硝酸银的杀菌原理也不同。如氯化汞或硝酸银的杀菌原理是 Hg^{2+} 或 Ag^+ 可与带负电荷的蛋白质结合，使细菌蛋白变性，酶失活。含氯消毒剂的杀菌作用包括次氯酸的作用、新生氧作用和氯化作用。次氯酸的氧化作用是含氯消毒剂的最主要的杀菌力所在。含氯消毒剂在水中形成次氯酸，作用于菌体蛋白质，不仅可与细胞壁发生作用，且因分子小，不带电荷，故侵入细胞内与蛋白质发生氧化作用，或破坏其磷酸脱氢酶，使糖代谢失调而致细胞死亡。当前，虽没有对单一的无机消毒剂和一种以上无机消毒剂配合使用的消毒效果进行深入研究，但从消毒原理上可以推测，无机消毒剂混合使用的效果要优于单一使用。

常用的有机消毒剂有 70% 乙醇、抗菌肽溶液、多菌灵、甲基托布津和洗衣粉等。

有机消毒溶液中添加几滴表面活性剂如吐温－80 或 Triton X 等，可使药剂更易于浸润至材料表面，提高灭菌效果。目前，很少进行几种或多种有机化学消毒剂配合使用的系统研究。

(3) 消毒方法

茎尖、茎段及叶片等的消毒　植物的茎、叶部分多暴露于空气中，有的本身具有较多的茸毛、油脂、蜡质和刺，在栽培上又受到泥土、肥料及杂菌的污染，所以消毒前要经自来水较长时间的冲洗，特别是一些多年生的木本植物材料更要注意，有的可用肥皂、洗衣粉或吐温等进行洗涤。消毒时要用 70% 酒精浸泡数秒钟，以无菌水冲洗 2 ~ 3次，然后按材料的老、嫩，枝条的坚实程度，分别采用 2% ~ 10% 的次氯酸钠溶液浸泡10 ~ 15min，再用无菌水冲洗 3 次后方可接种。

果实及种子的消毒　果实和种子根据清洁程度，用自来水冲洗 10 ~ 20min，甚至更长的时间，再用纯酒精迅速漂洗一下后，用 2% 次氯酸钠溶液浸泡果实 10min，最后用无菌水冲洗 2 ~ 3 次，取出果内的种子或组织进行接种。种子则先要用 10% 次氯酸钙浸泡 20 ~ 30min，甚至几小时，依种皮硬度而定，对难以消毒的还可用 0.1% 升汞或 1% ~2% 溴水消毒 5min。胚或胚乳培养时，对于种皮太硬的种子，也可预先去掉种皮，再用4% ~ 8% 的次氯酸钠溶液浸泡 8 ~ 10min，经无菌水冲洗后，即可取出胚或胚乳接种。

花药的消毒　用于培养的花药多未成熟，其外面有花萼、花瓣等保护，通常处于无菌状态，只要将整个花蕾或幼穗消毒即可。用 70% 酒精浸泡数秒钟后再用无菌水冲洗2 ~ 3 次，再在漂白粉清液中浸泡 10min，经无菌水冲洗 2 ~ 3 次即可接种。

根及地下部器官的消毒　这类材料生长于土中，消毒较为困难。除预先用自来水洗涤外，还应采用软毛刷刷洗，用刀切去损伤及污染严重部位，经吸水纸吸干后，再用纯酒精洗。采用 0.1% ~ 0.2% 升汞浸泡 5 ~ 10min 或 2% 次氯酸钠溶液浸泡 10 ~ 15min，然后无菌水冲洗 3 次，用无菌滤纸吸干水后方可接种。上述方法仍不见效时，可将材料浸入消毒液中进行抽气减压，以帮助消毒液的渗入，从而达到彻底灭菌的目的。

7.3.2.3　启动培养

植物组织培养的成功，首先在于启动培养，又叫初代培养，即能否建立起无菌外植体。在生产实践中有些物种似乎很容易解决，而有的物种反复多次也难以成功。

(1) 保证无菌

在一个周围严重污染的环境中，要千方百计保证培养材料和培养基的无菌状态及培养室的良好清洁环境条件，这也是最基本的前提。

(2) 条件合适

在进行某种植物的组织培养之前，查找一下该种植物过去工作所采用的培养部位、培养基、培养条件和培养技术等，再制订自己的步骤。还要注意掌握适宜的培养条件。

(3) 技术过硬

很多组织培养的失败，从材料、培养基和培养条件等方面检查均无问题，只是由于操作技术不熟练而致。如脱毒培养所取茎尖很小，操作时间长、茎尖失水变干，或不慎感染杂菌；在并非绝对无菌的环境中接种，熟练的动作、快速的操作，就可缩短时间、避免或减少污染。接种前 10min 最好先使工作台处于工作状态，让过滤空气吹拂工作台面及四周台壁，接种人员用 70% 乙醇擦拭双手和台面。培养瓶在火焰附近打开塞子，消毒过的镊子等器具不要接触瓶口。具体的接种操作如图 7-5 所示。

7.3.2.4　外植体褐变与防止

（1）外植体褐变

组织培养过程中外植体褐变是影响组织培养成功的重要因素。褐变包括酶促褐变和非酶促褐变，目前认为植物组织培养中褐变以酶促为主。温度是影响非酶促褐变的重要因素，但反应机理尚不清楚，可能是酚类化合物先氧化成醌，然后与其他酚类物质聚合而形成橙色高分子聚合物。温度改变相关褐变酶的活性进而影响褐变程度的过程中是否有非酶促因素的影响，其可能性与机理仍需进一步研究。酶促褐变是因为酚类物质的参与而引起的褐变现象，外植体酶促褐变研究相当广泛和深入，酶、底物和氧是酶促褐变的必要条件。引起褐变的酶主要是 PPO、过氧化物酶（POD）和苯丙氨酸解氨酶（PLA）等。植物外植体褐变机理是，在再分化或诱导脱分化的过程中，外植体组织从表面逐步向培养基中释放褐色的物质成分，最终导致培养基液体变成褐色。培养基液体出现褐化问题和外植体自身含有的酚类化合物或者多酚氧化酶的活性息息相关。多酚氧化酶与酚类化合物接触培养基液体并经催化后，可迅速地氧化成为褐色的水与醌类物

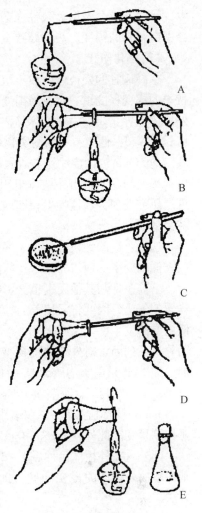

图 7-5　接种操作步骤

质，醌类物质在酪氨酸酶的作用下和外植体中的蛋白质聚合，使得组织切面快速转变成暗褐色或棕褐色，当褐色物质被释放到培养基中，会抑制外植体的再分化、脱分化，阻止苗的健康成长。影响褐变的因素复杂，与植物的种类、基因型、外植体部位和生理状态等有关。木本植物、单宁或色素含量高的花卉容易发生褐变。幼龄材料一般比成龄的褐变轻，因前者比后者酚类化合物含量低。在卡德利亚兰的培养中，较短的新生茎中致褐物质含量高，而较长的新生茎中致褐物质含量低。石竹和菊花顶端茎尖比侧生茎尖更易成活。取材的时期的不同，褐变程度不同。冬季褐变少，夏秋季褐变最严重，接种后存活率也最低。

所以，为减轻褐变，在切取外植体时，尽可能减少其伤口面积，伤口剪切尽可能平整。酒精消毒效果很好，但对外植体伤害很重。升汞对外植体伤害比较轻。一般外植体消毒时间越长，消毒效果越好，褐变程度也越严重，因而消毒时间应控制在一定范围内才能保证较高的外植体存活率。

培养基成分及培养条件也会导致外植体褐变。接种后培养时间过长和未及时转移也会引起材料的褐变，甚至导致全部死亡，这在培养过程中是常见的。

(2) 褐化防止

选择适宜的外植体。成年植株比实生幼苗褐变程度严重，夏季材料比冬季、早春和秋季的褐变程度重。对较易褐变的外植体进行预处理可减轻酚类物质的毒害作用，如将外植体放置在5℃左右的冰箱内低温处理 12~14h，先接种在只含蔗糖的琼脂培养基中培养 3~7d，使组织中的酚类物质先部分渗入培养基中，取出外植体用 0.1% 漂白粉溶液浸泡 10min，再接种到合适的培养基上，可以减少褐变。外植体的形态较小时也极易出现褐变问题，且当外植体组织的年龄越大，木质化程度越高时，褐变的程度则越严重。研究发现，在植物生长期内以嫩枝为外植体时，枝条上端的褐变率明显高于下端的腋芽茎段。

选择合适的无机盐成分、蔗糖浓度、激素水平、pH 值、培养基状态及其类型等，可降低褐变率，而培养基中丝氨酸、糖、硼的含量过高时，会加剧褐变的程度。

培养条件和其他因素也会影响褐变发生率。由于光照可以有效促进组培过程中酚类物质的氧化，因此将需培养的物质放置在暗光或者低光照区域培养一段时间，有助于降低褐变的发生率。除此之外，培养温度、抗氧化剂使用方法、培养基放置方法、转瓶周期等一系列因素对外植体的褐变程度也具有一定程度的影响。添加褐变抑制剂和吸附剂，如 PVP 是酚类物质的专一性吸附剂，常用作酚类物质和细胞器的保护剂，用于防止褐变。在倒挂金钟茎尖培养中加入 0.01% PVP 能抑制褐变，而将 0.7% PVP、0.28mol/L 抗坏血酸和 5% 双氧水一起加到 0.58 mol/L 蔗糖溶液中振荡 45min，则能明显抑制褐变。此外，0.1%~0.5% 活性炭对吸附酚类氧化物的效果也很明显。

此外，在外植体接种后 1~2d 立即转移到新鲜培养基中，然后连续转移 5~6 次可基本解决外植体的褐变问题。此方法比较经济，简单易行，应作为克服褐变的首选方法。

(3) 研究褐变的意义

褐变存在着不同物种间的基因型差异，这些基因与外植体的酚类产生量、相关酶的含量、表达均有关系。若能分离影响褐变的基因，进行驯化、基因操作等，提高褐变可利用产物的产量，进而利用组培技术生产褐变产物(如某些醌类)，结合高新技术手段减低分离提纯的成本，用于试验、生产实践和日常生活，如疫苗生产中的抗体库技术即是成功例子。

褐变也是植物的一种适应性反应，在研究褐变与抗病连锁的细胞群体筛选、褐变与次生代谢物的提取和利用上也有其积极的意义。深入了解褐变有关机制，从理论上认识组织培养中的褐变现象，找到影响褐变的主导因子和克服褐变的有效方法，可从实践上防止褐变的发生，减少经济损失。深入研究褐变产生机理，可对研究酶促褐变与非酶促褐变的内在联系，更深入地研究酶促褐变反应动力学，促进组织培养技术的日臻完善提供理论基础。

7.3.3 继代培养

7.3.3.1 继代培养的概念与方法

组织培养过程中，外植体接种一段时间后，将已经形成愈伤组织或已经分化根、茎、叶、花等的培养物重新切割，转接到新的培养基上，以进一步扩大培养的过程称为继代培养。在此时期，为达到预定的苗株数量，通常需要经过多次的循环繁殖作业。在每次繁殖分化期结束后，必须将已长成的植株切割成带有腋芽的小茎段（或小块芽团），然后插植到新培养容器的继代培养基中，使之再成长为一个新的苗株。该工作过程对环境要求高，需要适宜的温度、湿度及气体浓度等，其中最重要的是要尽量减少病菌的污染，因此，组培苗的切割移植生产一般都在无菌工作间进行。组培苗的切割移植作业需反复进行，工作量大，需要投入大量的人力和时间，是整个组培过程的重要生产环节和劳动聚集点。

继代次数与变异率在一定程度上是成正比的，因此草本花卉经过多次重复继代后就需要更换培养基。但对木本植物，随着继代次数的增加，组培苗的生理性病害会加大，增殖系数会变低。

当试管苗在瓶内长满并挤到瓶塞，或培养基利用完时就要转接，进行继代，以迅速得到大量试管苗，达到一定数量时进行移栽。能否保持试管苗的继代培养，是能否得到大量试管苗和能否用于生产的关键问题。继代外植体的生长与分化主要有两种途径：一是器官发生途径，如兰花、月季、茶花、菊花、百合、秋海棠、紫罗兰、凤尾兰（*Yucca gloriosa*）等；二是胚状体发生途径，如矮牵牛、一品红、夜来香（*Cestrum nocturnum*）、小苍兰、棕榈（*Trachycarpus fortunei*）等。

试管苗由于增殖方式不同，继代增殖培养可以用液体培养和固体培养两种方法。

液体培养 对兰花增殖后得到的原球茎，分切后进行振荡培养（用旋转、振荡培养，保持22℃恒温，连续光照），即可得到大量原球茎球状体，再切成小块转入固体培养基，即可得到大量兰花小苗。

固体培养 多数继代方法都用固体培养，其试管苗可进行分株、分割、剪裁（剪成单芽茎段）等转接于新鲜培养基上，容器可以与原来相同，大多用容量更大的三角烧瓶、罐头瓶、大扇瓶等，以尽快扩大增殖。

7.3.3.2 影响继代培养的因素及解决措施

（1）生理原因

有些植物的试管苗能很好地进行继代培养，如非洲紫罗兰等；而另一些则不易继代培养，如杜鹃花、瑞香等。这是由于培养过程中逐渐消耗了母体中原有与器官形成有关的特殊物质。一般禾本科植物单倍体细胞不易再生，更难保持。

（2）遗传因素

在继代培养中通常出现染色体紊乱，特别是器官发生型，继代培养中分化再生能力丧失与倍性不稳定有关。因此，在进行继代培养时，要尽量利用芽丛增殖成苗的途径，而诱导不定芽发生或胚的发生则有一定的危险性。

(3)外植体类型

不同种类植物、同种植物不同品种、同一植物不同器官和不同部位,其继代繁殖能力也不相同,一般是草本>木本,被子植物>裸子植物;年幼材料>老年材料;刚分离组织>已继代的组织;胚>营养体组织;芽>胚状体>愈伤组织。接种材料以带有2~3个芽的芽团最好,可形成群体优势,有利于增殖和有效新梢的增加。但为延缓继代培养中试管苗的衰老,每个培养周期可选生长最健壮的芽取0.1~1mm的茎尖培养,培养量占总培养量的0.5%,作为更新预备苗。每经3个培养周期,继代苗即可更新一次。

(4)培养基及培养条件

培养基及培养条件适当与否对能否继代培养影响颇大,故可改变培养基和培养条件来保持继代培养。在这方面有许多报道,如在水仙鳞片基部再生子球的继代培养中,加活性炭的再生子球比不加的要高出1至数倍。石斛属(Dendrobium)茎尖或腋芽培养,在固体培养基形成原球茎球状体后,继代培养要用液体培养基进行振荡培养。2~3周内需及时转入新鲜培养基,否则会随培养基老化而枯死。

(5)继代培养时间长短

关于继代培养次数对繁殖率的影响的报道不一。有的材料经长期继代可保持原来的再生能力和增殖率,如月季和倒挂金钟等。有的经过一定时间继代培养后才有分化再生能力。而有的随继代时间加长而分化再生能力降低,如杜鹃花茎尖外植体,通过连续继代培养,产生小枝数量开始增加,但在第4或第5代则下降,虽可用光照处理或在培养基中提高生长素浓度,以减慢下降,但无法阻止,因此必须进行材料的更换。

一般而论,继代周期以20~25d为宜,增殖倍数3~8倍为好。如果继代周期过长,一方面由于需要光照等管理而增加生产成本;另一方面由于培养基陈旧和瓶口封闭不严增加污染率。增殖系数小于3,生产效率低,生产成本相对提高。但如果增殖倍数大于8,丛生芽过多,则相对可用于生根的壮苗数量减少而且难以获得优质组培苗,也影响生根质量和后期移栽成活率。

(6)培养季节

水仙在6~7月继代培养的鳞茎由于夏季休眠,生长变慢,至8月后生长速度才又加快。百合鳞片分化能力的高低表现为,春季 > 秋季 > 夏季 > 冬季。球根类植物组织培养繁殖和胚培养时,就要注意继代培养不能增殖,可能是其进入休眠,这可通过加入激素和低温处理来克服。

(7)继代增殖倍数

继代培养一般每月可继代增殖3~8倍,用于大量繁殖。但不能盲目追求过高增殖倍数,一是所产生的苗小而弱,给生根、移栽带来很大困难;二是可能会引起遗传性不稳定,造成灾难性后果。

(8)激素种类及水平

非洲紫罗兰幼苗继代增殖中,用MS培养基附加1~2mg/L KT和0.1~0.5mg/L NAA时,苗多而弱,无商品价值;而在MS培养基中附加0.05~0.2mg/L KT和0.05~0.2mg/L NAA时,苗少且壮,有商品价值。杜鹃花茎尖培养中发现,初代培养时KT和

BA 的效果没有 ZiP 的好,而继代培养后,则 KT 又优于 ZiP。认为继代培养时,可使用作用较弱的细胞分裂素。

7.3.3.3 继代过程中试管苗玻璃化问题及防止

玻璃化现象是指在继代培养过程中叶片、茎呈水晶透明或半透明状、水渍状,苗矮小肿胀、叶片缩短卷曲、脆弱易碎、失绿组织结构发育畸形等现象,又称过度含水化。"玻璃苗"是植物组织培养过程中特有的一种生理失调或生理病变,其生根困难,移栽后很难成活,因此,很难继续用作继代培养和扩繁材料。现在,玻璃化已成为茎尖脱毒、工厂化育苗和种质材料保存等方面的严重障碍,是进行组培工作的一大难题。目前玻璃化的根本原因尚无定论,有些研究人员认为造成组培苗玻璃化的原因有激素的种类与浓度、琼脂的浓度、外植体的取材部位、不适宜的培养条件,如光照、温度、封口材料、培养基类型等。总之,玻璃苗发生的因素很多,不同植物材料的主导因素往往不同,控制玻璃苗的产生应采取以下几个措施:

(1)选择适当的生长调节剂种类和浓度

经试验,使用 ZiP 0.1~0.5mg/L 时均不发生玻璃化苗,但成本高,分化率低。6 - BA 与 KT 相比,6 - BA 更易诱导产生玻璃苗。6 - BA 在有效浓度内,均有玻璃化苗发生,且有随浓度增高而玻璃化苗增加的趋势。因此,在保证增殖率和有效新梢数量的前提下,6 - BA 浓度以 0.5mg/L 为宜。当 KT 或 6 - BA 与 2,4 - D 或 NAA 配合使用时,玻璃苗比率迅速增大,突出反映了激素种类对玻璃苗发生的影响。当 KT、6 - BA、NAA 的浓度加大时,随着浓度的加大,玻璃苗比率急速增加,二者呈正相关关系,表明激素浓度对玻璃苗的发生影响是较大的。试验证明,当玻璃苗刚出现时,马上将其转移至低浓度生长调节剂培养基或无生长调节剂培养基中,过一段时间,玻璃苗即可恢复为正常苗。若玻璃苗出现后,让其生长一段时间后,再转至上述恢复培养基中,则玻璃苗难以复原。然而,还有研究者却认为,植物生长调节剂如细胞分裂素、生长素等,对玻璃化现象没有影响。

(2)使用适宜的琼脂量

不同琼脂浓度对玻璃化苗有重要影响。在恒温条件下,当琼脂浓度达到一定量后玻璃苗比率下降较多,部分玻璃苗可恢复为正常苗,而且是从植株上部开始逐渐往下恢复,但苗木生长缓慢。琼脂浓度越高,越不容易发生玻璃化。但是,琼脂浓度过高会提高成本,同时分化率会显著降低。因此,在大批量生产中琼脂浓度以 6~8 g/L 为宜。

(3)选用不同部位的外植体

在相同条件下,不同部位的外植体,产生的玻璃苗比率差异较大,以中部茎段为最高。这可能是因为中部茎段含有一定浓度的生长素和细胞分裂素。当内外源激素水平相加达到一定值后,玻璃化作用增大。当 BA 1.0mg/L + NAA 0.2mg/L 时,玻璃苗比率迅速增大。

(4)采用玻璃苗复壮技术

试验发现,把脱毒香石竹玻璃化苗接种到分别加入 20、40、60、80 万单位青霉素的培养基上进行转绿试验,以不加青霉素的作对照,培养 1 个月后发现,4 种浓度的青霉素均能使玻璃化苗转绿,以20万单位青霉素转绿效果最佳,不加青霉素的玻璃化苗没有转绿现象。原因可能是青霉素有促进叶绿素的合成和抑制其降解的作用,但青霉素浓度过高对幼苗会产生一定的抑制作用,而影响叶绿素的合成。也可采用增加自然光照的方法使玻璃化现象消失。

(5)调整组培的环境条件

引起玻璃化的因素之一是温度。特别是转接后10d内的温度至关重要。有研究认为,当温度日变幅在±2℃以内时,玻璃化苗发生率仅为1%,而且出现时间晚,发生程度极轻;当温度日变幅在±4℃时,玻璃化苗发生率即达9%,发生程度加重,且出现时间提前;当温度日变幅在±6℃时,玻璃化苗发生率高达39%,在转接后3d即出现,程度极重。因此,首先要保持培养室温度20~25℃,尽可能控制温度日变幅在±2℃以内,才可以有效减轻"玻璃苗"的发生,并使植株更健壮。此外,改变培养容器的通风换气条件,增加氧气供应,降低相对湿度等,均可减少玻璃化苗的出现。

7.3.4　组培苗生根

离体繁殖产生大量的芽、嫩梢、原球茎(部分直接生根成苗),需进一步诱导生根,才能得到完整的植株。这是试管繁殖的第3个阶段,也是能否进行大量生产和实际应用的又一重要问题,同时也是商品化生产出售产品,取得效益的关键环节。

离体繁殖往往诱导产生大量的丛生芽或丛生茎、原球茎,再转入生根培养基生根或直接栽入基质中,也可以通过诱导出胚状体,进一步长大成苗,如图7-6所示。

生根有试管内生根和试管外生根两种方式。一般多数采取试管内生根的方式,也有少数采取试管外生根方式。这里仅介绍前者。

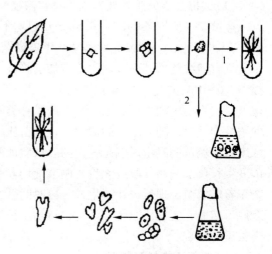

图7-6　组培生根成苗类型
1.愈伤生根成苗　2.胚状体生根成苗

7.3.4.1　影响试管苗生根的因素

(1)植物材料

植物种类、基因型、取材部位和年龄对分化根都有决定性的影响。一般木本植物比草本植物生根难,成年树比幼年树生根难,乔木比灌木生根难。

(2)基本培养基

有研究证明,降低培养基中无机盐浓度,有利于生根,且根多而粗壮,生根也快,如水仙的小鳞茎在1/2MS培养基上生根;培养基中大量元素对生根也有一定影响,NH_4^+多可能不利于生根;生根需要磷和钾元素,但不宜太多;多数报道:Ca^{2+}有利于根的形成和生长;微量元素中以硼(B)、铁(Fe)对生根有利,基本培养基中加少许铁盐，生根效果会更好；糖的浓度低些，一般在1%～3%范围内对生根有利。

（3）激素种类及水平

按激素类型统计，生根单用一种生长素的占51.5%，生长素加KT者占20.1%。IBA、IAA、NAA激素单独使用时，三者效果差异不显著，IAA、NAA虽能提高生根率，但因愈伤组织太大影响移栽成活率。而IBA、GA、IAA结合使用，生根率很高，平均单株生根条数多，且根系粗壮，愈伤组织较小，有利于移栽成活率的提高。按外植体类型统计，愈伤组织分化根时，使用NAA者最多，浓度在0.02～6.0mg/L，以1.0～2.0mg/L为多。使用IAA＋KT的浓度范围分别为0.1～4.0mg/L和0.01～1.0mg/L，而以1.0～4.0mg/L和0.01～0.02mg/L居多数。而以胚轴、茎段、插枝、花梗等材料为外植体，使用IBA促其分化根的居首位，浓度为0.2～1.0mg/L，以1.0mg/L为多。

可见，生根培养多数使用生长素，大都以IBA、IAA、NAA单独用或配合使用，或与低浓度KT配合使用。生长素都能促进生根，GA_3、细胞分裂素、乙烯等通常不利于发根。如与生长素配合，一般浓度均低于生长素浓度。有人认为，ABA可能有助于发根。

近年来为促进试管苗的生根，改变了通常将激素预先添加在培养基中的做法，而是将需生根材料先在一定浓度激素中浸泡或培养一定时间，然后转入无生长调节剂培养基中培养，能显著地提高生根率。但是唐菖蒲、草莓等花卉，却很容易在激素的培养基上生根。

（4）其他物质

有报道，培养基中加入一些其他物质（多胺、核黄素等）有利于生根。如在桉树生根培养中加入IBA后再加入核黄素，处于散射光下，能促进生根，比无核黄素的根多且好。

（5）继代培养周期

许多作者报道，新梢生根能力随继代时间增长而增加。如杜鹃花茎尖培养，随着培养次数的增加，小插条生根数量逐渐增加，第4代最高，最后达百分之百生根。一些种和品种在培养初期不易生根，但经过几次继代培养就能生根，或生根率提高。

（6）光照、温度、pH值

试管苗得到的光照强度、光照时数，在生根培养基上或是试管外时的温度，以及pH值对生根均有不同程度的影响。如生根的适宜温度一般在15～25℃，过高过低均不利于生根。据报道，草莓继代培养中，芽的再生温度32℃为好，生根28℃最好。

（7）生根诱导的时间

生根诱导时间以20～30d为宜，生根率大于70%，每株的生根数在2～3条以上。生根诱导的时间过长，不但易引起培养基污染，而且发根的整齐度较低，从而影响同一批组培苗生长的整齐度，给集中移栽带来困难。如果生根率过低则生产成本极高，且发根数太少，势必会降低移栽成活率，对大规模生产也不利。

7.3.4.2 诱导生根的绿茎与继代增殖芽的比例

继代后形成能诱导生根的绿茎和继代增殖芽的比例应不小于1/3。每次继代培养后,至少应有 1/3 的芽抽生绿茎供生根诱导。例如,1 瓶接种 5 个芽,增殖系数为 3,在再次继代转移时,15 个芽中应有 5 个芽生长至一定高度可供生根诱导。如果某一品种在初期由于种芽数量少,急需迅速扩大基础芽量,可考虑适当加大细胞分裂素的浓度,增大增殖系数进行丛芽增殖,以迅速扩大基础芽量。如果某些品种丛芽增殖后必须通过壮苗培养才能获得绿茎诱导生根,在壮苗培养后应能获得更高比例的可诱导生根的绿茎。

7.3.5　组培苗的环境调节

7.3.5.1　组培苗生长空间环境控制

空间环境主要包括温度(温度高低,日夜温差及变温)、光照(光强,光周期,光质及照光方向)、热辐射和红外线、气体的组成(CO_2,O_2,乙烯)和空气环境(气体流通方式及速度)。一直以来,由于植物组培的研究多注重于外植体所需的营养条件,特别是激素配比,以期获得理想的繁殖效率,而相对忽视了其他环境条件的影响。但事实上,这些空间环境条件也在一定程度上影响着组培苗的生长。组培苗移栽前的状态又在很大程度上影响到移栽后的生长表现。

光照强度对组培苗的生长有一定影响。试验表明,适度提高光照强度可使栀子组培苗结构发育更好地趋向于光合自养,可提高玫瑰组培苗的干重,对地黄(*Digitalis purpurea*)组培苗也有促进生长的作用。

光周期也影响幼苗的生长,相同的光照强度下,延长照光的时间可提高组培苗的干重。

光质对组培苗的生长也有影响。辅助蓝光和红光对香蕉组培苗分化生长均有促进作用。相同光强条件下,比较各种光质对缫丝花(*Rosa roxburghii*)试管苗生长发育影响的结果表明:蓝光和红光有利于侧芽的产生;红光有利于提高糖含量,促进叶绿素合成;蓝光有利于蛋白质的增加;其他波长的光处理对幼苗的生长,均有不同程度的抑制作用。白光下小苍兰试管苗叶片数多,生长良好,但愈伤组织诱导率及根分化受到明显的抑制;红光下根的分化速度最快,根分化率及综合培养力最高;蓝光对愈伤组织诱导率、叶绿素含量以及试管苗的干重,生物量有明显的促进;绿光和黑暗对茎尖的分化与生长均有不利影响,易出现玻璃化现象。总之,在离体条件下,光质对细胞的作用仅是一种诱导作用。光控制的形态建成是一个非常复杂的过程,不仅有光质的影响,还有光强和光周期的影响。光质的效应不是简单的相互叠加,而是相互影响的。在调节植物对光的反应中起关键性作用的是光敏色素和隐花素。光质通过这两种受体影响愈伤组织的诱导、分化以及细胞内含物的合成。植株生长分化的环境是复杂多样的,每一种植物都有最适合其自身生长发育的外界环境,单纯研究光对植株的影响没有太大的价值,而必须与其他环境调控因子相结合进行研究。生长调节物质对愈伤组织诱导、分化的作用十分显著,在研究过程中更应把光质与其结合起来。光调控技术的应用研究已成为当前植物组织培养研究的热点之一,然而由于采用的光调控措施的差异,使得国内外学者的研究结论常常不一致。迄今为止，组培光环境调控的应用尚缺乏成熟的技术和深入、全面的理论基础。为了实现光调控在植物组织培养中的广泛应用，需要加强以下 3 个方面的研究：一是光调控在植物组织培养中的应用基础研究。要深入研究光质、光强及光周期与 CO_2 浓度、温湿度和培养基质等环境因子综合调控对培养材料生长发育、形态建成、物质代谢和光合特性的影响机理，为不断优化培养条件，实现植物组培产业的高效发展提供依据。二是光调控技术及调控系统和设施的研究。要研究和应用环境监测和调控系统，对培养室内光因子进行实时监测和直接、精准调控，满足组培苗在不同生长发育阶段对光环境的需求，提高资源利用效率和工作效率，降低生产成本。目前国内对该项技术的研究还处于起步阶段，急需生物与工程等学科深入合作，研究符合中国生产实际的环境调控技术和相关配套设施。三是新型生物光源的研究。深入研究新型生物光源的光生物学特性及其对组培植物生理生态影响机理，研发植物组培专用生物光源对于植物组织培养具有重要意义。如蝴蝶兰组织培养过程中芽增殖阶段最适的 LED 为 Warm W，而生根培养阶段最适的光质配比为 R(630)3B6FR1。红光可以促进蝴蝶兰地上部分生长，而蓝光和远红光则可以促进地下部分生长。我国"智能 LED 植物工厂"发展迅速，2016年取得了植物"光配方"理论与方法及其 LED 光源创制、光—耦合节能环境控制等方面具有自主知识产权的核心关键技术，并实现了规模化应用，使我国成为继美国、日本、荷兰等少数掌握植物工厂高技术的国家之一。除了 LED 光源外，冷阴极荧光灯(CCLF)也开始受到人们的关注，其在植物组织培养方面的应用研究正在进行中。

研究表明，咖啡(*Coffea* spp.)组培苗的光合能力随着培养容器内 CO_2 浓度的提高而提高。CO_2 也可显著促进桉树组培苗的生长，反映在干重的增加和根长、生根率的提高上，同时光合速率也得到提高。

7.3.5.2 组培苗生物学环境控制

组培苗根际环境主要包括物理环境(温度、水势、气体和液体的扩散能力、培养基的耐久性和紧密度)、化学环境(矿质营养浓度、添加的蔗糖多少、植物激素、维生素、凝胶剂及其他、培养基 pH 值、溶解氧及其他气体、离子扩散和消耗、分泌物等)、生物环境(竞争者、微生物污染、共栖微生物和来自培养过程产生的分泌物等)。

组培苗生物环境控制，又称菌根生物技术，指通过接种引入有益的微生物建立和谐的根际微环境，克服组培苗逆境胁迫(如水分和养分缺乏)。有益微生物主要是菌根、真菌和细菌。其中，菌根、真菌以其公认的功能恰好能够解决上述问题，并能在移栽或定植后发挥功能，成为人们研究的热点。有人认为，由于组培植株生长在一个完全无菌的环境中，因此接种微生物可能是活体植物随后生长十分需要的。

组培过程中有 3 个阶段(生根阶段、移栽时期、移栽后换盆时)可以接种有益微生物。许多研究已表明：在移栽时期和移栽后换盆时接种丛枝菌根真菌很有好处。采取移栽时接种丛枝菌根真菌的方式可获得很好的植物生长效应。在生根阶段的接种效益可能更高，关键是如何提高接种效率，开发合适的菌剂种类和技术。

目前，多数研究者仍将菌根真菌的介入时间，选择在试管苗生根之后，即是在组培苗的驯化培育阶段接种菌根真菌。带有菌根的凤梨属组培苗，虽在驯化期间的生长状况与对照无明显差异，但移栽到大田 6 个月后，其高度明显大于对照；12 个月后，这种差异进一步增大，而且，菌根植株具有相当数量的吸根和吸芽，其叶中积累的 N 与 K 素也较多。龙血树属(*Dracaena*)植物组培苗接种菌根后，可使幼苗的驯化过程缩短。有人指出：尽管菌根真菌的侵染程度很高，但在驯化期间，菌根对微繁植株的生长并无有益的影响。可见，在选择培养基种类、菌剂制作方法、培养条件，以及它们之间的相互配合方面，仍有许多亟待解决的问题。

7.3.6　试管苗移栽与管理

7.3.6.1　试管苗移栽成活因素分析

离体繁殖得到的试管苗能否大量应用于生产，取决于最后一关，即试管苗能否有较高的移栽成活率。试管苗的质量是决定试管苗移栽成活率高低的主要因素，而提高移栽成活率是从组培苗到大田生产的关键所在。

试管苗一般在高湿、弱光、恒温环境下培养，出瓶后若不保湿，则极易失水而萎蔫死亡。一般来说，造成试管苗死亡的主要原因有：

(1)根系不良

无根　一些植物，特别是木本植物，试管中，材料能不断生长、增殖，但就是不生根或生根率极低，因而无法移栽，只能采用嫁接法解决这一问题。

根无根毛或根毛很少　杜鹃花的组培苗根细小，且无根毛；牡丹组培苗的根长但无根毛或根毛很少；玫瑰的试管苗根系发育不良，根毛极少；而菊花、百合的试管苗在出瓶前，根就生有大量根毛，故它们的试管苗移栽远比杜鹃花、牡丹、玫瑰容易得多。

根与输导系统不相通　从愈伤组织诱导的一些根与分化芽的输导系统不相通，有的组培苗的根与新枝连接处发育不完善，导致根枝之间水分运输效率低。如杜鹃花的组培苗根系输导系统不畅，移栽成活率较低。

(2)叶片质量不高

叶角质层、蜡质层不发达或无　在高湿、弱光和异养条件下分化和生长的叶片，其叶表面保护组织不发达或没有，易于失水萎蔫。试管苗叶表皮缺乏蜡质层，有人认为是高温、高湿和低光造成的，也有人认为是激素影响的结果。

叶解剖结构稀疏　试管苗叶片未能发育成明显的栅栏组织；上下表皮细胞长度差异不显著；试管苗叶组织间隙大，栅栏组织薄，易失水，加之茎的输导系统发育不完善、供水不足，易造成萎蔫、干枯死亡。未经强光开瓶炼苗的试管苗，茎的维管束被髓线分割成不连续状，导管少，茎表皮排列松散、无角质，厚角组织也少；而经过强光炼苗的茎，则维管束发育良好，角质和厚角组织增多，自身保护作用增强。

7.3.6.2 提高移栽成活率的技术措施

(1) 选择适宜继代次数的组培苗

继代的次数也会影响组培苗的质量，影响移栽后的生活力。如百合鳞片作为外植体，通常在 10d 左右，即可从鳞片处生产新芽，不需要诱导愈伤组织的形成，以免不必要的养分损耗，在此基础上即可进行生根培养，以获得完整的试管苗，继代次数一般以 3~8 次为宜。

(2) 培育瓶生壮苗

对健壮苗的要求是根与茎的维管束相联通，根系不是从愈伤组织中间发生，而是从茎木质部上发生。茎基部一般呈黄绿色，最好有较发达的根系，且根系粗壮，还要求有较多的须根，以扩大根系的吸收面积，增强根系的吸收功能，提高移栽成活率。根系的长度以不在培养容器内绕弯为好，根尖的颜色应为细胞分裂旺盛的黄白色。在生根培养时，茎部粗壮、生命力强的生根幼苗移栽后成活率高，而丛生状的、细弱的组培苗生根移栽后，由于茎部细弱，失水快，极易萎蔫，成活率大大降低。有试验表明，在壮苗生根培养多采用 1/2 或 1/4 培养基，并在培养基中加入适量 B_9、CCC、PP_{333} 等植物生长调节剂，可提高组培瓶苗的品质，提高移栽的成活率。

(3) 选择适宜的移栽时间

幼苗长出几条短的白根后就应出瓶种植。根系过长，既延长瓶内时间，成活率也不高。试验发现，幼苗茎部伤口愈合长出根原基，而未待幼根长即出瓶种植，不会损伤根系，也可缩短瓶内时间，移栽速度快，成活率较高。难生根的植物可选择无根嫩枝扦插技术，先在瓶内诱导根原基，取出后移入疏松透气的基质中，人为控制光照、温度，喷雾以提高空气湿度，使植株形成具有吸收功能的根系。扦插也难生根者，可将组培苗进行瓶外嫁接，利用砧木良好的根系，克服生根困难问题。

(4) 选择合适的移栽容器及基质

穴盘移栽是组培苗进入大田的过渡，优点在于每株幼苗处于一个相对独立的空间，一经发生病害，不会快速蔓延引起其他植株死亡。

选用适宜的移栽基质。要求疏松通气；保水性适宜；容易灭菌处理；不利于杂菌滋生。其中最关键的一点就是种植基质必须疏松透气，否则试管苗根部极易腐烂，造成死苗。常用的基质有：蛭石（粗粒状，过细的蛭石粉不适宜）、珍珠岩、粗沙、炉灰渣、锯木屑、苔藓、卷柏等，可以单用，也可以一定的比例混用，最常用的是蛭石和珍珠岩混用。如宜用树皮和碎石混合作为金钗石斛试管苗移栽基质，其通风透气，排水良好，又能保持湿度，最适合金钗石斛根系的生长要求，成活率高。木屑和石砾混合作为基质疏松透气，能保持一定的湿度，但排水稍差，控制不好很容易烂根。且长期的湿润环境的影响下，木屑容易滋生大量的苔藓，板结而影响到根的正常生长。用营养土和石砾混合作为基质，可以给试管苗提供良好的营养，但通风透气不足，排水性能差，易积水，很易造成烂根，影响移栽成活率。种植基质除了考虑物理结构外，还要注意调节 pH 值，如山茶花一般要求 5.4 左右。不同植物应相应调节以利成活，但大部分植物要求中性偏酸。

基质中喷施杀菌剂能杀死各种有害杂菌的营养体和孢子，使试管苗在刚移栽的一段时间内，处于一个病原菌相对较少的环境中，能顺利渡过从异养到自养的中间阶段。试验表明，用多菌灵1000倍液、甲基托布津1200倍液处理基质，可使枇杷（*Eriobotrya japonica*）试管苗移栽成活率提高8%和13%。

(5)炼苗与壮苗训练

移栽前要进行炼苗与壮苗训练以提高组培苗的抗逆能力。应尽量诱导茎叶保护组织的发生和气孔调节功能的恢复。移栽前打开瓶口，逐渐降低湿度，并逐渐增加光照进行驯化，使新叶逐渐形成蜡质，产生表皮毛，降低气孔口开度逐渐恢复气孔功能，减少水分散失，促进新根发生以适应环境。如百合组培苗培养成完整植株后，室温下不打开瓶盖，自然光照下炼苗1周后，打开瓶盖炼苗2~3d后移栽，成活率较高。炼苗应使原有叶片缓慢衰退，新叶逐渐产生。如降低湿度过快、光线增加过大，原有叶片衰退过速，则使得根系萎缩，原有叶片褪绿和灼伤、死亡或缓苗过长而不能成活。利用生长抑制剂和碳源可以矮壮植物的原理，采用不同浓度的PP_{333}与蔗糖的处理，能够促进组培苗质量的提高。

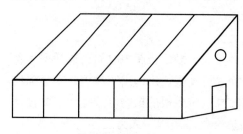

图7-7　驯化炼苗温室

以往通常在培养室中炼苗，如果改在温棚（图7-7）或弓棚内炼苗，则可使试管苗生长条件更加接近移栽后的环境条件。炼苗时不要一次性揭开培养瓶封口膜，每天揭开一点，让试管苗逐渐适应棚内生态条件，直到试管苗把封口膜顶起时，再撤去封口膜，让试管苗完全暴露在空气中，使温度保持25℃左右，湿度95%~100%。棚内要减少人员走动，给试管苗创造无菌环境，一旦发现瓶内有病菌滋生应立即移出。炼苗无时间限制，当试管苗的茎叶由浅绿变为深绿、油亮时就可以移栽到基质中。

(6)精心养护管理

温度和光照　组培苗在种植的过程中温度要适宜，对于喜温的植物如南方观叶植物，应以25℃左右为宜；对于喜凉爽的植物，如菊花、文竹等以18~20℃为宜。如果温度过高，会使细菌更易滋生，蒸腾加强，不利于组培苗的快速缓苗；温度过低，则生长减弱或停滞，缓苗期加长，成活率降低。移栽要在光照弱的时候进行，光线过强，可用50%的遮阳网减弱光照，以免叶片水分损失过快，造成烧叶。

水分和湿度　在培养瓶中的小苗因湿度大、茎叶表面防止水分散失的角质层等几乎没有，根系也不发达或无根，种植后很难保持水分平衡，某些对湿度要求严格的植物，如山茶、矮牵牛等，移栽幼苗若低于相对湿度90%，小苗即卷叶萎蔫，如不及时提高湿度，小苗将会在1周内死亡。要保持较高湿度必须经常浇水，这又会使根部积水，透气不良而造成根系死亡。所以，只有提高周围的空气湿度，降低基质中的水分含量，使叶面的蒸腾减少，尽量接近培养瓶中的条件，才能使小苗始终保持挺拔的姿态。定植后为防止土壤干燥应浇足水，并使组培苗的根系与栽培基质充分地接触。

科学施肥 组培苗首次移栽1周后，可施些稀薄的肥水。视苗大小，浓度逐渐提高。也应进行追肥，以促进组培苗的生长与成活。

药剂使用 尽管很多植物组培已获得成功，但能大量用于生产并产生经济效益的却不多，这主要与试管苗能否有较高的移栽成活率有关。各种病菌对幼苗的侵袭是试管苗移栽后容易死亡的重要原因之一。利用杀菌剂提高植物试管苗移栽成活率是一种常用方法，一是用杀菌剂来处理移栽基质；二是在移栽后喷施杀菌剂；三是在移栽过程中利用杀菌剂处理试管苗根部，从而提高移栽成活率。

7.4 花卉专业组培苗生产的管理技术

7.4.1 生产计划的制订

要根据组培苗的生产工艺流程(图7-8)，结合市场需求和种植生产时间来制订全年花卉组织培养生产的全过程。制订生产计划，虽然不是一件很复杂的事情，但是仍需要全面考虑、计划周密、谨慎工作，尽可能把一切正常因素和非正常因素均要考虑在内。

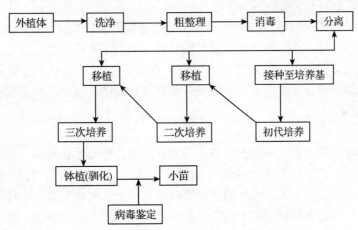

图7-8 组培苗的生产工艺流程

同时，制订出计划后，实施过程中也要注意应对一些意外事件发生。所以，制订生产计划必须注意：①对各种植物增殖率的估算应切合实际；②要有植物组织培养全过程的技术储量(包括外植体诱导、中间繁殖体增殖、生根与炼苗技术)；③要掌握或熟悉各种组培苗的定植时间和生长环节；④要掌握组培苗可能产生的后期效应。

一个完整生产计划的制订应包括生产设施、繁殖品种、计划数量、上市时间、销售策略等几方面。为了保证生产计划能够按时、按质、按量完成，并能够按市场需求进行供苗；在制订计划前要认真分析往年的销售情况，预测本年度的市场需求，及早做好生产品种的引种等准备工作。

7.4.1.1 确定繁殖品种

生产品种来源可以是通过引种试种，筛选出适宜本地发展的新品种，也可以是通过市场调查，确定将在市场上流行的当家品种。然后，在主栽区进行生产性跟踪调查和比较筛选，选出该品种最优良的单株进行取芽（外植体），具有条件的花卉企业和单位还应通过开展新品种选育，培育出具有自主知识产权的花卉新品种。

7.4.1.2 计划生产数量

具体到每个品种什么时候开始进行生产前的预准备，需要多少顶芽或其他材料作外植体，必须依据计划的生产数量来考虑，一般至少应提前在生产季节前 6~8 个月开始准备。减少因准备时所选品种的市场潜力还很大，但后期却不被市场接受，不得不淘汰而造成严重损失的唯一办法，就是扩大信息来源，提高花卉产品市场走势的预测能力。

试管苗的增殖率是指植物快速繁殖中繁殖体的繁殖率。估算试管苗的繁殖量，以苗、芽或未生根嫩茎为单位，一般以苗或瓶为计算单位。年生产量（Y）决定于每瓶苗数（m）、每周期增殖倍数（x）和年增殖周期数（n），其公式为：$Y = m \times x^n$。

如果每年增殖 8 次（$n = 8$），每次增殖 4 倍（$x = 4$），每瓶 8 株苗（$m = 8$），全年可繁殖的苗是：$Y = 8 \times 4^8 = 52$（万株）。

此计算为生产理论数字，在实际生产过程中还有其他因素如污染、培养条件、发生故障等造成一些损耗，实际生产的数量可能比估算的数字要低一些。因此，组培苗的生产数量一般应比计划销售量加大 20%~30%。但是，生产过程中，市场是在不断变化的，要及时反馈并进行适度调整，才能更好地促进种苗的高效生产和有效销售。

7.4.1.3 安排上市时间

种苗上市时间的确定，一般根据各个花卉种类及品种的生长周期，并结合种植地的环境和气候条件，以及近年来产花的时间规律来确定。一般地说，传统节日尤其是春节，需要提供大量花卉上市，一年当中这段时间的花价一般也最高，是种植者获得经济回报最佳时期。组培室要根据各个种类及品种的诱导时间、繁殖系数、继代增殖及生根周期、不同季节过渡培养所需的时间、估计污染率、瓶苗质量及有效成苗数、过渡成活率等因素来计划，确保一定生产量所需的繁殖苗基数，并组织实施。在实施过程中，要坚持从组培生产开始，做好各个生产环节的定期统计工作。

7.4.1.4 购买生产设施

要将无毒、无病的优质苗木应用于生产，获得经济和社会效益，需要一定的试管苗工厂化生产的设施（图 7-9），在人工控制的最佳环境条件下，充分利用自然资源和社会资源，采用标准化、机械化、自动化技术，高效优质地计划批量生产健康花卉苗木。花卉组织培养苗的工厂化生产用设施和设备应根据市场和生产任务要求来确定生产规模，组织培养离体快速繁殖部分按工厂化生产概念应称为"组培车间"，建立一个中等规模的"组培车间"，大体需要的设施见表 7-3。

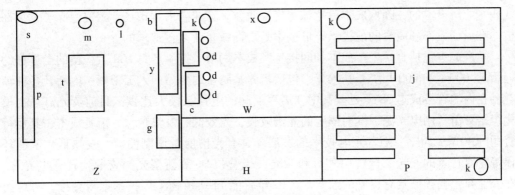

图 7-9　花卉组培苗实验室生产设施

s. 水槽　m. 灭菌锅　l. 电炉　b. 冰箱　y. 药品柜　g. 干燥箱　t. 工作台　p. 平台　Z. 准备室

k. 空调器　x. 吸湿机　d. 椅子　c. 超净工作台　W. 无菌室　H. 缓冲室　j. 培养架　P. 培养室

表 7-3　组培苗工厂化生产建筑设施一览表

序号	名　　称	数量/m²	单价/(元/m²)	金额/万元
1	预处理室	40	600	2.4
2	试剂室	40	600	2.4
3	培养基制备室	60	600	3.6
4	灭菌室	40	700	2.8
5	无菌接种室	40	800	3.2
6	培养室	80	800	6.4
7	观察记载室	20	600	1.2
8	温　室	667	400	26
9	塑料大棚	667	100	6
10	防虫网	1200	10	1.2
11	锅炉房	30	500	1.5
12	工作间	100	500	5.0
13	仓　库	200	300	6.0

　　由于组培苗要求无菌条件，原则上根据品种的不同，一个无菌工作台按年产量 15 万～20 万株计算，然后计算出接种室的需求面积。再按日产组培苗瓶数及培养周期计算培养架数量和培养室面积。一般是 1 台无菌超净工作台需要配备培养架 3 架(1.2 m × 0.6 m × 6 层)，无菌操作室与培养室的面积比例为 1:(1.5～2.0)。

　　在生产过程中，需要保护栽培设施，如温室、塑料大棚、防虫网棚、遮阳网棚和防雨棚等。移栽设备主要有搅拌机、装盘机、传输系统、喷药消毒机等，育苗容器有育苗筒、育苗钵、育苗穴盘、传统装置。

7.4.1.5　核算生产成本

　　组培苗工厂化生产，既是一门专业技术，又是一门以效益求发展的企业管理科学，在生产中无时无刻不与生产成本和效益挂钩。因此，降低组培苗的生产成本，对组培工厂化生产的经济效益和确定该技术有无推广价值有重要意义。成本和效率一样，都是厂商或企业所追求的，降低成本就意味着提高收益，意味着占据市场，最终意味着掌握商机。在保证效率和质量的前提下降低成本是厂商或企业孜孜追求的。

生产成本包括直接生产成本和间接生产成本两项。按生产每100万株苗的全过程约耗用 15 000～20 000 L 培养基推算，包括培养基制备的药品、人工工资、电耗及各种消耗品在内的直接成本38万元。其中，培养期间的电耗占极大比重。目前荧光灯是规模化组培育苗常用电光源，发射固定的光谱波长，光效低、发热量大，能耗成本占其运行费用的40%～50%。随着光电技术的发展，具有光谱能量调制便捷、发热低、节能环保等重要特点的发光二极管(LED)和激光二极管(LD)等新型光源将取代普通电光源，在农业与生物领域具有良好的前景。2016年智能 LED 植物工厂技术取得突破，可对植物工厂内的温度、湿度、光照、气流、二氧化碳浓度以及营养液等环境要素进行实时自动监控，在植物"光配方"理论与方法、LED 光源创制、光—耦合节能环境控制等方面走在了世界的前列。当然，如果能充分利用自然光来减少人工光照，将大大地降低成本。此外，随着各项生产技术的改进，自动化设备的引进，生产规模的扩大等，也能有效地降低直接生产成本。一般情况下，每株组培苗的直接成本可控制在 0.2～0.3 元。如玻璃三角瓶，优点是透光性好，但价格昂贵、易碎、培养容积小，不利于大批量手工操作，生产成本会增加。可用价格约为三角瓶的 1/10 的广口瓶或塑料瓶代替，不仅扩大了接种面积，而且便于洗涤和操作，可有效降低成本80%，提高生产效率。间接成本主要包括固定资产折旧费、市场营销和经营管理开支等。按年产 100 万组培苗的规模，需要基本设备投资 12 万元左右。按每年5% 折旧率推算(表7-4)，即有近 2 万元的折旧费，则每株组培苗将增加成本费 0.02 元左右。如果市场营销和经营管理开支费用按苗木原始成本的30% 计算，每株组培苗成本费在 0.1 元左右。

表7-4　固定资产折旧费用表

序　号	名　称	数　量	费　用	折旧期限	折旧费/元
1	空　调	2	6000	5	1200
2	卧式高压锅	1	15 000	5	3000
3	手提式高压锅	1	1000	5	200
4	纯水机	1	10 000	5	2000
5	烘　箱	1	5000	5	1000
6	冰　箱	1	5000	5	1000
7	万分之一天平	1	6000	10	600
8	超净工作台	3	24 000	8	3000
9	灭菌器	3	2000	2	250
10	培养架	30	27 000	20	1400
11	除湿机	3	4500	5	1000
12	臭氧发生器	3	6000	5	1000
13	其　他		8000		4000
14	合　计				19 650

从以上各项成本费合计计算，每株组培苗的生产成本约在 0.35 元。因此，在选择投产品种时必须慎重，要选择有市场前景、售价高的品种进行规模生产，否则可能造成亏损。

7.4.1.6　制订管理办法与销售策略

规范化的科学管理是扩大生产规模，促进工厂化生产的体制保证。标准化生产首要是实行分层管理，依市场作计划层层落实，目标、责任明确。工作区要责任到人，每周 1~2 次定期清扫，并用高锰酸钾加甲醛熏蒸，紫外灯照射 45min，保证接种及培养所需的无菌环境。严格管理，非工作人员要在得到允许后，更换服装并进行消毒，方可进入。

销售部门应密切注视市场变化，及时将市场走势情况反馈给生产部门，以便根据需要及时调整生产计划和种苗上市时间。销售部门还要经常与生产部门进行沟通，及时统计和掌握各种可以出售种苗的动态数量，了解它们的质量状况，进行统筹销售。进行工厂化组培快繁生产观赏花卉种苗的产品，是一类特殊的鲜活产品，其有效商品价值期比较短暂，通常不能超过一个月，否则质量显著下降。因此，只有较好地解决了生产品种不对路，产品数量与市场需求脱节，销苗旺季无苗可销，淡季又大量积压等问题，尽量减少不必要的成本浪费，提高产品的有效销售率，才能在市场中占有较大份额，并赢得较高的信誉，使企业产品具有竞争力。

组培苗工厂化生产是一个系统工程，它包括从品种的选择 → 外植体选取 → 灭菌和消毒 → 初代培养 → 扩繁和继代 → 生根培养 → 过渡培养 → 商品苗 → 销售 → 田间栽培等一系列过程。只要其中的任何一个环节出现问题，都会影响到整个生产计划的完成，所以在制订计划时要充分考虑到各种可能发生的情况，同时又不能把余地留的太大，以免生产过多造成浪费和增加成本，或者不能按订单提供相应的产品。

7.4.2　生产计划的实施及应注意的问题

7.4.2.1　生产计划的实施

①准备繁殖材料，使其达到需要的增殖基数。从取材到商品苗出售，需经过几代到几十代的继代培养，达到几千至上万倍增殖。②对增殖体的危害性病毒检测，淘汰带有病毒的材料。③控制存架增殖总瓶数，不过多也不过少，防止盲目增殖。存架增殖瓶数应考虑生产计划的数量、每个生产品种的生根比率及操作人员的工作效率等。它们的关系如下：

存架增殖总瓶数 = 月计划生产苗数 / 每个增殖瓶月产苗数

月计划生产苗数 = 每个操作员工每天可出苗数 × 月工作日 × 员工数

④加强组培苗培养环境的管理，提高生产效率。比较好的管理办法是，按工作性质对员工进行分工，制定各自的岗位职责，做到各尽其力、各司其职。如定期对设备进行技术性能和安全性能的检查以及时排队故障隐患，每半年可对超净工作台清洁保养 1 次。

7.4.2.2　生产计划实施中应注意的问题

在进行商业性试管苗繁殖时，为追求利润，获得较高的经济效益和较大的社会效益，实施生产计划时还应注意以下问题。

(1)培养人才，提高工作人员素质

当前的市场竞争归根结底是人才竞争。一般认为花卉组织培养和离体快繁技术简单、要求不高，什么人都能搞。其实不然，它不仅要求管理人员和工作人员具备试管快繁理论和技术，而且要求要善于经营和管理，能够解决试管快繁中出现的各种问题，如污染、变异、玻璃化等，还要探索开发市场急需的新类型、新品种等。

人才培训主要有生产部人员，如勤杂工、清洁工、培养基制作工、接种工、培养期间管理工、炼苗工、大田苗圃管理工；质量检验部人员，如质量检验员、监督员等；技术开发部人员、市场营销部人员和后勤物资保障部人员等。组培苗生产中的污染问题不容忽视，高污染率不仅能导致高成本而且也会造成亏损。高素质的技术人员是通过技术改进降低污染率提高经济效益的后续保证。

(2)生产成本控制

试管繁殖虽然效率高，但需要一定设备，要有一定数量训练有素的专门人才，而且还要消耗一定的能源和药品等。由于生产成本较高，组培育苗只适用于一些稀缺名贵品种和市场紧俏的花卉种类及品种的快繁。所以，引进或快繁稀缺名贵品种时，需要有一定的投资。如韩国一个商业性实验室进行兰花的试管快繁时，引种投入的资金占了总投资的18.29%。一般品种引种费低，但售价也低，市场销售量小而效益低，不值得组培繁殖。组培过程中，要时时注意节省各项开支，提高经济效益。通过成本核算了解生产中各项耗费，制定节支措施。如在日光强烈，昼夜温差小，日照时间长的地区，培养室建成玻璃墙，尽量利用自然光，可有效降低成本；用自来水代替蒸馏水；通过健全的设备维护制度延长设备使用寿命，生产中尽量减少易耗品的消耗等等。

(3)解决数量不能满足市场需求问题

繁殖数量不能满足市场需求的原因如下：①可能由于制订计划过于保守，认为市场用苗数量不会很大，做计划时不够大胆，致使成苗数量有限，不足以满足市场发展的要求。因此，在做计划时，既要考虑生产能力，又要考虑市场的发展前景。特别是经济发展比较快的时期，要充分考虑到市场需求有扩大的可能性，可适当增加培育数量，从而保证市场需要。②可能市场需求突然增加，需要较多的商品苗。特别是对于一些品种优良，市场前景看好的品种等，应充分考虑到计划外的一些用苗户的需求，在充分地市场调查分析基础上，适当增加培育数量。③可能在实际生产过程中，某个生产环节出了问题，比如由于操作及培养基等原因，增殖率下降，或者过多的污染及玻璃化，或者驯化培养过程中大量死苗等，从而造成了不能按订单供苗或不能在市场需求时供苗。因此，生产中要及时解决上述原因，要加上一定的保险系数，做好调整和应急工作。

(4)避免生产过量

花卉种苗的栽植时间集中，季节性强。为了尽可能多地占有市场份额，在进行生产时都留有较大的余地。但在实际生产过程中，繁殖容易，未出现过任何意外损失，又未采取压缩生产的措施，可能会造成大量积压，有时为了腾出空间进行其他生产，又不得不销毁。这样，就会造成较大损失。为了避免这种现象发生，最好的方法是按订单或合同生产，按计划生产。同时，做好市场的预测分析工作，及时反馈市场需要变化信息，从而做到及时调整生产规模和生产数量。实际生产中，由于从生根培养到驯化成苗供应市场需要一定的时间，因此在进行到从扩繁、继代增殖到生根培养阶段期间，有必要及时了解市场需求情况。如果市场需求量减少，可以削减进行生根培养的数量；反之，则可增加继代次数，扩大生根培养的数量。这样，根据市场的需求变化及时调整生根成苗量，既可做到生产不过量，造成生根培养和驯化成苗的费用、时间与精力的浪费，也不会因生产过少，丧失营利的大好机会。

（5）避免不能按预定时间提供种苗

出现延迟供苗，主要是由于生产中的某个环节出了问题，比如在进行生长周期及产量测算时，与实际的生产量有出入；或者在生产中出现大规模的潜在性污染，使组培苗长势减弱或造成过渡时出现大量死亡；或者由于瓶苗质量和天气等原因使过渡周期延长等，从而延迟了供苗时间；有时，将小试验研究结果用于指导规模化生产有时会出现一些不可预见的问题，若不能及时解决，也会造成难以按时供苗。所以，生产中要针对上述问题，制定对策，争取按期供苗。生产中要根据增殖数量、增殖周期等及时计算和预测成苗量，避免因增殖过少而使成苗量不足。具体操作过程中，要按照消毒和灭菌操作规程严格操作，避免出现大量的污染而造成不必要的损失。成苗后进行驯化时，根据天气变化等认真加强管理，及时做好浇水、施肥，通风透光，病虫害防治等工作，以缩短缓苗期，提高驯化移栽成活率，促进苗木尽快完成驯化期，过渡到自然环境生长，为成品苗出售做好准备。

（6）及时调整不对路品种

花卉产品是一种时尚商品，每年都在更新换代。从预测和计划某种观赏花卉组培苗的生产到采集外植体、接种入瓶、诱导分化、扩繁、继代、生根、过渡培养、形成产品上市，一般需要半年到一年时间，到时难免会有部分品种赶不上市场变化而被淘汰，淘汰越多损失越重。因此，在生产过程中，要及时调查市场需求动态，反馈信息，做好品种的调整工作。

7.4.3 产品质量的监控与售后服务体系建立

7.4.3.1 产品质量标准

随着市场对花卉质量的要求日益提高，花卉种苗质量是生产者和种植者都十分关注的焦点。荷载最终产品和价值的形成，50%取决于种苗质量的理念，已经成为行业共识。种苗生产企业的生存和发展，已经在一定程度上取决于种苗质量的优劣。种苗质量的保证有赖于质量标准的制定、实施与监督。所以，制定与生产紧密结合、实用性强的种苗质量标准已经引起相关政府部门的重视。

组培苗的质量好坏受很多方面因素的影响，但最重要的有两个因素：一是产品质量；二是生产工序质量。前者可以参考国家部分标准，后者可以通过控制生产标准得到保障。因此，必须针对种苗生产的出瓶苗、进入生产前的出圃苗制定相应质量标准。

制订种苗质量控制方案，须对种苗质量的每一个属性，如种苗健康状况(病理和生理方面)、形态、均一性、无菌性等做出规定，以保证这些属性的复现。接着是设立目标并对达到此目标的过程进行监控，从而令生产者合理生产，购买者放心购买。为此要完善管理制度，明确生产流程中各岗职能，做到各尽其职，各负其责，工作记录完备，出现问题有章可循，有记录可查。

评价种苗的标准可从外观质量、内在质量两个方面进行。

(1)外观质量

外观质量主要指标有地径、苗高、根系状况、叶片数、整体感、整齐度等。

地径是指靠近栽培基质处的茎秆直径。不带基质的种苗以最上一轮根在茎上的着生位置的顶部作为测量点，带基质的种苗以最上一轮根在茎上的着生位置至最下一叶的着生位置之间的部位作为测量点。检测方法是用游标卡尺垂直交叉测量2次，取平均值，精确到0.05。如满天星组培苗的地径要求大于0.6cm才能为一级苗。花卉种类不同，对地径的要求不同。苗高指从栽培基质处到顶部叶片最高点之间的距离。用直尺测量，精确到1cm。如满天星组培苗的苗高达到6~8cm才为一级苗。根系状况指种苗根系生长均匀、完整、无缺损。通过目测评定，分为一级、二级、三级和等外级。叶片数应为整数，目测计数，当心叶长度达到植株高度的1/2时作为一个有效叶，如满天星组培苗的叶片数大于14片为一级苗。整体感是指植株的观感，包括植株整体长势、形态、新鲜程度、茎秆状况、叶部状况等。优质的种苗必须生长旺盛，形态完整、均匀和新鲜，茎秆粗壮、挺拔、匀称，叶色亮绿，质硬而厚。整齐度(α)指种苗地径粗度和苗高度的一致性，是对整个批次的评价指标，不是单株的指标。常用一个批次种苗中地径粗度或高度的平均值$X(1\pm10\%)$范围内的种苗数占被测样品总数的百分率表示，一般要求一级苗高于$\alpha\geq90\%$，二级苗$\alpha\geq85\%$，三级苗$\alpha\geq80\%$。计算公式是：

$$X = (X_1 + X_2 + X_3 + \cdots + X_n) \div N; \alpha = N_1 \div N$$

式中　X——批次种苗的地径或苗高的平均值，cm；

　　　X_n——单株种苗的地径或苗高，cm；

　　　N——被测样品总数；

　　　N_1——种苗中地径或苗高在$X(1\pm10\%)$范围内的数量。

(2)内在质量

内在质量分为健康状况和品种纯度两方面。

健康状况即广义上的病虫害，包括病虫害损伤和携带情况。病虫害损伤主要靠目测检测其各种病斑、组织溃烂、坏死、穿孔、褪色和缺损等。携带情况由于没有明显的危害症状，要靠常规检测与新的生物学检测。常规方法检测是先用肉眼或借助放大镜、显微镜进行症状观察，做初步鉴定。然后将怀疑为病毒、真菌、细菌与线虫性病害进行分离、培养、判定(见7.2节)。

品种纯度指品种典型一致的程度，即种苗的品种真实性和纯度，检测方法主要用田间检查和分子标记检测。田间检查是将种苗按小区种植，至少重复2次。在品种特征表现最明显的时期进行调查统计，并与标准品种进行比较。以外表形态差异为依据得出差异品种所占比例。其比例越高，说明种苗的品种纯度越差。分子标记检测是直接检测花卉的 DNA 序列的差异，常用 RAPD、RFLP 和 AFLP 等。这 3 种分子标记比较而言，RAPD 技术成本较低，操作简便，可以通过 Mg^{2+}、dNTP 浓度的优化和寻找合适的通用引物，进而克服稳定性差的缺点，故应用最具潜力和应用前景。RFLP 技术复杂，费用昂贵；AFLP 需要较高的实验技能和精密仪器，且需要放射性同位素标记。因此，这两种都难于进行大批量的检测。

组培苗有两种类型，一是组培瓶苗，指在培养瓶中生长且已达移植标准的根、茎、叶俱全的完整小植株；二是袋装苗，指瓶苗出瓶后分级假植于盛有营养土的特定规格塑料袋中，并经精心管理所培育而成的、可出圃供大田定植的组培苗。

组培瓶苗的质量影响组培苗的过渡成活率，甚至影响出圃种苗的质量。生产性组培瓶苗的质量标准主要从根系状况、整体感、出瓶高度和叶片数 4 个方面判断。其中根系状况对瓶苗的影响最大，也是最重要的指标，其次是整体感和出瓶高度，叶片数是影响较少的指标。因此，根系状况是一票否决的指标，对于无根、长势不好、色黑的瓶苗，不必考虑其他几项指标就可定为质量不合格瓶苗。根系状况包括根的有无、长势和色泽。根的有无直接影响到过渡成活率，如非洲菊瓶苗，有根的成活率可达 95%，无根的仅 40% 左右。根的长势包括根的长度和均匀性，根过长可能是超期苗，缓苗期长。根过短，说明苗龄短，幼嫩，抗逆性差，管理困难。根的均匀性指根的分布情况，一边有根而另一边无根的半边苗成活率很低。根的色泽应是白亮、上有细细根毛才能容易成活，后期的长势旺盛。根发黄或甚至发黑的苗，过渡困难，甚至全军覆没。因此，通过目测，合格的瓶苗必须有根，且长势好，色白健壮。整体感指种苗在瓶内的长势和整体感观，如长势是否旺盛、粗壮挺直、叶色是否符合本品种特性等。出瓶高度并不是越高越好，超过指标后，说明质量下降，继续生长会变成徒长、瘦弱的超期苗，会降低过渡成活率。苗过于矮小，则难于栽种，同样不易过渡成活。如满天星组培瓶苗高度不宜超过 3 cm。叶片数指能够进行光合作用的有效叶数，但要注意识别莲座化及已经发生变异的组培瓶苗。莲座化苗后期无法抽薹开花，变异苗会引起花朵变异影响观赏性。如满天星的组培瓶苗高度为 2～3cm，叶片数则达到 10 片以上，很可能变成了莲座化苗。

原原种和原种组培瓶苗的质量标准，不仅需要对以上的组培瓶苗质量标准进行检测，同时还要在生产过程中进行健康状况和品种纯度的检测。对原原种和原种组培苗健康状况的检测，首先对需要繁殖的外植体进行携带病毒和病原物检测，见 7.2.3 节。若母株对病原物呈阴性，则可继续进行组织培养；若表现为阳性，但该病原物可脱除，也可继续进行组织培养；很难脱除则停止进行。原原种和原种组培苗出瓶后，需要在防虫温室内过渡。期间对多发性病原菌要进行 2 次或 2 次以上的检测。若检测出染有病原物的株系，必须连同其室内扩繁的无性系同时销毁，才能保证原原种和原种组培苗处于安全的健康状况。对原原种和原种组培苗品种纯度的检测，是在外植体接入组培室后的扩繁前进行，对每个材料编号，生产中所有的无性系均要分号堆摆。若发现有可能混乱的无性系，必须全部丢弃，或利用分子检测技术进行纯度鉴定后再归类。只有在证明了品种纯度与原品种一致的前提下，才能继续进行扩繁生产。

目前，国家还没有对多数花卉组培苗质量制定统一的标准，只有非洲菊、满天星等花卉的组培苗制定了国家标准，这为其他花卉的组培苗质量给出了一个参照标准。现将非洲菊组培苗质量国家标准(NY/T 877—2004)简介如下：

种源来自经确认品种纯正、优质高产的母本或母株，品种纯度98%，变异率2%以下。外植体为茎尖或幼花托。选用 MS 培养基，生根培养选用1/2 MS + 0.1 mol/L 萘乙酸培养基，植物生长调节剂主要为0.05 ~ 0.1mol/L 生长素和0.1 ~ 2mol/L 细胞分裂素。培养温度为23 ~ 27℃；光照为1600 ~ 2000lx。继代培养不超过12 ~ 15代，时间不超过24个月。

非洲菊瓶苗　要求种源来源清楚，品种纯正、可靠。培养基及材料无真菌或细菌污染。根系白、粗，且有分叉侧根及根毛，具有长3cm 以上的白色根2条以上。有自然展开叶2 ~ 4片，叶色浓绿，植株生长正常不变异。具体而言，非洲菊组培瓶苗质量分二级，分级指标见表7-5。定级时以达到各项指标中最低的一项来评定，低于二级标准的袋装苗不得作为商品苗出圃。

表7-5　非洲菊组培苗质量等级指标

级　别	一级	二级
苗龄/d	15 ~ 20	15 ~ 20
苗高/cm	11 ~ 15	6 ~ 10
根系长/cm	7 ~ 10	3 ~ 6
根数/条	≥6	≥4
叶数/片	4 ~ 5	3
形态指标	直立，叶绿，有心	苗小于1级，叶不周正，有心

非洲菊袋装苗　新出叶4 ~ 8 片(最好10片以上，它比仅3片叶的要提前1 ~ 2个月开花)，叶色青绿不徒长，叶片无病斑或虫咬造成的缺口，也无蚜虫等害虫，根系生长良好，无检疫性病虫害，无明显可辨的变异株。大田种植后变异率小于2%。出圃前1周应适当控水控肥，并增加光照，使苗木健壮，以提高定植成活率。过小或过老的袋装苗都不宜作商品苗出圃。

此外，有些地方标准规定，香石竹组培苗的质量要求是：4叶1心，茎叶完整，茎粗节密，叶片厚实浓绿、密被蜡质，具发达完整根系，无病虫，不带病毒。

7.4.3.2　生产工序质量监控

委托人将一个或多个母株送到实验室作为繁殖材料，母株会得到一个作物名称和品种号码，并记录下委托人和品种所有者的名字。委托人的订单会得到这一个号码，随后对该品种的第一个植株以及离体培养出来的植株的每一个无性系做编号。该编号代表作物名称、品种名、原始母株和获得的无性系。

在进行组培扩大繁殖之前，从每一个无性系中提取的测试样品被送到委托人处做纯度鉴定，余下的无性系则存储起来。若无性系在鉴定中的表现不符合标准，便不再进行繁殖。若一切正常，委托人会授意继续下一步生产。这样订单会被重新赋予一个号码，并将号码附在植株上。在对生产过程做监控时，要制定出工作质量和数量标准，每天有专人对所有的环节进行记录，以便及时发现问题、解决问题。这意味着被委托的公司必须描述出生产工序是如何设计、计划和执行的，研究工作是如何贯彻到生产工序中的，做了哪些质量检验以及是如何测定的，当中采取了哪些预防和纠正措施。记录表格式见表7-6。

表7-6   花卉组培苗日工作量登记表

日期	品种	生根数（瓶）	摆放位置	污染数（瓶）	质量	出苗检查	繁殖数（瓶）	摆放位置	培养基	污染数（瓶）	带班人	备注

7.4.3.3   产品包装、运输与贮存

生产的组培苗在销售之前，要进行产品包装。包装的原则，一是要方便运输；二是要保证组培苗不被损坏。硬装穴盘苗易于远距离运输；营养丸苗包装占用时间少，且更方便包装运输，但是育苗袋成本较高。如果是瓶苗，要尽可能地减少破裂，袋装苗不能受到挤压明显变形。瓶苗仍需要保留在组培瓶中，并用木箱或纸箱进行包装。袋装苗应用特制的木箱包装，每箱装苗数量一定，且在装箱时及运输途中，袋中土柱应较硬实，袋子完整，以防止土柱松散。

为防止品种混杂，每车试管苗均须挂标签，瓶苗应注明品种、数量、育苗单位、出厂日期。袋装苗也应注明品种、级别、数量、育苗单位、合格证号、出厂日期。如一车装2个以上品种，应按品种分别包装、分别装车，并做出明显标志。

包装前起苗前1天，对瓶苗和袋装苗要分别进行检查，注意其湿度。特别是袋装苗，要剪掉病叶、虫叶、老叶和过长的根系，并根据需要进行消毒处理。

如果是短途运输，可先将20~30株种苗用包装纸或其他包裹物包装好，然后装入纸箱，每箱数量为500~1000株。长途运输时，包装方法与短途运输基本相同，但应在种苗根部填入保湿材料，并将其固定于根部。运输过程中，应保持一定的湿度和通风透气，避免日晒、雨淋。若长途运输，应选择配备空调设备的交通工具为好。

种苗出圃后应在当日装运，运达目的地后要尽快种植。若因特殊情况无法及时定植，可作短时间贮存，但不应超过3d。贮存时间在1d以内的，可将种苗从箱中取出来，置于荫棚下，敞开包装袋口，并注意喷水，保持通风和湿润。贮存时间在1d以上的，应将种苗假植于荫棚内的沙池或育苗床中，注意喷水保持湿润。

调运途中严防日晒、雨淋，要用篷车运输。当运到目的地后即卸苗，并置于荫棚或阴凉处；瓶苗及早进行假植，袋装苗及早进行定植。

7.4.3.4   产品质量监控

把好质量关是商家赢得信誉的前提，首先需要对该繁殖材料做初步的、针对主要常见病原物的化验。若母株对病原体表现为阴性，便可使用单节插条进行组织培养。若母株对病原体表现为阳性，且该病原体可通过组织培养被消除，便采用分生组织尖端培养。若母株对病原体表现为阳性，且该病原体很难被清除，则该母株不能被接受。

可发育成不带病原植株的茎尖或分生组织会被分配一个号码，然后对其进行细菌测试。被污染的无性系会被销毁，而清洁的植株则扩繁，直到每个无性系有足够的可分割成两部分的植株为止。分割出的两部分，一部分做离体培养，另一部分用于生根，而后

移植到没有蚜虫且具泄水道的温室内。经过至少6周后，便开始了一系列复杂的测试。对每一个无性系都要进行针对该作物所有已知病原体的测试，针对多发病原体的测试甚至要进行2次，接下来的步骤是进行化验。在此过程中，要对无性系再次进行常见病原体及纯净度和纯系成熟度方面的测试，此测试由品种所有人进行。对病原体反应呈阳性或不纯净的无性系均会淘汰。

7.4.3.5　申请认证证书

只有在测试完成后才能够申请证书。该证书的检测人员将测试一半数量的无性系，并再次对病原体、纯度进行检测。所检测的病原体及检测周期视作物和检验手段的可靠性而定。

认证要持续1个季节，故在1年后，离体培养出的无性系产生的所有植株都要做生根处理，并再次转移到温室内重复化验。若这些无性系没有通过检验检测，则需要再次申请证书，检验人员将再次重复以前的测试过程，整个测试过程需要几个月，其中包括1个被测作物的正常生长期。因此，测试的花费比较昂贵并需要进行大量的管理工作。然而，该认证是独立的而且是世界公认的，能够保证植物不含病原体，故可被作为运往世界各地的通行证。

7.4.3.6　售后服务体系建立

建立良好的售后服务体系，也是花卉组培苗工厂化生产的重要环节之一。通常的做法是寻找和确定产品的目标市场，以稳定和发展目标市场内的种植户为重点，建立计算机营销网络系统和数据库，详细记录客户的生产规模、购苗种类及品种。经常进行种植后的技术咨询服务，定期分析客户的回头率，弄清停止购苗的原因。上门了解客户的需求及种苗投入生产后的信息反馈，调查其产品的市场销售状况等。确保让种苗使用者能够优先保证供应，保质保量获得种苗，并收获到高产优质的花卉产品，取得较好的经济效益。

7.4.4　降低成本措施

组培苗能否进行大规模推广应用，主要取决于成本。生产成本与设备条件、经营者管理水平及操作人员熟练程度有着密切的关系。生产实践中，在这些条件比较稳定的前提下，可采取的措施有减少污染、提高"三率"(分化率、生根率、移栽成活率)、缩短周期等；正确使用仪器设备，延长使用寿命，提高设备利用率，减少设备投资；尽量利用自然光，充分利用空间，节约水电开支；降低器皿消耗，使用廉价代用品等都可有效降低组培苗生产成本。液体培养由于没有固体支撑、透气性不好，很多植物组培很难应用这一体系；应用液体培养在甘蔗(*Saccharum officinarum*)、马铃薯等几种作物上已有报道，一致认为应用液体培养基可在较大程度上降低培养成本。

要在生产中发展普及组织培养技术，主要取决于能否使组培苗的生产成本得到有效的降低，既让商家获益，又让组培苗的价格降低到农户可以接受，从而促进生产。

7.4.4.1　选择适宜的培养瓶

在传统的植物组织培养中，多以玻璃三角瓶为培养容器。其优点是透光性好、轻便，非常适用于科学研究；其缺点是价格高、易碎、容积小，在大批量的生产中就会相应地增加生产成本；同时，容器内的空气湿度大，通风不畅，有害气体容易聚集，会引起试管苗气孔异常，表皮蜡质层较薄，叶面蒸腾作用差，易出现"玻璃苗"和移栽成活率低，试管苗污染率提高，植株生理形态紊乱，植株生长细弱，生长发育缓慢或死亡，驯化阶段死亡率高，从而造成生产成本高等诸多问题。现在市场上出售的柱形塑料瓶其容积大、价格便宜、使用期长，可以弥补玻璃三角瓶易碎、价高的缺点，虽然透光性不如三角瓶好，但实践证明，对试管苗的生长不会有太大的影响，而且可以提高工作效率。如买不到这种塑料瓶，可以用250 mL的玻璃罐头瓶代替，用封口膜封口。

但是，在生产中以这两种培养瓶为培养容器时，要特别注意灭菌处理。因为，这种大容积培养瓶内培养基的体积也会相应增大，如按常规灭菌，容易导致灭菌不彻底。所以，要适当的延长灭菌时间。罐头瓶等培养瓶呈圆柱形，放入消毒筒内进行灭菌时如排列紧密，瓶与瓶之间几乎不留空隙，不利于蒸汽的流通和热交换，使培养基升温缓慢，其中的杂菌不能被完全杀灭。因此，在灭菌时要注意消毒筒内培养瓶不要放得太紧，留出一定的空隙。

因为体积大、通气性好、容器上部空间相对较大，组培苗在塑料瓶和罐头瓶等柱形培养容器中的接种密度可适当增加，在生长培养基上的接种密度可达到20株/瓶，而在100 mL的三角瓶中的接种密度一般为10株/瓶，虽然使用的培养基量也有所增加（由30mL增加到40mL），但总的来讲，显著地提高了工作效率，相应地降低了生产成本。

7.4.4.2　改变培养基组成

在初代增殖培养阶段，尽可能地增加繁殖系数可以降低生产成本。但是，增加繁殖系数就意味着增加培养基内的激素含量，这样会降低组培苗的质量，加大玻璃化苗的比例，影响其后续生长等。因此，繁殖系数的增加要适当。在生产中，配制培养基时以食用白砂糖代替蔗糖，自来水、纯净水代替蒸馏水可以降低成本，同时对组培苗的培养不会产生较大影响。培养基中几种有机成分对组培苗的生长影响不大，适当的时候可以省去。

炼苗前的培养周期中，培养基成分可由 MS 降至 2/3MS 或 1/2 MS。因为对于正常生长周期的花卉（生长期在 3 个月内）来说，在生长期内，培养基中的营养成分实际利用率均达不到60%，所以培养基可以将营养成分减到1/2，这样仅药品就可节约1/2。

移栽前的壮苗培养基的体积很重要，100mL的三角瓶可以加入20mL培养基，培养30d后，组培苗叶色浓绿、生长健壮、叶柄含水量少；而加入30mL培养基时，组培苗的叶柄细嫩、含水量大，移栽后易腐烂、难成活。

为了减轻污染，可选用无糖开放式（暴露）组织培养方式（又称光自养或光独立组培方式），是指在抑菌剂的作用下，采用无糖培养基，使植物组织培养脱离严格无菌的操作环境，不需高压灭菌和超净工作台，用普通容器代替组培三角瓶，在自然、开放的有菌环境中进行植物的组织培养。有试验表明，即使只有米粒大小的叶片都具有一定的光合能力，在强光照和高 CO_2 浓度下，小植株完全能够进行光自养生长，CO_2 代替培养基中的糖作为植物组培苗碳源的光自养微繁是可行的。这与传统的组织培养相比，优点在于：①培养容器的选择范围较大，不需要耐高温、高压的材料，改善了生长环境，消除了小植株生理和形态方面的紊乱，可提高生根率和生根质量，试管苗移栽成活率会显著提高；②无糖培养基不需高压灭菌，接种器具不需高压灭菌，接种与培养环境不必无菌，降低了消毒成本；③组培生产工艺简单化，降低操作技术难度和劳动作业强度，流程缩短，更易于在规模化生产上推广应用；④操作方便，受到研究者们的喜爱，更是规模化生产试管苗的必然趋势。但是，由于整个操作过程没有在无菌的条件下进行，防止污染也成了植物开放式组织培养研究中的主要任务。一是需要对外植体表面消毒，如可用多菌灵、次氯酸钠、代森锰锌、山梨酸钾、青霉素等；二是使用抗生素对外植体内生菌进行抑制，如可用青霉素、硫酸链霉素等；三是在培养基中添加抗生素，如氨苄西林钠、羟苄青霉素、硫酸链霉素、次氯酸钠等，即使接种时落入少量微生物也不易引起污染。所以，抑菌剂的筛选是开放式植物组织培养方式的一个关键。目前，开放式培养在满天星、非洲菊、虎眼万年青、马蹄莲、情人草、圆叶秋海棠(*Begonia rotundilimba*)、灯盏花(*Erigeron breviscapus*)、花烛、魔芋(*Amorphophallus rivieri*)、文心兰、地被菊、矮牵牛、'金叶'连翘(*Forsythia koreana* 'Sun Gold')、八仙花、蝴蝶兰、梅花等多种观赏植物上获得成功。

上述培养方式降低了环境要求，减少了操作环节，在设备、场地、能源等方面都显著降低了成本。以组培 100 万株种苗计，常规组培的成本为 21.06 万元，而开放式组培的成本为 6.71 万元，仅为常规组培的 30%。目前，国内外学者对光自养组培方式的容器规格、环境调控、光照强度和 CO_2 浓度与生长相关性、培养支撑材料、有益微生物等方面进行了大量、系统的研究，也取得了一些成果。

7.4.4.3 培养过程中调节

补光时间调节 光照时间由白天改为晚上，夏天白天气温高，培养室空调降温压力大，此法可减轻空调工作压力，节约电能，同时又可减轻冬天夜里气温低、增温难的压力。单此一项，培养 100 万株苗，就可在一年内的周期中减少空调耗电 4000 W 左右。

光照强度调节 在植物的光补偿点与光饱和点范围内适当调整光强而不会影响生长。如高温夏季培养香石竹过程中，由原来一层架子 80 W 功率的灯光减半，则其叶子稍小茎尖变长，但丝毫不影响其移栽成活率与苗子的快繁速度，而更利于快繁时的转接操作。

培养周期调节 从培养基的养分消耗看，或者从苗子的生长周期看，适当延长转接周期即减少转接次数，会利于更快的繁殖速度，降低成本。如蝴蝶兰等这些低耗量的植物，扩繁转接周期由原来的 35d 增至 55d，不影响繁殖量和生长速度，反而更经济地利用了养分。再者不同苗子都有不同的生长高峰期，高峰期前转接则浪费人力物力。

提高转接速度 酒精灯只在剪刀和镊子灭菌时点燃，此法可节约酒精点燃时间7/8，而丝毫不增加污染率。培养 100 万株苗，可节约酒精量 180 kg 左右。

7.4.4.4　减少污染

在组培苗工厂化生产中，经常碰到组培苗及培养基被细菌、霉菌、酵母菌、放线菌等污染的情况，轻者会导致组培苗生长势弱并影响下一代的生长，重者会导致组培苗的大面积死亡。这是组培苗生产中最令人头痛的问题。污染不仅严重影响了组培苗的质量和产量，而且还大幅度提高组培苗的生产成本，造成较大的经济损失。据报道，在组培苗工厂化生产中，污染每增加5%，成本将递增10%以上；污染率越高，成本递增越大。当污染率达30%时，成本将增至106.5%。在组培苗工厂化生产中，尽可能减少污染，有效地防止和抑制污染，保证组培材料正常生长及分化，排除不必要的损失，也是降低生产成本的有效措施，才有可能获得较好的效益。

污染主要是由原始材料带菌、培养基或接种工具消毒不严格、无菌操作不规范及环境洁净度差几个方面引起的。组培苗污染情况与环境空气中的真菌数量存在正相关的关系。环境定期消毒，可有效控制组培环境中的污染菌，通过降低组培环境中的污染菌数，可降低组培苗生产中的污染率。如可每隔4~5d对无菌室每立方米空间用甲醛与高锰酸钾按3∶1的比例封闭熏蒸24 h，污染率明显降低。向组培环境中通入臭氧是时下广泛应用的消毒措施，不仅对各种细菌有杀灭能力，而且对杀死真菌孢子也很有效，且使用臭氧消毒不存在任何有毒残留物，因而很符合当前的环保要求。此外，使用专用的熏蒸器进行熏蒸消毒和在组培环境中喷洒农药等也都常用。

由霉菌和酵母菌等真菌引起的污染，其特点是易于被观察到，但污染迅速且难于控制，往往造成较大的损失。目前还没有有效的控制真菌污染的方法。生产中，以青霉菌的污染最多。在培养基中可以加入有机化学消毒剂，能起到良好的抑菌效果，但是目前缺乏多种有机化学消毒剂配合使用的系统研究。试验发现，加入75%百菌清可湿性粉剂到培养基中可有效地控制青霉菌的污染。在处理真菌污染的组培苗和培养瓶时要特别小心，如果污染的数量较小或污染的材料不是特别重要时，最好不要开盖，直接进行高压灭菌。因为一旦打开培养瓶的盖子或封口膜，真菌分孢子就有可能飞出来污染周围的环境，会造成更大面积的污染。也可以采用微波炉对培养基进行灭菌，以避免高压灭菌锅的高温高压对培养基的理化特性的影响。

由各种细菌及内生菌引起的污染，其特点是有很长的潜伏期，有时在继代几次后才表现出来。现在生产中倾向于使用各种抗生素来控制细菌的污染。抗生素的种类很多，作用也不尽相同，使用不当，就会给生产造成损失。而且细菌的种类也不尽相同，因此，在用抗生素防治组培苗工厂化生产中出现的细菌污染时，特别是处理大面积污染时，要预先做好预备试验。不但要考虑抗生素的生物属性，如可溶性、稳定性、广谱性及副作用的大小，还要分析培养基对抗生素效率的影响以及引起细菌抗性的可能性，更要观察组培苗的反应。

苗子大量转接多次难免出现细菌类污染，只需适当加以处理，苗子还可以被利用。如转接时取材要尽量大，防止苗子快速生长前菌群生长过快，势力压过苗子生长。刚转接的1周内温度尽量低，给细菌不良的生长温度，使其菌落生长慢而苗子快速生根开始生长。保种期的苗子若有菌，可处理使用，避免重新接种为延长周期增加成本。比如可截取茎段，先用75%的酒精处理2s，再用0.1%的升汞处理3~4min，多次冲洗可除去一般的菌源。也可用抗生素直接浸泡污染的组培苗。

此外，有人研究用中药材进行杀菌消毒。如采用野生灵芝蒸馏水煮出的溶液配制培养基，不仅能使香蕉正常生长，而且已感染细菌的材料经一段时间培养后，细菌污染消失。接种车间和培养车间灭菌时，苍术熏蒸的灭菌效果与紫外线照射及甲醛熏蒸无显著差异，灭菌消毒效果维持的时间较长，而且对人体无刺激和毒副作用，也更加环保。所以，将传统的中药材应用于植物组织培养消毒潜力巨大。

总之，在植物组织培养的过程中为了降低污染，不仅要加强无机化学与有机化学灭菌方法相合的应用，而且要加强对化学灭菌剂与生物抑菌剂共用作用的研究，如对组培操作人员的消毒灭菌，一般使用酒精对双手进行擦拭，可结合使用中药材浸出物、化学表面活性剂等对皮肤进行消毒等。

7.4.4.5　移栽及养护管理过程中的调节

不同植物组培苗移栽时带根与否，成活率不同。如草莓等生根容易的植物，组培苗移栽时带根与否，在相同移栽条件下对其成活率的影响不大，完全可以省略生根培养阶段。同时在移栽的早期，特别是组培苗未生根时，不要供给营养液。因为此时的组培苗对养分的吸收能力很弱，且体内储存有足够的养分供给早期生长，喷施的营养液的绝大部分浪费了。等组培苗生根后再喷施营养液，微量元素可先配制成200倍的浓缩液，喷施时再稀释。移栽后加强对组培苗的管理是工厂化生产中提高成苗系数的主要措施之一，而成苗系数的提高会相应地降低生产成本。

要注意，水分过多会影响组培苗的生长甚至可引起植株腐烂，特别是在高湿高温条件下，易引发病害的发生。一旦病害发生，要严格控制浇水并合理喷施杀菌剂。在无病害发生时，定期使用杀菌剂喷雾也能显著提高成活率，但不要太频繁。

组培苗在无土基质中的时间不宜过长，以15d为宜，此时组培苗根系已建成，可以栽培到盛有腐殖土的营养钵中。

7.4.4.6　选择适合的品种

最好要选用珍稀名贵花卉品种培养销售营养钵苗。名贵花卉，开花成苗的价格很高，增值更为可观。可以控制一定的生产量，自行建立原种材料圃，接种苗、种条材料供给市场批量销售，常可获得极高的经济效益。同时，研制开发具有自主知识产权的专利品种的组培苗，采取品牌经营策略，将更有利于经济效益的稳定增长。

刚出瓶的组培苗，因移栽成活率较低，常常销售不畅，价格也难以提高。应扩大移入营养土中的营养钵的销售，因成活有保障，不但农民易于接受，而且价格也较易提高，一般可增值30%~50%。如果再进一步在田间苗圃培养1~2周，按成品苗出售，则常可增值1~2倍或更多。

此外，如灭菌时要尽量采取连续操作，以保证能量的持续利用，从而减少反复的耗能。正常高压锅持续8.5h可灭菌7锅，如果间断按上班时间7h计算，则只能完成4锅的灭菌任务。

7.4.5 几种花卉组培苗的规模化生产技术

7.4.5.1 大花蕙兰组培苗的规模化生产技术

大花蕙兰为兰科兰属植物，包括原产于喜马拉雅山、印度、缅甸、泰国等地的蕙兰大型花原种及以它们为基础杂交而培育出的许多优良园艺新品种。它们是近些年我国花卉市场上流行的一种高档洋兰。花大，鲜艳，花形规整丰满，气色高雅，花茎直立，每株能产花数十朵。其具有很高的观赏价值，既可作鲜切花，也可作室内盆栽花卉，花期长达 3~5 个月。由于大花蕙兰多为杂交品种，种子繁殖无法保持其品种特性，且结实率也相当低，分株能力又很弱，因而繁殖系数极低，每年繁殖率仅 2~3 倍，繁殖速度慢，远远不能满足商品化生产的需求。种苗主要从国外进口，价格较高。利用组织培养进行离体快速繁殖工厂化生产，可大大提高繁殖系数，年产各类规格种苗可达 30 万株，开花株达 10 万株，大大降低了种苗成本，满足了市场需要，使大花蕙兰进入千家万户。其生产技术流程为：

选择材料→侧芽启动→圆球茎诱导→继代增殖→丛生芽分化→壮苗生根→炼苗出瓶→移栽。

(1) 选择材料，侧芽启动

除茎尖、叶片和种子外，花瓣、萼片、子房、花梗、侧芽、花芽、茎段、根段等外植体也成为兰花组织培养中圆球茎的重要来源。一般认为带 1~2 个叶原基的茎圆锥成活率高，中间部位侧芽成活率较高。从长 1~2cm、苞叶未展开的新芽上切取茎尖则成功率更高，过小的外植体不但活力弱，而且分裂增殖的部位少；过大的外植体，诱导困难，容易褐化死亡。

选择生长健壮、无病虫害的成年植株，切取侧芽，用洗洁精浸泡 5min，流水冲洗 15min，在 70% 的酒精中浸泡 10~30s，再用无菌水冲洗 3 次，然后置于 0.1% 升汞溶液中消毒 8~10min，无菌水再冲洗 4~5 次，每次停留 4min。

(2) 圆球茎的诱导

在解剖镜下剥取茎尖（1.5mm 左右），接种于添加 NAA 0.01~1.5mg/L，6-BA 1.0~5.0mg/L，活性炭 1.0g/L，蔗糖 30g，琼脂 5.5g 的 MS 培养基（pH 5.8）上，诱导圆球茎。培养条件为 25℃（±1℃），每天 12h 光照，光照强度 3000lx。第 7 天时基部逐渐膨大，颜色逐渐变绿，1 个月可形成直径约 2mm 的圆球茎。

(3) 继代培养与丛生芽分化

茎尖在以上诱导培养基上培养 30d 后，形成圆球茎。将圆球茎从培养瓶中取出，置于已高压灭菌或用无水酒精擦洗后再在酒精灯上火烧灭菌后放置冷却的培养皿中，每个圆球茎纵切为 2~4 块，约 3mm，接种到与以上诱导培养相同的培养基上培养。培养 30d 后，将增殖形成的圆球茎再切分、培养。如此，每 30d 继代 1 次，继代 10~15 次，增殖倍数在 6~10 倍以上。切口逐渐愈合、膨大，生长速度因基因型不同而不同，紫色品种较白色品种生长快，前者培养 5~7d，后者培养 8~10d 形成圆球茎。若继续培养 3 周后，每个切块一般可形成 4~10 个圆球茎。将这些圆球茎继续切分、培养，以同样的速度生长。这样，繁殖率以几何级数递增，可达到快速繁殖的目的。

（4）壮苗生根，成苗培养及驯化移栽

继代增殖的圆球茎，如不再切分，而在原培养基上继续培养，3 个月后即长成高约 4cm 带有 2～3 片展开叶的小植株，将小植株转接在含 IBA 0.5mg/L 的 1/2MS 培养基上，30d 后当小苗可长到 4～5 片展开叶，高 5～6cm，这时便可驯化移栽。为提高其炼苗成活率，通常将小苗再剪断部分长根，然后转接在 IBA 0.5mg/L 的 1/2MS 培养基上培养 25～30d，将培养瓶盖逐渐打开。3～5d 后取出小苗，用自来水冲洗根部培养基，再用灭菌水冲洗 1 遍，移栽于经灭菌或消好毒的基质（腐烂的针叶土：泥炭：珍珠岩 = 1：2：1，或以陶粒 + 树皮或苔藓）上，要求基质含有一定水分。浇灌 Ca(NO$_3$)$_2$ 472mg/L + KNO$_3$ 809mg/L + KH$_2$PO$_4$ 153mg/L + MgSO$_4$ 493mg/L 为配方的营养液最佳。

为保持湿度，在其上覆盖塑料薄膜。同时，根据炼苗季节实际情况，适当遮阴。基质中含水量不能太高，否则易烂根。最终成活率可达 90% 以上。

7.4.5.2　大花萱草组培苗的规模化生产技术

大花萱草是培育出的多倍体，花色品种繁多，有淡黄、金黄、鹅黄、浅红、大红、深红等颜色，更有粉白相间和红黄相间的复色。近几年，我国陆续从国外引进大花萱草新品种满足市场需求，花色有淡白绿、深金黄、淡米黄、绯红、淡粉、深玫瑰红、淡紫、深血青等，每丛花的朵数可开至 40 多朵；直径达 19cm。其花形典雅、花色美丽，深受消费者的喜爱而广为栽种，既可地栽布置庭院，又可盆养观赏。目前引进的新品种主要有'奶油卷''金娃娃''红运''吉星'等。

大花萱草对碱性土具有特别的耐性，是油田及滩涂地带不可多得的绿化材料。可用来布置各式花坛、马路隔离带、疏林草坡等。亦可利用其矮生特性做地被植物。其中有数个品种为"冬青"型，种植在南国，可四季常绿，是优秀的园林绿地花卉。但是，大花萱草结实率低，一般采用分蘖等无性繁殖方式增殖，繁殖率低。1 株萱草每年仅可繁殖 4～5 株，不能适应市场商品化生产的需求。南京大学通过组培快繁工厂化育苗，在不影响母本植株的正常生长的情况下，每年约生产组培苗 50 000 株，年效益达到 5 万～6 万元，并已进行规模化生产和推广应用，今后还将根据市场需求逐年扩大规模。其生产技术流程为：

选择材料→启动培养→继代增殖→壮苗生根→炼苗出瓶→移栽。

（1）选择适宜的外植体

虽然大花萱草的花托、花茎（梗）、花蕾、花瓣、子房、花药叶片、根段、茎尖、脚芽等均可作为外植体，但是以茎尖、脚芽、花托、花瓣等诱导愈伤组织的效果最好；其次是花托、花茎；叶片取材方便，但是诱导率相对较低，且不能传代；根段较难诱导愈伤组织；子房和花药受取材时间限制且污染率较高，但是愈伤组织诱导率较叶片和根段为高。

植株盛花期时，从植株上切取长 5～7cm 的花蕾及花茎部分，流水冲洗 30min，用毛刷轻轻刷去植株表面及叶片间的泥土，削去叶片和瑕疵，保留约 3cm 长花蕾及花茎，培养皿中晾干备用。用 75% 酒精浸泡 30s，用无菌水漂洗后再放入 0.1% 升汞（0.02% 吐温)中浸泡 5min，用无菌水漂洗 3 次后，放入无菌的培养皿中用灭菌的滤纸吸干水分，分别切取花瓣、花托、花茎各部位并将之横切成 0.5 mm 的薄片，放入培养基。在人工控制条件的培养室内培养，先暗培养 7d 后再转入正常培养。

(2)启动培养与继代增殖

愈伤组织、不定芽诱导及继代增殖培养基采用 MS + 6 - BA0.5 ~ 4.0mg/L + NAA 0.05 ~ 0.5mg/L。接种 15d 左右，外植体膨大并逐渐增大增厚，在切口与培养基接触处有浅黄绿色和黄绿色的瘤状突起，愈伤组织生成；培养 30d，愈伤组织上出现密集的绿色芽点；培养 40d，芽点逐渐变成芽丛。此时，将愈伤组织切块在培养基继代增殖，增殖系数可达到 4 ~ 5。培养条件是温度 22℃ ±2℃，相对湿度 60% ~ 70%，光照强度 1800 ~ 2500lx，光照每天 12h。

(3)壮苗生根

生根培养基用 1/2MS + NAA 0.1 ~ 0.8mg/L 或 IBA 0.1 ~ 0.2mg/L + 0.65% 琼脂 + 3% 蔗糖 + 1.0 g/L，pH 5.8。将高度约 2cm 的无根再生苗从愈伤组织上切下来，移入生根培养基中。培养 10d 开始有白色的细根生成，20 ~ 25d 的生根率达 90% 以上，每株幼苗上平均有 4 ~ 6 条根，最高可达 12 条。

(4)炼苗与移栽

当根长至 4 ~ 6cm、苗高 4 ~ 8cm 时，即可进行炼苗与移栽。首先敞开试管苗瓶口，在培养室中炼苗 3 ~ 5d 后，然后取出组培苗并用流动水洗净根系上的培养基，移入事先喷洒过 0.2% 农药达克宁的混合基质中。放入培养箱中培养，温度为 25℃，光照 12h/d。每隔 2d 浇水 1 次，15d 后再移入花盆或大田中生长。移栽成活率可达 90% 以上。

7.4.5.3　观赏凤梨组培苗的规模化生产技术

凤梨科观赏植物是一类新型室内观花、观叶、观果的盆栽花卉，约 68 属 2000 余种；常用作观赏的有果子蔓属、丽穗凤梨属、光萼荷属、凤梨属、彩叶凤梨属、水塔花属(*Billbergia*)、姬凤梨属(*Crytanthus*)、巢凤梨属(*Nidularium*)、花瓶属(*Quesnelia*) 和铁兰属(*Tillandsia*)。我国自 20 世纪 90 年代中期大量引种观赏凤梨，因其叶姿和花型独特、花期持久，立即风靡市场。近年来，观赏凤梨组织培养的研究日渐深入，果子蔓属、丽穗凤梨属、光萼荷属、凤梨属、彩叶凤梨属等均已获得组培苗。

(1)果子蔓属的组织培养

以康泰凤梨(*Guzmania continental*)的芽作外植体，接种至 MS + 6 - BA 1.5mg/L 培养基上，40d 后形成愈伤组织，愈伤组织在 MS + 6 - BA 1.0mg/L + IBA 0.5mg/L 培养基上诱导丛生芽及继代增殖，40d 继代一次，不定芽转入 MS + IBA 0.5mg/L + NAA 0.5mg/L 培养基，50d 后平均根数可达 5 条以上。擎天凤梨栽培种(*G. lingulata* 'Amaranth')短缩茎作外植体，接种在 MS + 6 - BA 2.0 mg/L + NAA 0.4 mg/L 培养基上，25d 后产生不定芽，转至 MS + 6 - BA 1.0mg/L + IBA 0.1mg/L 液体培养基上培养 30d 后，将约 3cm 的不定芽转入生根培养基 MS + 6 - BA 0.1mg/L + IBA 3.0mg/L，20d 左右即可长出根。星花凤梨(*Guzmania lingulata*)短缩茎作外植体，不加任何生长调节剂的 MS 为

诱导培养基，以 MS + 6 - BA 3.0mg/L + NAA 0.1mg/L 为继代培养基，连续继代 4 次，平均增殖系数可达 5.0，以 MS + 到 6 - BA 0.5mg/L + NAA0.5mg/L 为生根培养基，15 ~ 20d 即可生根。

(2) 丽穗凤梨属的组织培养

取八宝剑凤梨(*Guzmania poelmannii*)母株基部长出的健壮侧芽作为外植体，接种于 MS + 6 - BA 2.0mg/L + NAA 0.2mg/L 培养基进行液体培养，50d 后将新的丛生芽切成块，移至 MS + 6 - BA 1.0mg/L + NAA 1.0mg/L 培养基进行浅层液体培养，25d 继代一次，最后移至 1/2MS + NAA 0.1 ~ 0.2mg/L 固体培养基生根培养，1 个月即可生根。以幼株茎段为外植体，则以 MS + 6 - BA 5.0mg/L + NAA 0.5mg/L 为诱导培养基，MS + 6 - BA 1.0mg/L + NAA 0.1mg/L 为增殖培养基，可获得较好增殖效果，用 1/2 MS + NAA 0.5mg/L 生根效果较好。若以带腋芽茎段作为外植体，在 1/2 MS + 6 - BA 5.0mg/L + NAA 1.0mg/L 培养基上培养 43d 可诱导出芽；在培养基 1/2 MS + 6 - BA 1.0mg/L + NAA 0.5mg/L 上培养 30d，芽的平均增殖倍数为 7.4；在 1/2 MS + IBA 1.0mg/L + 1.0 g/L 活性炭的培养基上进行生根培养，30d 生根率达 100%。取虎纹凤梨(*G. splanens*)芽作外植体，接种于培养基 MS + 6 - BA 1.5mg/L，40d 后形成愈伤组织，转至 MS + 6 - BA 1.0mg/L + IBA 0.5mg/L 培养基上继代培养，在 MS + IBA 0.5 + NAA 0.5mg/L 上生根培养，培养 50d 后平均根数 5 条以上。

(3) 光萼荷属的组织培养

以温室培养的蜻蜓凤梨(*Aechmea fasciata*)短缩茎为外植体，经消毒后，接种在 MS 培养基上诱导侧芽萌发，在 MS + 6 - BA 4.0mg/L + NAA 1.0mg/L + IAA 1.0mg/L 培养基上继代增殖，不定芽在 MS + IBA 0.1mg/L 培养基上培养 15d 即开始生根。剥取蜻蜓凤梨盆栽植株的短缩茎作为外植体，在 MS + 6 - BA 2.5mg/L + NAA 0.25mg/L 培养基上进行初代培养，35d 后将获得的无菌材料转至 MS + 6 - BA 2.5mg/L + NAA 0.5mg/L 培养基中增殖培养，3 个月后转入 MS + IBA 1.0mg/L 培养基上，180d 后，平均根数可达 10 条。若用蜻蜓凤梨试管苗的茎中部作为外植体，在培养基 MS + 6 - BA 3.0mg/L + IBA 0.3mg/L 上诱导侧芽并进行增殖，最后转入生根培养基 1/2 MS + NAA 0.5mg/L 上，15d 开始生根，40d 后平均根数为 3 ~ 5 条。

(4) 凤梨属的组织培养

以'金边艳'凤梨 (*Ananas comosus* 'Variegatus')的无菌芽为外植体，接种至 MS 培养基，适当提高 VB1 含量，再附加 IAA、KT，25d 左右可分化出丛生小芽，再以此培养基继代培养，以 MS + NAA 0.2mg/L 为生根培养基，6d 左右即开始生根。以凤梨 (*Ananas comosus*)的叶片及芽作为外植体，接种至 1/2 MS + 6 - BA 1.0mg/L + NAA 0.5 ~ 1.0mg/L 诱导分化，将形成的愈伤组织转入 1/2 MS + 6 - BA 0.12mg/L + NAA 0.08mg/L，培养 2 周后达到最大的增殖倍数，继续在相同的培养基中进行生根培养，6 周后得到大量生根苗。

(5) 彩叶凤梨属的组织培养

羞凤梨(*Neoregelia cruenta*)，取播种 7 周后的秧苗叶片作为外植体，直接从叶片诱导出再生芽，在培养基 MS + 6 - BA 5.0mg/L + NAA 0.5mg/L 上获得最高的再生率，然后转入 MS + 6 – BA 1.0 ~ 2.0mg/L + NAA 0.5mg/L 培养基中获得完整植株。切取彩叶凤梨(*N. carolinae*)顶芽和侧芽茎尖,将已灭菌的茎尖接种到培养基 MS + KT 4.0mg/L + IAA 0.1mg/L 上,约半个月可产生不定芽,经不断切分继代,获得大量丛生状不定芽,然后将 3cm 左右的不定芽转入生根培养基 1/2 MS + NAA 0.5mg/L,10 d 后开始生根,生根率 100%。而以彩叶凤梨的幼株茎段为外植体,则以 MS + 6 – BA 5.0mg/L + NAA 0.5mg/L 为诱导培养基,MS + 6 – BA 1.0 + NAA 0.1mg/L 为增殖培养基,1/2 MS + NAA 0.5mg/L 为生根培养基,均能获得品质较好的组培苗。

(6)水塔花属的组织培养

以红藻凤梨(*Billbergia pyramidalis*)的嫩吸芽作为外植体,在 1/3 MS + 6 – BA 0.2mg/L + IBA 0.02mg/L 诱导培养基上诱导,以 MS + 6 – BA 1.0mg/L + IBA 0.2mg/L 为分化培养基,最后转入 1/2 MS + IBA 0.5mg/L 培养基上培养 10 d 即能开始生根。

7.4.5.4 菊花组培苗的规模化生产技术

菊花是菊科菊花属宿根植物,原产于我国。它花色繁多,品种丰富,具有很强的观赏价值,是目前世界上栽培最广的切花及盆花之一。它的繁殖可以用播种法、扦插法、分株法、组织培养法。在种苗生产上运用最广泛的方法是扦插和组培。由于菊花的病毒病种类比较多,而且危害也较为严重。使用扦插繁殖苗,容易引起病毒病的扩张和蔓延,因此茎尖脱毒培养和组培快繁生产母本植株,再生产扦插苗的技术,对优良品种的脱病毒和复壮有着重要意义。组培技术在新育成品种的快速繁殖上,应用得更为广泛。在种质资源的保存和利用方面,用试管方法保存大量的育种材料和品种,为以后的育种工作提供各种材料,比在大田保种更容易和有利于节省土地和人力。国内外对菊花的组织培养研究自 1972 年以来,有过不少报道,目前快速繁殖的技术已经很成熟。

其生产技术流程为:

选择材料→启动培养→继代增殖→壮苗生根→炼苗出瓶→移栽。

(1)选择适宜的外植体

菊花能够产生再生植株的器官很多,以组培快繁为目标最好选茎尖、茎段、花蕾为外植体培养增殖效果最好。选取用扦插苗培育的无病虫害、健壮的植株,在其上取材,可保持其优良品种特性。在取材前 2 ~ 3 周,将入选株置于温室内培养,不要对叶面喷水,这样能够提高灭菌的成功率。接种前切取带腋芽的茎段或未开的花蕾,这时花瓣外有一层薄膜包着,里面是无菌的。灭菌处理时茎尖的嫩叶不要剥得太干净,以免伤口面暴露太大,使茎尖受到过大的损害。灭菌茎段除去叶片,只留一小段叶柄。材料初步切割后,用洗衣粉水漂洗 3 次,用自来水冲净后,将其放入含有 3 滴吐温的 0.1% 升汞溶液中消毒 12min,并不时摇动,然后用镊子将其夹入含 3 滴吐温的 8% 次氯酸钠溶液中浸泡 8min(超净工作台上)并不时摇动。于无菌水中漂洗两次后待用。将茎切去一小段,这样可减少灭菌药物的毒害。切除茎尖上的幼叶,若是蕾须剥去花被,露出里面半球形的花序轴,再视其大小纵切 4 ~ 6 块,接种到诱导培养基 MS + BA 0.3mg/L + NAA 0.1mg/L 中。

(2)启动培养与继代增殖

生长及分化外植体经培养后，一般20～40d茎尖处可分生出新芽，茎段的叶腋处也会萌发出丛生芽，基部生长的愈伤组织也会分化出新芽。而花蕾外植体经过15～20d的培养，会形成愈伤组织；再经过20～30d的培养，愈伤组织就会分化出较多的丛生芽。

将从以上外植体诱导分化出的丛生芽，分切成数块放入增殖培养基 MS + 6 – BA 0.1mg/L + NAA 0.1mg/L 中继代培养。开始分化率和分化苗的数量都较小，随继代次数增加，分生苗很快就能够增多。增殖的方式除诱导丛生芽增殖外，还可用茎切段作微型扦插来繁殖，它的增殖速度也完全能满足快速繁殖的要求。方法是用各种再生途径产生的嫩茎为材料，培养其长到一定高度时，再切成节段，一般是一叶为一段，然后将切断的基部插入增殖培养基中培养。28d后，腋芽即可长成新的小植株，重复上述的方法不断进行继代培养，从而达到快繁殖目的。

菊花是一种比较容易进行组织培养的植物，适用于菊花的培养基种类很多，它对激素的要求不很严格，适应范围较广，菊花在组织培养中是一种较不容易因为激素浓度的高低而引起变异或玻璃化的一个种类。但是BA含量不应超过10mg/L，NAA不应超过2mg/L。菊花继代苗的植株应达到叶形、株形正常，增殖培养率可达到5～10倍及以上。

菊花在培养瓶中培养的温度适应范围较宽，在22～28℃都可以。但温度过低，会使苗质脆弱，生长速度延缓；温度过高培养基水分蒸发较快，致使植株还未分化到所需程度，就开始出现干萎。所以温度最好在24～26℃之间。培养室光照每天12h，光照在1000～4000lx都可以生长，但是光照过弱会使幼苗出现徒长现象，茎软叶细弱，低质量的组培苗，出瓶后的过渡成活率也低。因此光照以2500～3000lx为宜。

(3)壮苗生根

在继代培养基中培养25～30d进行转瓶时，将那些生长正常，苗高达到2～3cm的单株嫩茎切下，插到生根培养基1/2MS + NAA 0.1mg/L 中，7d后可形成有突起的淡绿色根原基，经过2周培养后，即可生根。菊花的生根非常容易，在多种生长调节剂浓度下，乃至不加任何生长素的培养基上，都可以获得100%的生根效果。

用来生根的单株嫩茎必须有1～2cm高，在生根培养基上生长15d后，苗高才能达到2～3cm，有2～3条根长达1～2cm的不定根。最好生根率达100%后，才可出瓶炼苗。如若还有少部分植株未长出足够的根系时，可将瓶苗在上述环境培养条件下延缓几日，待其长出根系时再出瓶。

(4)炼苗与移栽

菊花出瓶苗的标准是叶色浓绿，粗壮，苗高2～3cm，有根且根系发达。经过渡培养的下地苗，则要求小苗叶色正常，浓绿，植株矮壮。

菊花的有根苗移栽成活容易，将有根的植株从瓶中用镊子轻轻夹出，洗净根部黏附的琼脂，栽入珍珠岩基质中。移栽前期将空气湿度保持在75%～85%之间，遮光率为40%，环境温度控制在20～26℃，就可使试管苗在20d左右移栽成活，并长出新根新叶。经1～2个月的管理，便可定植于富含腐殖质，经过灭菌处理的砂质壤土中。菊花喜微潮偏干的土壤环境，在定植时不必施用基肥，随着小苗对外界环境的适应，可每隔

1~2周追稀液体肥料一次。由于菊花有忌高温、喜凉爽的习性，菊花试管苗定植后，不可接受过强的日光照射，应该采用先遮阴再逐渐增加光照的管理方法。由于菊花的过渡成活率比较高，所以有时也可以从瓶内出来就直接下地栽培，但管理要非常细心。

小 结

通过无菌操作，把植物体的器官、组织、细胞甚至原生质体，接种于人工配制的培养基上，在人工控制的环境条件下进行培养，使之生长、繁殖或长成完整植物个体，是许多观赏植物、花卉、蔬菜和果树，以及林木和农作物克隆再生的重要手段。与传统繁殖方法相比，组织培养育苗周期短、繁殖速度快和繁殖系数高，可用于周年育苗和温室流水线式生产种苗，1个芽1年中就能繁殖出逾10万个优良后代，且能最大限度地保持名、优、特品种的遗传稳定性，并可通过组培、物理和化学等方法和工艺有效地生产无病毒的种苗，为改善观赏植物的生长发育、产量和品质提供了新的途径。目前，从草本植物到木本植物种类包括花卉、林木、药材、果树、蔬菜、薯类、农作物等多种植物的快繁领域中，组织培养方法得到广泛应用与推广。植物组织培养经过长期科学与技术实践相结合的发展已经形成了一套较为完整的技术体系。首先是要选择适宜的培养基，关键是要注意离子浓度，一般用较低的离子浓度，且注意不同的培养阶段要求不同。其次是要选用适宜的外植体进行消毒和接种，重点是防止材料变褐，可采取降低培养基中离子浓度和采用液体培养基，也可加入维生素C、半胱氨酸等抗氧化剂等减轻褐变。第三是在适宜的环境中进行继代和生根，最后进行驯化和移栽，并采取适当的措施提高移栽成活率。在整个生产过程中，要有计划、有目的，节约能源和降低成本，加强质量监控，制定营销策略，从而最大限度地提高经济效益。

思考题

1. 结合你对当地花卉市场的调查，谈谈你对重要盆花和切花市场前景的看法。
2. 简述脱毒的意义与方法，如何预防脱毒苗再次感染？如何检测组培苗是否带毒？
3. 试述外植体对组培成苗有哪些影响？如何对外植体彻底消毒？
4. 影响继代增殖的因素有哪些？如何解决？
5. 如何促进组培苗生根？怎样提高移栽成活率？
6. 组培苗工厂化生产应注意哪些问题？若花木公司招聘你负责组培生产，你打算怎么做？
7. 如何确定花卉种苗商业化生产的规模？降低生产成本的措施有哪些？
8. 花卉种苗商业化生产中应注意哪些问题？
9. 试述大花蕙兰组培的关键技术是什么？步骤有哪些？

参考文献

陈兵先，黄宝灵，吕成群，等. 2011. 植物组织培养试管苗玻璃化现象研究进展[J]. 林业科技开发，25(1)：1-5.

程广有. 2003. 名优花卉组织培养技术[M]. 北京：科学技术文献出版社.

董春英，王瑞. 2013. 稀土元素在组织培养中的作用研究进展[J]. 湖南林业科技，40(3)：71-73.

黄作喜，邱超，曾桢迦，等. 2013. 植物组织培养中消毒剂的应用研究进展[J]. 内江师范学院学报，28(6)：26-30.

祁建国.2016. 植物组织培养中常见问题与对策[J]. 现代园艺(16)：197.

唐雪松，杨志娟.2011. 花卉植物组织培养试管苗出瓶种植技术[J]. 四川农业科技(8)：30－31.

吴殿星，胡繁荣.2004. 植物组织培养[M]. 北京：上海交通大学出版社.

肖远志，黄国林，张平.2013. 新技术在观赏植物组织培养中的应用[J]. 湖南农业科学(15)：20－22.

张东旭，周增产，卜云龙，等.2011 植物组织培养技术应用研究进展[J]. 北方园艺(06)：209－213.

张献龙，唐克轩.2004. 植物生物技术[M]. 北京：科学出版社.

花卉种球生产

　　球根花卉是非常重要的花卉类群，占世界花卉市场1/4的份额。球根花卉是以植物地下部分的茎或根变态、膨大并贮藏大量养分的一类宿根性多年生草本花卉的总称，依肥大的形态及部位不同，分为鳞茎类、球茎类、块茎类、根茎类和块根类5种。球根花卉在植物学分类上所属的科属很多，有百合科(Liliaceae)、石蒜科(Amaryllidaceae)、鸢尾科(Iridaceae)、苦苣苔科(Gesneriaceae)、紫堇科(Fumariaceae)、秋海棠科(Begoniaceae)、酢浆草科(Oxalidaceae)、毛茛科(Ranunculaceae)、兰科、天南星科等60属405种，原产地涉及热带、亚热带、温带地区，对花卉市场影响最大的是温带球根类花卉。国际上生产球根的国家主要有荷兰、法国、智利、南非、新西兰、以色列、意大利、美国、德国、日本、中国、韩国、墨西哥、肯尼亚等。

　　目前全世界各种球根花卉种球年需求量为100亿粒以上，其中百合约25亿粒，郁金香约30亿粒，荷兰是主要生产和出口国。在亚洲，百合种球需求量居第一位，每年需约3亿粒(日本1.9亿粒、中国1亿粒、韩国0.38亿粒、马来西亚0.15亿粒、泰国0.1亿粒、中国台湾0.2亿粒)。郁金香占第二位，每年需郁金香种球约2.9亿粒。随后是唐菖蒲、马蹄莲和风信子。

　　全世界百合种球生产面积约4500hm²，其中荷兰每年百合种球生产面积约3700hm²，年生产百合种球约18.7亿粒；法国、智利、新西兰每年百合种球生产面积约800hm²，年生产百合种球约6亿粒。2013年中国从荷兰进口的百合种球数量已达2.45亿粒。

　　世界上的球根花卉栽培面积最大的6个属为：唐菖蒲属(Gladiolus)、风信子属(Hyacinthus)、鸢尾属(Iris)、百合属(Lilium)、水仙属(Narcissus)和郁金香属(Tulipa)，这六大属占了世界球根花卉种植面积的90%。中国球根切花生产面积最大的是百合、唐菖蒲、郁金香、马蹄莲、小苍兰、球根鸢尾和风信子。随着国产化百合种球繁育成功，国产百合种球种植面积逐年增加，2013年国产百合种球生产量达到3000万粒左右。目前，百合切花栽培面积较大的有云南和辽宁凌源，其次为甘肃、陕西、上海、北京、广州及四川。生产百合切花用的种球主要依靠从荷兰进口。凌源每年繁育亚洲百合(*Lili-*

um asiatica)和麝香百合(*Lilium longiflorum*)种球 1000 万粒以上，进口东方百合(*Lilium oriental*)种球 1000 万粒左右，年产百合鲜切花 2000 万枝以上。甘肃和陕西两省百合种球生产面积约 20hm²，年生产百合种球 600 万粒左右，生产的百合种球主要销往上海、北京、广州、东北等地。

中国每年进口郁金香种球 6000 万粒。全国唐菖蒲切花生产面积 1308.26hm²，年生产唐菖蒲切花 24 691.94 万枝。唐菖蒲切花生产的省份较多，种球繁育的省份也相对较多，但以辽宁生产最多，每年生产唐菖蒲种球约 400 万粒。

本章将围绕百合、唐菖蒲、郁金香、水仙、马蹄莲等重要球根花卉的规模化、标准化商品种球生产关键技术进行论述。

8.1　球根花卉的概念及种球的类型

球根类花卉是多年生花卉，其生命周期包括营养生长期、开花期和休眠期。在生长期结束时球根花卉的地上部分完全枯萎，球根花卉的地下部分变态膨大，形成球状或块状的贮藏器官，并以地下球根的形式度过其休眠期(寒冷的冬季或炎热的夏季)。至环境条件适宜时，再重新生长开花。如对于春植球根花卉在晚春或夏末结束生长期，在秋季开始生长并在第 2 年开花。

根据球根花卉地下变态部分的来源和形态种球分为 5 类：

(1)鳞茎(bulbs)

鳞茎类包括有皮鳞茎和无皮鳞茎。大多数鳞茎为有皮鳞茎，如郁金香、风信子、葡萄风信子等。无皮鳞茎如百合，由于无皮鳞茎易受到机械伤害和病原物侵染，所以在贮存和运输时往往与基质(消毒)混合。

(2)球茎(corms)

地下茎短缩膨大呈实心球或扁球形，主要有唐菖蒲、小苍兰、秋水仙(*Colchicum* spp.)、番红花(*Crocus sativus*)等。

(3)块茎(tubers)

地下茎或地上茎膨大呈不规则实心块状或球状，主要有仙客来、球根秋海棠、大岩桐等。

(4)根茎(rhizomes)

地下茎呈根状膨大，主要有美人蕉属(*Canna*)、鸢尾类(*Iris* spp.)、铃兰(*Convallaria majalis*)、六出花等。

(5)块根(tuberous root)

由不定根经异常的次生生长，增生大量薄壁组织而形成，主要有大丽花、花毛茛、银莲花属(*Anemone*)等。

在这里需要特别说明的是，并不是所有的球根花卉在大规模商业生产中都采用种球来生产，如仙客来、鹤望兰是采用种子生产。所以本章涉及的内容主要是在球根花卉中采用种球作为规模化商品生产繁殖材料的球根花卉的种球生产。

8.2 球根的生长发育规律

8.2.1 球根的肥大机理

植物球根的形态千变万化，从形态发育的角度来看，这些器官无论怎样变化都属于植物根、茎和叶的变态，都具有营养器官和繁殖器官的双重作用。其球根肥大的原因是由于球根内部存在发达的形成层分裂组织，通常进行次生肥大生长的结果。

8.2.1.1 木质部肥大型

播种的大丽花种子，在形成的初生根先端部具有四原型放射状中心柱，在初生木质部和初生韧皮部筛管之间夹有形成层，虽然这些形成层能够进行次生分化，但不久就停止，所以这种初生根不能肥大。而从茎组织发育来的不定根属于多原型，初生木质部和初生韧皮部筛管之间的形成层非常发达，相互之间构成形成层环，可以向其内侧分化出导管和柔嫩组织，这样，由于木质部细胞数的增加和细胞体积的增大，其肥大方式属于木质部肥大型。

8.2.1.2 次生维管束形成层分化肥大型

以仙客来为例，胚轴和第一节间肥大而形成块茎，是由于内鞘周围形成层比较发达，并形成次生维管束，这些次生维管束内的形成层虽然不能连成环型，但是可以各自分化出柔嫩组织而促使块茎肥大。

8.2.1.3 短日诱导肥大型

球根秋海棠的块茎肥大形式与以上两种类型均不相同。球根秋海棠的块茎受短日照条件诱导而肥大，在长日照条件下则不能肥大。在长日照条件下，植株的胚轴中心部形成初生维管束，伴随着维管束的分化，在其周围分化出新的环状排列的维管束，当将植株移到短日照条件下时，形成层并不发达，而其周围的细胞的体积增大并促使胚轴部位肥大。

8.2.1.4 分散肥大生长型

大多数双子叶植物的球根肥大，除球根秋海棠外，大体上是由于分裂组织的旺盛活动而实现的。对于单子叶植物来说，由于其维管束内部没有分裂组织，所以其肥大的原因不是通过分裂组织活动，而是由初生组织的柔嫩细胞在长时间内保持分裂能力，或者恢复分裂能力。在生长过程中伴随着分散的细胞也具有分裂活性，比如香雪兰（*Freesia refracta*）的中心柱细胞在催芽后 30 周以上还在继续增加，一直到球茎成熟为止。唐菖蒲也具有同样的特点，属于分散肥大生长型。

8.2.1.5 贮藏肥大型

关于百合等鳞茎花卉的球根肥大，主要是由于鳞片的细胞膨大，其中贮藏大量营养物质的结果。这样的球根属于贮藏肥大型。百合鳞茎的发育过程大致可划分为母鳞茎失重期、营养生长期、鳞茎膨大期和鳞茎充实期。百合鳞茎的生长期一般分为生长初期、迅速生长期、缓慢生长期3个阶段，这3个阶段不论是株高、叶片的生长均有不同的表现。由于鳞茎大小不同，植株形态特征也不同。新铁炮百合鳞片扦插繁殖中小鳞茎起源于鳞片基部内层薄壁细胞而不是愈伤组织，发生过程分为启动期、生长锥形成期、叶原基形成期和小鳞茎形成期。

8.2.2　球根肥大与地上部生长的关系

球根本来是作为植物体将地上部的光合产物贮藏的器官，地上部分光合效率高，地下部的肥大就受到促进，因此，与光合效率密切相关的温度和光照等条件都是球根肥大的控制因素。根据球根肥大与地上部生长之间的关系，可以将球根肥大分为以下4种类型。

（1）地上地下同时生长型

许多球根会伴随地上部的旺盛生长，地下部开始肥大，即边生长边肥大。

（2）地上抑制球根生长型

有一些球根的肥大受地上部生长的抑制，即当地上部茎叶停止生长或衰老时，球根开始肥大。唐菖蒲、香雪兰、球根秋海棠和大丽花等只有在地上部的生长处于抑制状态时，地下部的器官才开始肥大，地上部的营养开始向球根内移动。

（3）形成花蕾球根生长型

有一些球根的肥大与开花具有密切关系，即如果不形成花蕾，就不形成球根。如郁金香、百合和水仙等花卉，开花时地上部停止生长，鳞茎伴随叶片的衰老而快速肥大。开花后，茎叶的养分开始向鳞茎转移，并且贮藏在鳞片叶中。

（4）与成花无关生长型

一些球根肥大与开花没有关系，如从实生苗或小球茎得到的植株，即使不开花，也会伴随着地上部的生长停止或衰老而形成膨大的小球茎。

虽然从实际发育过程可以了解到地上部的生长与地下部球根肥大之间存在联系，但其内在机理仍不十分清楚。可以肯定的是，球根的形成与肥大是由于植物进化和环境选择的结果，既受到基因的控制，又受到植物生长发育阶段和环境条件的诱导。

8.2.3　球根内营养物质的积累

球根的膨大过程也是营养物质积累的过程，最重要的因素是碳水化合物的积累。郁金香鳞茎膨大发育在叶片开始枯黄的10d左右加速完成，此时叶绿素含量急速下降，可溶性糖含量迅速增加，鳞茎中皮层细胞明显横向伸长，胞内淀粉粒增大。球根膨大的不同时期，营养物质在植株体内的流向不同。荷兰鸢尾(*Iris hollandica*)的鳞茎在膨大的初始阶段，细胞的分裂旺盛，碳水化合物临时积累在叶鞘部位。经过一段时间以后，细胞的分裂速度逐渐减缓，其营养物质的流向是将前期临时积累在叶鞘中的碳水化合物向球根运输。而到了开花期，细胞几乎不再分裂，此时球根的膨大完全取决于细胞体积的增大，从外观上可以看到球根的膨大速度很快，明显地进入膨大期，其体内的物质流向主要集中在鳞茎，植物体各个部位的有机或无机养分基本向鳞茎移动。

不同种类百合鳞茎发育过程中，碳水化合物的变化趋势不同。兰州百合(*Lilium davidii var. unicolor*)鳞茎的淀粉含量在植株半枯期达到最大，而亚洲系百合'精粹'鳞茎的淀粉含量在植株全部枯萎期最高。麝香百合植株开花前鳞茎淀粉含量达到最大值，而后下降。随着百合芽的生长，芽中蔗糖含量随之升高，蔗糖可能直接参与了百合植株的生长。现蕾以后，植株功能叶完全成熟，鳞茎中淀粉和可溶性糖含量处于共同增加的阶段，这种变化趋势是新鳞茎开始膨大的标志。

8.2.4　种球发育过程中内源激素的变化

ABA一直被认为是促进脱落与衰老的激素，但近几年的研究发现，ABA对物质运输和种球形成也起着重要作用。ABA通过调节淀粉水解酶的活性，促进不溶性碳水化合物在鳞茎内积累，促进鳞茎的膨长发育。如百合鳞茎形成初期，ABA含量最低，随着鳞茎的发育膨大，ABA含量显著升高，在植株半枯期达到最大值。

IAA对于子球的形成起到了刺激的作用。如百合母鳞茎和子鳞茎的内源IAA含量均在子鳞茎形成初期最高，而后呈下降趋势。唐菖蒲在子球形成前IAA含量也达到了一个小高峰。在诱导忽地笑(*Lycoris aurea*)小鳞茎的过程中也发现，在刚刚出现小芽阶段IAA的水平最高，此后一直处于较低水平。

GA_3对子球的形成有抑制作用。在唐菖蒲的研究中发现，GA_3含量的快速下降是子球进入快速膨大期的一个标志。在百合的研究中也出现了类似的结果，在百合鳞茎的发育膨大过程中，子球的GA_3含量呈下降趋势，表明GA_3不利于子球膨大。

细胞分裂素不仅能够促进细胞分裂，同时抑制细胞伸长，促进细胞膨大，这些都是球根形成及其膨大所必需的。细胞分裂素调节了物质的分解代谢、矿质营养的转移和再分配等多种生理生化过程。如百合植株现蕾期至植株半枯期，新鳞茎内源ZR处于较高水平，这与新鳞茎鳞片数目增加、体积增大的结果一致。唐菖蒲子球进入快速膨大期时，ZR含量整体上升，因为ZR能促进细胞不断分裂以伴随子球快速膨大。

8.3　环境因素对种球发育的影响

8.3.1　温度、光照与种球发育

百合鳞茎的膨大以子鳞茎数目增加和同化物的运输积累为基础。温度是影响子鳞茎糖分积累和呼吸消耗的主要环境因子，气温和栽培基质的温度均影响到鳞茎的发育。鳞片扦插基质温度为20℃和25℃时，百合小鳞茎的数量、重量、直径均大于基质温度为30℃的处理。在高海拔地区培育的百合种球优于低海拔地区，主要由于高海拔地区夏季气候凉爽，昼夜气温变化较大，这对百合的营养积累和鳞茎发育十分有利。

多数种类百合除夏季强光时应适当遮阴外，生长期间要求充足的光照，长日照条件促进茎叶生长和叶面积增大进而促进鳞茎的膨大。自然光可以促进麝香百合鳞片球的形成。离体培养中，光的调节是诱导试管百合小鳞茎形成的重要手段。远红光可促进小鳞茎数量的增加，但在红光和远红光条件下形成的鳞茎与在常规光照下形成的鳞茎相比，处于休眠状态的较多。以鳞片作外植体进行繁殖，鳞片需先经冷处理才能对光处理做出反应，而且黑暗条件下形成的小鳞茎体积较大。光照促进了鳞茎对氮和钾的吸收，培养基中加入谷氨酰胺可以代替光照而促进鳞茎膨大。

8.3.2　碳素供应对种球发育的作用

球根类花卉贮藏器官的生长受到碳素供应的限制。摘除花蕾是增加鳞茎碳源供给的有效途径。麝香百合过早或过迟摘除对种球膨大均有影响，东方百合在花蕾 1~2cm 时摘除效果最好。既可避免摘蕾过早对顶端茎叶生长的影响，又可减少碳素竞争而显著提高鳞茎质量。在百合生长的早期阶段外部鳞片的营养供应是极其重要的，如果此时去除外部鳞片，对百合的生长及鳞茎发育都有较大影响。用鳞片进行扦插繁殖产生小鳞茎时，母鳞片顶端部分最先出现淀粉降解，然后是鳞片中间部位淀粉降解，此时顶端可溶性糖含量升高，这种变化在 31 周后更加显著，因此母鳞片顶部比基部对小鳞茎的形成和发育起到更为重要的提供碳源的作用。

以鳞片作为繁殖材料进行组培和扦插，外部鳞片、中部鳞片生成小鳞茎的能力大于内部鳞片，原因之一是前两者含有较多的碳水化合物。培养基中添加的糖是鳞茎增殖的物质基础，以 2% 的浓度最为适宜。

8.3.3　植物生长调节物质在鳞茎形成中的作用

同一鳞片的不同部位分化小鳞茎的能力有明显差异，基部分化能力最强，中部次之，顶端最差，几乎不能形成小鳞茎。从内源激素含量来看，鳞片上部含有较高的 ABA 和较低的 CTK 及 GA_3；鳞片中部 ABA 含量较上部明显降低，CTK 和 GA_3 则有所增加，而下部 CTK 及 GA_3 含量更高，ABA 含量极低。但是以鳞片作外植体培养百合小植株，在培养基中加入 Fluridone(ABA 合成抑制剂)抑制了鳞茎形成而促进了叶片的发育，加入高浓度的 Fluridone 则完全抑制了鳞片的分化，所形成植株只有叶片。在培养基中加入 ABA 效果恰好相反，形成的小植株只有鳞片。同时加入 ABA 和 Fluridone 表现出的效果和单独加入 ABA 一样，说明 ABA 的作用占主导地位，鳞茎形成受 ABA 的控制。BA 和 NAA 按(5~10)∶1 的比例配合使用，对诱导小鳞茎增殖有明显促进作用。

8.3.4　基质、营养元素和水分与种球发育

大多数百合种类要求富含腐殖质的微酸性土壤。国外常用的无土基质包括泥炭、岩棉、蛭石、锯末等，生产上常把几种基质混合使用，但各个国家的使用习惯不同。采用不同栽培基质繁殖百合小鳞茎，发现无土栽培获得的小鳞茎鲜重是土壤栽培小鳞茎的 1.5 倍，但以土壤作基质，叶片数量和生根量较多。

鳞茎发育对钾营养的吸收大于氮和磷，10~20mmol 的 NH_4^+ 最有利于鳞茎的膨大，如果单独使用 NO_3^- 或 NH_4^+ 超过 30mmol 就会抑制鳞茎生长，培养基中 SO_4^{2-} 浓度高抑制鳞茎膨大；PO_4^{3-} 虽然被大量消耗，但对鳞茎发育不起作用。在鳞茎发育的不同阶段，百合植株表现出明显的营养运转和分配中心的转移。

鳞茎快速膨大期水分的供应也是十分重要的，一般每周浇一次水为宜，成熟后期应适当控水。

8.4 球根的休眠及调控

球根类花卉分布广泛，其生态习性明显地受到气候变化如温度、降水、日照、光周期等因素的影响。

原产在季节性气候变化明显地区的球根花卉，为了能够在不良条件如低温、高温或干旱下生存，形成了一种适应机制，即休眠。球根具有的休眠习性，不仅能使植物在恶劣的条件下生存下来，也给园艺生产带来方便。

休眠期间，不同类型球根内部的变化或生理活动存在很大差异：如风信子、朱顶红、郁金香等进行器官的发生（花芽、叶芽、根的分化）；而唐菖蒲、百合等器官的发生被减弱或暂时被抑制。因此球根休眠是一个动态的、复杂的生理过程，在这一阶段球根没有外部形态上的明显变化，但是其内部却发生着形态和生理上的变化。

8.4.1 休眠原因

(1)光周期和温度

光周期和温度是诱发和控制球根休眠最重要的环境因素。不同类型的球根诱导休眠的光周期和温度条件不同。对于春季种植夏季到秋季形成的球根，通常长日照促进生长，短日照诱导休眠。大丽花的休眠是在夏季高温和秋季短日照下诱导的。球根秋海棠夏季高温诱导球根的休眠。高温也是诱导麝香百合鳞茎休眠的主要原因。

(2)球根内源抑制物

球根休眠是其内源抑制物和促进物之间平衡的结果，普遍认为是由于脱落酸的抑制效应与赤霉素和(或)细胞分裂素促进效应互相协调的作用。在唐菖蒲的休眠球茎中已经检测到的有脱落酸、脂肪酸(亚油酸、亚麻酸、硬脂酸、棕榈酸)和酚类物质。抑制物质含量的多少与休眠程度有关。

8.4.2 休眠期和解除休眠过程中球根的内源物质的变化

球根具有自发休眠的特性，休眠起始于球根形成，终止于球根发芽。球根休眠是对环境条件和季节性气候变化的一种生物学适应性，在生理水平上，植物激素参与球根休眠已有广泛的研究，许多激素参与了球根花卉的休眠调节；球根收获后进行贮藏时处于深休眠状态，随着贮藏时间的延伸，休眠变浅，最终退出休眠并开始萌芽。一般认为在球根休眠过程中，抑制生长的激素增加；解除休眠过程中促进生长的激素增加。但在球根休眠和打破休眠的动态变化中，激素的变化是非常复杂的。

(1)内源激素 ABA 的变化

ABA 是诱导球根休眠的必需激素，ABA 和乙烯能维持球根的休眠，在休眠过程中，球内积极地进行着关于 ABA 和 CTK 的代谢产生不活跃的产物，当休眠减弱，ABA 含量下降，休眠解除，球根开始萌发生长。

深休眠的球茎中 ABA 含量是打破休眠球茎中 ABA 含量的 5 ~ 10 倍。但是在其他球根上则有不同的结果,小苍兰和百合球根打破休眠过程中 ABA 的含量没有显著的变化。郁金香的低温贮藏中 ABA 含量呈明显的上升趋势。ABA 可能是引起休眠最重要的激素,但其含量的动态变化又不一定与休眠状态一致,因此可能是 ABA 与其他激素的平衡作用更为重要。

(2)GA 的变化

GA 能促进球根萌发。球根萌芽生长伴随着内源生长素 IAA 和 GA 的增加。在唐菖蒲上发现球茎成熟后期 GA 的含量并不处于最低水平,在花魔芋(*Amorphophallus konjac*)的研究中发现当 ABA 含量升高或保持较高水平、GA_3 含量下降或保持较低水平时,花魔芋块茎趋向休眠或保持休眠状态;当 ABA 下降、GA_3 上升时休眠向结束的方向发展,当二者的比值(ABA/GA_3)降到 3 左右时休眠结束,顶芽具有萌发力。

鳞茎的休眠不仅与鳞茎内源激素的绝对含量有关,更重要的是与各激素间的平衡作用有关,尤其是生长促进激素与生长抑制激素间的比例和平衡作用。调节植物休眠与萌发的两种重要激素,一种是 GA_3,普遍认为能打破植物的休眠,刺激水解酶的产生和提高释放水平,进而诱导芽的萌发;另一种是 ABA,诱导植物的休眠,并保持休眠状态。

(3)细胞分裂素的变化

细胞分裂素是一种生长促进物质,当球茎解除休眠后很快就能检测到细胞分裂素的活性,因此认为细胞分裂素是低温下诱导的、高温下合成的。休眠可能与细胞分裂素含量水平有关,并且在不同的品种中变化趋势有差别。对打破休眠种子萌发的研究中发现 GA_3 促进萌发的作用受 ABA 的颉颃,而细胞分裂素可以清除 ABA 的抑制作用。

(4)糖类物质的变化

休眠诱导期,糖类物质主要以淀粉的形式存在,休眠解除过程,淀粉逐渐转化为可溶性糖,碳水化合物转化为可利用态。蔗糖是可溶性糖的主要成分,还原糖的含量与解除休眠有密切的关系。贝母(*Typhonium alpinum*)鳞茎解除休眠过程中,还原糖含量升高,还原糖升高到一定值,鳞茎打破休眠。低温也有利于非可溶性糖向可溶性糖的转化。

休眠球根新陈代谢不活跃,多数休眠球根 1 ~ 10℃ 低温条件下会经历低温糖化过程,即发生淀粉向糖类的转化。贮藏于 0℃ 下的百合鳞茎积累更多的可溶性糖。当鳞茎贮藏于 −1℃ 时,将有大量的蔗糖积累;贮藏于 4℃ 时,鳞茎的碳水化合物改变较少,但其变化仍旧趋向于可溶性糖含量增加,淀粉含量减少。不同部位鳞片的淀粉含量随着贮藏时间的延长而下降,其中,中部鳞片在贮藏的 101d 内下降了 50% 左右,同时,在一定范围内,温度越低,越有利于鳞片中淀粉的降解;贮藏 67d 后淀粉含量不再有明显的变化。百合鳞茎解除休眠过程中,可溶性糖的含量也发生着显著的变化。麝香百合鳞茎在泥炭中保湿贮藏至 85d,发现鳞片中蔗糖、甘露糖、果糖和寡糖含量增加。百合鳞茎在低温冷藏期间可溶性糖含量升高,变化趋势是先迅速上升后缓慢下降。从不同部位来看,顶芽的可溶性糖含量在贮藏初期的 34d 内增加幅度最大,其次为鳞茎盘。百合鳞茎内含物质在发生显著变化的同时,百合的顶芽在鳞茎内迅速伸长和膨大,说明鳞茎的休眠正在解除。不同的贮藏温度和时间对于鳞茎内碳水化合物的代谢影响显著,也影响着百合顶芽的萌发，温度越低越有利于淀粉的降解，同时也显著缩短了百合的生育期。可溶性糖的含量都在一定时期时达到了峰值，说明休眠的解除与否可能与可溶性糖达到峰值的时间有关，冷藏期内糖含量达到的峰值可能就是鳞茎打破休眠的标志之一。

8.4.3　休眠的调控

8.4.3.1　打破休眠

打破休眠常用的方法有物理方法和化学方法两大类。

物理方法　包括温度、热水、温汤、流水浸泡，去除皮膜和切割球根等。

化学方法　包括植物生长调节物质、乙醇、硫化物处理等。

常用的主要是温度和生长调节物质处理。

(1)温度处理

秋植球根花卉通常可通过高温处理解除种球休眠，如小苍兰30℃高温处理可以促进球茎快速打破休眠。郁金香鳞茎解除休眠也是通过高温处理，但由于我国华北和长江以南地区，郁金香鳞茎成熟期的地温较高，收获后的运输和贮藏期的温度也较高，因此采取高温处理的效果不明显。对在冷凉地区栽培的球根进行高温处理，打破休眠的效果比较显著。多花水仙提前起球，待叶片枯落后用30℃高温处理，可以促进鳞茎打破休眠。高温有利于春花型唐菖蒲球茎打破休眠，低温有利于夏花型唐菖蒲球茎打破休眠。夏花型唐菖蒲球茎打破休眠的温度处理方式比较多样，自然低温可以打破球茎休眠，温度的有效范围是0~10℃，处理时间因品种、起球时间、生长条件等不同而不同，一般要求60~120d。

变温处理可以明显缩短球茎的休眠期。

高温到低温的变温处理　将干燥的新球茎置于35℃处理20d，然后2~3℃低温20d即可打破休眠。但要注意，高温不超过40℃，低温不低于0℃为宜。

低温到高温的变温处理　将新球在0℃下处理20d，再在38℃处理10d，栽种后20d可发芽。百合类球根由于类群多、品种丰富，因此鳞茎打破休眠的温度需求也不尽相同。东方百合和亚洲百合，可以利用低温处理提前打破休眠。

低温处理的适宜温度为5~8℃，0~3℃低温可以促进植株伸长。有些品种的反应低温为8~10℃。而麝香百合鳞茎于17~18℃条件下处理可打破休眠。球根的休眠程度与生长期的温度有关，唐菖蒲在温暖地区冬季栽培时，由于其生育期温度较低，所形成的球茎的休眠较浅。因此打破休眠的温度也较高。温汤和热水处理与高温处理打破休眠的效果相同，温汤处理法常是辅助打破休眠的方法，在鳞茎类球根的休眠解除中经常用到。麝香百合鳞茎一般使用47.5℃的温水浸泡30~60min，或者用50℃温水浸泡15~30min。浸泡时要注意恒温，若球根大小不等，要根据大小决定处理的时间和温度。

(2)植物生长调节物质处理

BA处理可以打破唐菖蒲和小苍兰球茎的休眠。蛇鞭菊在夏末秋初用GA_3处理可以打破休眠并促进开花。

麝香百合一般在低温处理之前采用 500~1000mg/L 的 GA_3 处理 1~3s 就可以有效地解除休眠,如果采用 GA_4 或 $GA_4 + GA_7$,效果更好。虽然乙烯对球根有许多的生理伤害,但乙烯处理可以促进多种球根休眠的打破。郁金香早期的乙烯处理能促进花芽分化,且对鳞茎打破休眠有促进作用。麝香百合低温处理前,在密闭容器中使用 5%~10% 的乙烯处理 3d,可打破休眠。乙烯处理也可以打破唐菖蒲、小苍兰、水仙等球根的休眠。熏烟处理可以打破小苍兰、荷兰鸢尾、水仙等球根的休眠,烟中含有乙烯等不饱和碳水化合物和二氧化碳等物质,其机理可能是乙烯的作用。多花水仙(*Narcissus tazetta*)用乙烯或熏烟处理与高温处理效果基本相同,每日熏烟 1~3 h 或乙烯气浴 0.75mg/L。植物生长调节物质是打破球根休眠的快速有效的方法,但是植物生长调节物质调节休眠的效果并不稳定,而且处理后对植物的生长发育有影响。到目前为止植物生长调节物质打破球根休眠的机理仍不清楚。

8.4.3.2　延迟休眠的打破

延迟球根休眠的打破常采用低温处理,已经在百合上普遍应用。生产上百合采用冻藏,抑制鳞茎的生活力,延长休眠期。亚洲百合和麝香百合最佳冻藏温度为 -2℃,东方百合最佳冻藏温度为 -1℃。所有的百合品种都可通过延长休眠的方法,进行抑制栽培。冷冻保存首先要进行预备冷藏。一般在 1~2℃ 下预备冷藏 4~8 周,在预备冷藏过程中,提高细胞渗透压,增强鳞茎耐冻性。预冷处理的时间最迟在 12 月以前;预冷处理以后,就可以进行冻结贮藏了;贮藏时间可长达 14~15 个月。预冷时间不能过长,过长则球根休眠被打破,容易发芽。东方百合的某些品种对于冷冻贮藏的温度要求稍有不同,亚洲百合对冷冻的温度几乎没有特殊要求,安全贮藏期可达 9 个月,出库时要先在 10~15℃ 温度下解冻。多花水仙起球后,贮藏在 10℃ 低温下,可保持休眠到次年的 2~3 月。喇叭水仙(*Narcissus pseudo-narcissus*)和大杯水仙(*Large–cupped narcissi*)在 28℃ 条件下花芽发育受阻,可以利用这一特性延长休眠期。

8.4.4　种球生产基地的建立

在对种球质量的评价中,要特别考虑切花质量,因此必须将产地因素考虑进去。目前在生产中,人们还只偏重种球膨大这一单一因素,而忽视了生态区对种球切花质量的影响。选择较好的生态区,不仅对种球膨大有着良好的促进作用,而且可以确保高质量的切花生产。生态区与切花质量的密切关系,应该是筛选种球繁殖基地的一个重要依据。

气候因素的影响可能比土壤因素的影响更明显,因此在选择种球繁育基地的时候应该优先考虑气候因素。来源不同生态区的种球,对切花质量有明显的影响。在筛选和确定种球繁育适生基地过程中,必须严格对不同生态区进行严格试验,尤其在种球质量评价体系中,必须统筹考虑以下因素。

(1)气候冷凉,海拔较高,昼夜温差大,采收期少雨

高海拔地区气候冷凉,有利于保持种球的种性,是百合、郁金香、马蹄莲等球根类花卉种球繁育的最适宜地区。

高海拔冷凉山区因空气相对湿度较小，紫外线强、温度低，故球根花卉病虫害发生轻，有利于球根花卉的生长和种球繁育。另外，低温有利于延缓种性退化，同时又能诱导种球增大，具有生产百合、马蹄莲、郁金香、石蒜（*Lycoris radiata*）等温带球根花卉种球的优越气候条件。如云南香格里拉坝区，四周为云岭山脉的支脉围绕，海拔3000～3400m，为亚高山草原，水源丰富，地势平坦，从高原坝区15～20cm处的地温看，能满足球根花卉秋冬季播种层15～20cm的地温低于9℃的要求，这对种球春化及安全越冬十分有利，在其最重要的生长季4～6月的地温也适合种球生长。年日照时数2203.1h，年降水量606.6mm，年平均空气湿度70%，均能满足百合、郁金香等种球生产的光照要求和水分要求。

（2）土壤肥沃的壤土，富含有机质，病虫害少

土层深厚，土壤疏松肥沃，土壤肥力高，有机质含量丰富，达4%～5%，土壤pH5.5～7.5，保水保肥力强，通透性好，是球根花卉种球生产的最佳土壤。

（3）劳动力资源丰富

滇西（东）北的丽江、迪庆、昭通两市一州有劳动力273.74万人，劳动力资源非常丰富。据台商调查，支付1名台湾工人的工资，在昆明可支付8个工人，在丽江、昭通、迪庆可支付12个工人。与外国相比则更低，丽江、昭通、迪庆劳动力工资仅为日本的1/20。据调查，在丽江、昭通、迪庆用百合子球生产商品球，生产10 000头的土地和劳动力费用仅500元。因此，在滇西（东）北生产种球劳动力充足生产成本低。

（4）运输便利

我国地跨三带，自然气候资源丰富，完全存在符合球根发育膨大条件的地区，如目前的西北、东北、西南地区，以及云贵、江浙一带的高海拔山区。利用气候相似原理，适地发展百合、郁金香、唐菖蒲等种球生产，是种球国产化的主要依据。近年来，辽宁、甘肃、陕西、宁夏等省（自治区）也利用其夏季冷凉的气候优势，开始部分生产百合等种球。荷兰利用夏季冷凉的自然气候露地生产种球，而种球繁育属于典型的劳动密集型产业，符合我国目前的花卉产业发展方向。高校、科研机构、生产企业协同攻关，建立一批规范化的商品种球生产基地及优新品种研发中心，并在种球采后的清洗、分级、包装、冷处理和长期贮藏等一系列技术方面建立工厂化应用模式，再通过技术辐射和行业规范，最终实现自主进行种根花卉的选育和国产化生产。

8.5　优质种球生产的繁育体系

8.5.1　百合

百合生产增长速度快，如荷兰1960年种植110hm²；1997年种植面积扩大到3560hm²，年产18亿粒；2000年荷兰年产种球90亿粒，其中百合25亿粒，仅次于郁金香，为第二大球根。日本种植面积为430hm²，仅次于菊花、月季、香石竹。韩国224hm²，百合是肯尼亚的第二大切花。在其他国家如意大利、美国、德国、墨西哥、哥伦比亚、以色列也在发展。亚洲是百合起源中心，年需种球5亿粒左右。2012中国百合种球进口量 1.6 亿粒左右,中国成为荷兰百合种球的第二大出口国,仅次于美国。种球急需国产化。

近百年来,以荷兰、美国、意大利、日本为首的国家致力于百合育种,已经培育出多个百合品种。主要类型有:东方百合杂种系(Oriental hybrids)、亚洲百合杂种系(Asiatic hybrids)、麝香百合杂种系(Lilium longiflorum hybrids)、东方麝香杂种(O/L)、麝香亚洲杂种(L/A),有 5000~6000 个品种。其中前两类的品种最多,应用也较广泛。

中国百合资源丰富(全世界 90 多种,中国有 46 种 18 变种),栽培历史悠久。但我国传统上是以食用、药用百合为主,主要类型有兰州百合、龙牙百合(Lilium brownii var. viridulum)及卷丹。我国培育的具有自主知识产权的百合品种甚少。

20 世纪 60~70 年代,荷兰已建立起以组培育苗、组培苗的母球培育、母球鳞片扦插、扦插苗的商品球培育为主的百合种球生产技术体系,即原原种、原种、生产种的三级繁育体系。目前以辽宁、云南、甘肃、浙江为核心的国产百合种球生产基地的构架已初步形成。

8.5.1.1 百合种球生产的关键技术(图 8-1)

(1)原种国产化

创建具有自主知识产权的百合品种进行商品化繁育。

(2)百合脱毒

建立无病毒百合的原种基因库,在国内建立国际上认可的百合病毒检测技术体系,引进品种则可采取茎尖培养(取茎尖 0.1~0.2mm)技术培育脱毒试管苗,并利用 ELISA 法进行病毒检测。

①百合病毒的种类　荷兰认可鉴定的百合 3 种主要病毒包括:TBV(Tulip breaking virus)或称 LMV(Lily mosaic virus),即郁金香花叶病毒或称百合花叶病毒;CMV(Cucumber mosaic virus),即黄瓜花叶病毒;LSV(Lily symptomless virus),即百合无症病毒。因此,以百合茎尖培养脱毒苗作为生产性原种,必须完善鉴定病毒的技术手段。

②百合病毒检测技术　采用各种方法获得的脱毒苗,必须经过严格的检测确定脱毒才能推广应用。目前常用的检测方法有指示植物法、电镜技术、酶联免疫技术和分子生物学技术等。

指示植物法　百合病毒检测的基本手段是指示植物法。百合体内的一些病毒可以采用汁液接种法,接种到其他草本植物(指示植物)上,然后根据指示植物的感病表现研究病毒的生物属性特征并进行种类鉴定。心叶烟(Nicotiana glutinosa)、台湾百合(Lilium formosanum)、昆诺藜(Chenopodium quinoa)、番茄、百日草、郁金香、千日红等都可作为鉴别百合病毒的指示植物。指示植物法虽

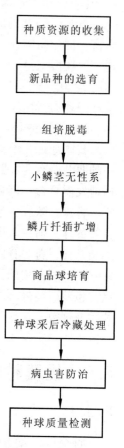

种质资源的收集

↓

新品种的选育

↓

组培脱毒

↓

小鳞茎无性系

↓

鳞片扦插扩增

↓

商品球培育

↓

种球采后冷藏处理

↓

病虫害防治

↓

种球质量检测

图 8-1　百合种球生产的关键技术

然简单,但检测速度很慢,表现症状的时间最短需要 10~20d,长的需要 1~3 月,而且灵敏度也较低,还受季节限制,此外,维护指示植物园费用也高。有些百合病毒,只能

由蚜虫传播，也不适用指示植物法。所以指示植物法的应用局限性较大。

电子显微镜技术观察法　利用电子显微镜可以观察到百合样品中的呈丝状、弯杆状和杆状的病毒粒子。采用免疫技术与电镜技术结合的方法可鉴别百合汁液中病毒粒子。免疫电镜技术的出现促进了电镜技术在百合病毒检测上的应用。但由于电镜技术需用电子显微镜，而且样品的制备费用较高，所以电子显微镜技术应用受到一定的限制。

酶联免疫法　现在应用最广泛的植物病毒检测方法是酶联免疫吸附法（ELISA）。植物病毒是由蛋白质和核酸组成的核蛋白，是一种很好的抗原，注射到动物后会产生抗体。由于不同病毒产生的抗血清具有特异的识别特性，因此可以用已知病毒的抗血清鉴定病毒种类。目前，酶联免疫吸附法（ELISA）和点免疫结合试验（DIBA）是检测 CMV、LSV 和 LMV 百合病毒的常规方法。ELISA 的灵敏度较高，可检测到纳克水平的病毒。然而，ELISA 难于检测更低浓度的病毒。

分子生物学技术检测法　该方法是通过检测病毒核酸来证实病毒的存在，其特点是灵敏度比 ELISA 还高，特异性强，检测快速，可用于大量样品的检测，并且适应范围广，应用对象可以是 RNA 病毒、DNA 病毒和类病毒。目前常用的分子生物学技术包括核酸分子杂交技术、双链 RNA 电泳技术、反转录 PCR（RT－PCR）技术。RT－PCR 技术已用于检测许多植物病毒，在百合上 RT－PCR 用于克隆 CMV，LSV 和 LMV 外壳蛋白基因。采用双链 RNA 电泳技术、核酸分子杂交技术和 RT－PCR 等方法可以鉴定和检测东方百合上的病毒。用 RT－PCR 技术检测百合病毒无放射性危险，可以检测到飞克（fg，10^{-15} g）数量级的植物病毒及大规模的样品。所以分子生物学技术特别是 RT－PCR 技术在百合病毒检测方面将会有更广阔的应用前景。

③百合病毒脱除技术方法

热处理法　热处理是利用病毒和寄主植物对高温的忍耐性的差异，选择一定的温度和适当的处理时间，使寄主体内的病毒钝化失活，从而达到减轻病毒危害的目的。

百合热处理的方法是将百合子球放入恒温箱中，从低到高逐渐升至 35℃ 左右的处理温度，连续 4 周，可明显降低病毒含量，百合病毒的抗热性因其种类而异，CMV 在温度超过 25℃ 时就开始受到抑制，30℃ 对 LSV 的抑制作用要强于 LMV。

热处理脱毒法已应用多年，被世界多个国家利用。该项技术要求的设备条件比较简单，脱毒操作也比较容易。主要缺点是脱毒时间长，脱毒不完全，例如，TMV 这类杆状病毒就不能用这种方法脱除，因而该方法有一定的局限性。热处理由于温度难以控制以及各病毒对温度的敏感范围不一样，很难获得理想的控制效果。

茎尖培养脱毒法　百合脱毒的外植体可以是田间生长的珠芽，也可以是鳞片组培获得的珠芽。一般采用 0.2～0.4mm 茎尖分生组织最为有效。用百合脱毒鳞片培养再生子球的生长点作为脱毒的原始材料，是有效方法。

植物通过茎（根）尖培养获得无病毒植株的难易程度与品种和感染病毒的种类有直接关系。同时，与病毒检测技术方法相关，早期均采用指示植物检测，灵敏度较低，许多并没有真正脱除。

热处理结合茎尖培养脱毒　应用热处理与茎尖培养相结合方法能够更加有效脱除病毒。38℃ ±1℃ 6h 或 25℃ 8h 热空气和 50℃ ±1℃ 40min 恒温水浴结合茎尖培养脱除了卷丹的 CMV 病毒。

抗病毒药剂法　作用原理是抗病毒药剂在三磷酸状态下会阻止病毒 RNA 帽子结构形成，抑制病毒增殖或移动。常用的抗病毒化学药物有：三氮唑核苷[病毒唑(virazol)]、硫尿嘧啶(2 - thiouraci)、5 - 二氢尿嘧啶 (2, 4 - dioxohexahydro - 1, 3, 5 - triazine DHT)和双乙酰 - 二氢 - 5 - 氮尿嘧啶(DA - DHT)等。可直接注射或加到培养基上。这种方法一般要与茎尖培养相结合应用。经过抗病毒药剂处理的嫩茎，切取茎尖，再进行组织培养，会提高脱毒率和成活率。

化学疗法在百合脱毒上的应用效果，已在鳞片扦插和愈伤组织培养试验中得到肯定。抗病毒剂使用浓度越高，处理时间越长脱毒效果越加明显；然而，高浓度抗病毒剂对植株的生长有一定伤害。

此外，一些植物生长激素如 NAA、BAP、秋水仙碱对降低百合外植体中病毒浓度也有一定效果。

(3) 小鳞茎大量扩增和规模化鳞茎增重栽培

建立百合试管小鳞茎高效再生快繁体系，小鳞茎的理论增殖速度为一年 80 万粒，估计荷兰能达到每年增殖 50 万粒左右，而国内目前的增殖速率尚十分有限。小鳞茎在冷凉地隔离条件下培育成周径 16～18cm 的大球，再通过鳞片扦插手段迅速扩增为生产苗，优质子球在荷兰通过一年栽培能达到周径 14～16cm 的商品种球。国内可采用高蔗糖浓度、加适量多效唑(PP$_{333}$)和合适的 BA/NAA 比例等措施，进一步优化组培条件，提高子鳞茎的增殖率，完善设施条件的工厂化鳞片扦插技术体系，并在适合种球生产地区或高山冷凉地，采用提高配方施肥等鳞茎增大增重的栽培管理技术，建立从子球培育成商品种球的产业化栽培模式。

①百合无毒子球繁育技术规程

外植体选择　选取外观发育良好、鳞片紧实、基盘完好的种球进行病毒检测。采用经检测无病毒的种球的中、内层鳞片作外植体，进行组织培养。

外植体的消毒处理　剥取百合种球中、内层鳞片，在洗衣粉水中清洗干净，再用清水漂洗后，在超净工作台上先用 75% 的酒精消毒 45s，然后在 0.1% 升汞溶液中处理 20min。消毒完毕后用无菌水冲洗 5 次。

外植体的切割和接种　将经过消毒后的鳞片纵切为两片，再横切成 3 片，然后将切片接种在诱导小鳞茎培养基中。

诱导外植体分化小鳞茎配方　MS + BA 1.0mg/L + NAA 0.1mg/L，温度 20℃，25d 以后便可以将外植体上的小鳞茎取下作进一步增殖的材料。

培养增殖　将小鳞茎的鳞片剥下作外材，可进一步在培养瓶中增殖。增殖配方：MS + BA 2.0mg/L + NAA 0.5mg/L，温度 22℃，光照强度为 2000lx，光周期 14h/d 光照 + 10h/d 黑暗，将已分化出的小鳞茎通过继代培养达到一定数量后，拿出一部分球再次进行病毒鉴定。通过鉴定确认无病毒的苗进行扩繁，大量增殖。

生根培养　无病毒的增殖苗达到计划数量后，转入生根培养基上进行生根。培养基：1/2 MS + NAA 0.1mg/L，根长 0.5cm 时即可移栽。

炼苗　将达到移栽标准的百合小苗从培养瓶中取出洗净培养基，移栽在温室中的基质上。基质为泥炭：腐殖土1∶1混合基质。每周浇一次营养液，经过在防虫网室内10～12个月的养护，百合小球达到周径10cm，即可转入商品种球生产程序。

②百合小子球繁育技术规程

——根据小子球繁殖计划，选用经抽检无病毒的种球作母本。规格16/18、14/16均可，解冻后备用。

——剥鳞片：从外到内剥取鳞片18～22片。

——消毒：多菌灵500倍+代森锌500倍浸泡鳞片30min消毒，然后在阴凉处沥干水分。

——激素处理：经消毒沥干水分的鳞片在规定浓度的激素溶液中蘸一下即可扦埋。

——扦埋基质：扦埋基质用草炭加蛭石，拌入多菌灵和代森锌（每立方米基质加入多菌灵和代森锌各650g）将药与基质拌匀，基质含水量60%备用。

——扦埋容器：将种球筐及内膜洗净，并用0.2%$KMnO_4$泡30min，消毒备用。

——扦埋鳞片：将经过消毒的内膜套入种球筐内，加入准备好的基质垫底，厚度3cm。在基质上均匀摆放一层处理好的鳞片（注意不要重叠），然后盖一层基质，厚2～3cm。一层鳞片一层基质。最上面一层基质厚4～5cm。装好后将内膜拆齐盖严，注意保持基质湿度。每层可摆放鳞片150片，每筐摆六层，每筐摆放鳞片900片。

——分化：将封好的种球筐放在22～25℃的恒温库内。25d后即可见每个鳞片基部分化出2～3个米粒至绿豆大的小子球（繁殖系数为40～60倍）。每隔10d抽检一次基质湿度。对于表面干燥的用小喷雾器喷少许水保湿即可。60d后，小子球可达到黄豆大小。这时即可将小球进行移栽。

——移栽小子球

苗床基质 苗床基质以泥炭和蛭石混合基质，比例为1∶1。同时加入药物拌匀，每立方米基质加入敌克松150g，多菌灵70g。

移栽 将装有小子球和基质的内膜连同基质小子球一起从筐中取出，撕开内膜，轻轻将带小子球的鳞片从基质中取出。平摆在苗床的基质上。不必将小子球与母鳞片分离，以利小球的进一步生长发育。对那些已经干枯且小球已脱的鳞片可弃之。

盖基质 将小子球摆好以后，用扦埋基质和苗床基质进行覆盖。厚度5～6cm。然后浇透水即可。

——苗期管理：当叶子出土后，每隔一周喷一次叶面肥，以尿素为主，浓度0.1%～0.2%。每隔半月浇施一次液肥，以尿素为主，配P、K或施复合肥。其间可喷生长激素2～3次。9个月后小子球围径可达到10cm左右，即可转入小球育苗种球生产程序。

③百合商品种球生产技术规程

种球生产基地的选择标准

气候条件 要求气候冷凉，昼夜温差大，年均温9～10℃，7月平均温度不超过25℃；日照充足，全年总日照数不低于1900h；年降水量800～1000mm，生长期降水充足，通风良好。

环境条件 海拔2300～2700m的山地，隔离条件好；水源充足，水质优良；土层深厚，有机质丰富，土壤清洁，不能有工业污染和其他生活污染。

种球来源   经组织培养或鳞片扦插而得的周径 8～12cm 种球。

种植前处理

整地   选排水良好的地势，在种植前 1 月翻耕土地，深约 30cm，充分粉碎土块。畦面宽 1.6m，沟宽 40cm，深约 20cm，畦的长度依地势而定，为了防洪防涝，每块地的后山需挖 50cm 宽，50cm 深的排水沟，以切断外来山洪冲刷。而对地块特别大，排水不畅的地块，需于中央挖横、直排水沟，视地形加挖辅助排水沟，以保证种植块不积水。

基肥   亩用量复合肥 50kg + 普钙 60kg + 充分腐熟的农家肥 1500kg 与土混匀。

种植

出库解冻   种球经冷藏处理达 8 周以上，方可出库解冻，常温条件下自然解冻，避免剧烈温度变化和阳光直射。

种球处理   用辛硫磷 1500 倍加多菌灵 500 倍液浸泡种球 20min 以上，捞起在阴处晾干水汽待种。

下种种植   理沟种植，种植密度 15cm × 15cm，撒施肥料后再盖土，盖土总厚度为种球顶部以上 6～8cm，并做好品种标记。

种后浇水   种完一批浇一批，当天种植种球当天浇水，需充分浇透，使种球与土充分接触。

畦面覆盖   浇水后用稻草或树叶覆盖畦面，保持畦面湿润，以利出苗。

田间管理

苗前管理   百合下种后应经常浇水，保持厢面湿润，以保证百合嫩芽出土，同时注意预防鼠害。

中耕除草   百合长至 20cm 时，拔除杂草，同时于晴天松土约 3cm 深，有利于保水和表层杂草晒死。

水分管理   在百合生长期，保持土壤润而不湿，晴天 5～7d 浇一次水，雨天注意排水，严防积水。

摘除花蕾   当百合植株形成花蕾约 1cm 左右时，将花蕾摘除，减少营养消耗。

施肥管理   待百合苗长至 15cm 左右时，用尿素提苗，用量为每亩 20kg，间隔 15d 一次，连续两次；接着用复合肥 15∶15∶15 追施，用量为每亩 30～40kg，间隔 15d 一次，连续两次；生长过程中可配合叶面施肥，叶面肥为：

——补铁：螯合铁 1000 倍或绿得快 600 倍液喷施，5d 一次，共需 3 次。

——微肥：硼镁肥 750 倍加钼酸钠 1000 倍液，10d 一次，2～3 次。

——壮球肥：在摘除花蕾一周内，用磷酸二氢钾 750 倍叶面喷施，10d 一次，共 3 次。

病虫害防治   百合的主要病虫害有灰霉病、疫病、软腐病、叶尖干枯病、病毒病、蚜虫、螨类及白粉虱等。为了确保商品种球的质量，种球生产过程中重点防治蚜虫、螨类及灰霉病等；采用预防为主，综合防治的原则。

虫害防治   每隔 7～10d，防治一次蚜虫；定期检查种球生长情况，发现根螨和根蛆危害，发现虫害应立即采用药物灌根处理，务必及早及时控制虫害的蔓延。

病害防治 定期使用药物防治百合病害，特别是注意雨后转晴时应喷一次药物，发现病害时及时拔除中心病株，并全田喷洒防病药物。

④种球采后工厂化处理 目前百合种球国产化的另一个"瓶颈"就是采后处理问题。荷兰的东方系百合种球长期低温贮藏期能达12个月之久，而国内贮藏目前尚难以达到6个月以上。应在更系统地研究百合花芽分化、休眠生理，以及打破休眠的实用冷藏技术的基础上，着力解决自繁种球采后的大规模商业化冷藏处理技术，包括不同品种、冷库条件、冷藏前处理、冷藏温度与周期、远距离运输等问题。尤其是严格的冷库控温能力在 ±0.5℃ 范围内，保证不同位置的库温一致性，以及冷藏库的自动慢速通风装置与百合种球所需的空气环流计算等方面。

百合种球采收及处理技术标准

种球外观质量要求 种球充实、不腐烂、不干瘪、无机械损伤，外观新鲜程度好。无病害症状及病虫害现象。

芽体质量要求 中心芽不损坏，发育正常，肉质鳞片排列紧凑。种球基盘健康，根系生长好，新鲜程度好、壮实，至少有3条以上根系（包括3条）。

百合种球的采收及处理

百合种球采收时期 待百合地上部分茎叶自然枯黄，营养已转移到种球，此时即可采收，采收前应控制土壤水分，使之适当干燥，选择晴天采挖。

挖球 挖球时尽量避免机械损伤。种球挖出后避免烈日暴晒和长时间摆放，以防种球鳞片及根系脱水。

分拣和分级 及时清除种球上的枯枝茎叶及腐烂鳞片及烂老根等，按种球周径大小，分 18＋cm、16/18cm、14/16cm、<14cm 共 4 种规格进行分级，数量按 18＋cm 150 个/箱；16/18cm 200 个/箱；14/16cm 300 个/箱；<14cm 500 个/箱，误差不超过 2%。分清规格和品种后，立即运到阴凉处进行消毒处理，不能在烈日下暴晒。

种球清洗及消毒

将分级后的种球用水冲洗掉种球附带的泥土，清洗时应注意不得损伤种球鳞片和根系。

将清洗完的种球倒入药池中消毒，消毒用药物为多菌灵 500 倍加代森锰锌 500 倍。对于种球根部有虫害的情况，加辛硫磷 1500 倍。

消毒时间为浸第 1 批次浸泡 20min，第 2 批次 25min，第 3 批次加 1/3 药量浸泡 30min，然后换药液进行下一轮消毒。

消毒后捞出种球于阴凉处晾干，务必使种球鳞片间和根系不带明显水分。

装箱及标签

装箱泥炭准备 用杀菌药物多菌灵 500g 加代森锰锌 500g，拌泥炭 1m³，充分混合。适当洒水，保证含水量约 50%，用手握用力不能挤出水。

装箱 消毒后的种球分多层装箱球，一层泥炭一层种球，要求种球与种球之间尽量不接触，尽量用基质隔开。先用有小孔的塑料袋垫于箱内，在底部放一层泥炭约 1.5cm 厚，放上种球再于四周加泥炭，中间撒少量泥炭，再摆放种球，撒上泥炭，直到达到要求数量，并将四周填实泥炭，表层填实泥炭 1.5～2cm 厚，将塑料袋口包严实，在包口前于内侧贴标签,卡好木板即可。

标签　采用双标签管理,即塑料筐侧一份标签,塑料袋内一份标签;标明品种、中文名称、学名、等级规格、数量、日期、生产单位、产地。

百合种球冷藏处理

冷库消毒　百合种球放入冷库前,需对冷库进行清扫、冲洗,并用0.5%的高锰酸钾溶液均匀喷洒杀菌。

种球摆放　根据百合种球采收批次,在冷库内合理安排布局,种球箱底部需要垫木板或空箱,摆放不能紧靠墙壁,至少距离15cm,以达到库内通风功能。

温湿度控制要求　采用分段降温的方法,逐渐降低温度。首先温度10℃,湿度70%~80%处理1周;然后下调温度至5℃,湿度不变处理2周;最后下调温度至2℃,湿度不变。经冷藏处理至8周后,即可出库作商品切花种植要求;如果不需马上种植,则需将温度下调到-1.5℃,可以长期冻藏保存,到时候根据视种植需要而解冻。

⑤建立百合种球的质量检测体系和种球售后服务体系　自繁种球品质检测主要包括:外观、淀粉含量、真菌(尤其是灰霉、青霉及菌核菌)以及病毒检测,种球质量须达到同类品种进口商品球的标准。完善种球售后技术服务系统,提供标准化百合切花生产规程和新品种产业化示范试验,树立国产优质百合种球的品牌。

8.5.2　唐菖蒲

我国唐菖蒲种植面积大,但由于我国唐菖蒲种质资源缺乏,育种进展缓慢。过去尽管有过自育品种但未能得到推广,最近育成的一些新品种,其生产性能还有待于验证。目前我国唐菖蒲种球生产已具有一定的规模,并且技术日趋成熟。已形成了以辽宁凌源、甘肃临洮、四川西昌、河北张家口、云南昆明、浙江杭州为主体的基地网络,但这些地区无霜期短、营养积累不足并且土传病害和交叉感染严重,致使种球种性退化较快,导致目前优质切花种球主要还依赖进口。且我国无毒种球商品化生产体系尚未建立,采后技术还不够完善,用于切花反季节生产的种球以及优质子球还不能满足国内生产要求。利用国外进口的子球可以在国内生产优质种球,因此目前亟待解决的问题是尽快建立大规模的无病毒子球生产基地,寻找适宜的种球繁育基地,形成优质的种球生产体系,对我国唐菖蒲切花生产具有极其重要的意义,另外要重点研究和解决种球采后处理与周年供应体系的建设问题。唐菖蒲种球生产关键技术如图8-2所示。

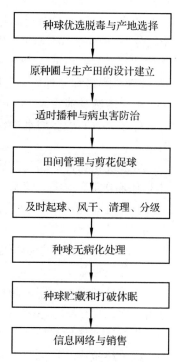

图8-2　唐菖蒲种球
生产关键技术

8.5.2.1　繁育地点的选择

可在我国西北、东北、华北及南方各省(自治区、直辖市)的几个高海拔地点确定几个唐菖蒲种球专业生产基地。选择地势高燥、光照充足的地点，远离污染源。唐菖蒲对氟敏感，空气中若含有氟化物，微量(1ppb)即可致害。要求清洁、砂质、排水良好、有机质含量丰富的肥沃土壤，土壤 pH 7.0 左右。

8.5.2.2 繁殖材料的选用

唐菖蒲球茎每年进行一次更新演替，大部分可以形成球茎，自然条件下，匍匐茎顶端产生的小子球退化程度低，是目前唐菖蒲商品种球生产的主要繁殖材料。利用子球繁殖切花种球，是快速增殖种球和防止种性退化的有效方法。若条件允许，可利用进口种球长出的田间适应性良好的无病植株，切取茎尖或花茎等，采用 MS 培养基，配合适当的激素组合，离体组织培养产生小球茎或试管苗，进行 2 年田间培养即可形成切花用球。试管球和大田球相比较，试管繁殖球形成的植株营养长势良好，开花性状正常，鲜切花质量好，除第 1 年繁殖系数比大田球稍差外，第 2 年、第 3 年生长情况均比大田球好，并且田间植株发病率低，表现出茎尖脱毒的优势。但在子球尚未长大到商品球之前生长一定要保持环境不受污染，并加强田间管理，防止再次感染。也可以利用进口的不带病原物的优质子球作繁殖材料；相比较而言，小子球比大子球更有潜力发展成优质商品种球。相对于大子球(直径 0.6cm 以上)，小子球(直径 0.4~0.6cm)植株生长势较弱，产生的种球数目少，但种球饱满程度高，有继续种植的优势。因此，在生产中可以通过适当密植等方式提高小子球的采收率。有少数大子球在生长期内会有花序抽生，此时应将花穗尽早切除，以保证地下部分子球的生长发育，同时为保证有充足的养分供应种球生长，就应保证光合作用的正常进行，故应留下 2~3 片茎生叶。

总之，充分利用小子球，创造理想的栽培环境，尽可能地提高小子球的成球率，是解决唐菖蒲种球退化、生产高质量种球的有效途径。从直径 0.6cm 以下的小子球繁育成直径 2.6cm 以上的商品用球一般需两个生长季。小子球经一季栽培，少数直径可达到 2.6cm 以上直接出圃，多数直径长到 1.5~2.6cm，此规格种球再继续进行第 2 季栽培即可育成商品用球。

8.5.2.3 种圃的设计与建立

繁育地 5 年之内不可重茬。种植前 10d 左右将土壤浇一次透水，约 1 周后待土壤晾晒干，结合翻地，在土表施入基肥。按 5000kg/hm² 的用量施用有机肥和适量磷钾肥。翻耕深度不小于 30cm。种植前用浮选法去除病劣子球，条件允许再结合人工目检。子球采用 5% 的石灰氮(氰氨化钙)浸种 1h，之后用含 0.5% 多菌清、0.5% 甲醛和 500μL/L 中性洗涤剂的混合液保持在 52℃ 下浸泡 30min。每浸泡一次后需添加原药剂量的 1/4 ~ 1/3，以保持原液的浓度，再进行下一批浸种。浸后的子球不需要清洗，以免破坏已形成的药膜。子球取出后放在阴凉处晾干，铺放于 3~5cm 厚的稻草上，盖上稻草，待子球萌动后即可播种。浸种以在种植前 1~2d 进行最为适宜。10~20cm 深的土层温度维持在 15℃ 左右时，为最佳播种期，一般 4 月下旬开始播种。子球的种植采用条播沟栽法，沟距 20~25cm，将子球均匀地播入，每米沟内播种 60~80 粒小子球(直径 0.4~0.6cm)，播后覆土 3~4cm 厚、直径为 1.5~2.6cm 经一季栽培的子球，每米沟内播种

30~40粒，播后覆土5~6cm厚。子球培育的第一年适合采用"垫网法"。先将土刨开，垫遮光率60%的遮阳网在地上，覆盖5cm厚左右已混匀基肥并碎细过的栽培土，在平整后的栽培土上按适当密度点播子球，并稍将子球压入土壤，避免在其上覆土时冲乱子球。收获种球时，用手拉住网的一头向上提，将土翻卷，便可见子球暴露在外，收获容易，漏收少，收获量比普通培育法大大提高。遮光率为60%的遮阳网韧性强，耐拉、耐磨、耐腐蚀，可连续使用多年。

8.5.2.4　田间管理

早春种植后，为保持地温，可在土壤表面覆盖稻草或麦秸，待两片叶子长出土面后掀除。播种完土壤需浇一次透水，以促使迅速出苗。待苗出齐后适当控制浇水，促进根系向深层土壤生长。在整个营养生长旺盛期，适时灌水，保持土壤湿润，田间持水量达到70%左右。雨水过多时注意田间排水，防止球茎腐烂。自秋季气温开始降低至收获前应控制浇水。收获前两周停止浇水，便于球茎的收获和防止球茎腐烂。

(1) 施肥

进入旺盛生长期，应及时进行追施氮肥和复合肥。发芽后15~40d施用氮肥最有效。进入三叶期以后每月施用一次复合肥，共施3次。唐菖蒲不喜大肥，否则会引起植株徒长倒伏。追肥可以通过叶面喷施或灌溉方式施用，或直接撒在土表再喷洒水，加速肥料溶解进入土壤，以使植株处于最佳营养生长状态，促进子球发育。在土壤处于微酸性(pH 5.6以下)时，不能施用磷酸盐肥料，因为它含有氟化物，过磷酸盐肥料更不宜施用，否则会引起叶尖枯焦，严重时甚至枯死。

(2) 病虫害防治

保持田间无病虫害发生。病毒病是引起唐菖蒲种球退化的主要原因，除了土壤中线虫等传播外，田间的蚜虫、叶蝉等也可在株间传毒。另外，工人在田间作业时的机械擦伤植株也可传播。应以预防为主，出苗后，在田间根据情况设置黄色黏虫胶带诱杀害虫和监测。采用好年冬、氧化乐果喷施，对蚜虫、蓟马、叶蝉的防治都有一定的效果。对真菌性病害，如灰霉病、干腐病、茎腐病、根腐病、锈病、褐斑病等，可在二叶期、四叶期和六叶期喷洒50%多菌灵或百菌清500倍液加以预防。一旦发现发病中心，在其蔓延前，每周一次全面喷施50%百菌清+65%代森锰锌500倍液或50%百菌清+70%甲基托布津600倍液，交替使用及时发现并拔除畸形、花叶、弯曲的病株，清理污染的土壤，远离种植地烧毁有病残体或深埋病株，避免大面积传染。此外，田间要及时除草。

(3) 剪花促球

少数大子球会抽生出花序，应在花序抽出至花蕾显色前尽早摘除，保留花茎上的两片茎生叶，以保证光合面积，使养分集中供应地下种球生长。剪花时间一定要避开阴雨、雾天气，晴天9:00~14:00这一段时间最好，此时气温逐渐升高，相对湿度较低，剪口很快干缩愈合，避免病源物侵染，否则剪口容易感染病害。使用的剪刀最好提前清洗消毒。

8.5.2.5　起球、晾干、分级、药剂浸泡

秋季初霜前，当唐菖蒲叶片有 1/3 干枯时，开始收获地下球茎，通常在 10 月下旬至 11 月中旬进行。选干燥、晴朗天气将整个植株小心挖起，切忌碰伤球茎表面。若不能机械化作业，要集中人力尽快完成起球。采后剪去残、枯叶，尽早晾晒，搭架将整个植株铺在架上，置于通风干燥处，阴雨天或晚间用塑料布覆盖以免雨淋。晾晒时间根据当地气候而定，一般 1 周左右。晾晒过程中不断翻动种球，使种球彻底晾干，挑出有病斑的球茎，防止霉烂。球茎充分晾晒干燥后，掰下切花种球或培育种球，除去伤病畸形球后再按大小进行分级，分级标准见表 8-1。分级是保证种球质量的重要措施。

优质种球具有以下特征：

①种球的纵径与横径比在一定范围内越大越好，即种球越饱满越好；

②手触摸有硬和沉甸感，说明淀粉含量充足；

③种球表面光滑、厚实浑圆、大小均匀、外表统一、中间无大的凹陷；

④芽点突出饱满，无病虫害侵染。

种球分级后用 50% 多菌灵 300 倍液或 70% 甲基托布津 100 倍液（液温 49℃）浸泡 30min，可防止贮藏期间感病。经过处理的种球应在阴凉通风处迅速晾干，晾干过程中不断翻动，或 37℃ 高温烘干到仅含生理水。种球晾干后装入尼龙网，即可入库贮存。

表 8-1　唐菖蒲球茎分级标准

种　类	规格	周径/cm
切花种球	I	>16
	II	14 ~ 16
	III	12 ~ 14
	IV	10 ~ 12
	V	8 ~ 10
培育种球	I	6 ~ 8
	II	4 ~ 6
	III	3 ~ 4
子　球	I	>3
	II	2 ~ 3
	III	<2

8.5.2.6　种球贮藏

唐菖蒲种球在采收后具有自然休眠的特性，只有在解除休眠后才能在适宜的环境条件下正常发芽、生长、开花。因此要通过人为的低温处理打破休眠，以达到调节生产、计划营销、均衡供应的目的。而唐菖蒲播种期调节的关键是延期贮藏，这种贮藏方式的关键是低温保存。贮藏室要求温度 2 ~ 5℃，相对空气湿度 70% ~ 80%。为了保持球茎的干燥，用木架分层放置，防止堆置，每层间距 35 ~ 40cm，放球 3 ~ 4 层，种球厚度不要大于 10cm。层面可用竹帘、木板条或铁丝网制成，保持通气。贮藏室要经常检查种球状况，发现病烂球应及时剔除，并喷药防止蔓延。每隔 3 ~ 4 周翻动一次，防止发热霉烂。冬季低温冷凉地区，可利用自然低温进行常规贮藏以满足 4 月之前的种球供应，保持种球完好，温度控制在 0 ~ 10℃，相对空气湿度 70% 左右。也可采用冬季埋藏种球，11 月中下旬将种球埋于沟中，沟深 60cm，用细沙对种球进行分层埋藏，共设置 3 层，埋藏期间根据气温降低状况逐步增加覆土厚度，每次增加 10cm，最终增加到 40cm，进入 4 月逐步去掉覆土，每次去 10cm，共去除两次。到翌年 4 月温度开始回升后，球茎休眠一般已解除，随温度升高，要防止球茎萌发。在夏秋种植冬季切花时必须进行延期贮藏，贮藏条件要求冷凉、干燥、通风良好的机制冷库，温度维持在 2 ~ 5℃，相对湿度维持在 70% 为宜。湿度过大会促使球茎萌发，湿度过低会造成球茎失水过多，

发生干瘪。同时注意环境卫生，防止病虫害的发生。贮藏室内保持较低的 O_2 含量和较高的 CO_2 浓度可抑制球茎的萌发。应及时排除库内乙烯等有害气体，从而降低唐菖蒲种球的呼吸强度，降低球茎中养分的损耗，保持球茎的质量。

8.5.2.7　贮藏期间病害防治

(1)球腐病

球腐病是贮藏期间唐菖蒲球茎经常发生的一种真菌性病害，球茎受青霉菌感染后，开始出现淡褐色、稍有凹陷和皱纹的病斑，病斑周围呈黑色，病部逐渐枯软，其上产生青绿色霉层。该病菌广泛分布于土壤和空气中，贮藏室空气潮湿容易发生，主要通过机械损伤和空气传播，特别容易通过伤口传染球茎。

防治方法：

①在球茎的挖掘和运输过程中尽量避免机械损伤，减少病菌的侵入，刚收获的球茎应迅速晾晒。

②球茎应贮藏在阴凉、干燥、通风的地点，并保持较低的温度（0～10℃），及时查看和清除霉烂的病球。

③在球茎收获后到种植前都要严格检查，剔除带病球茎，并用 0.3%～0.4% 的硫酸铜溶液浸泡 1h 后取出。

(2)根腐病

球茎受根腐病侵染后最早在球茎顶点周围出现水渍状不规则小病斑，逐渐变为淡褐色至红褐色，病部形成同心圆状皱褶，温度高时病斑上产生白色菌丝，为病原菌尖孢镰刀菌的分生孢子。球茎和土壤都能带菌，贮藏期间，球茎未经彻底干燥或未经消毒处理常发病较严重。

防治方法：

①球茎贮藏前充分晾晒 1 周，贮藏期间要保持环境通风干燥；

②发病初期可及时喷施多菌灵、百菌清和甲基托布津。

(3)软腐病

此病由假单孢菌侵染引起，侵染球茎会在球茎上出现白黄色水渍状圆形斑点，病斑渐变为褐色或近于黑色，凹陷，边缘凸起，并有胶黏物质。唐菖蒲球茎贮藏期间容易发生球茎软腐病，不同品种发病率有明显差异，低温冷藏柜处理发病率明显降低，不同品种对贮藏温度的要求也不同。如有些品种在 5℃ 左右贮藏，软腐病发病率较低；而有些品种在室内常温（13～20℃）下贮藏有利于降低软腐病发病率。

(4)干腐病

该病病原为座盘菌，感病后球茎外表面产生小的坚硬的黑色菌核。球茎上出现褐色或黑色病斑，可扩展连成片使球茎腐烂。贮藏期若环境潮湿，发病加重，整个球茎都可皱编成黑色。

防治方法：

①贮藏前种球经过充分晾晒，贮藏期经常翻动种球，保持环境通风；

②发现病害，及时喷施 50% 多菌灵 300 倍液、70% 甲基托布津 100 倍液控制病害

发生。

8.5.3　郁金香

郁金香，百合科郁金香属多年生球根花卉，原产地中海沿岸及中亚土耳其等地，在克里木、高加索、阿尔泰等地区也有分布，我国新疆和西藏也有部分原产。现在所应用的郁金香种球大部分来自荷兰，我国也有小量的育种繁种，品种正在丰富，技术正在提高，但比起荷兰的种球业还有很大的差距。早在19世纪，上海已有郁金香栽培，20世纪前半叶在南京、庐山也有少量引种；20世纪70年代引进荷兰种球（中国科学院），并在各地试种，80年代中后期在北方普遍引种栽培；从90年代开始我国大量进口荷兰种球，据有关部门统计，1992年全国进口郁金香种球约300万粒，1998年增至3000万粒，2000年近4000万粒，近几年进口郁金香种球达6000万粒以上。先后在西安、西宁、北京、大连及云南丽江、中甸、昭通规模化栽培。郁金香的栽培品种有8000多个，目前还有更多更新的品种在不断出现。郁金香的各个品种的表现性状各不相同，主要集中在花期、花型、花色及株型上的差异性。

我国园艺工作者经过近20年的努力，通过引种选育出适合我国气候条件的栽培品种，进行了广泛的气候适应性研究，基本形成了陕西（西安）、北京、河北（滦平、固安）、河南（虞城）、浙江（杭州）及云南（丽江、中甸、昭通）等小区域气候繁殖基地。

目前，云南中甸已形成规模化生产。栽培面积达 $10hm^2$，产量100万头。现有生产示范基地 $30hm^2$，生产规模仍在不断扩大。今后应通过国际合作等形式，尽快实现我国种球的基本自给。同时应加快开发和利用原产我国新疆的郁金香种质资源，不断培育能够适应我国气候特点的品种群，这不仅利于我国郁金香种植面积的扩大，而且对于我国今后占领全球干热气候带的郁金香市场具有重要战略意义。

郁金香种球繁殖的方法有鳞茎繁殖、种子繁殖和组织培养等。在花卉生产中，广泛采用鳞茎繁殖，其又以分球繁殖居多；在培养新品种时，采用种子繁殖；而组织培养，一般作为快速培育新品种的手段。

8.5.3.1　组培生产子球

组织培养是繁殖系数最多的方法，其繁殖系数比分球繁殖高20～50倍，而且生长速度快，开花期也比实生苗提早3～4年。除了繁殖速度快速，它还能保持原品种的优良性状，是对稀有品种进行快速扩繁的最佳方法。郁金香的组织培养方法主要有如下几个步骤：

（1）选择外植体与接种

选择良好外植体是组织培养能否成功的第1个关键。要选择生长健壮，无病虫侵害，发育良好的鳞茎，并用清水冲洗干净，表皮上的杂物可用中性肥皂搓洗。然后，用无菌水冲洗数次，70%酒精中消毒30min，再经0.1%升汞溶液消毒5～30min（时间因品种而异）。取出后，用无菌水冲洗，经切块后接种到培养基上，放入培养室。培养基以MS培养基为基础。接种需要无菌环境，并要迅速、准确。

(2)接种后管理

接种后培养间温度应保持在 15 ~ 20℃之间，光照强度在自然散射光线的条件下增加 1000lx 的日光灯照。10 ~ 15d 后，外植体开始膨大，25 ~ 30d 形成愈伤组织，80 ~ 90d 幼芽开始分化，150 ~ 180d 形成独立小苗，240d 可形成有空心茎的小苗。在这个管理过程中，每 30d 左右要转移一次，以免老化。在培养基中加入活性炭，并在黑暗条件下培养，在 3 个月后可直接形成子鳞茎，可缩短成花的时间，但繁殖系数较正常的低。

(3)小苗的移植培养

小苗有了空心茎后，及时移栽到苗床上。苗床的栽植土要求疏松透气，并有一定的保水、保肥能力，必须经过消毒。苗床所在的温室环境必须有一定的遮阴设备，冬天需要加温设备，夏天需要降温系统。苗移植前需要 2 ~ 3d 锻炼，打开培养瓶盖，让其逐步地适应外界环境。锻炼后，取出小苗，洗去培养基，移栽入苗床，细雾浇水，注意茎部不沾土壤，免受感染。前期要注意遮阴，并控制浇水量，随着小苗长大，减少遮阴时间，适当加大浇水量，并开始施加稀薄液肥。当小苗根较苗壮时，已具有较强的抗逆能力，可以考虑移植。

8.5.3.2　母球生产子球

郁金香鳞茎是其更新和无性繁殖的主要器官。在郁金香成熟的鳞茎中，贮藏着休眠后再生长时所必需的养分和幼芽（花芽、叶芽）。郁金香的鳞茎在其短缩的鳞茎盘上着生着一层一层紧紧包着的肥厚鳞片。品种不同，包着在鳞茎盘上的层数也不相同，一般为 3 ~ 5 层，有些品种多至 6 层以上。鳞茎年龄不同，鳞片数目也有差异。年龄越小，鳞片数量越少，贮存的营养物质也越少。鳞茎外层的膜质干燥鳞片以及包附在外面的褐色鳞皮，对鳞茎起保护作用。带褐色鳞皮种植，可在一定程度上防止土壤中病虫害对鳞茎体的侵入，而鳞茎盘处的鳞皮对生根有抑制作用，一般在栽植时去除该处的鳞皮。

一个生产用的郁金香鳞茎，同时也是繁殖下一代子球的母球。鳞茎内的器官构造比较复杂和特殊，一个完整发育良好的种球内，中心部分是一个分化完整的花芽（最中间是雌雄蕊，外层是花被），接着是叶芽，外面是若干个鳞片，最外面的是膜质鳞皮。在每层鳞片的腋下，分布着很小的子鳞茎，当它长大后即是子球。每一个母球所能孕育的子球数，完全取决于该球的鳞片数，也同时决定了该球的繁殖系数。品种和鳞茎的年龄不同，其鳞片数也不同，这也说明了繁殖系数与郁金香的品种以及鳞茎的年龄密切相关。一个成熟种球内部器官是清晰可见的。郁金香能否开花，取决于其种球内花芽的孕育情况。只有种球鳞片肥厚而且有一定的数量，供给的养分才足够其花芽完全发育。由于鳞茎片数量的多少以及肥厚程度决定了种球的大小，因此，郁金香种球的开花率与种球的大小成正相关。一般生产上常根据郁金香种球周径的大小将其分成 5 级：

一级：12 + ，即周径在 12cm 及 12cm 以上；

二级：8 ~ 12，即周径在 8 ~ 11.9cm；

三级：6 ~ 8，即周径在 6 ~ 7.9cm；

四级：3 ~ 6，即周径在 3 ~ 5.9cm；

五级：＜ 3，即周径在 2.9cm 以下。

　　一级球的开花率较高，可以达到95%以上，二级球的开花率为60%～80%，三级及三级以下的种球均不能孕育花芽。多数的种球生产商，往往还会把二级球再细分，分成11～12、10～11及8～10等级别，前一级的全部和中间级的部分会作为商品球出售，以下的部分将会连同其他小球一起，作为繁殖下一代种球的母球进入下一轮的郁金香种球生产。在种球生产中，大球的比例因品种不同而异，有些品种的比例高，有的比例就比较低。因此，在购买种球时，有些品种大球显得比较少，但价格较高，主要是与品种有关，购下一级的种球就比较明智。

　　郁金香母球种植后，花芽不断分化的同时，每层鳞片腋下的子球生长点也开始生长发育。到翌年春季，母球发芽抽茎而开花的同时在根旁会长出一两片叶子，但并无花茎抽出。根旁抽出的叶子就是膨大的子球生长出来的，只有大一点的子球才有能力抽出叶片，较小的子球由于营养不够，叶芽发育不良或抽不出。

　　通常在郁金香母球开花后，尽早地去除花蕾，以减少开花所消耗的营养，同时保留几乎所有的叶片，以利于制造营养，供给新生的子球生长。一般在母球最靠近中心花芽的部位形成最大的子球（更新子球），第2个球为梨球，越向外面，形成的子球越小。

　　因为母球营养消耗是由外向内进行的，而叶片光合作用产生的营养物质的输送贮存，是由内向外进行的。最中心的子球，不仅吸收了丰富的母球营养，同时积累了地上茎叶输送来的营养，长成最大的第二年开花的一级种球，外围的子球，虽然有部分可以在翌年开花，但其抽出茎的高度及花的大小次于中心球。母球在生长发育后期，子球已不断的膨大，同时在其内部生成的鳞茎腋下形成孙辈子球，这就是郁金香中特有的三代同堂。当母球叶片枯黄，可到子球分级的时候，母球的营养已消耗殆尽，变为纤维状残体，没有任何的利用价值了。至收获季节时，每个母球可收2～6个子球，品种差异和种球的年龄，栽培技术的不同，形成的子球数并不相同。一个母球经一个种植周期产生的小球数，就是该球一代的繁殖系数。

　　在繁殖郁金香种球时，大部分的开花球都作为商品球出售，用剩下的子球来作为主要繁殖用种球。当这些子球作母球时，由于体积小，多数也只有3枚以下的肉质鳞片，中心没有成熟的花芽。当然，小球内的鳞片腋间有小球的生长点。这些生长点长大时，有些也会生长发育出1～2片小叶，球大小同样与着生位置相关，由内向外变小。没有叶片长出的子球，所需的营养来源于母球及中心芽生长的叶片。

　　如果经营得当，三级种球可以发展成一个二级种球和1～2个三级或三级以下的子球。但如果环境条件差或技术操作不当，三级球形不成二级球，形成的有可能是三级以下的小球，这也反映出种球复壮时，环境条件、技术水平不同，产生的效益将会相差很大。

　　随着郁金香母球的生长、发育、衰亡及下一代子球的生长、发育、衰亡，母球的生命一代代传递下去，基本上能保持着原有的优良性状，而郁金香的原始体发育成肉眼可见的生长点，一般需要半年的时间，再过半年，生长点才能发育成独立的子球。因此，郁金香种球的繁殖周期是一年一轮，它与郁金香采用一年生栽培是相吻合的。

　　野生的郁金香大多只发育一个子球，其余原始体消失，但产生的子球较大。

　　郁金香子球形成过程，说明在种植郁金香时，只有应用严格的、正确的技术措施，保证郁金香母球在整个生长发育过程中，有最佳的生长发育条件，才能获得预期的结果，尤其复壮郁金香种球的生产中，在子球生产繁殖时，更要注意郁金香子球形成时，提供相对的生长发育所需条件和采取相应生产技术，才能获得较高的效益。

8.5.3.3　子球的获得

郁金香生产已形成一定规模的生产商，在获得切花（或盆栽花）生产出售产品时，会考虑下一步子球培育所产生的利润，对郁金香生产各个生长发育阶段的利用和综合考虑，是获得郁金香生产最大利润的保证。大部分郁金香生产者只是外购优质的种球进行栽培，开花后，对其产生的子球，往往丢弃。在我国，绝大部分的郁金香生产者属于后一种类型。由于郁金香种球生长的环境条件，以及种球生产所需的条件均不太成熟，多数人考虑的是引进优质（多数是荷兰进口的）的种球，做一次性生产，产生的子球往往丢弃。在我国的西安、丽水地区等，郁金香种球的生产已取得了一定的生产效益，丢弃的子球可流向一次性栽培的生产者。这样不仅可省去大笔的外汇，也大大降低郁金香的生产成本。

子球的获得是郁金香繁殖生产中一个比较重要的部分。一般在安排生产计划时，要首先明确是否收获子球作繁殖母球，在以后的生产环节中注意对种球的养护和管理。大约在切花采收前进入准备收获子球的生产阶段。切花采收得早，有利于子球的养分积累。花蕾着色、开放，是消耗养分较大的阶段，该阶段叶片产生的营养物质主要被花器官消耗掉，流向根部子球的养分只占其中较少的一部分，如果在花蕾着色后但未完全开放之前采收，有利于切花的采收，同时也有利于养分在根部子球的转换。如果一些花蕾有病虫害或畸形花，建议尽早打掉花蕾。

郁金香花期过后，是种球生长最快的时间。这段时间的水肥供应一定要充分，保证土壤湿润，同时避免湿度变化幅度过大，该时期最忌土壤过湿，而引起地下子球腐烂，因此选择一块排水良好的地块，是种球生产的保证。

荷兰在6~7月开始收获种球，我国多数在7月上中旬时收获。随着母球的消亡，地上部分也逐渐衰老、枯死，挖球时注意不要伤球，地栽的挖掘深度在20cm左右，箱栽、盆栽的直接挖出即可。挖出的球放于干燥阴凉处，进行分级。根据上面提到的分级标准，将种球分成五级，一般是留下一级球和二级球的稍大部分，作为商品球出售，小球留下作为繁殖下一代子球的母球。有些生产商也会把小球转让出售给那些专门繁殖子球的生产商。

8.5.3.4　繁殖种球的种植

（1）整地

整地之前，选地是一项关键的工作。选择平整、不易积水、土质适合的地块，是种球生产取得效益的前提条件。一般是选择朝南略有坡度的地块，阳光充足，不易积水。阳光不足，会导致花期缩短，花茎细弱短小，花色变淡，叶片细长，导致地下部分发育不良，产生退化现象。若是低洼地，易积水，秋季易使母球腐烂致病，冬季易使种球遭冻害。除了低洼地，地下水位高的地段，也不宜种植郁金香。如果无法避免地势的影响，则要挖好小沟，避免地下水位或积水的影响，或者采取高垄种植，开深沟。因此，如果在种植的地段经常有风害，应设立风障或种植防护林。

郁金香要求肥沃疏松，透水性、保水性好，富含有机质砂质壤土。郁金香适宜中性或微碱性的土壤，为了便于郁金香生根，保证植株有良好的根系，土壤的 pH 6~7，EC 值必须低于 1.5mS/cm，且疏松无菌，排水性能好。添加泥炭可以降低土壤过高的 pH 值，并增加土壤的疏松度。EC 值高的土壤必须提前 2 个月灌水洗盐。栽种之前，最好能对土壤做一些检测，在酸性土壤上可施用石灰，以调节酸碱度，调节到 pH 7.0~7.5 时较为适宜。

另外，郁金香忌连作，当年种过郁金香的地方，翌年不宜再种植，否则易导致种球退化。一般间作 3 年以上，间种期间可改种禾本科或豆科作物，3 年以后才能种植。

一般种植地整过后，都要开沟分畦，以便于田间操作。做成地面整平，沟深 20~30cm，畦宽 1.5m 的种植畦。大一点的郁金香球种植时大多是沟隔 10cm 点植，四级以下的子球是以千克定播种密度的，必须是开沟种植，可在畦面上隔 15cm 开一条小沟。

（2）种植

郁金香种球的种植时间有非常明显的地域性和局限性。必须根据各地各年的气候情况来决定种植日期。如果秋季寒流来临迟，或者长时期温度较高，种植期必须推后。具体确定种植时间的方法是：郁金香种植应在土壤上冻之前，即地表至地表以下 15cm 处，温度下降到 6~9℃时种植最好。

郁金香的最佳生根温度是 9℃左右，维持此温度 2~3 周郁金香即可生根，这样对于种球的安全越冬及后面的种球生长大有裨益。

种植方法如下：

若大面积种球种植，应以机械操作为主。在荷兰、美国、日本大都采用机械种植。小面积种植一般采用苗床点播。苗床宽 1.1m，长 5~8m，或依地形和操作方法、管理方便程度而定。株距 10~15cm，行距 25cm，横向开沟，沟深 10~15cm。四级以下的种球，撒入播种沟即可；四级以上的种球，一个一个按株行距要求种植。如果种球已经出现须根，种植时应该轻拿轻放，注意根系不能受损，否则影响植株后面的生长及种球的发育。

（3）基质

改用基质栽培郁金香有利于其子球生长。草炭∶河沙 =3∶1 的基质能够适用于大多数品种，可以提高生长开花质量和种球更新能力，有效地提高子球再利用性。在保证土壤排水良好的情况下，适当的深栽利于郁金香子球的生长，提高子球产量。

（4）施肥

随着整地施入充分腐熟的有机肥，同时深翻土层，在施肥的种类方面，要使郁金香子球充实增大，施用有机肥比施用无机肥的效果好。现蕾期追施高氮肥、花后期追施高磷钾肥能够促进多数品种的子代球生长。花后期用 0.1g/L 的水杨酸处理叶片能够显著提高郁金香更新球周径，增加更新球鲜重，提高种球质量，并显著降低种球的退化程度。郁金香全生育期对氮的吸收量最高，钾次之，磷最少。花后生长期为子球生长的关键时期，需肥量较大，不同品种需肥量及比例不同。

郁金香对肥料非常敏感,如果氮肥不足,则子球减少,叶子生长量少而薄,叶片色淡而细长,花茎缩短,花朵变小,花期也推迟,一些子球长不出叶片。反之,氮肥充足,会提高繁殖系数,但过多会对产生大球的质量有影响。磷肥不宜单施,否则效果不明显,一般采用磷钾肥合施,对花茎促进有极大影响,中等大小的种球数量也会相应增加。

(5)栽培措施

在郁金香生长期,因栽培环境及栽培方式的不同,合理地运用相应栽培措施,对郁金香种球的增长极为重要。与普通的露地栽培相比,加盖稻草和在加盖稻草的基础上喷施抗衰老剂能延缓郁金香植株叶片的叶绿素分解,从而推迟植株的枯萎期,通过叶片产生更多的光合产物用于种球的膨大,最终收获的种球总重量和一、二级球的总数也都明显增加。不同栽培环境对郁金香的生长也有影响,塑料大棚内生长的郁金香优于日光温室。

8.5.3.5　收获

郁金香种球的收获大约在6~7月,此时,种球内已孕育有良好的花芽和叶芽,地上部也已经枯黄,老的种球已经干枯成纤维状。选择晴朗干燥天气,挖取地下的种球。种球的着生深度大约在地下10cm处,有些种球会因为土壤的影响形成滴漏种球,深度可达到30cm或更深处。因此,在挖取种球时,也要注意收获较深处的种球。郁金香种球需要及时采收,采收过早,营养物质积累不够,容易干缩、感病而腐烂;采收过迟,鳞茎易散落,不但挖出费工,且表皮容易破裂,丧失其保护作用。

种球挖出后,不能急于除去附着的泥土和残根,晾晒10d,掰下小鳞茎,一定不能破坏种球根部,否则影响翌年种球的发根,放于通风处阴干,避免阳光暴晒。按大小进行分级、消毒,装入种球周转箱,进入贮藏室储放。种球收获后,对种球进行清洗、晾干,按大小进行分级,分级后装入种球周转箱,进入贮藏室储放。

8.5.3.6　种球消毒

郁金香种球消毒有多种方法,浸泡时试剂使用的浓度应遵照说明书。在消毒前,应先剥去种球根盘周围的褐色鳞皮。消毒方法为:将种球浸在下列药液中15min:0.2%多菌灵,50%(有效成分:苯并咪唑-2-基氨基甲酸甲酯)+0.1%土菌灵,35%(有效成分:5-乙氧基-3-三氯甲基-1,2,4-噻二唑),见表8-2。

表8-2　各种消毒方法及相应试剂浓度

消毒方法	试剂浓度
长时间浸泡/15min	1 X
短时间浸泡/1min	1.5 X
短时间浸泡/15~30s	2 X
冲洗/15min	1.5 X
冲洗/5min	2 X

8.5.3.7　种球处理

(1)自然球(干球)

Mulder 和 Luyten(1928)将郁金香花芽发育的不同进程划分了不同的阶段,分别为 I 阶段(根、叶原始体开始发育), II 阶段(花芽开始形成), P_1 阶段(第一轮花被形成),

P_2 阶段(第二轮花被形成)；A_1 阶段(第一轮花药形成)，A_2 阶段(第二轮花药形成)和 G 阶段(雌蕊形成，三裂柱头明显可见)。郁金香种球休眠期间主要进行花芽分化及感受低温等待萌发，这一阶段温度在郁金香的种球发育及植株生长过程中均起着主导作用。郁金香的花芽分化的最适宜温度在 20℃ 左右，不同品种略有不同。种球收获后，种球进入休眠期，可将温度控制在 17～20℃ 的自然条件下，进行贮存，此期间进行花芽分化。

郁金香花芽分化完成后需要一定时间低温处理，通常在 9～13℃ 处理 4 周以进行预冷处理，促进鳞茎生根发芽，待鳞茎形成根点和顶芽萌发后，才能正式开始第二阶段的冷处理，培育鳞茎时，不能忽视预冷处理阶段，否则鳞茎的开花率和花的品质会大打折扣。

(2)5℃处理球

在鳞茎内部花芽分化完成，且经过预冷处理后，给予 5℃ 的低温处理，经过 9～12 周的 5℃ 处理后，将鳞茎移至 15～18℃ 的条件下定植，5～7 周便可开花。如果为了延迟开花，则应将 5℃ 处理的鳞茎先移植于 5℃ 低温下，然后根据所需要的时间，提前 7 周给予 15～18℃ 的温度即可达到目的。

(3)9℃处理球

将晾干的郁金香鳞茎，在 17～20℃ 温度条件下处理，完成花芽分化后，逐渐将温度降低至 9℃，这种冷处理的作用基本等同于 15℃ 的预冷处理，而且降低了鳞茎的呼吸强度，减少了营养物质的消耗，但是这种处理的鳞茎没有完成春化阶段，在种植前或者种植后还必须给予 5℃ 的低温处理才可以开花；使其定期开花的方法同 5℃ 处理郁金香。

(4)冷冻郁金香

将经过 9℃ 处理球或者没有经过预冷处理的鳞茎，于 11 月或者更晚种植于栽培箱中，置于 9℃ 下 2～4 周，待根系已经生长发育，再将其种植于 -1.5～2℃ 的冷冻室内，感受其低温，并抑制其生长；需要开花时，提前 40～50d 逐渐给予 15～18℃ 适宜环境，即可以达到目的。此种方法主要用于延迟花期，可使花期延迟至 6～10 月。此种方法成本较高，花期较短，花的质量也有所下降，一般作为特殊用花时采用。

8.5.3.8 病害及防治

病害是影响郁金香贮藏的主要问题之一，是种球发生退化的一个重要原因。贮藏期种球病害主要有：

(1)枯萎病

种球贮藏期内，鳞茎上出现浅褐色腐烂斑点，其上有一层真菌孢子形成的淡红色蜡质，这种孢子能在土壤中生活 6 年之久。

防治方法：种子贮存库内温度和湿度不宜过高；选出的有病球应深埋处理。

(2)青霉病

在通风不良，湿度过大，种球受到损伤时，郁金香易感染青霉病。感病后，在贮藏过程中，球根形成黄褐色、灰白色或紫灰色病斑，中央部位形成白色菌丝，形成分生孢子后变成青绿色。

防治方法：受伤种球用 800 倍克菌丹液体浸泡 20min，有病种球应消毒或者烧掉深埋。

（3）黑腐病和褐腐病

两种病害均发生在收获种球 2 周后，表现为种球发生不定型塌陷黑褐色小病斑，黑腐病主要在第一鳞片的表层部位开始发病，褐腐病的发病部位在第一鳞片的中层部，褐腐病的腐败部位一般为褐色斑点。种球受伤是感染褐腐病和黑腐病的主要原因。

防治方法：由于种球是传染病害的主要途径，使用健康的种球非常重要。在收获和水洗过程中尽可能保持球根不受伤，如果种球不带土最好不水洗。此外，可选择抗病性品种进行栽培。

（4）腐烂病

种球内部由白色变为灰色或红灰色，外部鳞片间产生菌核，或布满灰白色的菌丝层，种球逐渐干腐，这是症状之一；另一症状是外鳞片水渍样腐烂发臭，特别在种球大量收获后，堆集较多时最易发生，蔓延很快，肥大鳞茎腐烂最快最多，是最严重最危险的病害之一。

防治方法：种球采收时尽量避免机械损伤；不要大量堆积种球，尤其是没有干透情况下。

8.5.4　中国水仙

中国水仙，石蒜科水仙属，中国十大传统名花之一，中国水仙按产地划分，由可分为漳州水仙、崇明水仙、舟山水仙等。中国漳州地区为主产区，鳞茎肥大，外被褐色薄鳞膜。叶片数少，每鳞茎 4~6 枚。花莛自叶丛中抽出，中空，筒状至扁筒状；伞形花序，花白色，芳香；花冠高脚碟状，蒴果。自然花期自 12 月至翌年 2 月。中国水仙的染色体多为同源三倍体，由于雌雄配子高度不育，因此在栽培条件下通常不结果实。我国漳州地区主要采用分栽二年生水仙种球小鳞茎的方法进行繁殖。从栽种小球到长至能开花的大球，一般需要 3~4 年。其他地区生产中国水仙作切花，主要使用其成品鳞茎进行栽种。

中国水仙性喜充沛的强光环境，所栽种的种球应该先经过数周 5℃ 左右的低温处理，这样可以有效地防止以后出现哑蕾现象，即植株的花蕾尚未开放，就停止生长、枯黄死亡的现象。在定植后，可以将昼温保持在 15~20℃ 间，夜温保持在 5~10℃ 间，整个栽培过程，应该将温度控制在前期较高，而后期偏低的状态。如果在栽培时环境温度超过 25℃，则会造成中国水仙哑蕾。由于中国水仙根系较耐水淹，可以在渍水环境里正常生长，因此松土操作不很重要。在栽培过程中可以将植株的枯黄叶尖、畸形叶片剪去。购买鳞茎作为种球，保存在湿度适中，气温在 0~5℃ 之间即可。

水仙生长发育的土地条件要求是肥沃疏松、排灌条件好的水稻田湿生栽培，水仙是最典型的"忌连作物"，栽培土地不能重茬，土地必须每年轮换种植。水仙是鳞茎繁殖的花卉，球体到一定的龄期而分裂，要培育大球必须经芽子、锥子、种球阉割栽培的特殊方法，历时 3 年才能成为商品大球。生产周期长，工序复杂，生产成本投入相对高。

由于水仙对栽培的土地和技术要求均很高，无论是种球阉割、防病除病、商品球贮藏、包装运销等都有较烦琐的工序。

水仙头品质鉴定法包括：

① 色泽　表层枯鳞片呈深褐色并有光泽为优；

② 形状　丰满结实，外形扁圆，个大为优；

③ 重量　相对较重，手感坚实并有弹性的为优；

④ 底部　凹陷大而深者，表明花头已成熟；

⑤ 花芽　花芽多且饱满，大头两旁的侧芽对称为美。

评价水仙鳞茎可从看形、观色、按压、问庄四方面进行。

8.5.4.1　子球生产技术

(1)土地选择要求

① 地势开阔、地面平坦、通风向阳。

② 土壤疏松、肥沃、保水保肥力强，耕作层深 30 ~ 35cm 的壤土，pH 6.5 ~ 7.5，EC 值 0.23 ~ 0.70mS/cm。

③ 水源充足、排灌方便。

(2)繁育时间

入秋后，日均温度稳定在 25℃ 以下为中国水仙繁育适宜播种期。

8.5.4.2　一年生子球繁育

一年生子球俗称钻仔，为生产二年生子球的鳞茎。由于一年生子球的侧芽个小、较轻，生产中多弃用，以侧芽少、主球围径大及较重的一年生子球为优。根据水仙种球生产行业标准，围径≥9cm、饱满且无病虫害的一年生子球为合格。

(1)选种

选用饱满、充实、无病虫的侧芽为繁殖材料。

(2)消毒

可选用下列方法之一进行消毒，消毒 1h 后，再用流水洗 5min。

① 用硫酸铜、生石灰、水之比为 1:1:50 的波尔多液，浸种 5min；

② 用代森锌 300 倍液，浸种 5min；

③ 用 70% 甲基托布津 1000 倍液，浸种 5min。

(3)整地作畦

于 9 月下旬进行犁地，犁前土壤需充分晒白，再用旋耕机翻犁 3 ~ 4 次，将土壤打碎后整成畦，畦宽 140cm 左右，畦高 20cm，沟深为 35 ~ 40cm。

(4)施基肥

水仙花需大量有机肥料作基肥。每公顷需施入有机肥 7000 ~ 15 000kg，拌过磷酸钙或钙镁磷肥 100 ~ 250kg；肥料要分几次随耕地拌入土壤中，使土壤疏松，肥料均匀，然后将土壤表面整平。

(5)下种

宜采用撒播,株距8cm左右,深浅一致。

(6)盖种

播后及时清沟覆土盖种,覆土厚度7cm左右。清沟覆土盖种后畦沟宜保持在30~35cm。

(7)追肥

播种后结合清沟覆土,每公顷追施氮、磷、钾各15%的复合肥500kg;翌年1~2月间,每公顷再撒施草木灰1000kg。

8.5.4.3　二年生子球繁育

二年生子球俗称种仔,为生产种球(商品球)的鳞茎,其侧芽为一年生子球的繁殖材料。生产中以选用围径大且侧芽3~4个的种仔为优。根据水仙种球生产行业标准,围径≥15cm、饱满且无病虫害的二年生子球为合格。

(1)选种

用于繁殖的材料需选用饱满、充实、无病虫危害的一年生子球,并去除两边外露的侧鳞茎。

(2)消毒

贮存场所的消毒灭菌可选用下列方法之一,消毒灭菌后应通风24h。

①每20m² 用15g硫黄粉,燃烧熏蒸,密闭时间1h;

②用5%福尔马林室内喷洒;

③用1.5%高锰酸钾室内喷洒。

(3)整地作畦

适当加深畦沟,覆土盖种后沟深达40cm。

(4)下种

宜用条播种植,即在整好的畦面上,开浅沟(浅沟方向与畦向垂直),沟深10cm,沟距20cm,株距15cm左右。播后取沟土覆盖,再整平畦面。

(5)施肥

结合犁耙土壤施基肥,每公顷宜用钙镁磷或过磷酸钙1500kg、有机肥1500~2000kg,但基肥和追肥的施肥量上都增加30%。

(6)田间管理

①水分管理　子球种植后,立即进行第一次引水灌溉,灌水高度约为畦高3/5,并蓄水1~2h。水仙生长期间要保持土壤湿润。秋冬季雨水少,以浅水勤灌为主;春夏季雨水多,则要注意排水。如遇强冷空气,应灌水保温,水位达畦高的3/5为宜,遇雨水多应加强排水,收获前土壤湿度保持在75%。

②覆盖　在第一次灌水后1周左右,待畦沟润干时,需加深沟土,修整畦边,并结合施肥,将沟土均匀覆盖畦面,整平后再盖上约6cm厚度干稻草或其他覆盖物,覆盖物应超出畦面两边各5~8cm。

③除草　及时拔除杂草。

表 8-3　中国水仙主要病虫防治技术措施

病虫名称	发生时间	症　状	防治药剂
大褐斑病 (*Stagonorpor curtisii*)	1 月上旬开始发病，3 月中下旬发病高峰期	叶片出现褐色斑点，发展成菱形，发病速度快	喷洒 0.5:1:100 的波尔多液进行防治，每年 1～2 月喷洒 86.2% 铜大师 1200 倍液，3 月喷洒 50% 的速克灵 1000 倍液或灰霜特 1000 倍液
基腐病 (*Fuartum axysporum*)	初始期 12 月下旬，高峰期 5 月下旬	鳞茎球、鳞茎盘及叶片基部发生腐烂	可用 86.2% 铜大师 1200 倍液 + 春雷霉素 600 倍液喷淋于茎基部。或用 32% 克菌特 1500 倍液 + 农用链霉素 50～100 单位进行防治
蓟　马	11 月下旬至翌年 4 月	危害鳞茎及叶片，吸取其汁液，造成叶片疲软和白色条斑	可用 2.5% 高渗毗虫 1500 倍 + 高效氯氰菊酯 2000 倍 + 助剂 1500 倍液喷洒
根　螨 (*Rhizoglyphus maycisis*)	12 月下旬至翌年 4 月	危害根盘，造成根断盘残，出现"漏底"	可用 50% 辛硫磷 1000～1500 倍液浸种 3～5 min 或浇施辛硫磷 2000 倍液

④病虫害防治　中国水仙主要病虫害种类、发生时间、危害症状及防治措施见表 8-3。

在生产实践中，水仙病害主要有青腐病、干腐病、水仙花叶病、水仙叶褐斑病、根螨病等，其主要特征与防治方法如下：

青腐病　此病发生在水仙贮藏期间，受伤鳞茎及潮湿环境下的种球易发，病原为青霉菌。鳞茎受害后根部腐烂，有臭味，后期坚硬而干腐。

防治方法：鳞茎采收时避免鳞茎机械损伤；鳞茎贮藏场地保持干燥、低温、通风；贮藏前对鳞茎进行消毒，一般用福尔马林浸泡 0.5h，晾干后贮藏。

干腐病　该病是水仙最可怕的病害之一，有些品种一旦患病就可能全军覆没。该病病原菌为水仙核盘菌，主要存活于受病水仙鳞茎、土壤及病害残体中。受害后水仙鳞茎干腐。

防治方法：土壤消毒或避免轮作；防治线虫以减轻病害；鳞茎种植时先进行消毒，保持种植土壤干燥。

水仙花叶病　该病主要通过子球、昆虫等传染。带病初期不表现出症状，随病情加重，出现水仙叶片扭曲、黄化、植株矮小等症状。该病病原为水仙花叶病毒。

防治方法：使用无病毒鳞茎进行繁殖；生长期防治病毒传递介体昆虫等。

水仙叶褐斑病　该病病原为一种真菌，在鳞茎体内保留越冬，4～5 月多雨季节是发病严重期。症状为受害植株叶片与花梗形成褐色斑点，病斑周围黄化、叶片扭曲，后期病部密生褐色小点。

防治方法：避免土壤连作，加强栽培管理，及时排除田间积水；鳞茎种植前用 0.5% 福尔马林消毒 0.5h，发病初期用 1% 波尔多液或 50% 克菌丹 500 倍喷施。

根螨　主要危害地下鳞茎，受害部位变黑腐烂。

防治方法：鳞茎贮藏室内要通风干燥；受害鳞茎收获后立即杀毒。

8.5.4.4　子球采收

成熟标志　正常情况下,叶片大部分干枯下垂,叶基部 3~5cm 尚呈黄绿色,地下部鳞茎膨大。

采收时间　5 月下旬至 6 月中旬,选择晴天采收。

(1)一年生子球采收

先清除地上部水仙残叶杂草和半腐烂稻草,并从畦边离畦面 18cm 处定向按顺序平挖向上翻土采收,再去除子球表皮的附土和茎盘老根。

(2)二年生子球采收

先确定株、行位置,在行距中间,逐行挖掘上翻深度约 20cm,采收子球,其他方面与一年生子球采收要求同。

①子球晾晒　采收的子球可集中于畦面晾晒 2~3d,直至鳞茎盘下泥土干白为宜。晾晒期间要避免强阳光照晒,并经常翻动子球,促使其均匀晾干。若遇阳光强烈,中午 12:00~14:00 应予遮阴。

②贮存

贮存场所　选择宽敞阴凉,通风透气不透阳光的房屋作为贮存场所,贮存适宜温度为 25~28℃。

消毒灭菌　贮存场所的消毒灭菌可选用下列方法之一,消毒灭菌后应通风 24h。

——每 20m² 用 15g 硫黄粉,燃烧熏蒸,密闭时间 1h;

——用 5% 福尔马林室内喷洒;

——用 1.5% 高锰酸钾室内喷洒。

子球堆放　子球宜装在专用塑料筐中,并整齐搁放于多层(一般为 4 层)栅格底木架或专用塑料筐架上。栅格底木架宽约 140cm,层高 80cm,子球贮存前,先摊放 1~2d,待冷却后方可上堆。堆放贮存期间要经常检查,如有发生病虫害,需及时进行消毒和通气。

贮存条件　6~9 月,控制室温 25~28℃;其余月份控制室温 18℃。室内相对湿度保持 70% 左右。

(3)子球规格要求

不同年龄的中国水仙子球规格要求见表 8-4。

表 8-4　不同年龄的中国水仙子球规格要求

项　目	要　　　求			
	百粒重(kg)	周径(cm)	外　观	病虫害
侧　芽	1.4~1.6		鳞茎表皮棕褐色,有光泽,鳞茎盘发育良好,根点发达	无
一年生子球	2.5~4.5	≥9	鳞茎呈规则圆锥形,表皮棕褐色,有光泽,鳞茎盘发育良好,根点发达,无漏底	无
二年生子球	4.5~10	≥15	鳞茎呈规则圆锥形,表皮棕褐色,有光泽,鳞茎盘发育良好,根点发达,无漏底	无

8.5.4.5　种球生产技术

(1) 土地准备

土地选择　宜选择地势开阔、地面平坦、通风向阳、土壤疏松肥沃、保水保肥力强、耕作层深 30cm 以上的壤土。土壤有机质含量 >20% ，pH 6.5 ~ 7.5，EC 值 0.23 ~ 0.70m S/cm，地下水位 1m 以下，且水源充足、排灌方便、交通方便的地方。

整地作畦

晒白　进入 9 月下旬，土地要多次深翻充分晒白；

整地　用旋耕机旋耕碎土 3 ~ 4 次后，耙平土地；

作畦　采用高畦栽培。畦高 35 ~ 40cm，畦宽 140cm，畦沟宽 35 ~ 40cm，畦大小要整齐，高度一致，畦的方向摆布要有利于水的排灌。

施足基肥　施肥可结合旋耕进行，第一次旋耕，每公顷撒施钙镁磷 1500 ~ 2500kg；第二次旋耕时，每公顷施用农家土杂肥 60 000 ~ 70 000kg。

(2) 播种

选种　选择饱满、充实，无病虫害，直径在 5cm 的二年生子球并去除子球多余侧芽。

消毒下种　子球消毒 1 ~ 2d 后便可下种。下种前需在整好的畦面上开浅沟，沟深 10 ~ 20cm，沟距(行距)30 ~ 35cm，下种时保持株距 20 ~ 25cm，下种后用土填沟盖种。

(3) 灌水

下种盖土后即可引水灌溉，并蓄水至畦高的 3/5，待畦面湿润时，再排水。

(4) 追肥

用量　每公顷施过磷酸钙 2000kg 加有机肥 3000kg 混合，或每公顷施用烘干有机肥 1500kg，再施氮、磷、钾各含 15% 的复合肥 1000kg。

时间　第一次灌水后约一周。

方法　均匀施在翻土盖种行距浅沟中间。

整沟覆土　第一次灌水后约一周，整沟后畦高要求 45 ~ 50cm。

(5) 畦面覆盖

第一次灌水后 7d 左右，畦底干不黏脚时，结合追肥重新修整畦边，覆盖时加深畦沟，把余土覆盖于畦面行间，并盖上约 8cm 厚度干稻草或其他覆盖物，覆盖物应超出畦面两边各 5 ~ 8cm。

(6) 田间管理

二次追肥

时间　子球在大田中普遍抽花，被摘除花枝后进行追肥；

用量　每公顷施有机肥 3000 ~ 4000kg，草木灰或钙镁磷 1500kg；

方法　有机肥条施于行间，草木灰和钙镁磷撒施于畦面。

摘花　一般在 12 月中旬至翌年 1 月期间摘花。当花枝管抽出地面 10cm 时即可摘花，摘除长度 5 ~ 7cm，若花枝要作为商品用途，应待花苞临破裂时摘花，摘取长度 15cm。

水分管理　及时排灌水，保持土壤湿润。

(7)收获

采收时间　6 月 5 ~ 25 日，选择晴天收获。

采收方法　距植株 12cm，深度 20 ~ 23cm 处挖取，把鳞茎放于畦面晾晒去除鳞茎表皮附土，割除基盘底老根，晾晒时以鳞茎顶部润干为止。阳光过强，可用遮阳网进行调节。

(8)贮存

场所　选择宽敞阴凉、通风透气、不透阳光的房屋作为贮存场所，并在距地面 20cm 处铺上木板，防止潮湿。

消毒灭菌方法　贮存前先将种球摊放于木板上冷却 2d 待退热冷却后堆放在木板上。堆放高度 60cm，宽度 80 ~ 100cm，波浪式堆放，堆放前认真检查，去掉病虫害种球贮存期间应经常检查病虫害，如有发生，及时进行消毒和通气。

贮存条件　7 ~ 8 月控制室温 30℃，其他时间可常温保存，但要注意防晒、防潮、防冻和通风，相对湿度宜控制在 70% ~ 80%。

8.5.4.6　质量等级标准

(1)质量要求

种球必须经 3 年(3 种 3 收)栽培而成熟膨大，无检疫病虫害，无损伤、霉烂、底盘(鳞茎盘)破裂、漏底。

(2)等级要求

中国水仙种球质量等级应符合表 8-5 要求。种球的质量等级按其外观、周径、每粒花枝、侧鳞茎情况及包装规格不同，分为 5 级。

表 8-5　中国水仙种球质量等级

等级	要求				
	周径/cm	饱满度	每粒花芽数/枝	病虫害	外观及侧鳞茎要求
1 级	≥25.5	优	≥6	无	侧鳞茎一对齐全，种球形美、端正
2 级	≥24	优	≥5	无	侧鳞茎一对齐全，种球形美、端正
3 级	≥22	优	≥4	无	侧鳞茎独脚，周径应不小于 22.5cm，种球形较美、较端正
4 级	≥20	良	≥3	无	侧鳞茎独脚，周径应不小于 20.5cm，种球形较美、较端正
5 级	≥18	良	≥2	无	无损伤、无霉烂、无底盘破裂、无漏底

(3)检验方法

周径　用软卷尺测量最大周长，以厘米为单位，读数误差不大于 1cm。

花芽数　用刀剖开种球，计算花芽数。

饱满度、外观及侧鳞茎 3 项品质指标　通过专门技术人员检测确定。病虫害按国家有关规定进行检测。

(4)检验规则

同一产地、同一批量、同一品种的产品作为一个检查批次。

样本应从提交的检查批中随机抽取,以箱为单位判定产品质量。

每箱产品质量合格与否则根据包装规格随机抽取 2~4 粒种球检验。1 级、2 级不允许混等级;3、4、5 级的混等率应低于 10%。

(5)结果判断

中国水仙种球质量等级分为 5 级。低于 5 级指标为等外。

种球各项相关技术指标不属同一等级时,以单项指标最低的一级定级。检测时若种球主鳞茎有新分裂的侧鳞芽时,则该球的围径应减 0.5~1cm。

单项指标等级判定。等级划分中的某一项指标,同时满足两个等级的评价指标时,要根据该项指标在这两个等级中的评价指标是否相同来决定归属哪一级。如果该项指标在这两个等级中不同,则应归属下一个等级。

样品或产品检测批次的等级评定,应根据样品中的各单箱的等级,按表 8-5 进行判定。

(6)包装、标志、运输和贮存

包装 产品采用瓦楞纸箱分级包装,瓦楞纸箱应符合 GB/T 6543 要求。一般将种球分 1 层或 2 层,粒数竖(斜)立分 1 层或 2 层排列,凡分 2 层包装的中间用厚纸板隔开,纸箱外用包装带扎牢固。

标志 包装箱应标明:产品名称、产地、等级、净粒数,生产者名称、地址,标准代号。包装贮存标志应符合 GB/T 191 的规定。

运输 运输过程中应防震、防压、防晒、防潮、防冻。

贮存 7~8 月控制室温 30℃,其他时间可常温保存,但要注意防晒、防潮、防冻和通风,相对湿度宜控制在 70%~80%。

8.5.4.7 欧洲水仙

欧洲水仙又称洋水仙,石蒜科球根花卉,不同于常见的中国水仙。原产于欧洲地中海沿岸一带。欧洲水仙习性较中国水仙有较大差别,不宜用作水培栽植,单箭单花,花大,多数重瓣,颜色丰富。

欧洲水仙为秋植球根花卉,性喜温暖湿润和阳光充足的环境。欧洲水仙对温度的适应性比较强,不同的生长发育阶段对温度的要求不同。与中国水仙不同,欧洲水仙必须经过 8~9℃低温春化处理 40~50d 才能开花,在上海地区一般于 11 月中下旬种植,翌年 3 月开花。早春叶片生长的最适温度为 18~20℃,夏季鳞茎花芽分化最适温度为 17~20℃,鳞茎储藏最适温度为 13~17℃,夏季 37℃高温下鳞茎能在土壤中顺利休眠越夏,叶片也能长期忍受 0℃低温。

欧洲水仙秋冬季根生长期和春季地上部分生长期均需充足的水分,但不能积水,开花后对水分的需求逐渐减少,鳞茎休眠期间需要保持干燥。欧洲水仙在叶片生长期间需要充足的阳光,开花期以半阴为好。欧洲水仙对土壤要求不严,但在排水良好、富含有机质的微酸性(pH 6.0~6.5)的砂质土壤生长最为适宜。

欧洲水仙的栽培管理如下：

种植：宜选土壤深厚、富含有机质、排水通畅的砂质土壤。作为种球生产宜选阳光充足、背风向阳、春季少风、夏无酷暑、雨少、凉爽地区的缓坡地带，将有利于根系的生长以及延长春季、初夏的生长期。土壤深翻耕，开沟作畦，施入充足的有机肥料，如腐熟的有机肥、分解的苔藓等。不宜施过量的氮肥，过量的氮肥会导致叶子徒长，不利于开花和种球生产。种植深度因种球大小和土壤类型而异。一般来说，在壤土和黏土中，种植深度为 2 倍种球直径深度；砂土中种植深度为 3 倍种球直径深度。种植间隙则以种球大小和品种有关。小球之间应间隔 5～7cm，大球之间应间隔 8～15cm，种植太紧密则不利于开花和种球繁殖。

常规管理：在种球种植后，应立即浇一次透水，随后定期浇水，保持土壤湿润，亦应注意排水。入冬后，畦面上覆盖约 5cm 厚的稻草、苔藓、树叶或其他类物质，既可以防止冻害又可以预防杂草。翌年春天，随着天气变暖，应去除部分覆盖物，以利于通风和新芽出土，剩余的少量覆盖物则起到增加有机营养和保持土壤湿润的作用。翌年 3 月欧洲水仙开始进入花期，在现蕾前后应各施追肥一次。为收获种球，应在花蕾现黄时及时摘除花朵，保留花茎，方便营养"回流"。球根花卉一般都忌连作，轮作时间需隔 5 年以上。

(1) 欧洲水仙种球规格

常用的种球大小规格为 12～14cm、14～16cm、16＋ 等(指周径大小)。除去子球和小于 10cm 的种球，一般均适合促成栽培，最佳的种球大小主要取决于品种。在选择种球规格时需注意：种球大小对于 11 月和 12 月开花的欧洲水仙尤为重要，大的种球与小的种球相比有更好的产量和品质。短小的圆种球容易发生花枯萎。大小在 15～16cm 的圆种球适合在圣诞节时开花；较小的圆种球在圣诞节后才会开花。

(2) 种球处理

种球到货后尽快安排种植。种植前用 300 倍代森锌或 600～800 倍托布津水溶液浸泡种球 15～30min。

(3) 低温处理

在种球进行冷处理或种植前，必须将其在 17℃ 的环境中至少 2 周。这个温度处理不仅能保证植株迅速开花，还能使植株生长更好。必须在一定的时间内生产出有一定长度的水仙，花必须大、强健并高出叶片，植株长势不能弱，叶鞘必须紧紧包住叶片和花箭，每千克种球能有较高的花产量，收获的产品也容易保存。种球贮藏应放在无盖塑料箱中，放在通风良好、温度在 15～17℃(未冷处理球)或 9℃(冷处理球)的空间中。空气湿度不超过 75%，温度不能过高，过高的温度会抑制生长，导致植株矮小。当球放在 9℃ 温度以下时，如果相对湿度高达 95% 或更高，一旦空气流通差可引起过早生根。种球干冷处理时间为 5～10 周，一般为 9 周。

9℃ 预冷和未冷处理欧洲水仙：在种球种植在塑料箱前，也可以对干种球进行部分冷周期处理，之后再给予剩余的冷周期处理，这种水仙称为"9℃(预冷)水仙"。另外，将水仙种球种植在塑料箱中，随后将其放入生根室或室外种植台面上，接受全部冷周期，采用这种方法的水仙称为"未冷处理水仙"。

　　欧洲水仙也可采用5℃冷处理种球的方法，使之打破休眠，提前开花。花芽分化完成后，即可进行种球冷处理，在5℃下分别冷藏6~11周，所有处理均可开花，冷藏时间越长，开花越早。

8.5.5　马蹄莲

　　马蹄莲属于球根花卉，喜冷凉气候，适宜马蹄莲的生长季节是每年的2~5月和11月至翌年的2月，用于"五一"和春节上市。7~10月的生产由于气温较高，生产难度较大，在夜温较低的地区和有降温设备的温室可以生产。马蹄莲生长可以分两个阶段，营养生长阶段和生殖生长阶段，前期生长要求18~24℃的适温来促进生根和叶芽分化，后期要求13~16℃的温度来促进花芽分化和花蕾转色。

　　目前云南省有马蹄莲生产企业10余家，年产商品球约400万头，是我国马蹄莲生产的主要地区。

8.5.5.1　种球的类型

　　马蹄莲分盆花、切花、盆花和切花兼用品种，盆花品种株形紧凑，茎多花多，花小；切花品种株形高大，茎少、花少，花大；切花和盆花兼用品种介于两者之间。

　　种球的好坏直接关系到成花的株形和花朵数量。可以用于马蹄莲生产的种球首先应是用组培苗生产的，因为马蹄莲的各种病毒比较严重，必须经过组培脱毒，才能用于种球生产；其次，种球应有一定的大小，一般种球周径应在18cm以上，这样的种球才能有产生5~10个叶芽和4~10朵花，种球的大小与开花多少密切相关（表8-6、表8-7）。

表8-6　马蹄莲种球大小与花朵数的关系

种球周径/cm	成花花朵数/个
12~14	1~2
14~16	2~3
16~18	4~6
18~20	6~8
20~24	8~10

表8-7　优质和劣质马蹄莲种球的特性对比

优质种球	劣质种球
生长期不超过2年，嫩球	1~5年，老球
芽眼多（几个生长点）	具有顶芽优势（生长点少）
第一次采收的母球，活力强，病毒和病菌少	多次同地种植或采过切花的母球，活力差，病毒和病菌是前者的2~4倍
用杂交种子生产的F$_1$代，不断更新活力	营养繁殖，每一次繁育循环丧失一次活力
花多、叶多	花少、叶少
株形紧凑、密实	植株高，株型单薄
非常适合各种盆栽和切花生产	只适合庭院栽培和切花生产

8.5.5.2　栽培种球

(1)整地作畦

　　普通马蹄莲生性强健，不择土壤。无论是砂土、壤土还是黏土，pH值在6~7.5之间都能生长良好。

种植时可根据温棚情况，将畦做成 1~1.2m 宽，以便除草和采花操作方便，沟宽 40cm，沟深 30cm，畦面整平，以备下种。

（2）栽植种球

当最高气温不超过 30℃ 时种植。长江流域，每年在 9 月初开始栽植种球。先种大球，后种中小球。一定要把大小球分开种植。种植球径在 5cm 以上的大球，畦宽 1m，每行 3 个穴；若畦宽 1.2m，每行 4 个穴。芽眼多的，每穴放 1 个球，芽眼少的，每穴放 2 个球，芽眼向上。种球生产覆土 6cm。作为种球生产还可以把茎芽破坏，这样可以刺激多生小球，但被破坏的种球要立即消毒。种植中小球，可根据球的大小，行距和株距都要小一些，每穴种球也可以放 3~4 个，覆土浅一些。无论覆土深浅，土一定要细。

（3）子球种植

一般采用条播或撒播，覆土厚 3cm。

（4）水肥管理

马蹄莲既耐水湿又耐肥，浇水在种球下地后就进行，一般采用喷灌或浇灌，浇水一定要浇透，只要土壤表皮泛白就要浇水。在壤土和黏土地种植的马蹄莲不能用浸灌，这样土壤容易板结，容易烂根。马蹄莲生长好坏，浇水很关键。天气炎热后，马蹄莲盛花期即过。气温超过 32℃，有的叶片开始泛黄，花的品质下降，地下种球开始迅速增大，子球也开始生长。这时要逐步控制浇水量，只要土壤保持湿润就行。长江流域进入 6 月就滴水不浇，迫使其休眠，等土壤里水分耗尽，整个地上部分焦黄，进入 7 月即可以起球。马蹄莲整个生长期要施 3 次肥。第 1 次是基肥，整地前若条件允许，每 100m² 施有机肥 500kg，优质复合肥 10kg，缺磷的土壤要加施过磷酸钙 20kg。如果不施有机肥，每 100m² 施复合肥 15kg、磷肥 30kg。施肥后立即翻地，把肥料翻入土中。第 2 次是追肥，苗高 20~30cm 时追施。在行与行之间开沟，用尿素和复合肥按 2:1 的比例混合后撒在沟里，然后用土盖好，立即浇水。第 3 次是在马蹄莲含苞时，如果基肥中含有机肥，这次就不施尿素，用含磷、钾量大的优质复合肥，同第 2 次施肥方法一样。

（5）环境条件

马蹄莲最适宜在温暖而湿度大的环境中生长，最佳生长温度在 12~28℃ 之间，如果能保持温度，可以周年花开不断，但在生产上一般不采用，这样一是会加大生产成本，二是无休眠期，容易造成品种退化。超过 32℃，马蹄莲就开始进入休眠期，它能耐暂短的 -3~0℃ 低温。马蹄莲夏季怕强光，冬季喜阳光，特别是冬春开花期要加强光照。

（6）病虫害防治

马蹄莲虫害并不多。每次追肥后 7~10d 内，用有机磷杀虫剂和甲基托布津或多菌灵 500 倍液混合喷两遍即可。马蹄莲最主要的病害是根腐病。在生长期要注意观察叶片是否黄化，特别是心叶开始黄化时用地菌净 300 倍液浇灌根部两三次。浇灌时，要把周围未染病的植株一同浇灌，以控制病害蔓延。发病原因一是采花时浇水不当，二是种球消毒不彻底。

①马蹄莲软腐病　主要发生在马蹄莲茎基部和根状茎的一种细菌性病害，感病植株首先在近地表的基部发生软腐，病害向上蔓延使叶片枯萎死亡，向下发展使根状茎黏

滑软腐。花梗感病后，花变褐色，花梗很快腐折倒。

防治方法：挖根状茎时，彻底剔除严重感病的根状茎，或切除腐烂部分，换掉病株周围的土壤，以减少侵染源，控制病害发生；用1000mg/L农用链霉素浇灌病土；块茎种植深度不超过5cm，避免过度供水。

②根腐病 马蹄莲根腐病是由真菌中的疫霉菌侵染引起的一种土传病害，多在马蹄莲临近开花时发生。一般是植株下部或外层叶片最先变褐枯萎，病害不断向内层叶片发展、蔓延。已开放的花，其顶端变褐色，有时这种褐色可一直发展到叶柄和花梗，使花姿畸形。

防治方法：

第一，根状茎消毒：彻底切除根状茎上的病斑，待干燥后，再用50℃温水浸泡1h，或用1%过乙酸溶液浸泡10min后再栽植。经过消毒处理的根状茎比未经处理的开始生长慢，因此，最好提前半个月种植。

第二，土壤消毒：病土和盆钵须热力灭菌后，方能再用。也可用70%土菌消可湿性粉剂配成0.4%浓度喷洒土壤，但必须在种植前处理。

③灰霉菌 在低温高湿环境下发生，花和叶片上形成椭圆形的小斑点。

防治方法：可用50%扑海因粉剂1000倍、65%甲霜灵粉剂1000倍、50%苯菌灵粉剂1000倍等防治。

④虫害 蓟马和蚜虫在植株的整个生长过程中都会造成危害。

防治方法：采花前用对硫磷喷洒2次。在栽培过程中，每隔7～10d可使用溴氰菊酯进行预防。

8.5.5.3 种球采收

马蹄莲切花生产成功与否，往往取决于种球品质良好与否，因此为促进切花产量与品质，就必须注意种球养成及关键性种球采收与贮藏。

(1) 马蹄莲种球采收时机

进入6月开始控水，土壤里所含水分正好供种球生长。经过一个多月的控水，地上部分已经枯黄，地下种球也已成熟。7月是种球收获时期，正值高温季节，马蹄莲种球离土后很容易腐烂。从土里挖出种球后，轻轻把根上的土抖掉，不要马上分离大球上长出的小球和子球，也不要除去大球新长的须根。在大球上方1cm处切茎，千万注意不要切掉茎芯，否则，非常容易腐烂。然后把球放到平整处晒干或风干，等种球呈半干时再摘除须根，分离小球和子球。等到八成干时，如果种球量大，把种球摊在地上，用敌克松500倍液，反复数次喷雾，喷一次翻动一次，让整个球面都喷到药液。如果种球量小，可用敌克松500倍液浸种5min，然后捞出晒干或风干，存放在干燥通风处。马蹄莲若定植田间，则应于栽培后期(定植后约4个月)逐渐减少供水，待整株叶片有一半以上黄化后即可开始采收。

马蹄莲若定植于具防雨设施下无土介质内，则应于栽培后期减少供水，并进行断水处理，待叶片完全黄化萎凋后，即可开始采收种球。

(2)马蹄莲种球采收时注意事项

采收时尽量避免造成不必要的伤口,采收时连同叶片与根完整掘出,应避免除去叶片或根部时造成伤口,增加软腐病感染机会。

采收时若挖掘出带有软腐菌种球时,应将此球隔离,尽量避免碰触健康种球,造成交叉感染。带病种球宜集中管理丢弃,避免再放入田中,造成下次栽培季病原菌主要来源。

当日采收后种球宜避免置于田中,让阳光直射后造成种球品质降低。当日采收后的种球宜于当日立即处理,置于阴凉处,且应避免种球相互堆积太多,造成种球蓄积太多热量,增加种球腐烂的机会。

(3)种球采收后处理

种球采收后,应立即置于阴凉处25~30℃及高相对湿度(75%~80%)环境下,进行愈伤处理需3~5d;或置于强凉风下吹拂,除去热气并促进伤口的愈伤,愈伤期间越短,效果越佳。

待种球阴干后即可进行去叶、除根处理,处理后的种球,需利用强凉风吹拂将所造成伤口愈伤处理。

种球处理完后,开始进行药剂处理,以减少种球贮藏期相互感染所造成的大量腐败。

目前仍无有效的药剂可防治软腐病;药剂有链霉素(稀释500倍)+铜快得宁(稀释500倍)+钙镁精(稀释500倍)+展着剂(吐温-20,稀释2000倍)互相混合后,将种球浸渍此混合药剂20~30min。

种球浸渍完成后,宜立即以强风吹干,种球风干后,即可进入冷藏库贮藏。

(4)种球贮藏处理

种球贮藏方式为干藏方式,即将种球放入浅篮内,浅篮高度以不超过15cm且具有通气洞为佳;每一浅篮内所放置的种球,尽量不要堆积太多,而以不超过2层种球为原则;较小的种球(直径小于2cm)可用木屑或蛭石来保持湿度,避免小球失水过多。

打破种球休眠的贮藏　依马蹄莲品种而异,一般建议在13~15℃贮藏温度下至少需2个月,相对湿度宜为75%~90%。相对湿度若低于50%会造成种球失水过多,影响种球品质。

种球长期贮藏　贮藏温度为7~10℃之间,可贮藏6个月以上,相对湿度仍应维持在75%~90%。贮藏温度不宜过低,若低于5℃,则种球易受寒害,影响日后开花品质。

小　结

本章围绕球根花卉的种类,地下部变态膨大部分生长发育规律、种球生产的关键技术进行介绍,并重点对百合、唐菖蒲、郁金香、中国水仙和马蹄莲的种球规模化生产进行了详细介绍,对指导生产具有实际意义。

思考题

1. 常见的种球有哪几类? 举例说明。

2. 我国花卉种球生产的现状如何?

3. 制约我国花卉种球生产的因子有哪些?

4. 我国百合种球生产的规程是怎样的?

5. 我国唐菖蒲种球生产的规程是怎样的?

6. 马蹄莲种球生产的规程是怎样的?

参考文献

刘文洪，洪健，陈集双，等．2004. 百合病毒病原的检测诊断[J]. 电子显微学报，23（3）：225 – 228.

宁云芬，周厚高，黄玉源，等．2003. 新麝香百合鳞片扦插繁殖的小鳞茎形态发生[J]. 园艺学报，30（2）：229 – 231.

张启翔．2004—2016. 中国观赏园艺研究进展[M]. 北京：中国林业出版社.

赵梁军．2000. 观赏植物生物学[M]. 北京：中国农业大学出版社.

附　录

1.《中华人民共和国种子法》(略)
2.《中华人民共和国植物新品种保护条例》(略)
3. 花卉种子种苗生产的国家标准(略)
  GB/T 18247.1《主要花卉产品等级第一部分：鲜切花》
  GB/T 18247.2《主要花卉产品等级第二部分：盆花》
  GB/T 18247.3《主要花卉产品等级第三部分：盆栽观叶植物》
  GB/T 18247.4《主要花卉产品等级第四部分：花卉种子》
  GB/T 18247.5《主要花卉产品等级第五部分：花卉种苗》
  GB/T 18247.6《主要花卉产品等级第六部分：花卉种球》
  GB/T 18247.7《主要花卉产品等级第七部分：草坪》